高职高专“十二五”建筑及工程管理类专业系列规划教材

土力学与基础工程

主　编　贾亚军

副主编　侯小强　刘　岩　孙世民

Construction Project

西安交通大学出版社
XI'AN JIAOTONG UNIVERSITY PRESS

内 容 提 要

本书根据建筑施工企业一线技术与管理岗位的实际需要，依据现行有效规范（规程）、标准及工程技术动态，以“必需够用”为尺度，内容简明、突出实用。全书分为两部分，第一部分主要是介绍土力学的基础知识，具体包括：土的物理性质及工程分类、土的渗透性及渗流、土中应力、土的压缩性与地基沉降计算、土的抗剪强度与地基承载力、土压力；第二部分以工学结合的模式，细分为项目、任务，介绍了学生应掌握的基础工程的相关知识，具体包括：浅基础设计及验算、桩基础及其他深基础、地基处理。

本书不仅可以作为高职高专院校建筑工程技术、道路桥梁工程技术、市政工程技术等专业的教学用书，也可供相关工程技术人员参考使用。

前言

根据我国高等职业技术教育教学改革精神和专业办学的需要，为适应高职高专建筑工程技术、道路桥梁工程技术、市政工程技术专业（三年制）教育教学的要求，开发具有高等职业教育特色教材，不断适应房屋建筑、道路桥梁、市政工程建设对专业人才培养的需要，本书依据西安交通大学出版社高职高专建筑及工程管理类教材编写指导思想和大纲框架，以工学结合的人才培养模式和基于工作过程的编写要求，最终编写而成。本书针对项目化教学的基本思路进行编制，邀请了建筑施工企业一线技术与管理岗位人员参与，形成了既适合高职学生认知水平又联系生产实际，可解决学生就业后遇到的土工实验和实际工程问题，对培养学生职业技能具有重要的指导性。

土力学与基础工程是土建施工类专业的主干课程，属于建筑工程技术、道路桥梁工程技术专业必修课。无论是建筑工程、铁道工程、桥梁隧道、路桥等专业都必须开设这门基础课程。根据社会就业形势对人才素质的要求，并结合高职建筑专业人才培养方案，在基于工作过程和项目式教学的课程开发要求下本书尽量做到学术性与实用性并重，兼顾微观与宏观的联系、基础与应用结合，特别介绍著名的实验设计和研究，激发学生的学习热情和兴趣，并将最新科研成果及时体现在教材中，做到“好教、好学”。

本书系统介绍了土的基本性质、工程特性以及在地基和基础中的实际应用情况分析，突出实用性和科学性的特点，引入了行业最新标准。全书分为两部分，第一部分主要是介绍土力学的基础知识，具体包括：土的物理性质及工程分类、土的渗透性及渗流、土中应力、土的压缩性与地基沉降计算、土的抗剪强度与地基承载力、土压力；第二部分以工学结合的模式，细分为项目、任务，介绍了学生应掌握的基础工程的相关知识，具体包括：浅基础设计及验算、桩基础及其他深基础、地基处理。

本书由甘肃林业职业技术学院贾亚军担任主编，甘肃建筑职业技术学院侯小强、甘肃林业职业技术学院刘岩、河南质量工程职业学院孙世民担任副主编。绪论、第1章前四节、项目一、项目三中后面三个任务由甘肃林业职业技术学院贾亚军编写；第6章、项目二由甘肃建筑职业技术学院侯小强编写；第2章、第5章由甘肃林业职业技术学院刘岩编写；第4章由河南质量工程职业学院孙世民编写；第3章前两节由重庆建筑工程职业学院陈五四编写；项目三任务一由河南城建学院罗从双编写；第1章1.4和1.5由甘肃交通职业技术学院王博编写。全书由甘肃林业职业技术学院贾亚军统稿。

在编写过程中得到了西安交通大学出版社的大力支持，并参阅了大量的文献资料，在此一并表示感谢。由于编写水平有限，书中难免有疏漏之处，恳切希望使用本书的教师和读者批评指正，以便再版时修改。

编者

2013年7月

目录

第一部分　土力学基础知识

第二部分 基础工程

绪 论

一、土力学与基础工程的作用和任务

土力学与基础工程是研究地表及一定深度范围内岩石和土的工程性质以及土在基础工程中力学特性的一门学科，它实际是由两门不同性质、不同研究方法的学科组合而成，包括土力学和基础工程。土力学是力学的一个分支，主要研究与工程建设有关的土的应力、变形、强度、渗流及长期稳定性的一门学科。而基础工程则是专门研究与工程设计、施工和正常运用有关的基础地质问题的科学。然而它们的研究目的又是相同的，即都是为了保证建筑物地基的岩体、土体稳定和建筑物的正常使用提供可靠的地质论证和力学计算依据。因此这两门学科在工程实践中也是互相依存、互相渗透、互相结合的。

1. 土在工程中的作用和任务

所有的土工建筑物，如房屋、闸坝、隧洞、厂房、道路、桥梁等，都是建筑在地壳表层，在兴建和使用过程中必然会遇到各种各样的地质问题。

在道路工程中，路基一般是用土填筑而成。土作为构筑材料，为了满足行车的要求，保证路基的强度和稳定性，必须得到充分的压实。因此需要研究土的压实性，包括土的压实机理、压实方法和压实指标。自然环境的变化将影响路基的稳定性。如甘肃地区，由于温度的强烈变化常常发生冻胀和翻浆现象。而南方地区的道路，由于雨水的侵袭，常常发生坍塌和滑坡破坏。因此需要研究土的冻胀机理，进行边坡的稳定分析，并制定出防治措施。路基是承受车辆荷载重复作用的结构物，因此需要研究土在重复荷载下的变形特性。还有作用于路基挡墙上的土压力，需要计算出符合实际的值，从而保证挡土墙的稳定。

在桥梁工程中，土作为支承建筑物荷载的地基具有非常重要的地位。同样在修建水库时，要选择地形适宜的河谷地段作库址、坝址，查明坝基和坝肩岩体是否稳定、坝基(肩)和库区是否存在渗漏通道、水库蓄水后岸边是否会发生塌岸、水库周围地区是否会引起土壤盐渍化和沼泽化等问题。因此，在工程设计之前，必须查明建筑工程地区的工程地质条件和工程地质问题。

实践证明，如果对地质条件事先没有仔细查明或对工程地质问题重视不够，将会给工程建筑带来严重后果。如兰州的国芳百盛，建成后因地基不均匀沉降而发生倾斜；新建的甘肃天定高速秦州隧道，因地震和特大暴雨影响，土质不良出现断裂带，修建过程中多次发生塌方事故。房屋建筑中经典的案例如意大利的比萨斜塔(见图 0－1)，修建于 1173 年，由著名建筑师那诺·皮萨诺主持修建。它位于罗马式大教堂后面右侧，是比萨城的标志。开始时，塔高设计为 100 m 左右，但动工五六年后，塔身从三层开始倾斜，直到完工还在持续倾斜，在其关闭之前，塔顶已南倾(即塔顶偏离垂直线)3.5 m。1990 年，意大利政府将其关闭，开始进行整修。

在实际工作中，许多有关专家对比萨斜塔的全部历史以及塔的建筑材料、结构、地质、水源等方面进行充分的研究，并采用各种先进的仪器设备进行测试。比萨中古史学家皮洛迪教授研究后认为，建造塔身的每一块石砖都是一块石雕佳品，石砖与石砖间的黏合极为巧妙，有效地防止了塔身倾斜引起的断裂，成为斜塔斜而不倒的一个因素。但他仍强调指出，现在当务之

图 0-1　意大利比萨斜塔

急是弄清比萨斜塔斜而不倒的奥妙，以及如何处理斜塔继续倾斜的问题。1934 年，在地基及四周喷入 90 吨水泥，实施基础防水工程，塔身反而更加不稳，向周围移动，倾斜得更快。1990 年 1 月 7 日比萨斜塔停止向游客开放，经过 12 年的修缮，耗资约 2500 万美元，斜塔被扶正 44 cm，基本达到了预期的效果。修复者们通过从基座的一侧移去土壤以帮助比萨斜塔稳住倾斜的身姿，他们自信地认为，今后两个世纪都无需再对其进行加固。西班牙的蒙特哈水库，建成后不能蓄水，库水通过库周石灰岩裂隙和溶洞而漏光，使 72 m 高的大坝起不到挡水作用，耸立在干枯的河谷上。国际大坝委员会曾于 1973 年对世界 110 个国家和地区已建大坝(坝高 15 m 以上的约 12900 余座)进行了调查，从统计资料看，发生过事故的 589 座中，大多数与不良地质条件有关。如美国的圣·法兰西斯混凝土重力坝，坝高 62.6 m，建于 1927 年，由于坝基中含石膏黏土质砾岩，被水浸后软化溶解，引起坝基漏水，于 1928 年失稳破坏。类似的例子还可以举出很多。1949 年新中国成立以来，我国修建了许多水库、水电站和灌溉工程，由于重视了地质勘察工作，充分利用了有利的地质条件，避开或改善了不利条件，解决了许多复杂的工程地质问题，从而使工程设计施工能得以顺利进行，并保证了工程建成后的安全运行。但是，也有少数工程，由于对工程地质条件研究不够，或对工程地质问题处理不当，致使设计方案没有足够的地质依据，施工中遇到很大的困难，造成水库或坝基(肩)漏水、水库淤积、边岸滑塌及隧洞塌方等工程事故，浪费了人力、物力，延误了工期，或遗留后患需要处理，使工程不能发挥应有的效益。如北京十三陵水库，坝基和库区存在着深厚的渗透性较强的古河道冲击物，建坝时未做好垂直防渗处理，水库至今不能满库运行，没能发挥预期设计的效益。因此，今后我们应从上述实例中吸取经验教训，认真做好工程地质工作。

由此可见，在工程建设中工程地质工作是相当重要的。为解决上述问题，工程地质工作的任务是：查明建筑区的工程地质条件，预测可能出现的工程地质问题，并提出解决这些问题的建议和方案，为工程设计、施工和正常运用提供可靠的地质材料，以保证建筑物修建得经济合理和安全可靠。所谓工程地质条件，即指地形、地貌、地层岩性、地质构造、水文地质、物理地质作用和天然建筑材料等与工程建设有关的地质条件。

2. **土力学的作用与任务**

土力学的研究对象是土，是专门解决工程中有关土的问题的学科。土是自然环境下生成的堆积物，是地表岩石经长期风化作用，不断碎裂、分解形成的碎屑和矿石颗粒——土粒——经过各种介质(如水、风)搬运或残留在原地堆积而成的松散堆积物。土的主要特征是多孔性、松散性(土粒间没有联结或联结甚小)、易变性。

在工程建设中，土被广泛用做各种建筑物的地基、材料和周围介质。许多建筑物如房屋、堤坝、涵洞、桥梁等都是建造在土层之上，土支承着建筑物的全部荷载，这时在土层内一定范围的应力将发生变化，我们把应力状态变化的这部分土体称为建筑物的地基。而建筑物的地下承重结构称为基础(见图 0-2)。

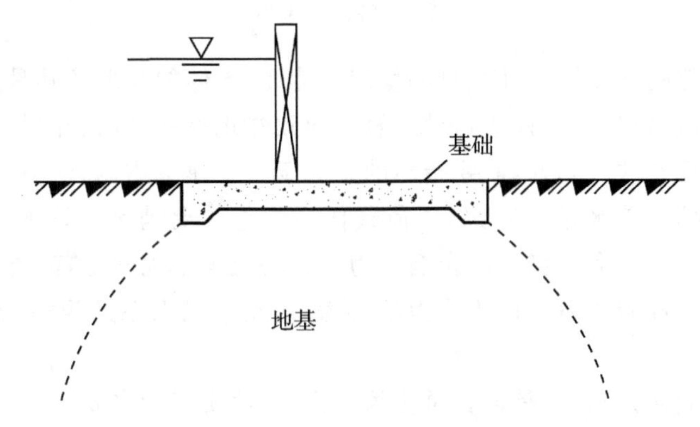

图 0-2 地基与基础示意图

基础一般埋置在强度较高的土层上，并将建筑物的荷载传递到地基中去。在修筑堤坝、路基等土工建筑物时，土是一种廉价的建筑材料，图 0-3 表示用土料修筑的土坝。

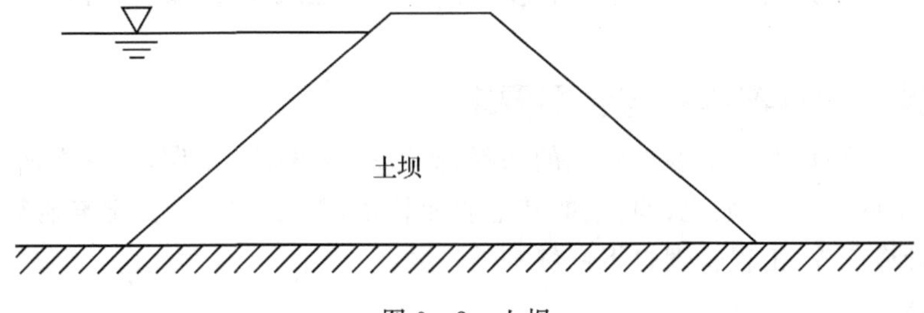

图 0-3 土坝

在天然土层中修建涵洞、隧洞、渠道及各种地下洞室时，土又是建筑物周围的介质，图 0-4(a)、(b)分别为隧洞和渠道示意图。

为了保证建筑物施工期的安全、竣工后的安全和正常使用，土力学学科需要解决工程中的两大类问题。一是土体稳定问题，就是研究土体中的应力和强度，例如地基的稳定、土坝的稳定等。当土体的强度不足时，将导致建筑物失稳或破坏，如加拿大特朗斯康大谷仓因地基剪切破坏引起的事故。该谷仓高 31 m，平面尺寸 60 m×23 m，钢筋混凝土结构，由于设计时不了解地基下部有软弱土层，致使该谷仓建成后在首次装料时，就因地基失去稳定而发生严重倾斜，谷仓一侧陷入土中 8.8 m，整个谷仓倾斜达 27°之多，以致完全不能使用。二是土体变形问

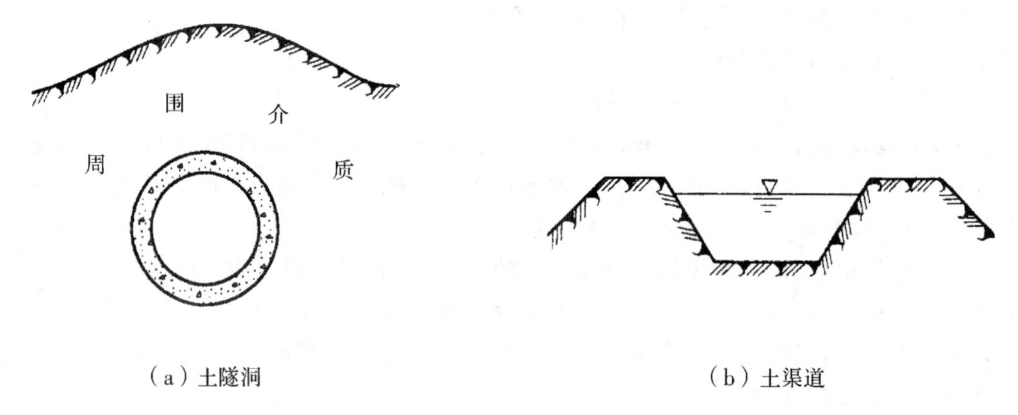

（a）土隧洞　　（b）土渠道

图 0－4 隧洞和渠道

题，即使土体具有足够的强度能保证自身的稳定。然而，土体的变形尤其是沉降（竖向变形）和不均匀沉降不应超过建筑物的允许值，否则，轻者导致建筑物的倾斜、开裂，降低或失去使用价值，重者将会酿成毁坏事故。此外，需要指出的是对于土工建筑物（如土坝、土堤、岸坡）和水工建筑物地基，或其他挡土挡水结构物，除了荷载作用下土体要满足前述的稳定和变形要求之外，还要研究渗流对土体变形和稳定的影响。为了解决上述工程问题，就要研究土的物理性质及应力变形性质、强度性质和渗透性质等力学行为，找到它们内在的规律，作为解决土体稳定和变形问题的基本依据。

从以上分析，我们认识到，土是岩石风化的产物，其性质复杂多变。修筑工程建筑物时，土作为地基或建筑材料使用以及充当周围介质，都必须全面研究分析土的物理力学性质和土的渗透、变形、强度和稳定的特性，要求作用在地基上的荷载强度不超过地基的承载力，保证地基在防止剪切破坏方面有足够的安全系数。控制地基的沉降量不超过地基变形的容许值，保证建筑物不会因沉降过大而损坏或影响正常使用。对水工建筑物，还要控制渗流，确保不致发生渗流破坏。

二、本课程的基本内容与学习要求

本课程是一门理论性和实践性较强的课程，作为一门职业技术课，它一方面是提高学生自身职业能力的基础，另一方面也为将来的其他职业技术课如道路工程、建筑地基基础、桥梁工程施工、市政管道工程、工程管理打下良好基础。

1. 基本内容

(1)了解岩石、地质构造、自然地质作用、地下水的基本概念及其对路桥工程、房屋工程和水利工程建筑的影响。

(2)了解道路与桥梁工程的工程地质条件及主要的工程地质问题。

了解土的基本物理性质，即土的颗粒组成、密度、湿度、可塑性以及土所处的物理状态。了解土的力学性质，即土在外力作用下所表现的渗透性、压缩性和抗剪强度等及其指标的测定方法。

(3)掌握地基应力、变形和地基承载力以及挡土墙土压力计算原理和一般计算方法。

(4)了解土木工程地基处理的方法和原理。

2. 学习要求

由于本课程实践性较强，在学好基础理论的同时，对基础工程部分，应重视野外地质现象的观察、识别及其对路桥工程、房屋工程和水利工程建设的影响。对于土力学部分应注意各种计算方法的适用范围及简化，假设可能引起的误差范围，通过对土工试验规程的学习，掌握室内土工试验的基本方法，了解野外原位测试的新技术，提高分析解决实际问题的能力。

三、工程地质学、土力学与地基基础的发展简况

工程地质学和土力学与地基基础，是与工程建设紧密联系的两门学科，是随着国家经济建设的发展而发展的。

完整、系统的工程地质学理论直到20世纪30年代才由苏联地质学家提出，1932年，苏联莫斯科地质勘探学院成立了世界上第一个工程地质教研室，并创立了比较完善的工程地质学体系，这标志着工程地质学的诞生。

1949年新中国成立后，为了适应社会主义事业建设需要，在道路桥梁、水利水电、工业与民用建筑、铁路及国防工程等部门都积极开展了工程地质工作。特别在道路桥梁和水利建设方面，如举世瞩目的苏通长江大桥、杭州湾跨海大桥、胶州湾跨海大桥、天宝高速公路、长江三峡工程、南水北调工程，地质工作者解决了许多极其复杂的工程地质问题，可以说，近20年来，是我国工程地质学高速发展时期，研究水平与世界同步，并具有自己的特色。

为了适应科学技术的发展和生产建设的需要，加强对工程地质学科基础理论的研究，广泛采用先进的勘探技术和测试手段(如地震勘探法、电视测井、遥控遥感技术应用等)，以加快勘探速度，降低成本。提高测试数据精度，是今后迫切需要解决的问题。

1925年，美国土力学家太沙基发表了第一部土力学专著，使土力学成为一门独立的学科。从1925年至今，时间虽短，但土力学的发展速度是惊人的。目前土力学又发展了许多分支，如土动力学、冻土力学、海洋土力学等。特别是近年来世界各国在超高土坝(坝高超过200 m)、超高层建筑与核电站等巨型工程的设计与兴建中，运用计算机技术，进一步发展、完善了土力学理论，使土力学的理论和实际工程的结合又产生了新的飞跃，把土力学的发展又向前推动了一步。

回顾新中国成立后的60多年，围绕着解决工程建设中提出的问题，工程地质与土力学学科在我国得到了广泛的传播和发展。尤其是改革开放以后，国家大规模的建设促进了本学科的发展，工程地质与土力学理论、工程实践方面均取得了令世人瞩目的划时代进步，为国民经济发展做出了贡献。许多大型桥梁、大型水利工程、核电站工程、延绵万里的高速公路、万吨级码头、大型厂房、林立的高楼大厦、地下空间开发利用等，都呈现了本学科理论和实践的巨大成就。工程建设需要学科理论，学科理论的发展离不开工程建设。21世纪人类将面对资源和环境这一严酷生存问题的挑战，各种各样岩土工程问题需要解决，而这恰恰是青年学生将来要肩负的责任。

第一部分　土力学基础知识

第1章 土的物理性质及工程分类

地球表层的整体岩石,在大气中经受长期的风化作用后形成形状不同、大小不一的颗粒,这些颗粒在不同的自然条件下堆积(或经过搬运沉积),即形成通常所说的土。因此,可以说土是由各种岩屑、矿物颗粒(称为土粒)组成的松散堆积物,它是由各种大小不同的土粒(固相)间孔隙中的水(液相)和空气(气相)构成的三相体系。由于三相性质的差异,三相物质的相对比例不同及三相间的相互作用,共同反映了土的物理性质和物理状态的不同,即决定了土的物理性质。而描述土的物理性质及状态的指标,是进行各种土的分类和确定土的工程性质的重要依据。

1.1 土的三相组成和土的结构

1.1.1 土的三相组成

土由固相、液相和气相三部分组成。固相部分为土粒,由矿物颗粒或有机质组成,构成土的骨架;液相部分为水及其溶解物;气相部分为空气和其他气体,如土中孔隙全部被水充满时,称为饱和土;孔隙中仅含空气时,称为干土。饱和土和干土都是两相体系。一般在地下水位以上、地面以下一定深度内的土体孔隙中兼含空气和水,此时的土体属三相体系,称为湿土。

1. 土的矿物成分和有机质

(1)土的矿物成分。土粒是组成土的最主要部分,土粒的矿物成分是影响土的性质的重要因素。矿物成分按成因可分两大类:

①原生矿物。原生矿物是岩石经过物理风化作用形成的碎屑物,如石英、长石、云母等。

②次生矿物。次生矿物是岩石经化学作用而形成的矿物,岩石经化学风化作用而形成的新矿物成分,其中数量最多的是黏土矿物。常见的黏土矿物有高岭石、蒙脱石、伊利石。

石英、长石呈粒状,是砂、砾石等无黏性土的主要矿物成分。黏土矿物是组成黏性土的主要成分,颗粒极细,呈片状或针状,具有高度的分散性和胶体性质,与水相互作用,形成黏性土的一系列特性,如可塑性、膨胀性、收缩性等。

(2)土中的有机质。在岩石风化以及风化产物搬运、沉积过程中,常有动、植物的残骸及其分解物质参与沉积,成为土中的有机质。有机质易于分解变质,故土中有机质含量过多时,将导致地基或土坝坝体发生集中渗流或不均匀沉降。因此,在工程中常对土料的有机质含量提出一定的限制,如筑坝土料一般不宜超过5%,灌浆土料小于2%。

2. 土中的水

土孔隙中的液态水,根据它与土粒表面的相互作用情况,主要有两种类型:结合水和自由水。

(1)结合水。结合水是指附着于土粒表面成薄膜状的水。一般情况下,土粒表面大多带负电荷，并在周围形成静电引力场，吸引着周围极性水分子（因水分子为极性结构，故称极性水分子）和水化阳离子，如图1-1-1所示。紧靠土粒表面，吸附力高达几千个大气压的结合水称强结合水，其性质接近于固体，密度很大，不能传递静水压力。强结合水的绝大部分，它仍不能传递静水压力，但能以水膜形式由薄处缓慢移动。而弱结合水对黏性土的影响最大。

由于结合水的存在，细颗粒（特别是黏粒）之间将形成公共水膜（见图1-1-2），从而使土粒间产生一定的联结，这种联结随土的湿度而变化。当土的湿度减小，水膜变薄，相邻土粒彼此吸引力加强。反之，当湿度提高，水膜增厚时，颗粒将被挤开，以致不存在公共水膜而失去联结。这种水膜联结，一般认为是黏性土具有黏性、可塑性和力学强度的主要原因。

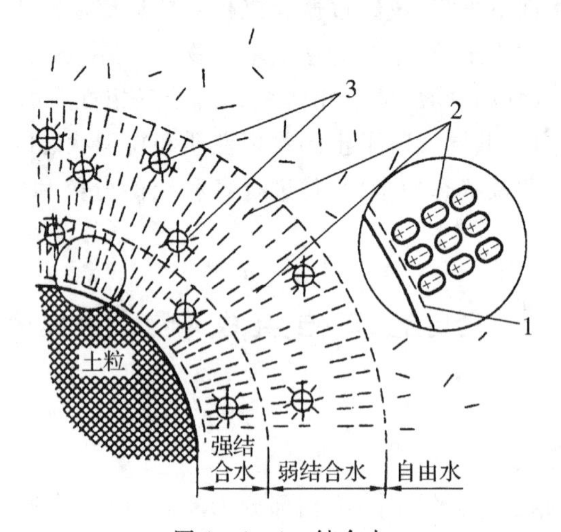

图1-1-1　结合水

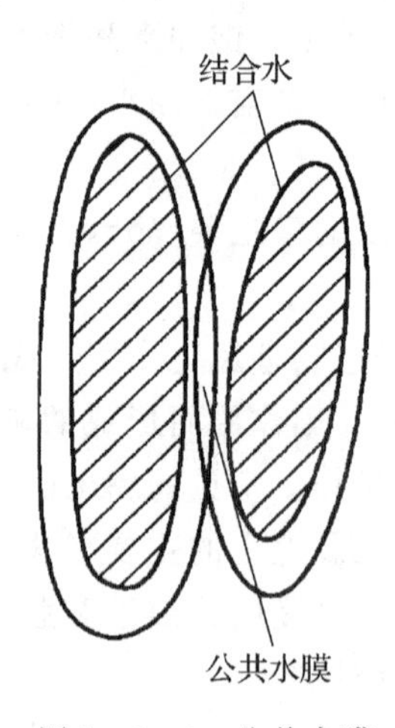

图1-1-2　公共水膜

(2)自由水。土孔隙中除了结合水以外的都是自由水，它包括毛细水和重力水。

①毛细水。毛细水是受土粒的分子引力以及水与空气界面的表面张力而存在，并运动于毛细孔隙中的水。一般存在于地下水位以上，由于表面张力作用，地下水沿着土的毛细通道逐渐上升，形成毛细水上升带。毛细水上升高度和速度取决于土的孔隙大小和形状、粒径尺寸和水的表面张力等。一般来说，卵石接近于零，砂土数十厘米，黏性土可达数百厘米。

②重力水。重力水是受重力作用而运动的水，对土产生浮力，使土的重度减少；渗透水流能使土产生渗透力，使土引起渗透变形；还能溶解土中的水溶盐，使土的强度降低，压缩性增大。

3. 土中的气体

土中的气体存在于土孔隙中未被水所占据的部分。与大气连通的气体，受外力作用时，易被挤出，对土的工程性质影响不大。封闭气体多存在于黏性土中，不易逸出，使土的渗透性降低，弹性与压缩性增大，所以封闭气体对土的性质有较大的影响。

1.1.2　土的结构与构造

1. 土的结构

很多试验资料表明，同一种土，原状土和重塑土样的力学性质有很大差别。这就是说，土的结构和构造对土的性质也有很大的影响。

土的结构是指土中颗粒排列的状况，与土的矿物成分、颗粒形状和沉积条件有关，有以下三种基本类型。

(1)单粒结构。在沉积过程中，较粗的土粒互相支承并达到稳定，形成单粒结构如图 1-1-3(a)所示。单粒结构为碎石土和砂类土的结构特征。单粒结构可以是疏松的，也可以是紧密的。就一般而言，此种结构的土的孔隙都比较大，透水性强，压缩性低，强度较高。

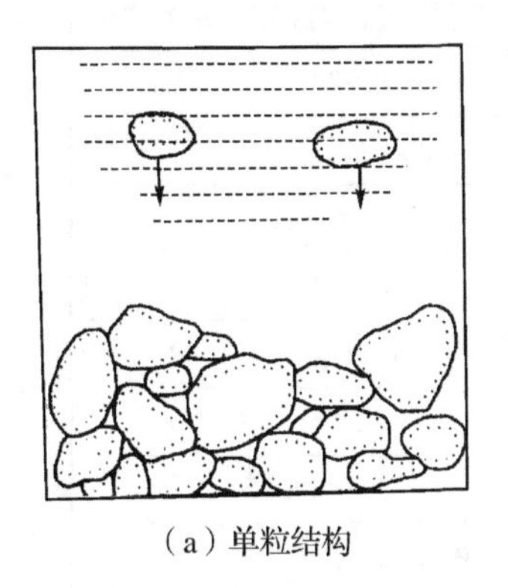
(a) 单粒结构

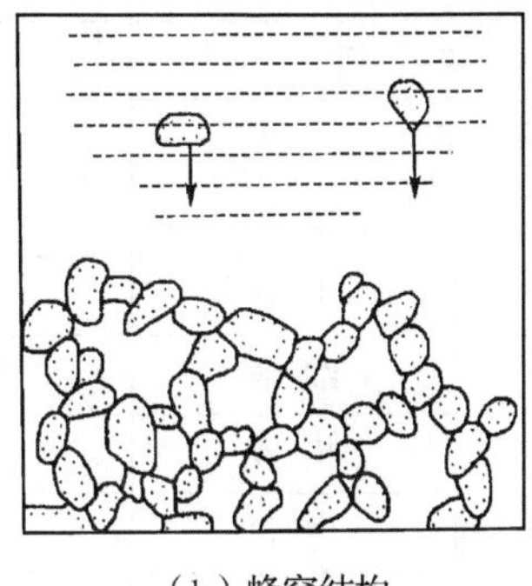
(b) 蜂窝结构

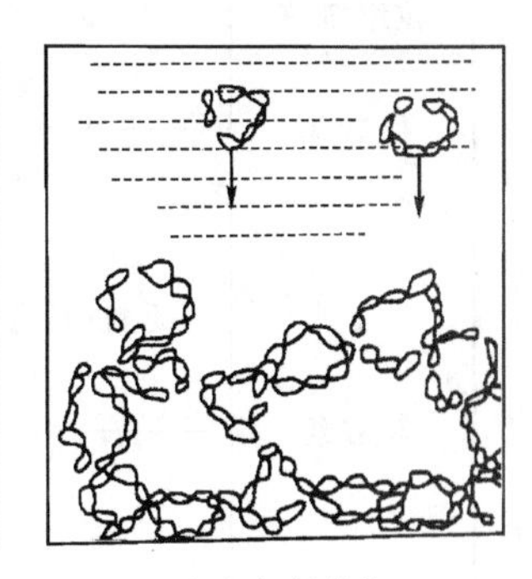
(c) 絮凝结构

图 1-1-3　土的结构

(2)蜂窝结构。蜂窝结构主要是由粉粒或细砂粒组成的土的结构形式。据研究，粒径 0.005～0.075 mm(粉粒粒组)的土粒在水中沉积时，基本上是以单个土粒下沉，当碰到已沉积的土粒时，由于土粒之间的分子引力大于其重力，因此土粒就停留在最初的接触点上不再下沉，逐渐形成链环状团粒，构成较疏松的蜂窝结构，如图 1-1-3(b)所示。

(3)絮凝结构。微小的粘粒大都呈针片状或片状，以在水中长期悬浮，并在水中运动时，形成链环状团粒而下沉，这种小链环碰到另一小链环被吸引，形成大链环的絮状结构，见图 1-1-3(c)。海相沉积的黏土具有此结构。

具有蜂窝结构和絮状结构的土，土粒间有大量的孔隙，体积大，但均为微细孔隙，故压缩性高，透水性弱。当其天然结构破坏时，强度会迅速降低。因此，在研究土的一些与结构有关性质时，必须保持其天然结构不受破坏。

2. 土的构造

土的构造是指同一土层中，土粒或土粒集合体之间相互关系的特征。土的构造是土层的层理、裂隙及大孔隙等宏观特征，亦称为宏观结构。土的构造最主要的特征就是成层性，即层理构造。它是在土的生成过程中，由于不同阶段沉积的物质成分、颗粒大小或颜色不同，而沿竖向呈现的成层特征，常见的有水平层理与交错层理构造。

1.2 土的粒组和颗粒级配

1.2.1 土的粒组

土是岩石风化的产物，是由无数大小不同的土粒组成，其大小相差极为悬殊，性质也不相同(例如土粒由粗变细，可由无黏性变为有黏性)。为了便于研究，工程上通常把工程性质相近的一定尺寸范围的土粒划分为一组，称为粒组。粒组与粒组之间的分界尺寸称为界限粒径。工程上广泛采用的粒组有：漂石粒、卵石粒、砾粒、砂粒、粉粒和黏粒。

对粒组的划分，各个国家甚至一个国家的各个部门都有不同的规定。表1-1-1为我国水利部《土工试验规程》(SL 237—1999)中规定的粒组划分情况。

表1-1-1 水利部标准规定的粒组划分

粒组统称	粒组划分		粒径(d)的范围/mm
巨粒组	漂石(块石)组		$d>200$
	卵石(碎石)组		$200 \geqslant d>60$
粗粒组	砾粒(角砾)	粗砾	$60 \geqslant d>20$
		中砾	$20 \geqslant d>5$
		细砾	$5 \geqslant d>2$
	砂粒	粗砂	$2 \geqslant d>0.5$
		中砂	$0.5 \geqslant d>0.25$
		细砂	$0.25 \geqslant d>0.075$
细粒组	粉粒		$0.075 \geqslant d>0.005$
	黏粒		$d \leqslant 0.005$

在《公路土工试验规程》(JTG E40—2007)中，土的颗粒根据表1-1-2所列粒组范围划分粒组。

表1-1-3为我国《铁路桥涵地基和基础设计规范》(TB 10002.5—2005)中规定的粒组划分情况。

表1-1-2 《公路土工试验规程》(JTGE40—2007)规定的粒组划分 (单位:mm)

巨粒组		粗粒组						细粒组	
漂石(块石)	卵石(小块石)	砾(角砾)			砂			粉粒	黏粒
		粗	中	细	粗	中	细		
200		60	20	5	2	0.5	0.25	0.075	0.002

表 1-1-3　《铁路桥涵地基和基础设计规范》(TB 10002.5—2005)规定的粒组划分

颗粒分类		粒径 d/mm	一般特性
漂石(浑圆、圆棱)或块石(尖棱)	大	d>800	透水性很大,无黏性,毛细水上升高度极微,不能保持水分
	中	400<d≤800	
	小	200<d≤400	
卵石(浑圆、圆棱)或粗角砾(尖棱)	大	100<d≤200	
	小	60<d≤100	
粗圆砾(浑圆、圆棱)或细角砾	大	40<d≤60	
	小	20<d≤40	
细圆砾(浑圆、圆棱)或细角砾	大	10<d≤20	
	中	5<d≤10	
	小	2<d≤5	
砂粒	粗	0.5<d≤2	易透水,无黏性,毛细水上升高度不大,遇水不膨胀,干燥时不收缩且松散,不表现可塑性,压缩性甚微
	中	0.25<d≤0.5	
	细	0.075<d≤0.25	
粉粒		0.005<d≤0.075	透水性小,湿润时能出现微黏性,遇水膨胀和干缩都不明显,毛细水上升速度较快,上升高度较大
黏土粒		d<0.005	几乎不透水,潮湿时呈可塑性,黏性大,遇水膨胀和干缩都较显著,压缩性大

1.2.2　土的颗粒级配

自然界的土常包含几种粒组。土中各粒组的相对含量(用粒组质量占干土总质量的百分数表示),称为土的颗粒级配,可以通过颗粒分析试验确定。

1. 颗粒分析试验

测定土中各粒组颗粒质量占该土质量的百分数,确定粒径分布范围的试验称为土的颗粒大小分析试验,简称"颗分"试验。常用试验方法有筛分法和密度计法两种。

(1)筛分法。筛分法适用于粒径大于 0.075 mm 的土粒,即用一套孔径大小不同的标准筛,从上到下按粗孔到细孔的顺序叠好(例如 60 mm—20 mm—2 mm—0.5 mm—0.25 mm—0.1 mm—0.075 mm),将已知重量的风干、分散的土样过筛,把各粒组分离出来,并求出含量百分数。

【例 1-1-1】 从干砂样中称取质量为 1000 g 的试样,放入标准筛中,经充分振动后,称得各级筛上留存的土粒质量,见表 1-1-4 中的第二行,试求土中各粒组的土粒含量。

表 1-1-4　筛分析试验结果

筛孔径/mm	2.0	1.0	0.50	0.25	0.10	0.075	底盘
各级筛上的土粒质量/g	100	100	250	300	100	50	100
小于各级筛径孔的土粒含量/%	90	80	55	25	15	10	
粒径的范围/mm	d>2.0	2≥d>0.5		0.5≥d>0.25	0.25≥d>0.075		
各粒组的土粒含量/%	10	35		30	15		

解　留在孔径 2 mm 筛上的土粒质量为 1000 g,则小于该孔径的土粒含量为 900/1000=

90%，同样可算得小于其他孔径的土粒含量，见表 1-1-4 中的第三行。由 $2\geqslant d>0.50$（粗砂）的含量为 350/1000=35%，同样可算得其他粒组的土粒含量，见表 1-1-4 中第五行。所以该土样各粒组含量分别为：砾 10%，砂 80%（其中：粗砂 35%、中砂 30%、细砂 15%），粉粒 10%。

(2)密度计法。密度计法适用于分析粒径小于 0.075 mm 的土粒。它主要利用土粒在静水中下沉速度不同（粗粒下沉快，而细粒下沉慢）的原理，把不同粒径的土粒区别开来。其步骤是先分散团粒、制备悬液，然后用密度计测定悬液的密度，再根据司笃克斯（Atokes）定律建立粒径大于和小于 0.075 m 的土粒时，则需联合使用上述两种方法。试验方法可参阅《公路土工试验规程》（JTG E40—2007）和 SL 237—1999《土工试验规程》。

2. 土的级配曲线

颗粒分析试验的成果，常用颗粒级配累计曲线表示，如图 1-1-4 所示。图中横坐标表示粒径（用对数尺度），纵坐标表示小于某粒径的土粒质量占总质量的百分数。

颗粒级配累计曲线既可看出粒组的范围，又可得到各粒组的百分含量。

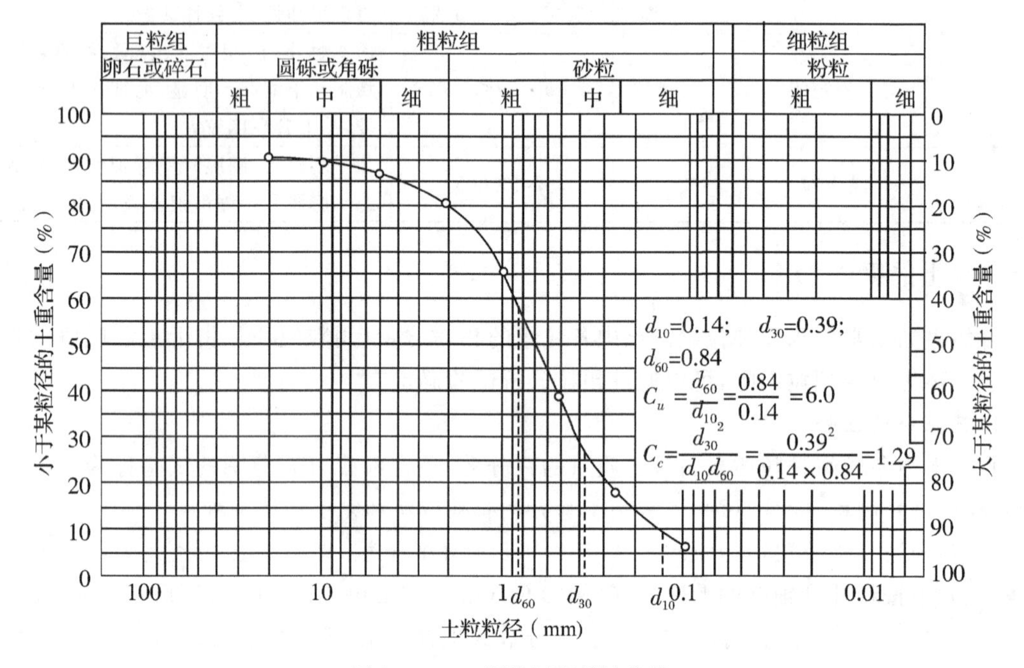

图 1-1-4 颗粒级配累计曲线

3. 颗粒级配指标

常用的判别土的颗粒级配良好与否的指标有两个，即不均匀系数 C_U 和曲率系数 C_C：

$$C_U=\frac{d_{60}}{d_{10}} \tag{1.1.1}$$

$$C_C=\frac{(d_{30})^2}{d_{60}d_{10}} \tag{1.1.2}$$

上两式中：d_{10}，d_{30}，d_{60}——级配曲线纵坐标上小于某粒径含量为 10%、30%、60%所对应的粒径值；

d_{10}——有效粒径；

d_{60}——控制粒径。

不均匀系数 C_U 反映曲线的坡度，表明土粒大小的不均匀程度，其值越大，曲线越平缓，说明土粒越不平均，即级配良好，$C_U \geqslant 5$ 为良好级配，$C_U < 5$ 为不良级配。

曲率系数 C_C 反映的是颗粒级配曲线分布的整体形态，表示粒组是否缺失情况，$C_C = 1 \sim 3$ 时，表示土粒大小的连续性较好；即 C_C 小于 1 或大于 3 时的土，颗粒级配不连续，缺乏中间粒径。

因此，在土的工程分类中，用不均匀系数 C_U 及曲率系数 C_C 两个指标判别颗粒级配的优劣，我国交通部和水利部制定的土工试验规定：级配良好的土必须同时满足两个条件，即 $C_U \geqslant 5$ 和 $C_C = 1 \sim 3$；如不能同时满足这两个条件，则为级配不良的土。

级配良好的土，粗、细颗粒搭配较好，粗颗粒间的孔隙被细颗粒填充，易被压实到较高的密度，因而，该土的透水性小、强度高、压缩性低。反之，级配不良的土，其压实密度小、强度低、透水性强而渗透稳定性差。

土粒组成和级配相近的土，往往具有某些共同的性质，所以，土粒组成和级配可作为土特别是粗粒土的工程分类和筑坝土料选择的依据。

1.3 土的物理性质指标

上述土中三相的特性及其相互作用，对土的工程性质有重要的影响，但多是定性分析。而土中三相之间的比例关系，能定量说明土的物理性质，因此，称为土的基本物理性质指标，其包括土粒比重（土粒相对密度），土的含水率、密度、空隙比、孔隙率和饱和度等。

为便于研究这些指标，通常把本来互相分散的三相分别集中起来，绘出土的三相图（见图 1-1-5）。

图 1-1-5 中各符号的意义如下：

W 表示重量，m 表示质量，V 表示体积，下标 a 表示气体，下标 s 表示土粒，下标 w 表示水，下标 v 表示孔隙。如 Ws、ms、Vs 分别表示土粒重量、土粒质量和土粒体积。

1.3.1 三项基本物理性质指标

三项基本物理性质指标是指土粒比重 G_S、土的含水率 ω 和密度 ρ，一般由试验室直接测定其数值。

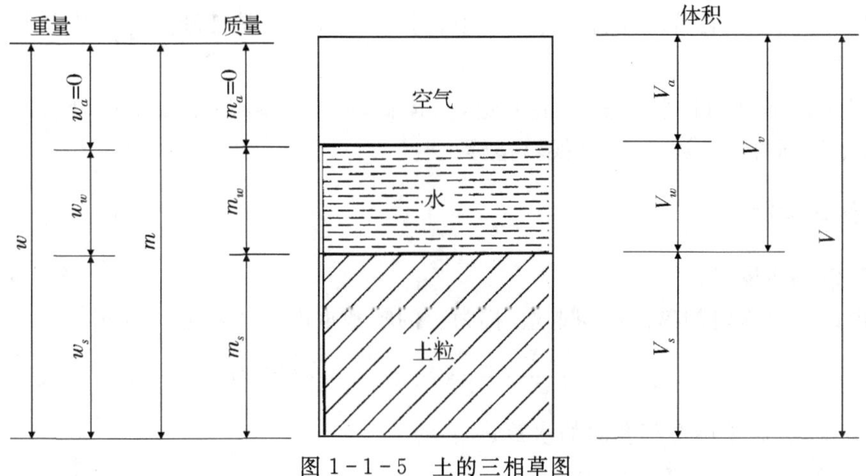

图 1-1-5 土的三相草图

1. 土的密度 ρ 与重度 γ

土的密度定义为单位体积土的质量，用 ρ 表示，其单位为 g/cm^3。其表达式如下：

$$\rho=\frac{m}{V} \tag{1.1.3}$$

天然状态下土的密度变化范围较大。一般黏性土 $\rho=1.8\sim2.0\ g/cm^3$；砂土 $\rho=1.6\sim2.0\ g/cm^3$。土的密度常用环刀法测定。

土的重度也称为容重，定义为单位体积土的重量，用 γ 表示，单位为 kN/m^3。其表达式如下：

$$\gamma=\frac{W}{V}=\frac{mg}{V}=\rho g \tag{1.1.4}$$

式中，g——重力加速度，$9.807\ m/s^2$。

2. 土粒比重

土粒比重也称土粒相对密度，土粒比重定义为土粒的质量与同体积 4℃时纯水的质量之比。其表达式如下：

$$G_s=\frac{m_s}{V_s\rho_w} \tag{1.1.5}$$

式中，ρ_w——4 ℃时纯水的密度，取 $\rho_w=1.0\ g/cm^3$。

土粒比重可用比重瓶法测定。土粒比重是个无量纲指标，其值取决于土粒的矿物成分和有机质含量，变化范围不大，大致为 2.60～2.75。土中含有机质较多时，土粒比重将显著减小。一般土粒比重参考值见表 1-1-5。

表 1-1-5 土粒比重参考值

土的名称	砂类土	粉质土	黏性土	
			粉质黏土	黏土
土粒比重	2.65～2.69	2.70～2.71	2.72～2.73	2.74～2.76

3. 土的含水率 ω

土中含水率(曾称含水量)定义为土中水的质量与土粒质量之比，以百分号表示。其表达式如下：

$$\omega=\frac{m_w}{m_s}\times100\% \tag{1.1.6}$$

含水率一般采用烘干法测定。含水率反映土的干湿程度，变化范围很大，从干砂接近于零，一直到饱和粘土的百分之几百。一般来说，同一类土(尤其是细砂土)，当其含水率增大时，其强度就下降。

上述三个指标可用试验方法直接测定，具体试验方法参阅《土工试验规程》(SL 237—1999)。其他指标可由上述换算，称换算指标。

1.3.2 换算指标

1. 土的饱和重度 γ_{sat}

土孔隙中充满水时的单位体积重量，称为土的饱和重度。其表达式如下：

$$\gamma_{sat}=\frac{W_s+V_v\gamma_w}{V}=\rho_{sat}g \qquad (kN/m^3) \tag{1.1.7}$$

式中，$V_v\gamma_w$——充满土中全部孔隙的水重；

γ_w——4℃时纯水的重度，取 $\gamma_w = 9.8\ \text{kN/m}^3$。

2. 土的浮重度

土在地下水位以下，受到水的浮力作用时单位体积的重量，称为土的浮重度，也称有效重度。其表达式如下：

$$\gamma' = \frac{W_s - V_s\gamma_w}{V} = \gamma_{sat} - \gamma_w = \rho' g \qquad (\text{kN/m}^3) \tag{1.1.8}$$

3. 土的干重度 γ_d

土在完全干燥状态下时的单位体积的重量，称为土的干重度，其表达式如下：

$$\gamma_d = \frac{W_s}{V} = \rho_d g \qquad (\text{kN/m}^3) \tag{1.1.9}$$

完全干燥的土在自然界中并不存在，但干重度能反映土的紧密程度。因此，工程上常用它作为控制填土施工质量的指标。一般填土设计干重度为 $15.0 \sim 17.0\ \text{kN/cm}^3$。

同一种土的各种重度在数值上有以下关系：

$$\gamma_{sat} > \gamma > \gamma_d > \gamma' \text{ 或 } \rho_{sat} > \rho > \rho_d > \rho'$$

将上述重量改为质量则为密度指标，它们分别为饱和密度、浮密度与干密度。

4. 土的孔隙比 e

土的孔隙比是土中孔隙体积与土粒体积之比，即：

$$e = \frac{V_v}{V_s} \tag{1.1.10}$$

孔隙比用小数表示。它是一个重要的物理性质指标，可以用来评价天然土层的密实程度。一般 $e<0.6$ 的土是密实的低压缩性土，$e>1.0$ 的土是疏松的高压缩性土。

5. 土的孔隙率

土的孔隙率是土中孔隙体积与土的总体积之比，以百分数表示，即：

$$n = \frac{V_v}{V} \times 100\% \tag{1.1.11}$$

6. 土的饱和度 S_r

饱和度是土中水的体积与孔隙体积之比，以百分数表示，即：

$$S_r = \frac{V_w}{V_v} \times 100\% \tag{1.1.12}$$

土的饱和度 S_r 与含水率均为描述土中含水程度的三相比例指标，根据饱和度 $S_r(\%)$，砂土的湿度可分为三种状态：稍湿 $S_r \leqslant 50\%$；很湿 $50\% < S_r \leqslant 80\%$；饱和 $S_r > 80\%$。

1.3.3 物理性质指标间的互换

土的天然重度（或密度）γ、土粒比重 G_s 和含水率 ω 通过试验测定后，其他指标由它们的定义并用土中三相的关系，通过换算关系式导出求得。常用如图 1-1-5 所示三相图进行各指标间的推导：令 $V_s=1$，则 $V_v=e$，$V=1+e$；$W_s=V_sG_s\gamma_w=G_s\gamma_w$，$W_w=\omega W_s=\omega G_s\gamma_W$，$W=G_s\gamma_w(1+\omega)$；将以上数值填入三相图中，则有

$$\gamma = \frac{W}{V} = \frac{G_s(1+\omega)\gamma_w}{1+e}$$

$$\gamma_d=\frac{W_s}{V}=\frac{G_s\gamma_w}{1+e}=\frac{\gamma}{1+\omega}$$

$$n=\frac{V_v}{V}=\frac{e}{1+e}$$

$$S_r=\frac{V_w}{V_v}=\frac{\omega G_s}{e}$$

常见土的三相比例换算公式见表1-1-6。

表1-1-6　土的三相比例换算公式

指标名称	符号	表达式	单位	换算公式	备注
重度	γ	$\gamma=\frac{W}{V}$	kN/m^3 或 kg/m^3	$\gamma=\frac{G_s+S_re}{1+e}$ $\gamma=\frac{G_s(1+\omega)}{1+e}\gamma_w$	试验直接测定
比重	G_s	$G_s=\frac{W_s}{V_s\gamma_w}$		$G_s=\frac{S_re}{\omega}$	试验直接测定
含水率	ω	$\omega=\frac{W_w}{W_s}\times100\%$		$\omega=\frac{S_re}{G_s}\times100\%$ $\omega=\left(\frac{\gamma}{\gamma_d}-1\right)\times100\%$	试验直接测定
孔隙比	e	$e=\frac{V_v}{V_s}$		$e=\frac{G_s\gamma_w(1+\omega)}{\gamma}-1$ $e=\frac{G_s\gamma_w}{\gamma_d}-1$	
孔隙率	n	$n=\frac{V_v}{V}\times100\%$		$n=\frac{e}{1+e}\times100\%$ $n=(1-\frac{\gamma_d}{G_s\gamma_w})\times100\%$	
饱和度	S_r	$S_r=\frac{V_w}{V_v}$		$S_r=\frac{\omega G_s}{e}$ $S_r=\frac{\omega\gamma_d}{n}$	
干重度	γ_d	$\gamma_d=\frac{W_s}{V}$	kg/m^3 或 kN/m^3	$\gamma_d=\frac{\gamma}{1+\omega}$ $\gamma_d=\frac{G_s\gamma_\omega}{1+e}$	
饱和重度	γ_{sat}	$\gamma_{sat}=\frac{W_s+V_v\gamma_w}{V}$		$\gamma_{sat}=\frac{G_s+e}{1+e}\gamma_\omega$	
浮重度	γ'	$\gamma'=\gamma_{sat}-\gamma_w$		$\gamma'=\gamma_{sat}-\gamma_w$ $\gamma'=\frac{(G_s-1)\gamma_\omega}{1+e}$	

【例1-1-2】 用体积$V=60\ cm^3$的环刀切取原状土样，称得其质量为108 g，将其烘干后称得质量为96.43 g，测得土样的比重$G_S=2.70$，试求试样的湿密度(天然密度)与天然重度、干重度、饱和重度、含水率、孔隙比、孔隙率和饱和度。

解　湿密度：$\rho=\frac{m}{V}=\frac{108}{60}=1.80(g/cm^3)$

天然重度：$\gamma=\rho g=1.80\times 9.8=17.64(\mathrm{kN/m^3})$

含水率：$\omega=\dfrac{m_\omega}{m_s}\times 100\%=\dfrac{108-96.43}{96.43}\times 100\%=12.0\%$

干重度：$\gamma_d=\dfrac{\gamma}{1+\omega}=\dfrac{17.64}{1+0.12}=15.75(\mathrm{kN/m^3})$

孔隙比：$e=\dfrac{G_s(1+\omega)\gamma_w}{\gamma}-1=\dfrac{2.70\times(1+0.12)\times 9.8}{17.64}-1=0.68$

孔隙率：$n=\dfrac{e}{1+e}\times 100\%=\dfrac{0.68}{1+0.68}\times 100\%=40.5\%$

饱和度：$S_r=\dfrac{\omega G_s}{e}=\dfrac{0.12\times 2.70}{0.68}\times 100\%=47.6\%$

饱和重度：$\gamma_{sat}=\dfrac{G_s+e}{1+e}\gamma_w=\dfrac{2.70+0.68}{1+0.68}\times 9.8=19.72(\mathrm{kN/m^3})$

【例 1-1-3】 某饱和黏性土的含水率为 $\omega=38\%$，比重 $G_S=2.71$，求土的孔隙比 e 和干重度 γ_d。

解 根据题意该土为饱和土，因此饱和度 S_r 为 100%。

由 $S_r=\dfrac{\omega G_s}{e}$得

孔隙比：$e=\omega G_s=0.38\times 2.71=1.03$

干重度：$\gamma_d=\dfrac{G_s}{1+e}\gamma_w=\dfrac{2.71}{1+1.03}\times 9.8=13.08(\mathrm{kN/m^3})$

1.4 土的物理状态指标

土的物理状态指标主要用于反映土的松密和软硬程度，如砂、砾石等无黏性土，其主要的物理状态指标是密实度；黏性土的主要状态指标是稠度（软硬程度）。

1.4.1 砂土的密实状态

砂土的密实状态对其工程性质影响很大。密实的砂土，结构稳定，强度较高，压缩性较小，是良好的天然地基；疏松的砂土，特别是饱和的松散粉细砂，结构常处于不稳定状态，容易产生流砂，在振动荷载作用下，可能会发生液化，对工程建筑不利。

判别砂土的密实度可以采用以下三种方法。

1. 孔隙比判别

判别砂土密实度最简便的方法是孔隙比，具体见表 1-1-7。

表 1-1-7 砂土的密实度

土的名称	密实度			
	密实	中密	稍密	松散
砾砂、粗砂、中砂	$e<0.60$	$0.60\leqslant e\leqslant 0.75$	$0.75<e\leqslant 0.85$	$e>0.85$
细砂、粉砂	$e<0.70$	$0.70\leqslant e\leqslant 0.85$	$0.85<e\leqslant 0.90$	$e>0.95$

2. 相对密度判别

用孔隙比判别砂土的密实度虽然简便，但它未考虑级配这一因素，例如均匀密砂的孔隙比

e 可能较大，而不均匀松砂的孔隙比 e 反而小。为了更好地反映砂土密实度，工程上用相对密度 D_r 判别砂土的密实度。相对密度 D_r 是将天然孔隙比 e 与最疏松状态的孔隙比 e_{max} 及最密实状态的孔隙比 e_{min} 进行对比，作为衡量砂土密实度的指标，其表达式为：

$$D_r = \frac{e_{max} - e}{e_{max} - e_{min}} \tag{1.1.13}$$

由式(1.1.13)可知，若砂土的 $e=e_{max}$，则 $D_r=0$，砂土处于最疏松状态；若 $e=e_{min}$，则 $D_r=1$，砂土处于最密实状态。因此，工程上常按以下标准评价砂土的松密程度：$D_r \geqslant 0.67$ 时，为密实状态；$0.33<D_r<0.67$ 时，为中密状态；$D_r \leqslant 0.33$ 时，为松散状态。

采用相对密度 D_r 来评价砂土的松密程度在理论上是合理的，但在事实上，测定最大孔隙比 e_{max} 和最小孔隙比 e_{min} 没有统一标准，同时测定砂土的天然孔隙比 e 也有很大困难。由于这些原因，砂土的相对密度 D_r 的测定误差是很大的。故在实际工作中，应用较多的是现场标准贯入试验品来评价砂土的松密程度。

3. 标准贯入试验判别

标准贯入试验是在现场进行的原位试验。该方法是用质量为 63.5 kg 的穿心锤，以 76 cm 的落距将贯入器打入土中 30 cm 时所需要的锤击数作为判别指标，称为标准入锤击数 N。显然，锤击数 N 越大，表明土层越密实；锤击数 N 越小，表明土层越疏松。我国《岩土工程勘察规范》(GB 50021—2001)中按标准贯入锤击数 N 划分砂土密度的标准，如表 1-1-8 所示。

表 1-1-8　按标准贯入锤击数 N 值确定砂土密实度

密实度	松散	稍密	中密	密实
标准贯入锤击数 N	$N \leqslant 10$	$10<N \leqslant 15$	$15<N \leqslant 30$	$N>30$

1.4.2　黏性土的稠度

1. 稠度状态

黏性土随着含水率的变化，可具有不同的状态。当含水率很高时，土可成为液体状态的泥浆；随着含水率的减少，土的流动性逐渐消失，开始一种奇特性质——可塑性（即在外力作用下，土可以塑成任何形态而不产生裂缝，解除外力后仍保持其所塑形状），进入可塑状态；当含水率继续减小，土失去了可塑性，变成半固态；直至到达固态，体积不再收缩（见图 1-1-6）。这几种状态反映了黏土的软硬程度或抵抗外力的能力，称为稠度，即稠度是指黏性土在某一含水率下抵抗外力作用而变形或破坏的能力，是黏性土最主要的物理状态指标。

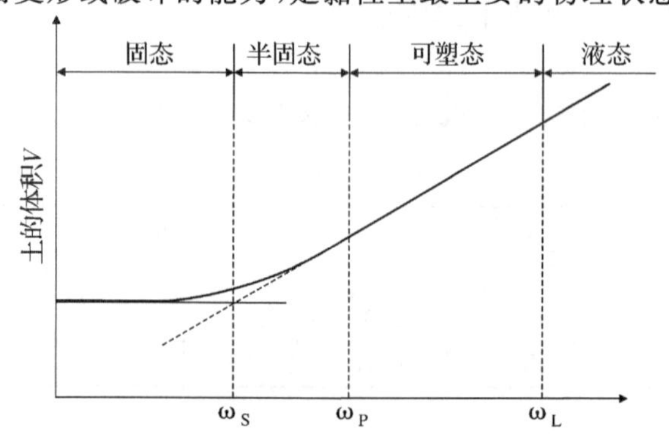

图 1-1-6　黏性土的界限含水率

2. 界限含水率

黏性土由一种状态转变为另一种状态的分界含水率称为界限含水率，也称稠度界限。它对黏性土的分类及工程性质的评价有重要意义。

(1)液限 ω_l。液限也称流限，是可塑状态与液态的分界含水率。我国采用锥式液限仪(见图 1-1-7)来测定黏性土的液限。锥式仪重 76 kg，锥尖顶角 30°，将土样调制成膏状，使锥尖接触土面并在自重条件下沉入土膏中，当 5 s 时沉入深度恰好是 10 mm(17 mm)时的含水率即为液限。

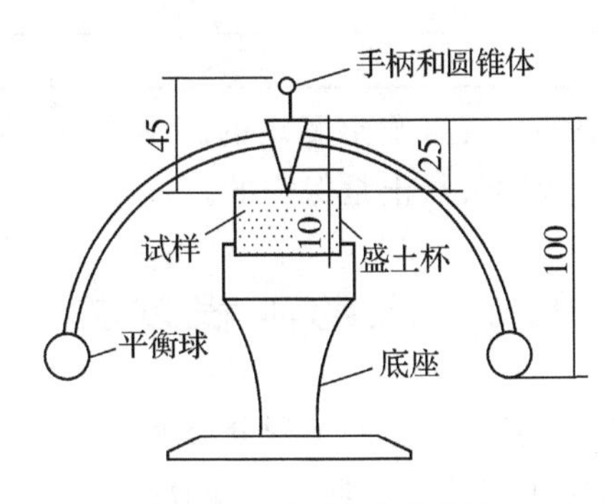

图 1-1-7 锥式液限仪

(2)塑限 ω_p。半固态与可塑态的分界含水率，称为塑限。塑限一般采用滚搓法测定，即用双手将天然湿度的土样搓成小圆球(球径小于 10 mm)，放在毛玻璃板上再用手掌慢慢搓滚成水土条，若土条搓到直径 3 mm 时恰好开始断裂，这时断裂土条的含水率就是塑限 。滚搓法受人为因素的影响较大，因而成果不稳定。

(3)缩限 ω_s。固态与半固态的分界含水率称缩限，也指黏性土随着含水率的减小而体积不再变化时的含水率。土的缩限用收缩皿法测定。《土工试验规程》中规定，液限和塑限的测定采用液、塑限联合测定仪，锥式液限仪测定土的液限，滚搓法测定土的塑限，收缩皿法测定土的缩限，具体试验方法和有关规定可参阅该试验规程。

3. 塑性指数与液限指数

(1)塑性指数 I_P。液限和塑限之差的百分数值(去掉百分号)称塑性指数，用 I_P 表示，取整数，即

$$I_p = \omega_l - \omega_p \tag{1.1.14}$$

塑性指数表示处在可塑状态时土的含水率变化范围。其值越大，土的塑性也越高。黏性土的塑性高低，与黏粒含量有关，一般黏粒含量越多，矿物的亲水性越强，结合水的含量越大，因而土的塑性也就越大。所以塑性指数是一个全面反映土的组成情况的指标。《建筑地基基础设计规范》(GB 50007—2002)中规定塑性指数 $I_P>10$ 的土为黏性土；$10<I_P\leqslant17$ 为粉质黏土；$I_P>17$ 为黏土。

(2)液性指数 I_L。含水率对黏性土的状态有很大的影响，但对于不同的土，即使具有相同的含水量，也未必处于同样的状态。黏性土的状态可用液性指数来判别，其定义为：

$$I_L = \frac{\omega - \omega_P}{\omega_l - \omega_P} = \frac{\omega - \omega_P}{I_P} \tag{1.1.15}$$

式中，I_L——液性指数，以小数表示；

ω——土的天然含水率；

其余符号意义同前。

由上式可知：当 $\omega \leqslant \omega_p$ 时，$I_L \leqslant 0$，土处于坚硬状态；当 $\omega > \omega_l$ 时，$I_L > 1$，土处于流动状态；当 $\omega_p < \omega \leqslant \omega_l$ 之间，即 I_L 在 0 与 1 之间为可塑状态。

GB 50007—2002《建筑地基基础设计规范》按 I_L 将黏性土的稠度状态划分见表 1－1－9。

表 1－1－9　黏性土的状态

状态	坚硬	硬塑	可塑	软塑	流塑
液限指数 I_L	$I_L \leqslant 0$	$0 < I_L \leqslant 0.25$	$0.25 < I_L \leqslant 0.75$	$0.75 < I_L \leqslant 1$	$I_L > 1$

值得注意的是：液限和塑限都是用重塑土测定的。用 I_L 判别黏性土的状态时，没有考虑土的结构影响，所以按上述标准判别天然土是保守的。

1.5　土的工程分类

自然界的土类众多，工程性质各异。土的工程分类就是根据实践经验，依照土的基本物理性质（如粒径、级配及塑性等），将工程性质相近的土划分类别，予以定名，以便在不同土类间做有价值的比较、评价、积累以及学术与经验交流，并使之直接应用于工程建设。

土的分类方法很多，不同部门由于研究目的不同，所以分类方法各异。现将《公路桥涵地基与基础设计规范》(JTG D63—2007)（简称《07 规范》）和水利部《土工试验规程》(SL 237—1999)（简称《99 规程》）中的分类方法分别作以简单介绍。

1.5.1　分类符号与符号构成

1. 分类符号

《99 规程》对各类土的分类名称都配有以英文字母组合的分类符号，以表示组成土的成分和级配特征，分类符号见表 1－1－10。

表 1－1－10　分类符号

土类	漂石(块 石)	卵石(碎石)	砾(角 砾)	砂	粉土	粘土	细粒土
符号	B	C_b	G	S	M	C	F
土类	混合土	有机质土	级配良好	级配不良	高液限	低液限	
符 号	S_l	O	W	P	H	L	

注：细粒土为黏土与粉土的合称，混合土为粗粒土与细粒土的合称。

2. 符号构成

表示土类的符号按下列规定构成：

(1)由 1 个符号构成时，即表示土的名称。

例：C_b——卵石，碎石；M——粉土。

(2)由 2 个基本符号构成时，第 1 个基本符号表示土的主要成分，第 2 个基本符号表示土的特征指标（土的液限或土的级配）。

例：GP——级配不良砾，CL——低液限黏土。

(3)由 3 个基本符号构成时，第 1 个基本符号表示土的主要成分，第 2 个基本符号表示液限的高低(或级配的好坏)，第3个基本符号表示土中含次要成分。

例：CHG——含砾高液限黏土；MLS——含砾低限粉土。

1.5.2 分类方法

首先对土进行观察鉴别，根据土中未完全分解的动植物残骸和无定形物质判定是有机土还是无机土。有机质呈黑色、青黑色或暗色，有臭味，手触有弹性和海绵感。当不能判别时，可由试验测定。

土的总的分类体系如图1-1-8所示。

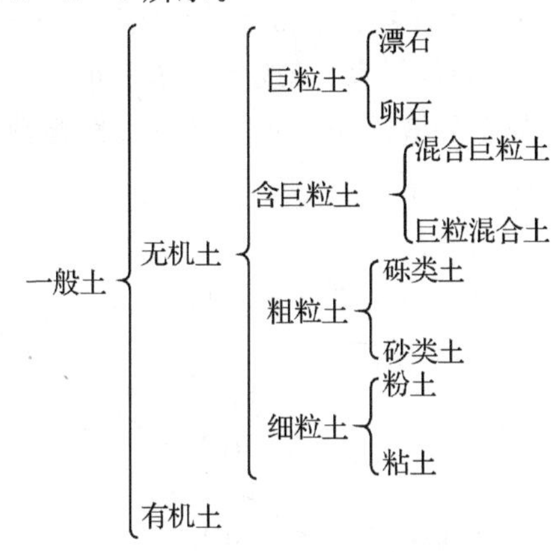

图1-1-8 土的总分类体系

1. 巨粒土和粗粒土的分类标准

巨粒土和含巨粒的土(包括混合巨粒土和巨粒混合土)以及粗粒土(包括砾类土和砂类土)，按粒组含量、级配指标(不均匀系数 C_U 和曲率系数 C_C)和所含细粒的塑性高低，划分为16种土类，如表1-1-11、表1-1-12、表1-1-13所示。

表1-1-11 巨粒土和含巨粒土的分类

土类	粒组含量		土代号	土名称
巨粒土	巨粒(5>60 mm)含量100%～75%	漂石粒(*d*>200 mm>50%)	B	漂石
		漂石粒不大于50%	C_b	卵石
混合巨粒土	巨粒含量小于75%，大于50%	漂石粒大于50%	BS_l	混合土漂石
		漂石粒不大于50%	CbS_l	混合土卵石
巨粒混合土	巨粒含量50%～15%	漂石粒大于卵石粒(*d*=60～200 mm)	S_lB	漂石混合土
		漂石粒不大于卵石粒	S_lC_b	卵石混合土

表1-1-12 砾类土的分类($2\ \mathrm{mm}<d\leqslant 60\ \mathrm{mm}$ 砾粒组含量>50%)

土类	粒组含量		土代号	土名称
砾	细粒含量小于5%	级配：$C_U\geqslant 5$，$C_C=1\sim 3$	GW	级配良好砾
		级配：不同时满足上述要求	GP	级配不良砾
含细粒土砾	细粒含量5%～15%		GF	含细粒土砾
细粒土质砾	细粒含量大于15%，不大于50%	细粒为黏土	GC	黏土质砾
		细粒为粉土	GM	粉土质砾

表 1-1-13　砂类土的分类(砾类组含量≤50%)

土类	粒组含量		土代号	土名称
砂	细粒含量小于 5%	级配：$C_U \geqslant 5, C_C = 1 \sim 3$	SW	级配良好砾
		级配：不同时满足上述要求	SP	级配不良砾
含细粒土砂	细粒含量 5%～15%		SF	含细粒土砾
细粒土质砂	细粒含量大于 15%，不大于 50%	细粒为黏土	SC	黏土质砾
		细粒为粉土	SM	粉土质砾

2. 细粒土的分类标准

细粒土是指粗粒组(0.075 mm$<d\leqslant$60 mm)含量小于 25%的土，也可表述为试样中细粒组(包括粉粒和黏粒，$d\leqslant$0.075 mm)，质量大于或等于总质量 50%的土称细粒土，参照塑性图可进一步细分。塑性图横坐标为土的液限 ω_L、纵坐标为塑性指数 I_p，塑性图中有两条界限线(A 线、B 线)，如图 1-1-9 所示。

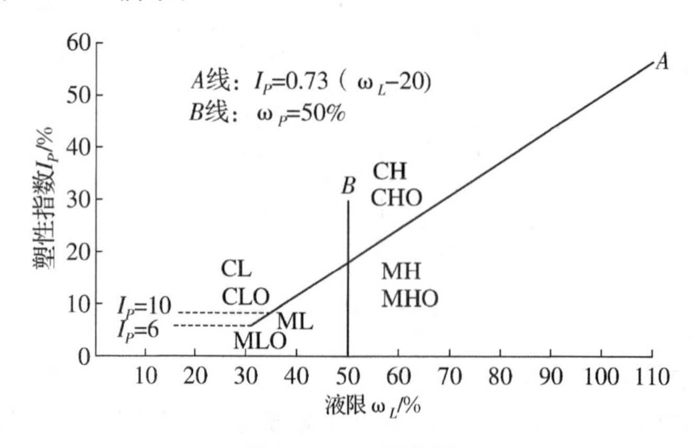

图 1-1-9　塑性图

细粒土应按塑性图中的位置确定土的类别，并按表 1-1-14 分类和定名。

表 1-1-14　细粒土的分类(17 mm 液限)

土的塑性指标在塑性图中的位置		土代号	土名称
塑性指数 I_P	液限 ω_1/%		
$I_P\geqslant 0.73(\omega_1-20)$ 和 $I_P\geqslant 10$	$\omega_1\geqslant 50$	CH	高液限黏土
	$\omega_1<50$	CL	低液限黏土
$I_P<0.73(\omega_1-20)$ 和 $I_P<10$	$\omega_1\geqslant 50$	MH	高液限粉土
	$\omega_1<50$	ML	低液限粉土

若细粒土内粗粒含量为 25%～50%，则该土属于含粗粒的细粒土。这类土的分类仍按上述塑性图进行划分，并根据所含粗粒类型进行如下分类：

(1)当粗粒中砾粒占优势，称为含砾细粒土，在细粒土符号后缀以符号 G，例如含砾低液限黏土，符号为 CLG。

(2)当粗粒中砂占优势，称为含砂细粒土，在细粒土符号后缀以符号 S，例如含砂高液限黏土，符号为 CHS。

若细粒土内含有机质，则土名前加“有机质”，对有机质细粒土的符号后缀以符号 O。例如低液限有机质粉土，符号 MLO。

【例 1-1-4】 从某无机土样的颗粒级配曲线上查得大于 0.075 mm 的颗粒含量为 97%，大于 2 mm 的颗粒含量为 63%，大于 60 mm 的颗粒含量为 7%，$d_{60}=3.55$ mm，$d_{30}=1.65$ mm，$d_{10}=0.30$ mm。试按 SL 237—1999 规范对土分类定名。

解 (1)该土样的粗粒组含量为(粒径范围：60 mm$\geqslant d>$0.075 mm)：

97%−7%=90%>50%，该土属粗粒类土。

(2)该土样砾粒组含量为(粒径范围：60 mm$\geqslant d>$2.0 mm)：63%−7%=56%>50%，该土属砾类土。

(3)该土样细粒组含量为(粒径范围：$d\leqslant$0.075 mm)：100%−97%=3%<5%，查表 1-1-1，该土属于砾，需根据级配情况进行细分。

(4)该土的不均匀系数 $C_u=\dfrac{d_{60}}{d_{10}}=\dfrac{3.55}{0.30}=11.8>5$；

曲率系数 $C_c=\dfrac{d_{30}^2}{d_{60}d_{10}}=\dfrac{1.65^2}{3.55\times 0.30}=2.56$，在 1 到 3 之间；故级配良好。

因此该土定名为级配良好的砾，即 GW。

【例 1-1-5】 已知从某土样的颗粒级配曲线上查得：大于 0.075 mm 的颗粒含量为 64%，大于 2 mm 的颗粒含量为 8.5%，大于 0.25 的颗粒含量为 38.5%，并测得该土样细粒部分的液限 $\omega_L=38\%$，塑限 $\omega_p=19\%$，试按《99 规程》对土分类定名。

解 (1)该土样粗粒含量为 64%>50%，所以该土属粗粒类土。

(2)该土样砾粒组含量为 8.5%<50%，所以该土属砂类土。

(3)该土样细粒含量为 100%−64%=36%，查表 1-1-13，在 15%到 50%之间，所以该土为细粒土质砂，应根据塑性图进一步细分。

(4)因该土的塑性指数 $I_P=38-19=19$，$\omega_L=38\%$，查塑性图(见图 1-1-12)，坐标交点落在 CL 区，故该土的最后定名为黏土质砂，即 SC。

【例 1-1-6】 从某土样颗粒级配曲线上查得：大于 0.075 mm 的颗粒含量为 38%，大于 2 mm 的颗粒含量为 13%，并测得该土样细粒部分的液限 $\omega_L=47\%$，塑性 $\omega_p=24\%$，试按《99 规程》对土分类定名。

解 (1)该土样细粒组含量为 100%−38%=62%>50%，所以该土属细粒类土。

(2)该土样粗粒组含量为 38%，在 25%到 50%之间，故该土属含粗粒的细粒土，应先按塑性图定出细粒土的名称。

(3)土样的塑性指数 $I_P=47-24=23$，$\omega_L=47\%$，查塑性图(见图 1-1-11)坐标交点落在 CH 区，再判断粗粒中是砾粒占优势还是砾粒占优势。

(4)因该土样砾粒组含量为 13%，砾粒组含量为 38%−13%=25%，故砾粒占优势，称含砂细粒土，应在细粒土符号后缀以符号 S。因此，该土的最后定名为含砂高液限黏土，即为 CHS。

本章思考题

1. 什么叫土？土是怎么样形成的？粗粒土和细粒土的组成有何不同？

2. 何谓土的级配？土的级配曲线是怎样绘制的？为什么级配曲线用半对数坐标？

3. 何谓土的结构？土的结构有哪几种类型？它们各有何特征？

4. 土的级配曲线的特征可用哪几种系数来表示？它们的定义如何？

5. 什么叫自由水？自由水又可分为哪两种？

6. 什么叫土的物理性质指标？土的物理性质指标是怎样定义的？其中有哪三种基本指标？

7. 什么叫砂土的相对密实度？有何用途？

8. 何谓黏性土的稠度？黏性土随着含水率的不同分为几种状态？各有何特征？

9. 何谓土的击实性？击实性的目的是什么？

10. 土的击实性与哪些因素有关？何谓土的最大干密度和最优含水率？

11. 土的工程分类的目的是什么？

12. 什么叫粗粒土？什么叫细粒土？

本章习题

1. 有A、B两个土样，通过室内试验测得其粒径与小于该粒径的土粒质量如题表1-1-1、题表1-1-2所示，试绘制出它们的颗粒级配曲线并求出C_u和C_c值，同时判别级配的优劣。

题表1-1-1　A土样试验资料(总质量500 g)

粒径 d/mm	5	2	1	0.5	0.25	0.1	0.075
小于该粒径的质量/g	500	460	310	185	125	75	30

题表1-1-2　B土样试验资料(总质量30 g)

粒径 d/mm	0.075	0.05	0.02	0.01	0.005	0.002	0.001
小于该粒径的质量/g	30	28.8	26.7	23.1	15.9	5.7	2.1

2. 用体积为60 cm^3环刀切取土样，测得质量为110 g，烘干后质量为93 g，土样比重2.70，求该土样的含水率、湿重度、饱和重度、干重度。

3. 某原状土样，测得该土的$\gamma=17.8\ kN/m^3$，$\omega=25\%$，$G_3=2.65$，试计算该土的干重度γ_d、孔隙比e、饱和重度γ_{sat}、浮重度γ'和饱和度S_r。

4. 有土样1000 g，它的含水率为6.0%，若使它的含水率增加到16.0%，问需要加多少水？

5. 有一砂土层，测得其天然密度为1.77 g/cm^3，天然含水率为9.8%，土粒的比重为2.70，烘干后测得最小孔隙比为0.46，最大孔隙比为0.94，试求天然孔隙比e和相对密实度D_r，并判别该砂土层处于何种密实状态。

6. 今有两种土，其性质指标如题表1-1-3所示。试通过计算判断下列说法是否正确。

(1)土样A的密度比土样B的密度大。

(2)土样A的干密度比土样B的干密度大。

(3)土样A的孔隙比比土样B的孔隙比大。

题表 1-1-3　A、B 土样的性质指标

土样 / 性质指标	A	B	土样 / 性质指标	A	B
含水率/%	15.0	6.0	饱和度/%	50.0	30.0
土粒比重	2.75	2.68			

7. 一黏性土的击实试验成果如题表 1-1-4 所示，试绘制该土的击实曲线并确定其最优含水率和最大干密度。

题表 1-1-4　某黏性土的击实试验成果表

含水率/%	9.0	12.0	15.5	18.5	21.0
干密度/(g/cm³)	1.55	1.58	1.60	1.60	1.59

8. 某碾压土坝的土方量为 2×105 m³，设计填筑干密度为 1.65 g/cm³。料场土的含水率为 12.0%，天然密度为 1.70 g/cm³，液限为 32.0%，塑限外围 20.0%，土料的比重为 2.72。问：

(1)为满足填筑土坝需要，料场至少要有多少方土料？

(2)如每日坝体的填筑量为 3000 m³，该土的最优含水率为塑限的 95%，为达到最佳碾压效果，每日共需要加水多少？

(3)土坝填筑后的饱和度是多少？

9. 有 A、B、C 三种土，它们的颗粒级配曲线如题图 1-1-1 所示。已知 B 土样的液限为 38%，塑限为 19%，C 土的液限为 47%，塑限为 24%。试对这三种土进行分类。

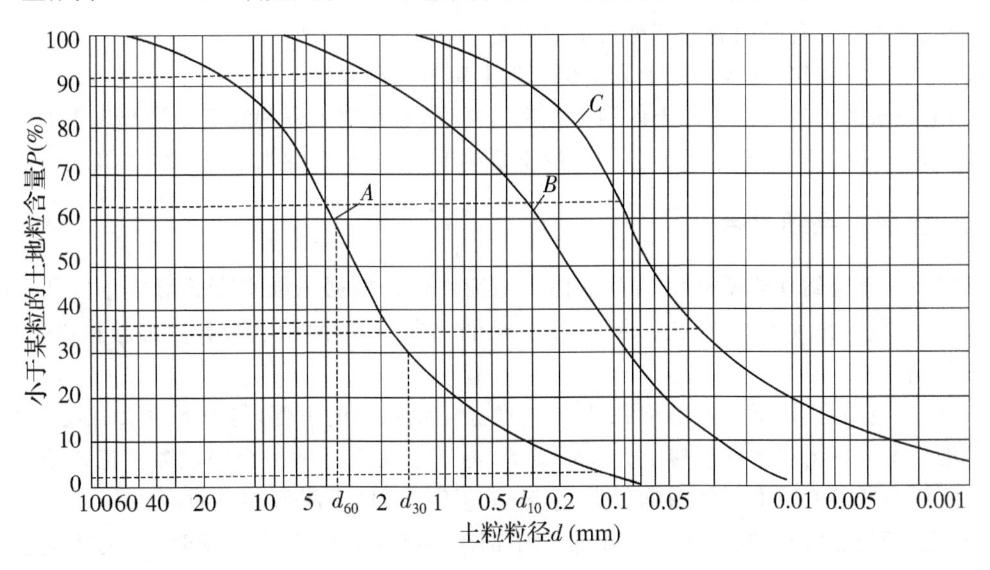

题图　1-1-1

第2章 土的渗透性及渗流

土是固体颗粒的集合体，是一种碎散的多孔介质，其孔隙在空间中互相连通。土中的水在土的孔隙中运动，其运动原因和形式很多，例如：在重力的作用下，地下水的流动（土的渗透性问题）；在土中附加应力作用下，孔隙水的挤出（土的固结问题）；由于表面现象产生的水分移动（土的毛细现象）；在土颗粒分子引力作用下结合水的移动（冻结时土中水分的移动）；由于空隙水溶液中离子浓度的差别产生的渗附现象等。土中水的运动将对土的性质产生影响，在许多工程实践中碰到的问题，如流砂、冻胀、渗透固结、渗流时的边坡稳定等，都与土中水的运动有关。所以本章着重研究土中水的运动规律及其对土性质的影响。

2.1 土的毛细性

土的毛细性是指土中的毛细空隙能使水产生毛细现象的性质。土的毛细现象是指土中水在表面张力的作用下，沿着细的空隙向上及向其他方向移动的现象。这种细微孔隙中的水被称为毛细水。土的毛细现象在以下几方面对工程有影响：

(1)毛细水的上升是引起路基冻害的因素之一。

(2)对于房屋建筑，毛细水的上升会引起地下室过分潮湿。

(3)毛细水的上升可能引起土的沼泽化和盐泽化，对建筑工程和农业经济都有很大影响。

为了认识土的毛细现象，下面分别讨论土层中毛细水带、毛细水上升高度以及毛细压力。

2.1.1 土层中毛细水带

土层中由于毛细现象所润湿的范围称为毛细水带。根据毛细水带的形成条件和分布状况，将土层中的毛细水划分为三个带，即正常毛细水带、毛细网状水带和毛细悬挂水带，如图1-2-1所示。

(1)正常毛细水带（又称毛细饱和带）。它位于毛细水带的下部，与地下潜水相通。这一部分的毛细水主要是由潜水面直接上升而形成的，毛细水几乎充满了全部空隙。正常毛细水带受地下水位季节性升降变化的影响很大，会随着地下水位的升降作相应的移动。

(2)毛细网状水带。它位于毛细水带的中部。当地下水位急剧下降时，它也随着急速下降，只是在较细的毛细孔隙中有一部分毛细水来不及移动，仍残留在孔隙中，而在较粗的空隙中因毛细水下降，孔隙中留下空气泡，这样，使毛细水成网状分布。毛细网状水带中的水，可以在表面张力和重力的作用下移动。

(3)毛细悬挂水带（又称上层毛细水带）。它位于毛细水带的上部。这一带的毛细水是由地表水渗入而形成的，水悬挂在土颗粒之间，它不与中部和下部的毛细水相连。毛细悬挂水受地面的温度和湿度的影响很大，常发生蒸发与渗透的“对流”作用，使土的表层结构遭到破坏。

当地表有大气降水补给时，毛细悬挂水在重力作用下向下移动。

上述三个毛细水带不一定同时存在，这取决于当地水文地质条件。当地下水位很高时，可能就只有正常的毛细水带，而没有毛细悬挂水带和毛细网状水带；反之，当地下水位较低时，则可能同时出现三个水带。

在毛细水带内，土的含水量是随深度变化的。图 1－2－1 右侧为含水量分布曲线，曲线表明：自地下水位向上含水量逐渐减小，但到毛细悬挂水带后，含水量有所增加。调查了解土层中毛细水含水量的变化，对土质路基、地基的稳定分析有重要意义。

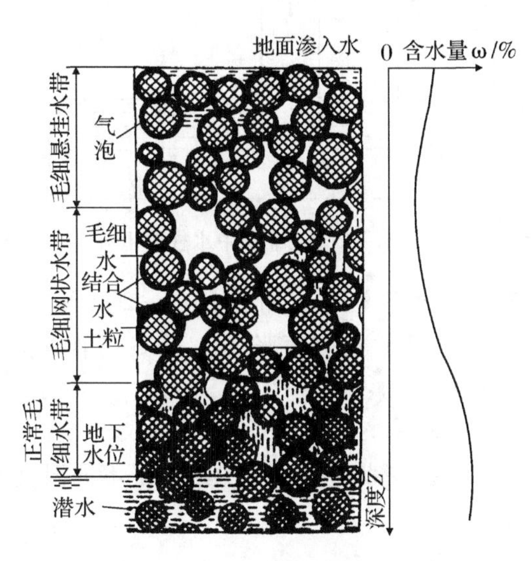

图 1－2－1　土层中的毛细水带

2.1.2　毛细水上升高度及上升速度

为了解土中毛细水的上升高度，可以借助于水在毛细管内上升的现象来说明。一根毛细管插入水中，可以看到水会沿毛细管上升，使毛细管内的液面高于其外部水位。为什么会出现这一现象呢？我们知道水与空气的分界面上存在着表面张力，而液体总是力图缩小自己的表面积。一方面是表面的自由能最小，这也就是一滴水珠总是成为球状的原因；另一方面，毛细管管壁的分子和水分子之间有引力作用，这个引力使与管壁接触部分的水面呈弯曲状，这种现象称为湿润现象。当毛细管的直径较细时，毛细管内水面的弯曲面互相连接，形成内凹的弯液面状，如图 1－2－2 所示。这种内凹的弯液面表明管壁和液体是互相吸引的（即可湿润的）；如果管壁和液体之间不互相吸引，称为不可湿润的，那么毛细管内液体弯液面的形状是外凸的，如毛细管内水银柱面就是这样。

在毛细管内的水柱，由于湿润现象使弯液面成内凹状时，水柱的表面积就增加了，这时由于管壁与水分子之间的引力很大，促使管内水柱升高，从而改变弯液面形状，缩小表面积，降低表面自由能。但当水柱升高改变了弯液面的形状时，管壁与水之间的湿润现象又会使水柱面恢复为内凹的湾液面状。这样周而复始，使毛细管内的水柱上升，直到升高的水柱重力和管壁与水分子间的引力所产生的上举力平衡为止。

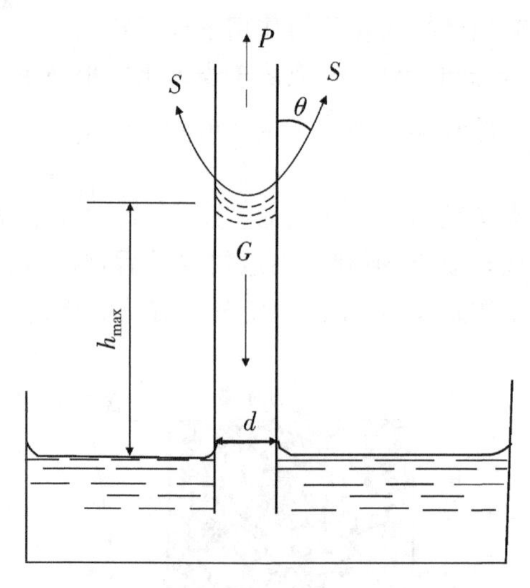

图 1-2-2　毛细管中水柱的上升

若毛细管内的水柱上升到最大高度 h_{max}，如图 1-2-2 所示。根据平衡条件知道管壁与弯液面水分子间引力的合力 S 等于水的表面张力 σ，若 S 与管壁间的夹角为 θ（亦称为湿润角），则作为毛细水柱上的上举力 P 为：

$$P = S \cdot 2\pi r\cos\theta = 2\pi r\cos\theta \tag{1.2.1}$$

式中，σ——水的表面张力（N/m）。在表 1-2-1 中给出了不同温度时，水与空气间的表面张力值；

r——毛细管的半径；

θ——湿润角，它的大小取决于管壁材料及液体性质，对于毛细管内的水柱，可以认为 $\theta=0$，即认为是完全湿润的。

毛细管内上升水柱的重力 G 为：

$$G=\gamma_w \pi r^2 h_{max} \tag{1.2.2}$$

式中，γ_w——水的容重。

当毛细水上升到最大高度时，毛细水柱受到的上举力和水柱重力平衡，由此得：

$$P=G$$

即

$$2\pi r\sigma\cos\theta = \gamma_w \pi r 2 h_{max}$$

若令 $\theta=0$，可求得毛细水上升到最大高度的计算公式为：

$$h_{max} = \frac{2\sigma}{r\gamma_w} = \frac{4\sigma}{d\gamma_w} \tag{1.2.3}$$

式中，d——毛细管的直径，$d=2r$。

从式(1.2.3)中可以看出，毛细水上升高度是和毛细管直径成反比的，毛细管直径越细时，毛细管水位上升高度越大。

表 1-2-1　水与空气间的表面张力 σ 值

温度	−5	0	5	10	15	20	30	40
表面张力 σ /(N/m)	76.4×10^3	75.6×10^3	74.9×10^3	74.2×10^3	73.5×10^3	72.8×10^3	71.2×10^3	69.6×10^3

在天然土层中，毛细水的上升高度不能简单地直接引用式(1.2.3)计算。这是因为土中的孔隙是不规则的，与圆柱状的毛细管根本不同，特别是土颗粒与水之间积极的物理化学作用，使得天然土层中的毛细现象比毛细管的情况复杂得多。例如，假定黏土颗粒为直径等于0.0005 mm的圆球，那么这种假想黏土堆置起来的空隙直径 $d\approx0.00001$ cm，代入式(1.2.3)中，将得到毛细水上升高度 $h_{max}=300$ m，这在实际土层中是根本不可能观测到的，在天然土层中毛细水上升的实际高度很少超过数米。

实际中有一些估算毛细水上升高度的经验公式，如海森(A. Hazen)的经验公式：

$$h_C=\frac{C}{ed_{10}} \tag{1.2.4}$$

式中，h_C——毛细水上升高度(m)；

e——土的空隙比；

d_{10}——土的有效粒径(m)；

C——系数，与土粒形状及表面洁净情况有关，$C=1\times10^5\sim5\times10^5$ (m²)。

在黏性土颗粒周围吸附这一层结合水膜，这一层水膜将影响毛细水弯液面的形成。此外，结合水膜将减小途中孔隙的有效直径，使得毛细水在上升时受到很大阻力，上升速度很慢，上升的高度也受到影响。当黏土粒间的空隙被结合水完全充满时，毛细水的上升也就停止了。

关于毛细水上升的速度，和上升高度一样，也与土粒及其粒间空隙大小有关。根据实验：用人工制备的石英砂，以不同粒径的土测试其毛细水上升速度与上升高度的关系，如图1-2-3所示。

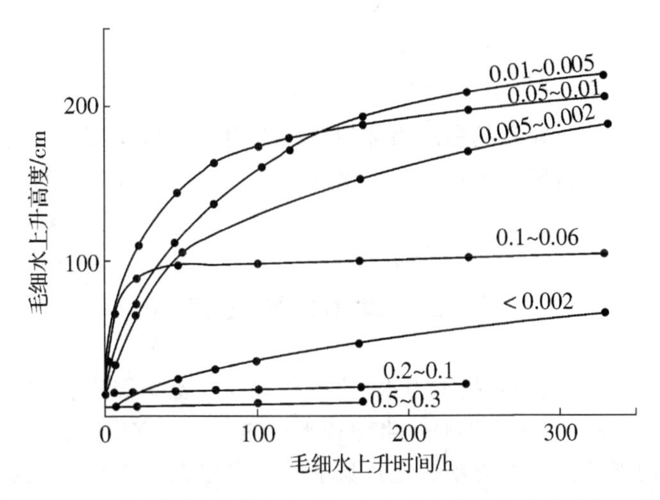

图1-2-3　在不同粒径的土中毛细水上升速度与上升高度关系曲线

(1)粒径 $d=0.05\sim0.005$ mm的粉土，上升的最大高度可达200 cm以上，其上升速度开始为1.75 cm/h，100 h以后，毛细水上升速度明显减慢，约为0.017 cm/h，直到达到最大高度为止。

(2)粒径 $d=0.1\sim0.06$ mm的极细砂土，开始以4.5 cm/h速度上升，20 h以后上升速度骤减以0.125 cm/h上升，在80 h内毛细水仅上升10 cm。

(3)粒径 $d=0.2\sim0.1$ mm的细砂及中砂土，毛细水上升高度约为20 cm左右，开始以5.5～6 cm/h速度上升很快，在数小时即可接近最高值，然后以极慢的速率上升直到最高值。

总的来说，毛细水在土中不是匀速上升的，而是随着高度的增加而减慢，直至接近最大高度时，渐趋近于零。再从粒径而言，在较粗颗粒土中，毛细水上升一开始进行得很快，以后逐渐缓慢，而且较粗颗粒的曲线为细颗粒的曲线所穿过，这说明细颗粒土毛细水上升高度较大，但上升速度较慢。

2.1.3 毛细水压力

干燥的砂土是松散的，颗粒间没有黏结力，水下的饱和砂土也是这样。但有一定含水量的湿砂，却表现出颗粒间有一些黏结力，如湿砂可捏成砂团。在湿砂中有时可挖成直线的坑壁，短期内不会塌陷。这些都说明湿砂的土粒间有一些黏结力，这个黏结力是由于土粒间接触面上有一些水的毛细压力所形成的。

毛细压力可以用图1-2-4来说明。图中两个土粒(假想是球体)的接触面间有一些毛细水，由于土粒表面的湿润作用，使毛细水形成弯液面。在水和空气的分界面上产生的表面张力是沿着弯液面切线方向作用的，它促使两个土粒互相靠拢，在土粒的接触面上就产生一个压力，称为毛细压力 P_k。

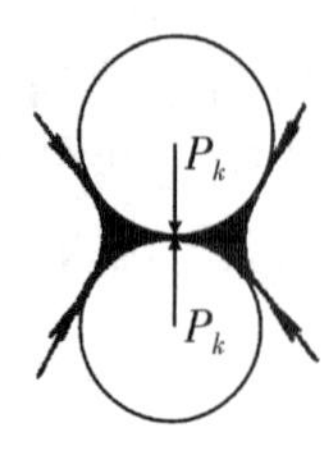

图1-2-4 毛细压力示意图

由毛细压力所产生的土粒间的黏结力称为假内聚力。当砂土完全干燥时，或砂土浸没在水中，孔隙中完全充满水时，颗粒间没有孔隙水或者孔隙水不存在弯液面，这时毛细水压力也就消失了。

2.2 土的渗透性

本节研究土中孔隙水(主要是指重力水)的运动规律。土是固定颗粒的集合体，是一种碎散的多孔介质，其孔隙在空间互相连通。当饱和土中的两点存在能量差时，水就在土中的孔隙水中从能量高的点向能量低的点流动。土孔隙中的自由水在重力作用下发生运动的现象，称为水的渗透。在道路及桥梁工程中常需要了解土的渗透性。例如桥梁墩台基坑开挖排水时，需要了解土的渗透性，以配置排水设备；在河滩上修筑渗水路堤时，需要考虑路堤填料的渗透性；在计算饱和黏土层上建筑物的沉降和时间的关系时，需要掌握土的渗透性。

土的渗透性同土的强度和变形特性，是土质学与力学中所研究的几个主要的力学性质。岩土工程的各个领域内，许多课题都与土的渗透性有密切的关系。本节讨论以下三个方面的问题：①土中水渗透性的基本规律(层流渗透定律)；②影响土渗透性的一些因素；③动水力及流砂现象。

2.2.1　土的层流渗透定律——达西定律

水在土孔隙中渗流，如图 1-2-5 所示。土中 a、b 两点，已测得 a 点的水头为 H_1、b 点的水头为 H_2（所谓水头，实际上就是单位重量水质所具有的能量），$H_1>H_2$，水自高水头的 a 点流向低水头的 b 点，水流流经长度为 L。由于土的空隙通道很小，且很曲折，渗流过程中黏滞阻力很大，所以，在大多数情况下，水在土空隙中的流速较小，可以认为是属于层流，即水流全部质点以平行而不混杂的方式分层流动，那么土中水的渗流规律可以认为是符合层流渗透定律，这个定律是 100 多年前法国工程师达西（H. Darcy，1856）根据砂土的实验结果得到的，也称达西定律。它是指在层流状态的渗透中，渗透速度 v 与水力梯度 J 的一次方成正比，并与土的性质有关。即：

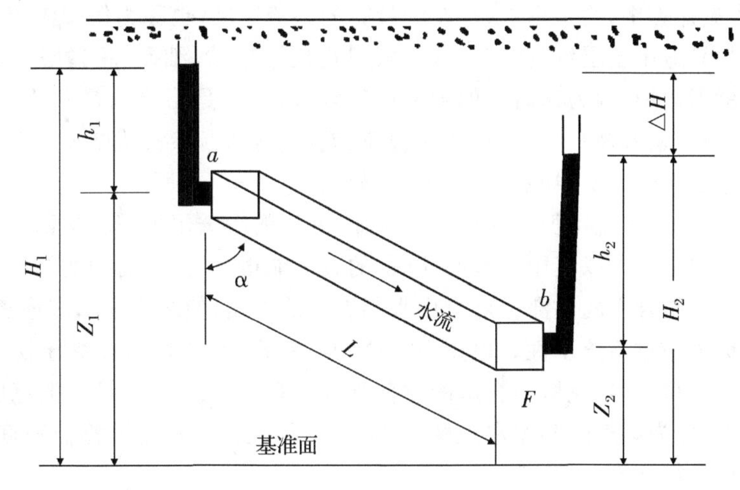

图 1-2-5　水在土孔隙中渗流

$$V=KJ \tag{1.2.5}$$

或

$$Q=KJF \tag{1.2.6}$$

式中，v——断面平均渗透速度（m/s）；

J——水力梯度。即沿着水流方向单位长度的水头差，$J=\dfrac{\Delta H}{L}$，如图 1-2-5 中 a、b 两点的水力梯度 $J=\dfrac{\Delta H}{L}=\dfrac{H_1}{H_2}$；

K——反应土的渗水性能的比例系数，称为土的渗透系数（m/s）。它相当于水力梯度 $J=1$ 时的渗透度，故其量纲与流速相同，各种土的渗透系数参考值见表 1-2-2；

Q——渗透流量（m^3/s），即单位时间内流过土截面积 F 的流量。

表 1-2-2　土的渗透系数值

土的类别	渗透系数/(m/s)	土的类别	渗透系数/(m/s)
黏土	$<5\times10^{8}$	细砂	$10^{5}\sim5\times10^{6}$
轻黏土	$<5\times10^{8}\sim10^{6}$	中砂	$5\times10^{6}\sim2\times10^{4}$
轻亚黏土	$10^{6}\sim5\times10^{6}$	粗砂	$2\times10^{4}\sim5\times10^{4}$
黄土	$2.5\times10^{6}\sim5\times10^{6}$	圆砾	$5\times10^{4}\sim10^{3}$
粉砂	$5\times10^{6}\sim10^{5}$	卵石	$10^{3}\sim5\times10^{3}$

应当指出，式(1.2.5)中的渗透流速 v 并不是土空隙中水的实际平均流速。因为公式中采用的是土样的整个断面积，其中包括了土粒骨架所占的部分面积在内。显然，土粒本身是不能渗透水的，故真实的过水面积应小于 F，从而土中空隙水的实际平均流速 V_0 要比公式(1.2.5)的计算平均流速 v 要大，它们之间的关系为：

$$V_0=\frac{v}{n} \tag{1.2.7}$$

式中，n——土的孔隙率。

由于水在土中沿空隙流动的实际路径十分复杂，V_0 也并非渗流的真实速度。要想真正确定某一具体位置的真实流动速度，无论理论还是实验方法都很难做到。从工程应用角度而言，也没有必要。对于解决实际工程问题，最重要的是在某一范围内宏观渗流的平均效果，所以，为了研究方便，渗流计算中，均采用式(1.2.5)计算的渗流速度，也称为假想渗流速度。

由于达西定律只适用于层流的情况，故一般只适用于中砂、细砂、粉砂等。对细砂、砾石、卵石等粗颗粒土就不适用，因为这时水的渗流速度较大，已不是层流而是紊流，即水流是紊乱的，各质点运动轨迹不是有规则的，质点相互碰撞、混掺。这时，渗流速度 v 与水力速度 J 之间的关系不再保持直线而变为次线性的曲线关系，如图 1-2-6(a)所示。

另一种情况，黏土的渗流特征也偏离达西定律，其中的渗透规律需将达西定律进行修正。

在黏土中，由于黏粒(尤以其中含有胶粒时)的表面能很大，使其周围的结合水具有极大的黏滞性和抗剪强度。结合水的黏滞性对自由水起着黏滞作用，使之不易形成渗流现象，故将黏性土的渗水性能称为相对不透水性。也正由于这种黏滞作用，自由水在黏土层中必须具备足够大的水头差(或水力梯度)，克服结合水的抗剪强度才能发生渗流。我们把克服此抗剪强度所需要的水力梯度，称为黏土的起始水力梯度 J_0。于是，在计算黏土的渗流速度时，应按下述修正后的达西定律进行计算：

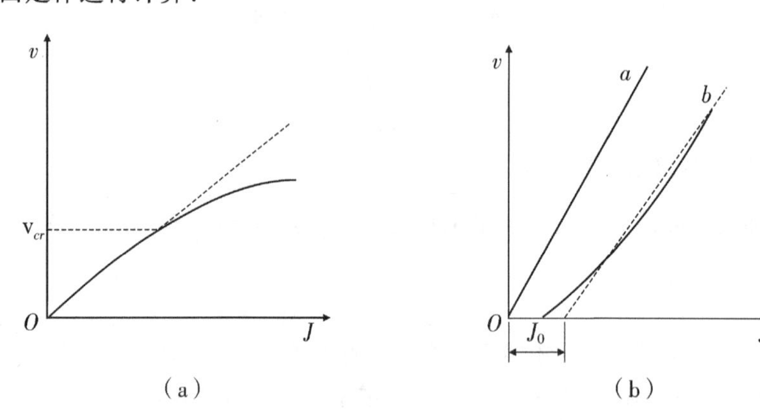

图 1-2-6　渗透速度与水力梯度的非线性关系

$$v=K(J-J_0) \tag{1.2.8}$$

现以砂土和黏土的渗透规律为例来分析。如图 1-2-6(b)所示：在 $v-J$ 坐标中，a 线表示砂土的 $v-J$ 关系，b 线表示黏土的 $v-J$ 关系。由图中可见，砂土只要 $J>0$ 就开始渗透，并随 J 值的增大，流速也增加；而黏土在 $J<J_0$ 时，$v=0$，即没有发生渗流现象，要待水力梯度达到 $J>J_0$ 时，自由水才开始发生渗流。一般常以 b 线交于 J 轴上的直线代替曲线(图中的虚线)。于是，从图中可以看出：b 线黏土当 $J>J_0$ 时才开始渗流，自此后，服从于达西定律：随着水力梯度的增高，渗透速度增大。

2.2.2 土的渗透系数

土的渗透系数 K 是一个代表土的渗透性强弱的定量指标，也是渗流计算时必须用到的一个基本参数。不同种类的土，K 值差别很大。准确地测定土的渗透系数是一项十分重要的工作。

渗透系数的测定方法主要分实验内测定和野外现场测定两大类。但在实际工程中，常采用最简便的方法是根据经验数值表 1-2-2 选用。

1. 实验室测定法

目前试验室中测定渗透系数 K 的仪器种类和试验方法很多，但从试验原理上大体可分为常水头法和变水头法两种。

常水头试验法就是在整个试验过程中保持水头为一常数，从而水头差也为常数；变水头试验法就是试验过程中水头差一直在随时间而变化。

有关常水头实验法和变水头试验法的试验目的、适用范围、基本原理、仪器设备、实验步骤等方面的内容请参见《公路土工试验规程》。

2. 现场测定法

在现场研究场地的渗透性，进行渗透系数 K 的测定时，常用现场井孔抽水试验或井孔注水试验的方法。对于粗颗粒土或成层的土，由于室内试验时不易取得原状土样，或者土样不能反映天然土层的层次或土颗粒排列情况，所以，用现场测定法测出的 K 值要比室内试验准确。下面主要介绍用现场抽水试验确定 K 值的方法。注水试验的原理与抽水试验类似，需要用时可参考水文地质有关资料。图 1-2-7 为一现场井孔抽水试验实验图。

在现场打一口试验井，贯穿要测定 K 值的砂土层，打到其下的不透水层，这样的井称为完整井，在据井中心不同距离处设置两个观测孔；然后自井中以不变速率连续进行抽水。抽水造成井周围的地下水位逐渐下降，形成一个以井孔为轴心的降落漏斗的地下水面。测定试验井和观测孔中的稳定水位，可以画出测验管水位变化图形。测管水头差形成的水力坡降，使水流向井内。假定水流是水平流向时，则流向水井的渗流过水断面应是一系列的同心圆柱面。待出水量和井中的动力位稳定一段时间后，若测得在时间 t 内从抽水井内抽出的水量为 Q，观测孔距井轴线的距离分别为 r_1、r_2，观测孔内的水头分别为 h_1、h_2，假定土中任一半径处的水力梯度为常数，即 $J=\frac{\mathrm{d}h}{\mathrm{d}r}$，则由达西定律可得

$$q=\frac{Q}{t}=KJF=K\frac{\mathrm{d}h}{\mathrm{d}r}(2\pi rh)$$

$$\frac{\mathrm{d}r}{r}=\frac{2\pi K}{q}h\,\mathrm{d}h$$

积分后得

$$\ln v-\frac{\pi K}{q}(h_2^2-h_2^1)$$

求得渗透系数为

$$K=\frac{q}{\pi}\cdot\frac{\ln(r_2/r_1)}{(h_2-h_1)} \tag{1.2.9}$$

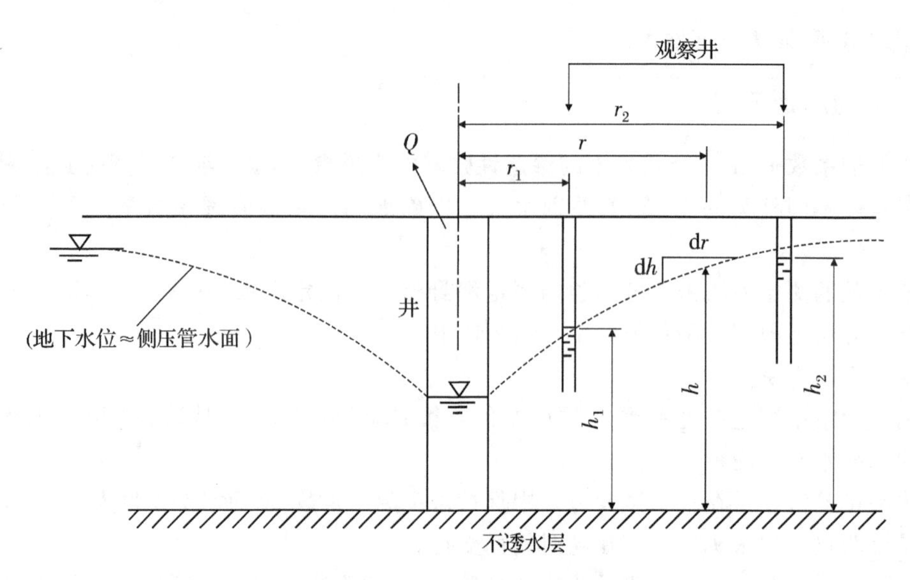

图 1-2-7　现场抽水试验

【例 1-2-1】 如图 1-2-8 所示，在现场进行抽水试验测定砂土层的渗透系数。抽水井管穿过 10 m 厚的砂土层进入不透水黏土层，在距井管中心 15 m 及 60 m 处设置观测孔。已知抽水前土中静止地下水位在地面下 2.35 m 处。抽水后待渗透系数稳定时，从抽水井测得流量 $q=5.47\times10^3\ m^3/s$，同时从两个观测孔测得水位下降了 1.93 m 和 0.52 m，求砂土层的渗透系数。

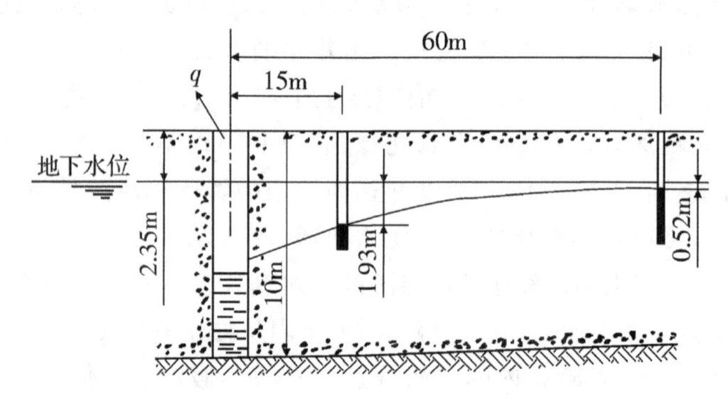

图 1-2-8

解　两个观测孔的水头分别为：

$r_1=15$ m 处，$h_1=10-2.35-1.93=5.72$(m)

$r_2=60$ m 处，$h_2=10-2.35-0.52=7.13$(m)

由公式(1.2.9)求得渗透系数：

$$K=\frac{q}{\pi}\cdot\frac{\ln(r_2/r_1)}{(h_2-h_1)}=5.47\times10^{-3}\times\frac{\ln\left(\frac{60}{15}\right)}{(7.13^2-5.72^2)}=1.33\times10^{-4}(\text{m/s})$$

3. 成土层的渗透系数

黏性土沉积有水平分层时，对于土层的渗透系数有很大的影响。在计算渗透流量时，为简单起见，常常把几个土层等效为厚度等于各土层之和，渗透系数为等效渗透系数的单一土层。

图 1-2-9 表示土层由两层组成，其渗透系数分别为 K_1、K_2，厚度分别为 h_1、h_2。

考虑水平向渗流时（水流方向与土层平行），如图 1-2-9(a)所示。因为各土层的水力梯度相同，总的流量等于各土层流量之和，总的截面面积等于各土层截面面积之和，即：

$$J = J_1 = J_2$$

$$Q = q_1 + q_2$$

$$F = F_1 + F$$

因此，土层沿水平方向的等效渗透系数 K_h 为：

$$K_h = \frac{q}{FJ} = \frac{q_1 + q_2}{FJ} = \frac{K_1F_1J_1 + K_2F_2J_2}{FJ} = \frac{K_1h_1 + K_2h_2}{h_1 + h_2} = \frac{\sum K_ih_i}{\sum h_i} \tag{1.2.10}$$

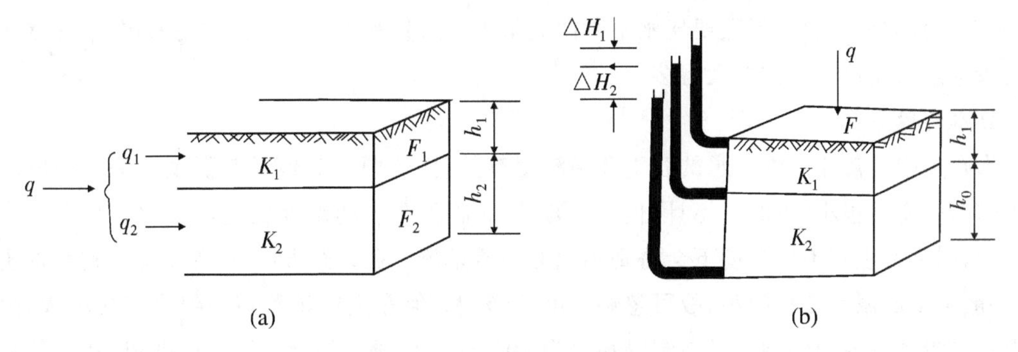

图 1-2-9　土层由两层组成

考虑竖直向渗流时（水流方向与土层垂直），如图 1-2-9(b)所示。总的流量等于每一土层的流量，总的截面面积等于各土层的截面面积，总的水头损失等于各土层的水头损失之和。即

$$q = q_1 + q_2$$

$$F = F_1 + F_2$$

$$H = \Delta H_1 + \Delta H_2$$

因此，土层竖向的等效渗透系数 K_v 为：

$$K_v = \frac{q}{FJ} = \frac{q}{F} \cdot \frac{(h_1 + h_2)}{\Delta H} = \frac{q}{F} \cdot \frac{(h_1 + h_2)}{(\Delta H_1 + \Delta H_2)} =$$

$$\frac{q}{F} \cdot \frac{(h_1 + h_2)}{\left(\frac{q_1h_1}{F_1K_1}\right) + \left(\frac{q_2h_2}{F_2K_2}\right)} = \frac{h_1 + h_2}{\frac{h_1}{K_1} + \frac{h_2}{K_2}} = \frac{\sum h_i}{\sum \frac{h_i}{K_i}} \tag{1.2.11}$$

2.2.3　影响土的渗透性因素

影响土的渗透性系数的因素主要有以下几个方面：

1. 土的粒度成分及矿物成分

土的颗粒大小、形状及级配，影响土中孔隙大小及其形状，因而影响土的渗透性。土颗粒越粗、越浑圆、越均匀时，渗透性就大。砂土中含有较多粉土及黏土颗粒时，其渗透系数就大大降低。

土的矿物成分对于卵石、砂土和粉土的渗透性影响不大，但对于黏土的渗透性影响较大。

黏性土中含有亲水性较强的黏土矿物(如蒙脱石)或有机质时,由于它们具有很大的膨胀性,从而大大降低土的渗透性。含有大量有机质的淤泥几乎是不透水的。

2. 结合水膜厚度

黏性土中若土粒的结合水膜厚度较厚时,会阻塞土的空隙,降低土的渗透性。如钠黏土,由于钠离子的存在,使黏土颗粒的扩散层厚度增加,所以透水性很低。又如在黏土中加入高价离子的电解质(如 Al、Fe 等),会使土粒扩散层厚度减薄,黏土颗粒会凝聚成粒团,土的孔隙因而增大,这也将使土的渗透性增大。

3. 土的结构、构造

天然土层通常是各向异性的,在渗透性方面往往也是如此。如黄土具有竖直方向的大孔隙,所以竖直方向的渗透系数要比水平方向大得多。层状黏土常夹有薄的粉砂层,它在水平方向的渗透系数要比竖直方向大得多。

4. 水的黏滞度

水在土中的渗流速度与水的容重及黏滞度有关,而这两个数值又与温度有关。一般水的容重随温度变化很小,可略去不计,但水的动力黏滞系数 η_t 随温度变化而变化。故室内渗透试验时,同一种土在不同温度下会得到不同的渗透系数。在天然土层中,除了靠近地表的土层外,一般土中的温度变化很小,故可忽略温度的影响。但在室内试验室的温度变化较大,故应考虑它对渗透系数的影响。目前常以水温为 20℃时的渗透系数 K_{20} 作为标准值,在其他温度下测定的渗透系数 K_t 可按式(1.2.12)进行修正:

$$K_{20} = K_t \frac{\eta_t}{\eta_{20}} \tag{1.2.12}$$

式中,η_t、η_{20}——t℃及 20℃时水的动力粘滞系数($N \cdot s/m^2$);

$\frac{\eta_t}{\eta_{20}}$的比值与温度的关系见表 1-2-3。

表 1-2-3　η_t/η_{20}与温度的关系

温度/℃	η_t/η_{20}	温度/℃	η_t/η_{20}	温度/℃	η_t/η_{20}
5	1.501	16	1.104	22	0.953
6	1.455	17	1.077	23	0.932
8	1.373	18	1.050	24	0.910
10	1.297	19	1.025	25	0.890
12	1.227	20	1.000	26	0.870
13	1.163	21	0.976	28	0.833

5. 土中的气体

土孔隙中气体的存在可减少土体实际渗透面积,同时气体随渗透水压的变化而膨胀,成为影响渗透面变化的不定因素。当土孔隙中存在封闭气泡时,会阻塞水的渗流,从而降低了土的渗透性。这种封闭气泡有时是由溶解于水中的气体分离出来而形成的,故室内渗透试验时,规定要用不含溶解有空气的蒸馏水。

2.2.4 动力水及流砂现象

水在土中渗流时，受到土颗粒的阻力 T 的作用，这个力的作用方向与渗流方向相反，根据作用力与反作用力大小相等的原理，水流也必然有一个相等的力作用在土颗粒上，我们把水流作用在单位体积土体中土颗粒上的力称为动水力 $GD(\mathrm{kN/m^3})$，也称为渗流力。动力水的作用方向与水流方向一致。GD 和 T 的大小相等，方向相反，它们都是用体积力表示的。

动力水的计算在工程中具有重要的意义，例如研究土体在水渗流时的稳定性问题，就要考虑动力水的影响。

1. 动力水的计算公式

在土中沿水流的渗流方向，切取一个土柱体 ab（见图 1-2-10)，土柱体的长度为 L，横截面面积为 F，已知 a、b 两点距基准面的距离分别为 z_1 和 z_2，两点的测压管水柱高分别为 h_1 和 h_2，则两点的水头分别为 $H_1=h_1+z_1$ 和 $H_2=h_2+z_2$。

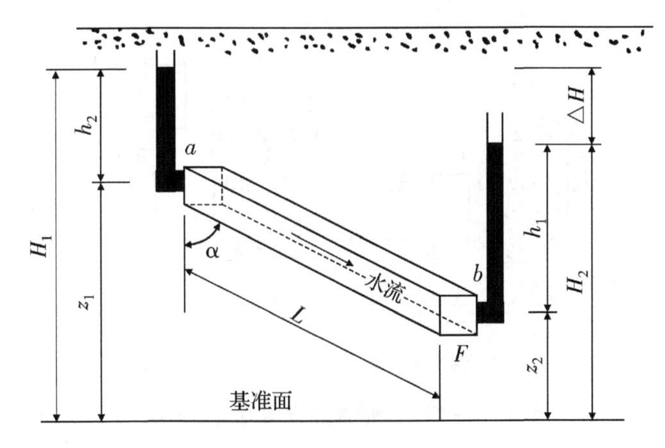

图 1-2-10 动水力的计算

将土柱体 ab 内的水作为脱离体，考虑作用在水上的力系。因为水流的速度变化很小，其惯性力可以略去不计。这样，可以求得这些力在 ab 轴线方向的分力分别为：

$\gamma_w h_1 F$——作用在土柱体的截面 a 处的水压力，其方向与水流方向一致；

$\gamma_w h_2 F$——作用在土柱体的截面 b 处的水压力，其方向与水流方向相反；

$\gamma_w nLF\cos\alpha$——土柱体内水的重力在 a 处的水压力，其方向与水流方向一致；

$\gamma_w(1-n)LF\cos\alpha$——土柱体内土颗粒作用于水的力在 ab 方向的分力（土颗粒水作用于水的力，也是水对于土颗粒作用的浮力的反作用力)，其方向与水流方向一致；

LFT——水渗流时，土柱体的土颗粒对水的阻力，其方向与水流方向相反；

γ_w——水的容重；

n——水的孔隙率；

其他符号意义如图 1-2-10 所示。

根据作用在土柱体 ab 内水上的各力的平衡条件可得：

$$\gamma_w h_1 F-\gamma_w h_2 F+\gamma_w nL\cos\alpha+\gamma_w(1-n)LF\cos\alpha-LFT=0$$

或

$$\gamma_w h_1-\gamma_w h_2+\gamma_w L\cos\alpha-LF=0$$

以 $\cos\alpha = \frac{Z_1}{Z_2}$ 代入上式，可得：

$$T = \gamma_w \frac{(h_1 + Z_1) - (h_2 + Z_2)}{L} = \gamma_w \frac{H_1 - H_2}{L} = \gamma_w J \tag{1.2.13}$$

故得动力水的计算公式为：

$$GD = T = \gamma_w J \ (\text{kN/m}^2) \tag{1.2.14}$$

从上式可知，动力水的数值与水力梯度 J 成正比。

2. 流砂现象和管涌

由于动力水的方向与水流方向一致，因此当水的渗流自上向下时，见图 1-2-11(a)中容器内的土样，或见图 1-2-12 中河滩路堤基底土层中的 d 点，动力水方向与土体重力方向一致，这样将增加土颗粒间的压力；若水的渗流方向自下而上时，见图 1-2-11(b)中容器内的土样，或见图 1-2-12 中的 e 点，动力水方向与土体重力方向相反，这样将减小土颗粒间的压力。

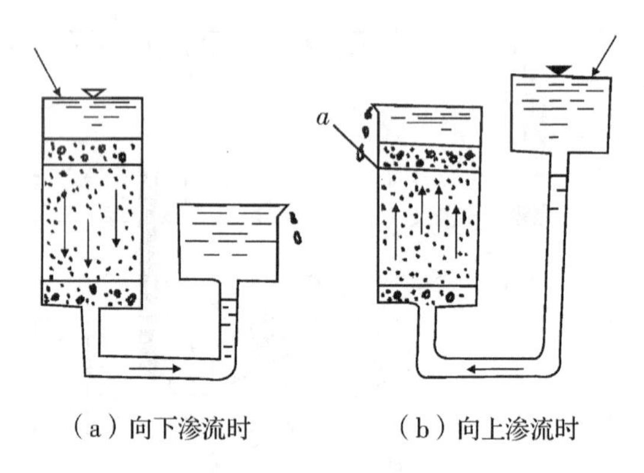

（a）向下渗流时　　（b）向上渗流时

图 1-2-11　不同渗流方向对土的影响

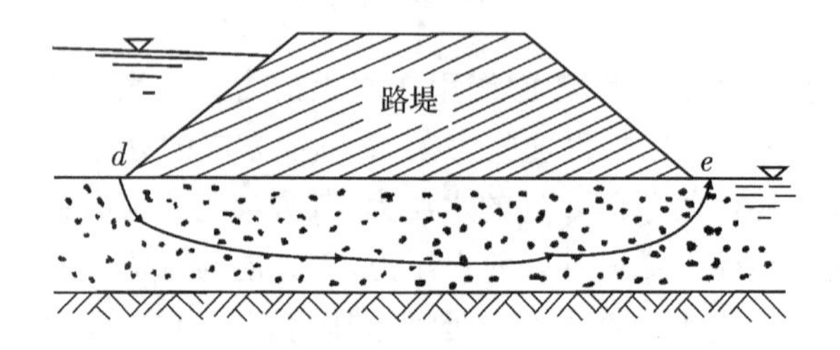

图 1-2-12　河滩路堤下的渗流

若水的渗流方向自下而上，在土体表面，如图 1-2-11(b)的 a 点，或见图 1-2-12 路堤下的 e 点，取一单位体积土体进行分析。已知土在水下的浮容重为 γ，当向上的动力水 GD 与土的浮容重相等时，即：

$$GD = \gamma_w J = \gamma' = \gamma_{sat} = \gamma_w \tag{1.2.15}$$

式中，γ_{sat}——土的饱和容重；

γ_w——水的容量。

这时土颗粒间的压力就等于零，土颗粒将处于悬浮状态而失去稳定，这种现象称为流砂现象。

水在砂性土中渗流时，土中的一些细小颗粒在动力水作用下，可能通过粗颗粒的孔隙被水流带走，这种现象称为管涌。管涌可以发生于局部范围，但也可能逐步扩大，最后导致土体失稳破坏。土的不均匀系数越大，管涌现象越容易发生。

流砂现象是发生在土体表面渗流逸出处，不发生在土体内部，而管涌现象可以发生在渗流逸出处，也可能发生于土体内部。

流砂现象主要发生在细砂、粉砂及轻亚黏土等土层中，而在粗颗粒土及黏土中则不易产生。

基坑开挖排水时，若采用表面直接排水，坑底土将受到向上的动力水作用，可能发生流砂现象。这时坑底土一面挖一面会随水涌出，无法清除，站在坑底的人和放置的机具也会陷下去。由于坑底土随水涌入基坑，使坑底土的结构破坏，强度降低，将来会使建筑物产生附加下沉。水下深基坑或深井排水挖土时，若发生流砂现象将危及施工安全，应特别引起注意。通常，施工前应做好周密的勘测工作，当基坑底面的土层是容易引起流砂现象的土质时，应避免采用表面直接排水，而采用人工降低地下水位和其他措施施工。

河滩路堤两侧有水位差时，在路堤内或基地土内发生渗流，当水力梯度较大时，可能产生管涌现象，导致路堤坍塌破坏。为了防止管涌现象发生，一般可在路基下游边坡的水下部分设置反滤层，可以防止路堤中的细小颗粒被渗流透水流带走。

本章思考题

1. 土层中的毛细水带是怎样形成的？各有何特点？
2. 毛细水上升的原因是什么？在哪种土中毛细现象最显著？为什么？
3. 试述层流渗透定律的意义，它对各种土的适用性如何？何谓起始水力梯度？
4. 当空隙条件具备时，砂类土和黏性土的渗流情况为何不一样？
5. 土的渗流系数 K 是常数，这句话的先决条件是什么？为什么？
6. 影响土渗流性的因素有哪些？
7. 试述流砂现象和管涌现象的异同。
8. 什么叫冻土？季节性冻土和多年冻土有何区别？
9. 土发生冻胀的原因是什么？影响因素主要有哪些？
10. 何谓冻结深度？冻结深度对路基和建筑物地基有何重要意义？

本章习题

1. 某渗流试验装置如题图 1-2-1 所示，砂Ⅰ的渗透系数 $K_1=2\times10$ cm/s，砂Ⅱ的渗透系数 $K_2=1\times10$ cm/s，砂样断面积 $F=200$ cm^2。

试问：(1)若在砂Ⅰ与砂Ⅱ分界面处安装 压管，则测压管在水面以上多高？

(2)渗透流量 Q 多大？

2. 不透水岩基上有水平分布的三层土，厚度均为 1 m，渗流系数分别为 $K_1=1$ m/d，$K_2=2$ m/d，$K_3=10$ m/d，试求等效土层的等效渗流系数 K_n 和 K_v。

3. 如题图 1-2-2 所示容器中的土样，受到水的渗流作用，已知土样高度 $L=0.4$ m，截面面积 $F=0.049$ m^2，土粒容重 $\gamma_w=26.0$ $\mathrm{kN/m}^3$，孔隙比 $e=0.8$。

(1)计算作用在土样上的动水力大小及方向。

(2)若土样发生渗流现象，其水头差 h 应为多少？

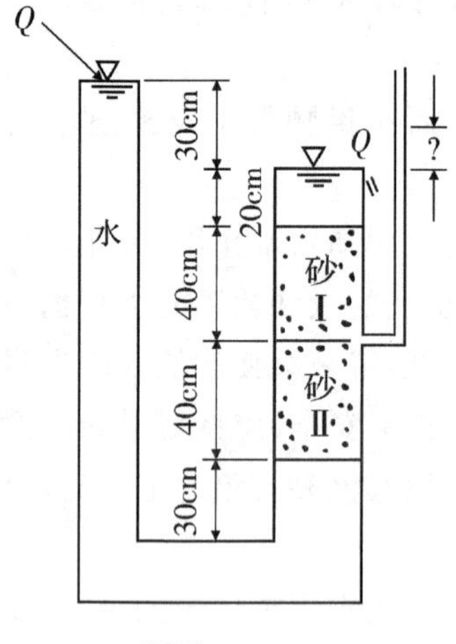

题图 1-2-1

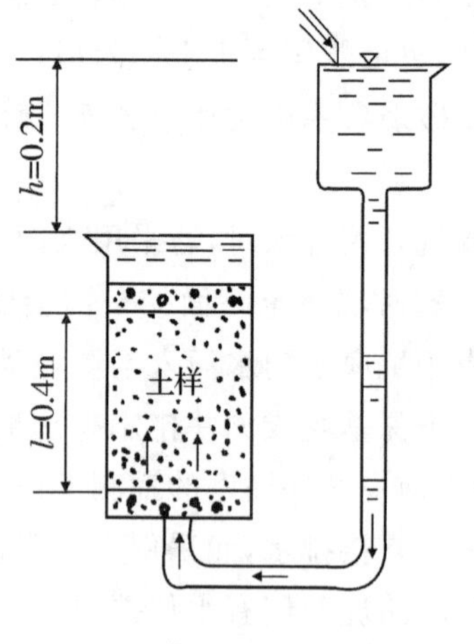

题图 1-2-2

第3章 土中应力

3.1 土中应力概述

3.1.1 土中应力与地基的变形

土体在自身重力、建筑物荷载、交通荷载或其他因素(如土中水的渗流和地震等)的作用下,均可产生土中应力。土中应力将引起土体或地基的变形,使土工建筑物(如路堤、土坝等)或建筑物(如房屋、桥梁、涵洞等)发生沉降、倾斜以及水平位移。土中应力按其产生的原因和作用效果分为自重应力和附加应力。自重应力是由土的自身重力引起的应力,它又可分为两种情况:一种是长期形成的天然土层,土体在自重应力的作用下已经完成压缩固结,其沉降早已稳定,不会再引起土体或地基新的变形,所以自重应力又被称为原存应力或长驻应力,自重应力的作用效果多属于这种情况。另一种是成土年代不久,例如人工填土(土层的自然状态遭到破坏时),土体在自重应力的作用下尚未完成固结,将引起土体或地基新的变形甚至丧失稳定性。此外,地下水的沉降,也会引起土中自重应力大小的变化,使土体发生变形(如压缩、膨胀或湿陷等)。附加应力是由于外荷载(包括建筑物荷载、交通荷载、堤坝荷载)以及地下水渗流力、地震力等作用在土体上时,土中产生的应力增量。土体在附加应力的作用下,将产生新的变形。所以附加应力是引起土体和地基变形的主要原因,也是导致土体强度破坏和失稳的重要原因。综上所述,当土中应力过大时,土体或地基将产生较大变形,往往会影响建筑物的正常和安全使用。土中应力过大时,会导致土体的强度破坏,使土体丧失稳定。因此在研究土的变形、强度及稳定性问题时,都必须掌握土中应力状态。土中某点的总应力应为自重应力与附加应力之和。

3.1.2 土中应力计算方法及目的

目前计算土中应力的方法,主要采用弹性理论公式,也就是把地基土视为均匀的、各向同性的半无限弹性体。这虽然同土体的实际情况有差别,但其计算结果还是能满足实际工程的要求,其原因可以从以下几个方面来分析。

1. 土的分散性影响

土是由三相组成的分散体,而不是连续的介质,土中应力是通过土颗粒间的接触而传递的。但是由于建筑物的基础面积尺寸远远大于土颗粒尺寸,同时我们研究的只是计算平面上的平均应力,而不是土颗粒间的接触集中应力,因此可以忽略土分散性的影响,近似地把土体作为连续体考虑。

2. 土的非均质性和非理想弹性体的影响

土在形成过程中具有各种结构与构造,使土呈现不均匀性,同时土体也不是一种理想的弹性体，而是一种具有弹塑性或黏滞性的介质。但是，在实际工程中土应力水平较低，土体受压时，应力—应变关系接近于线性关系，因此，土层间的性质差异不是十分悬殊时，采用弹性理论计算土中应力在实际工程中是允许的。

3. 地基土可视为半无限体

所谓半无限体就是无限空间体的一半，由于地基土在水平方向和深度方向相对于建筑物基础的尺寸而言，可以认为地基土是符合半无限体的假定。

土中应力计算的目的：根据上部结构的荷载大小和分布，结合地基的工程性质，计算附加应力产生的地基变形值并控制在允许值范围内，以保证建筑工程的安全。

3.2 土体中的自重应力

假定地基土体为半无限体，即土体的表面尺寸和深度都是无限大，则土体中所有竖直面和水平面均无剪应力存在，仅有作用在竖向的自重应力和水平向的侧向应力。由此得知，在均匀土体中，土中某点的竖向自重力将只与该点的深度有关，并等于单位面积上土柱的有效重力。

3.2.1 计算公式

在图 1-3-1 中，设某点 M 点距离地面的深度为 z，土的重度为 γ，求作用于 M 点竖向自重应力 σ_{cz}。可通过 M 点平面上取一截面积$\triangle A$，然后以$\triangle A$ 为底，截取高为 z 的土柱，由于土体为半无限体，由上述可知，作用在$\triangle A$ 的压力就等于该土柱的重力，即为 $\gamma z\triangle A$，于是 M 点的竖向自重应力为：

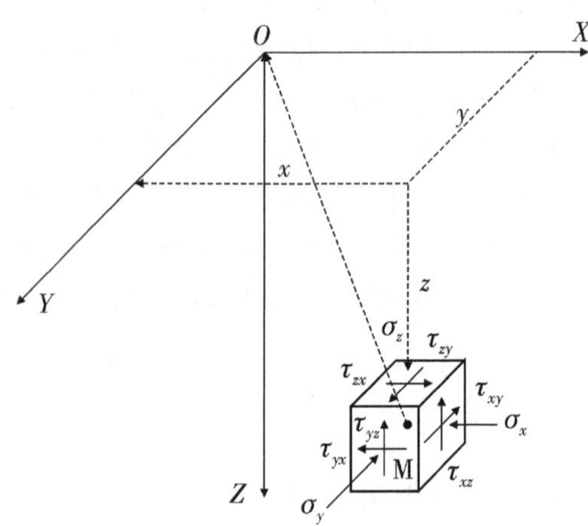

图 1-3-1　土中一点的应力情况

$$\sigma_{cz}=\frac{\gamma z\triangle A}{\triangle A}=\gamma z \tag{1.3.1}$$

M 点的水平方向自重应力为：

$$\sigma_{cx}=\sigma_{cy}=\xi\sigma_{cz} \tag{1.3.2}$$

式中，ξ——土的侧压力系数。

3.2.2　成土层的自重应力计算

当地基由不同重度的多层土组成时，如图 1-3-2 所示，各土层地面上的竖向自重应力计算式如下：

$$\sigma_{c1}=\gamma_1 h_1 \tag{1.3.3}$$

$$\sigma_{c2}=\gamma_1 h_1+\gamma_2 h_2 \tag{1.3.4}$$

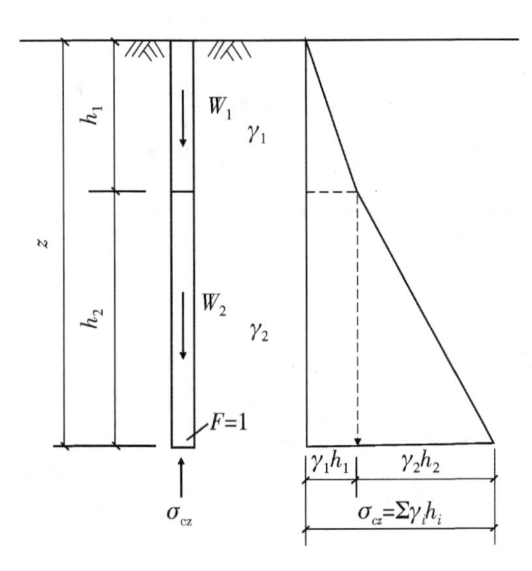

图 1-3-2　成层土的自重应力分布

式中，γ_1，γ_2——第 1、2 层土的重度；

h_1，h_2——第 1、2 层土的厚度。

由此可知，任意第 i 层地面的竖向自重力为：

$$\sigma_{ci}=\sum_{i=1}^{n}\gamma_i h_i \tag{1.3.5}$$

3.2.3　存在地下水的情况下自重应力计算

当土层位于地面水或地下水位以下时，如图 1-3-3 所示，若土为透水性的(如碎石土、砂土及液性指数 $I_L\geqslant 1$ 的黏性土等)，应考虑水的浮力作用，式中 γ 要用浮重度；若土为非透水性的(如 $I_L<1$ 的黏土，$I_L<0.5$ 的粉质黏土及致密的岩石等)，可不考虑水的浮力作用，而采用天然重度。计算土体的自重应力时，可将水位面作为一个土层面对待即可。但土的透水性问题比较复杂，有些黏性土的透水性很难做出判断，从而无法确定是否计入水的浮力。此时，通常的做法是两者均考虑，取其不利者。

此外，地下水位的升降会引起土中自重应力的变化，例如在某些软土地区，由于大量抽取地下水等原因，造成地下水位大幅度下降，那么原水位以下的上体中的有效自重应力就会增大，进而造成地表大面积下沉。而人工抬高蓄水水位或工业用水大量渗入地下的地区，地下水位的上升使得土层遇水后土性发生变化，这些都是必须引起注意的。

【例 1-3-1】　某工程地基土的地质剖面如图 1-3-4(a)所示，已知Ⅰ层为透水性土，Ⅱ

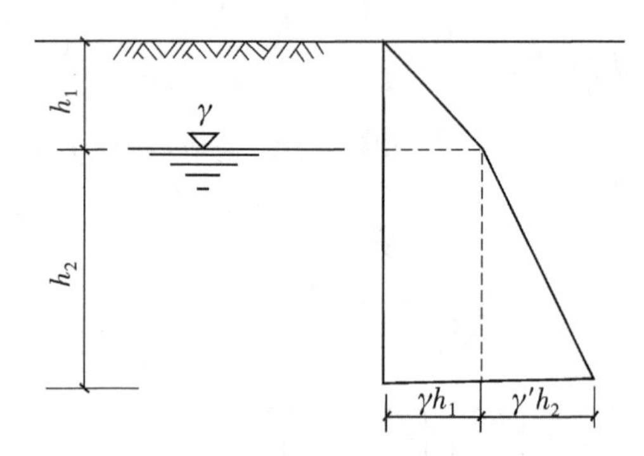

图 1-3-3　水下土的自重应力分布

层为非透水性土，求土中点 1、2、3、4 处的竖向自重应力，并绘出应力分布线。

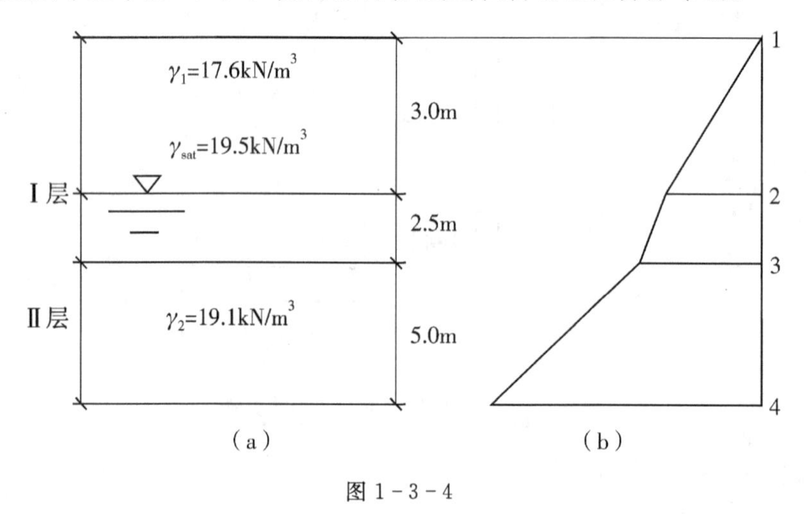

图 1-3-4

解　竖向自重应力按式(1.3.5)计算，其中水下透水性 I 层土用浮重度，非透水性土则用天然重度计算。其各点自重应力为：

1 点：$\sigma_{c1} = \gamma_1 h_0 = 17.6 \times 0.0 = 0$

2 点：$\sigma_{c2} = \gamma_1 h_1 = 17.6 \times 3.0 = 52.8$(kPa)

3 点：$\gamma_{c3} = \gamma_1 h_1 + \gamma'_1 h_2 = 58.2 + (19.5 - 10) \times 2.5 = 52.8 + 23.8 = 76.6$(kPa)

4 点：$\gamma_{c4} = \gamma_1 h_1 + \gamma_1 h_2 = 76.6 + 19.1 \times 0.5 = 172.1$(kPa)

将以上各点的计算结果，按比例绘出应力分布线，如图 1-3-4(b)所示。

3.3　基底压力与基底附加应力

基底压力是指上部结构荷载和基础自重通过基础传递，在基础底面处施加于地基上的单位面积压力。实验和理论都证明，基地压力的分布和大小与基础的刚度、埋深、形状、平面尺寸、基础上作用的荷载的大小及分布、地基上的性质等多种因素有关。而在实际求解时，要考虑上述各种因素是很困难的，一般假定基底压力的分布近似按直线分布考虑，实践证明，根据该假定计算所引起的误差在允许范围内。

3.3.1 柔性基础与刚性基础

基础刚度的两种极端情况是柔性基础和刚性基础。实际工程中的基础刚度一般都处于上述两种极端情况之间,称为弹性基础。实验研究指出,实际工程中对于柔性较大(刚度较小)、能适应地基变形的基础可以视为柔性基础。如用分散土填筑而成的土坝(土堤)和路堤,本身不具有抵抗弯曲的刚度,随着地面一起变形,其地面压力的大小和分布于基础上荷载的大小和分布一致。在条形均布荷载作用下,基地压力也是均匀分布的,如图 1-3-5(a)所示。一般土坝、路堤呈梯形,当填土重度为 γ,土坝、路堤高度为 h 时,土坝、路堤底面压力分布图也呈梯形,其值为该点以上填土的自重应力 γh,如图 1-3-5(b)。

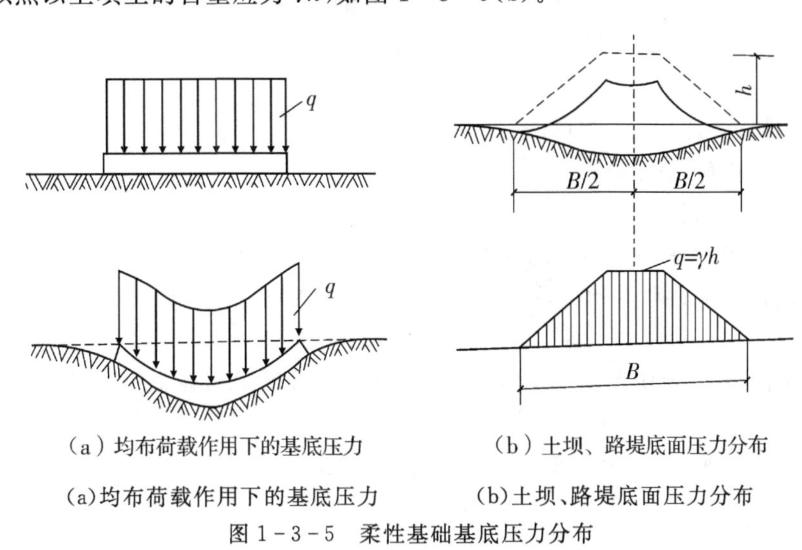

(a)均布荷载作用下的基底压力　　(b)土坝、路堤底面压力分布

(a)均布荷载作用下的基底压力　　(b)土坝、路堤底面压力分布

图 1-3-5　柔性基础基底压力分布

而对于一些刚度很大、不能适应地基变形的基础可以视为刚性基础。例如建筑物的箱形基础、墩式基础、混凝土坝基础以及桥梁中很多圬工基础(如许多扩大基础和沉井基础)等都属于刚性基础。刚性基础底面压力分布随基础的埋深、基础上作用荷载的大小及分布、地基土的性质而异。例如建造在砂土地及表面的条形刚性基础,当受重心荷载作用时,由于砂土颗粒之间没有黏聚力,其基底压力多呈抛物线形分布,如图 1-3-6(a)所示。建造在黏性土地基表面的条形刚性基础,当受中心荷载作用时,由于黏性土具有黏聚力,基础边缘能承受一定的压力,因此当荷载较小时,基底压力分布呈边缘大、中间小,类似马鞍形分布;而当荷载较大时,基底压力将重新分布,向中间集中,转变为抛物线形分布,如图 1-3-6(b)所示。

若按上述情况去计算土中的附加应力,将使计算变得非常复杂。根据实践与理论,在基础尺寸不太大、荷载的大小和作用点不变的前提下,基底压力的分布形状对土中附加应力分布的影响,在超过一定深度后就不显著了。因此,在工程计算中经常采用假定基底压力的分布近似按直线变化的简化方法,这种假定对沉降计算所引起的误差是允许的。

3.3.2 刚性基础基底压力分布

1. 中心荷载

中心荷载作用下的基础,如图 1-3-7(a)所示,基础底面压力的计算公式为:

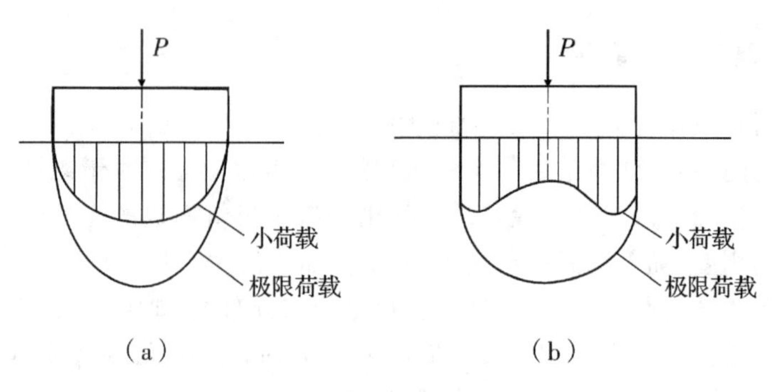

图 1-3-6 刚性基础基底压力分布

$$P=\frac{F+G}{A}=\frac{N}{A} \tag{1.3.6}$$

式中，P——基础底面压应力(kPa)；

F——上部结构荷载(kN)；

A——基础底面面积(m^2)；

N——作用于基底中心上的竖向荷载合力(kN)；

G——基础自身重力和基础台阶上土的自身重力(kN)；

$$G=\gamma_G Ad \tag{1.3.7}$$

γ_G——基础及基础台阶上土的平均重度，一般取 20 kN/m^3，在地下水位以下部分用有效重度。

d——基础埋置深度，一般自室外地面高程算起(m)。

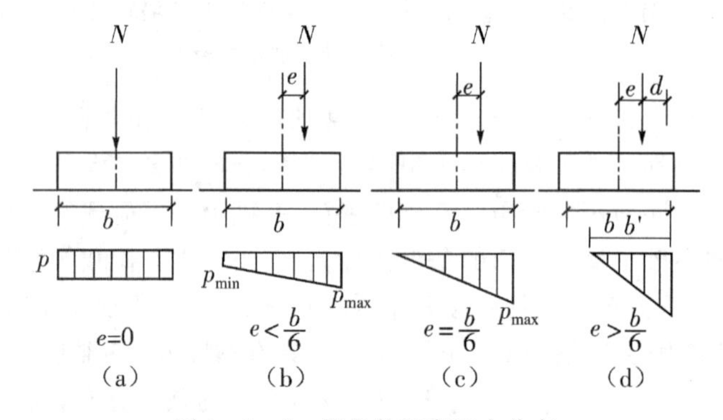

图 1-3-7 简化的基底压力分布

2. 偏心荷载

在偏心荷载作用下，且合力作用点不超过基底截面核心时，如图 1-3-7(b)、(c)所示，基础底面压力的计算公式为：

$$\left.\begin{matrix}p_{max}\\p_{min}\end{matrix}\right\}=\frac{N}{A}\pm\frac{M}{W}=\frac{N}{A}\pm\frac{N\cdot e}{W} \tag{1.3.8}$$

式中，p_{max}，p_{min}——基底边缘处最大、最小压应力；

N——作用于基底偏心荷载合力；

A——基础底面面积(kN)；

M——偏心荷载对基底形心的力矩(kN·m)；

e——荷载偏心距，$e=\dfrac{M}{N}$(m)；

W——基础底面的截面抵抗矩($\mathrm{m^3}$)。

对长度为 a、宽度为 b 的矩形底面，$A=ab$，$W=\dfrac{ab^2}{6}$故当 $e\leqslant\rho=\dfrac{b}{6}$时，基底边缘应力也可写成：

$$\left.\begin{matrix}p_{\max}\\p_{\min}\end{matrix}\right\}=\frac{N}{ab}\left(1\pm\frac{6e}{b}\right) \tag{1.3.9}$$

3. 偏心荷载

在偏心荷载作用下，且合力作用点超过基底截面核心时，如图 1-3-7(d)所示，对于矩形截面，当合力偏心距 $e>\dfrac{b}{6}$ 时，按材料力学偏心受压力的计算公式计算，截面上将出现拉应力，但基础与地基之间不可能出现拉应力，于是基底应力将会重新分布在 $b'\times a$ 上。此时，基础底面压力的计算公式不能按式(1.3.6)或式(1.3.8)计算。假定基底压力在 b'(小于基础宽度 b)范围内按三角形布，如图 1-3-7(d)所示，根据静力平衡条件应有以下关系：

$$N=\frac{1}{2}p_{\max}b'a \tag{1.3.10}$$

这里 N 应通过压力分布图三角形的形心，所以 $b'=3d=3(\dfrac{b}{2}-e)$，由此可得基础底面压力的计算公式为：

$$p_{\max}=\frac{2N}{3(\frac{b}{2}-e)a} \tag{1.3.11}$$

3.3.3 基底附加应力

实际工程中，建筑物基础总是埋置在地面以下一定深度处，如图 1-3-8 所示。建筑物建造前，地基土的自重应力早已存在，大小为 $\gamma_0 d$。修建基础时，要进行基坑开挖，将这部分土挖出后又建基础。因此，应在基地压力中扣除基底高程处原有土的自重应力 $\gamma_0 d$，然后才是基础底面下真正施加于地基的压力，称为基底附加应力，即：

$$p_0=P-\gamma_0 d \tag{1.3.12}$$

式中，p——基础底面的接触压力(kPa)；

γ_0——基础底面高程以上地基土层的平均加权重度($\mathrm{kN/m^2}$)，地下水位以下部分去有效重度；

d——基础的埋置深度，一般从天然地面算起(m)。

由上可知，在总荷载不变的条件下，基础埋深越大，基底附加应力越小，从而地基中附加应力将越小，有利于减小基础沉降。因此，高层建筑设计时常采用箱形基础或地下室、半地下室，这样既可减轻基础自重，又可增加基础埋深，减小基底附加应力，从而减小基础的沉降。

【例 1-3-2】 某地基表层为 0.6 m 厚的杂填土，$\gamma=17.0\ \mathrm{kN/m^3}$，下面为厚 3 m，$\gamma=18.6\ \mathrm{kN/m^3}$ 的粉质黏土。现设计一条形基础，基础埋深为 0.8 m，其上部结构荷载为 200 kN/m，基础尺寸如图 1-3-9 所示，求基底附加应力。

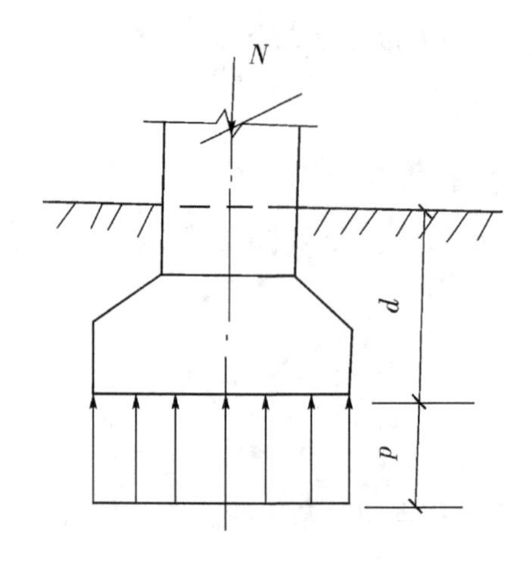

图 1-3-8　基础底面附加应力

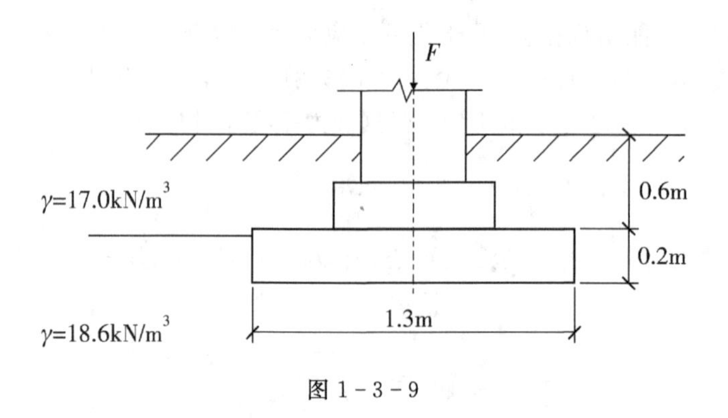

图 1-3-9

解　基础底面压应力：

$$p = \frac{F+G}{A} = \frac{F+\gamma_G A d}{A} = \frac{200+20\times1.3\times1\times0.8}{1.3\times1} = 169.85(\mathrm{kPa})$$

基地附加应力：　$p_0 = p - \gamma_0 d$

$$\gamma_0 = \frac{17.0\times0.6+18.6\times0.2}{0.8} = 17.4(\mathrm{kN/m^3})$$

$$p_0 = p - \gamma_0 d = 169.85 - 17.4\times0.8 = 155.93(\mathrm{kPa})$$

3.4　地基中的附加应力

地基附加应力是指由外荷载在地基中引起的土中应力。地基附加应力计算方法假定地基土是各向同性的、均质的线性变形体，而且在深度和水平方向都是无限的，因此可以直接应用弹性力学中关于弹性半空间体的理论解答。地基附加应力计算可分为空间问题和平面问题。若地基中的应力是三维坐标(x,y,z)的函数，称为空间问题，如矩形基础($l/b<10$)、圆形基础下附加应力计算属于空间问题；若地基中的应力仅是二维坐标$(x,(y),z)$的函数，则称为平面问题，如条形基础($l/b\geqslant10$)下附加应力计算属于平面问题。

3.4.1 竖向集中力作用下的地基附加应力

1885 年,法国数学家布幸奈斯克(J. Boussinesq)用弹性理论推出了在弹性半空间体表面上作用有竖直集中应力 P 时,在弹性体内任意点 $M(x,y,z)$ 引起的全部应力($\sigma_x,\sigma_y,\sigma_z,\tau_{xy}=\tau_{yx},\tau_{yz}=\tau_{zy},\tau_{zx}=\tau_{xz}$)和全部位移($u_x,u_y,u_z$)。其中与基础沉降计算直接有关的竖向附加应力 σ_z 为:

$$\sigma_z = \frac{3Pz^3}{2\pi R^5}\ (\text{kPa}) \tag{1.3.13}$$

式中,P——集中荷载(kN);

z——M 点距弹性表面的深度(m);

R——M 点到力 P 的作用点的距离(m)。

如图 1-3-10 所示,XOY 平面为地面,M 点的坐标为(x,y,z),从图中可以看出:

$$r = \sqrt{x^3 + y^2}$$

$$R = \sqrt{r^2 z^2} = \sqrt{x^2 + y^2 + z^2}$$

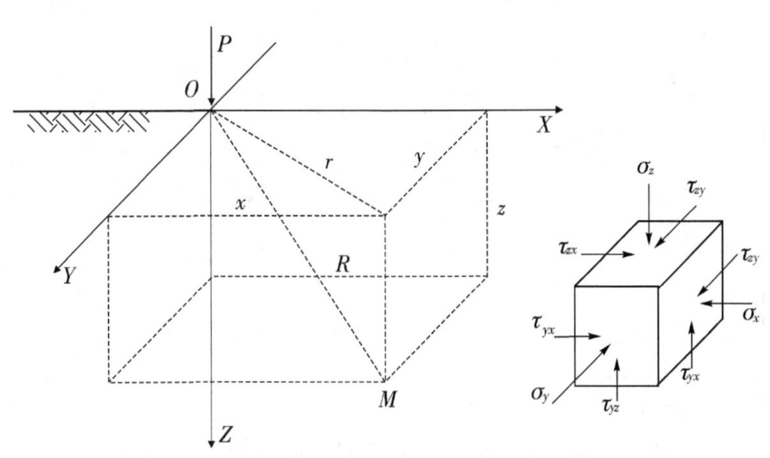

图 1-3-10 弹性半空间体表面集中力作用下应力

为计算方便通常把上式改写为:

$$\sigma_z = \frac{3}{2\pi\left[1+\left(\frac{r}{z}\right)^2\right]^{\frac{5}{2}}} \times \frac{P}{z^2} = \alpha\frac{P}{z^2} \tag{1.3.14}$$

式中,σ_z 应力系数,可由 r/z 值查表 1-3-1。

由式(1.3.14)可知,当集中力 P 等于常数时,附加应力 σ_z 是 r/z 的函数,因此,给定 r 或 z 值就能得出 σ_z 在土中的分布规律。

(1)在 P 作用线上,$r=0$。当 $z=0$ 时,$\sigma_z\to\infty$,说明该解不适用集中力作用点处及其附近,因此在选择应力计算点时,不应过于接近集中力作用点;另一方面也说明在 P 作用点处应力很大。随着深度 z 的增加,σ_z 逐渐减小,其分布如图 1-3-11 所示。

表 1-3-1　竖向集中力作用下应力系数值

0.00	0.4755	0.50	0.2733	1.00	0.0844	1.50	0.0251
0.02	0.4770	0.52	0.2625	1.02	0.0803	1.54	0.0229
0.04	0.4756	0.54	0.2518	1.04	0.0764	1.58	0.0209
0.06	0.4732	0.56	0.2414	1.06	0.0727	1.60	0.0200
0.08	0.4699	0.58	0.2313	1.08	0.0691	1.64	0.0183
0.10	0.4657	0.60	0.2214	1.10	0.0658	1.68	0.0167
0.12	0.4607	0.62	0.2117	1.12	0.0626	1.70	0.0160
0.14	0.4548	0.64	0.2024	1.14	0.0595	1.74	0.0147
0.16	0.4482	0.66	0.1934	1.16	0.0567	1.78	0.0135
0.18	0.4409	0.68	0.1846	1.18	0.0539	1.80	0.0129
0.20	0.4329	0.70	0.1762	1.20	0.0513	1.84	0.0119
0.22	0.4242	0.72	0.1681	1.22	0.0489	1.88	0.0109
0.24	0.4151	0.74	0.1603	1.24	0.0466	1.90	0.0105
0.26	0.4054	0.76	0.1527	1,26	0.0443	1.94	0.0097
0.28	0.3954	0.78	0.1445	1.28	0.0442	1.98	0.0089
0.30	0.3849	0.80	0.1386	1.30	0.0402	2.00	0.0085
0.32	0.3742	0.82	0.1320	1.32	0.0384	2.10	0.0070
0.34	0.3632	0.84	0.1257	1.34	0.0365	2.20	0.0058
0.36	0.3521	0.86	0.1196	1.36	0.0348	2.40	0.0040
0.38	0.3408	0.88	0.1138	1.38	0.0332	2.60	0.0029
0.40	0.3209	0.90	0.1083	1.40	0.0317	2.80	0.0021
0.42	0.3181	0.92	0.1031	1.42	0.0302	3.00	0.0015
0.44	0.3068	0.94	0.0981	1.44	0.0288	3.50	0.0007
0.46	0.2955	0.96	0.0933	1.46	0.0275	4.00	0.0004
0.48	0.2843	0.98	0.0887	1.48	0.0263	4.50	0.0002
						5.00	0.0001

(2)在 $r>0$ 的竖直线上。$r>0$ 的竖直线上，$z=0$ 时，$\sigma_z=0$。随着 z 的增加，σ_z 从 0 开始逐渐增大，至一定深度后达到最大值；在随着 z 的增加而逐渐变小，如图 1-3-11 所示。

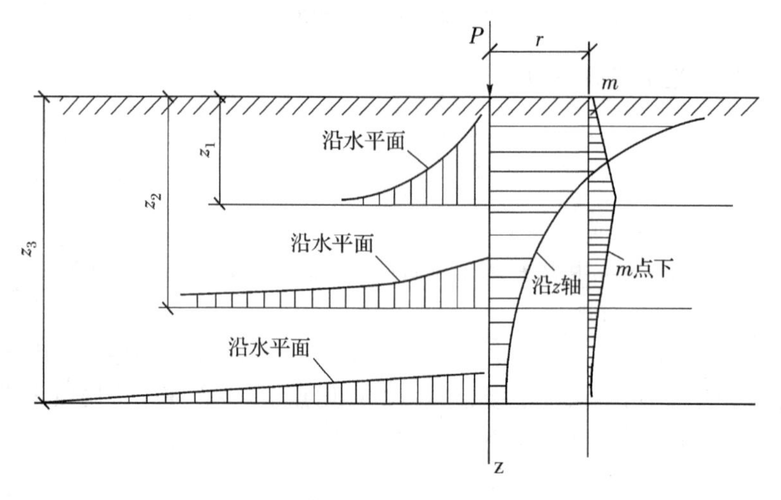

图 1-3-11　集中力作用下土中应力的分布

(3)在 z 为常数的水平面上。在 z 为常数的水平面上，σ_z 在集中力作用线上最大，并随着 r 的增加而递减；随着 z 的增加，这一分布趋势保持不变，但 σ_z 随 r 增加而降低的速率变缓，如图 1－3－11 所示。

若在剖面图上将 σ_z 相同的点连接成曲面，可得到如图 1－3－12 所示的 σ_z 等值线(通过 P 作用线任意竖直面上)。其空间曲面的形状如泡状，所以也称为应力泡。由上分析可知，集中力 P 在地基中引起的附加应力在地基中的分布是向下、向四周无限扩散开的，其值逐渐减小，此即应力扩散的概念。

当地基表面作用有几个集中力时，可分别算出几个集中力在地基中引起的附加应力，然后根据弹性体应力叠加原理求出附加应力的总和。在实际工程中，当基础底面形状不规则或荷载分布较复杂时，可将基地分为若干个小面积，把小面积上的荷载当成集中力，然后利用上述公式计算附加应力。如果小面积的最大边长小于计算应力点深度的 1/3，用此法所得的应力值与正确应力值相比，误差一般不超过 5%。

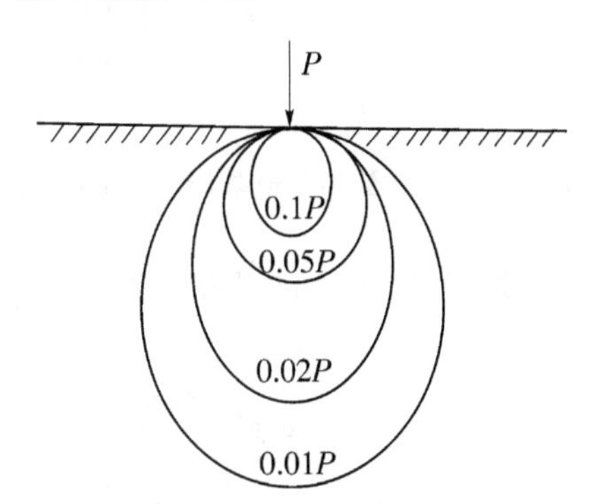

图 1－3－12　σ_z 的等值线

3.4.2　空间问题的附加应力计算

1. 矩形面积受竖向均布荷载作用

通常房屋柱基底面是矩形，在中心荷载作用下，基地压力为均布荷载，这种情况在工程中比较常见。设基础长度为 l，宽度为 b，其上作用着竖向均布荷载，荷载强度为 P，求地基内各点的附加应力 σ_z。首先求出矩形面积角点下不同深度处的附加应力，然后再利用“角点法”求出地基内各点的附加应力 σ_z。

(1)矩形均布荷载角点下的附加应力。角点下的附加应力是指如图 1－3－13 所示 O、A、C、D 四个角点下不同深度处的应力，由于荷载是均布的，故四个点下深度一样处的附加应力均相同。如将坐标的原点取在角点 O 上，在荷载面积内任取微分面积 $dA=dx\cdot dy$，并将其上作用的荷载以集中力 dP 代替，则 $dP=pdA=pdxdy$。利用式(1.3.15)即可求出在该集中力作用下，角点 O 下深度为 z 处的 M 点的竖直附加应力 $d\sigma_z$。

$$d\sigma z=\frac{3dPz^3}{2\pi R^5}=\frac{3p}{2\pi}\cdot\frac{z^3}{2\pi\ (x^2+y^2+z^2)^{5/2}}dxdy \tag{1.3.15}$$

将式(1.3.15)沿整个矩形面积 $OACD$ 分，即可求出矩形面积上作用于均布荷载 P，在角点 O 下深度为 z 处的 M 点的竖向附加应力 σ_z。

$$\sigma_z=\int_0^L\int_0^B\frac{3P}{2\pi}\cdot\frac{z^3}{2\pi\ (x^2+y^2+z^2)^{5/2}}dxdy=$$

$$\frac{p}{2\pi}\left[\arctan\frac{m}{n\cdot\sqrt{1+m^2+n^2}}\left(\frac{1}{m^2+n^2}+\frac{1}{1+n^2}\right)\right] \tag{1.3.16}$$

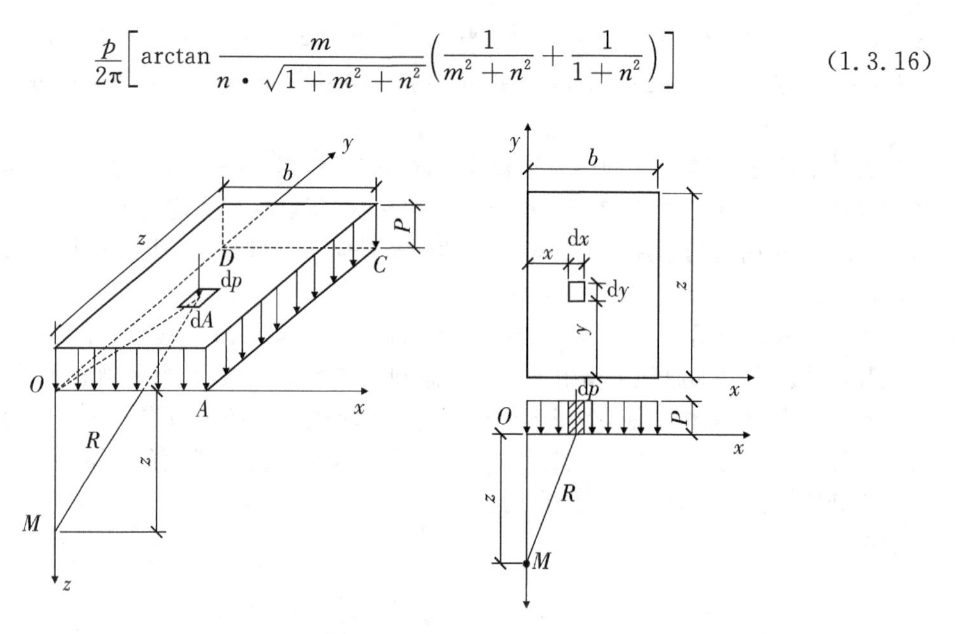

图 1-3-13　矩形面积受均布荷载作用时角点下点的应力

式中，$m=\frac{l}{b}$，$n=\frac{z}{b}$，其中 l 为矩形的长边尺寸，b 为矩形的短边尺寸。为了计算方便，通常将式(1.3.16)简写为：

$$\sigma_z=\alpha_s p \tag{1.3.17}$$

式中，$\alpha_s=\frac{1}{2\pi}=\frac{1}{2\pi}\left[\arctan\frac{m}{n\cdot\sqrt{1+m^2+n^2}}+\frac{mn}{\sqrt{1+m^2+n^2}}\left(\frac{1}{m^2+n^2}+\frac{1}{1+n^2}\right)\right]$，$\alpha_s$ 称为矩形竖向均布荷载角点下的应力系数，也可查表 1-3-2 得到。

(2)矩形均布荷载任意点下的附加应力——角点法。角点法是指利用角点下的应力计算公式(1.3.16)合理的叠加原理，求解地基中任意点的附加应力的方法。利用角点法，可计算下列三种情况的附加应力。

第一种情况：计算矩形面积边缘上任意点 M' 下深度为 z 的附加应力。过 M' 点加一条辅助线，分为两个小矩形，如图 1-3-14(a)所示，则 M' 点下任意 z 深度处的附加应力 σ'_{zM} 为：

$$\sigma'_{zM}=(\alpha_{s\mathrm{I}}+\alpha_{s\mathrm{II}})P \tag{1.3.18}$$

式(1.3.18)中，$\alpha_{s\mathrm{I}}$、$\alpha_{s\mathrm{II}}$ 分别为矩形 M'abe、M'ecd 的竖向均布荷载点下的应力系数，P 为荷载强度。

第二种情况：计算矩形面积内任意点 M' 下强度为 z 的附加应力。过 M' 点将矩形面积 $abcd$ 分成Ⅰ、Ⅱ、Ⅱ、Ⅲ、Ⅳ四个小矩形，M' 点为四个小矩形的公共角点，如图 1-3-14(b)所示，则 M' 点下任意 z 深度处的附加应力 σ'_{zM} 为：

$$\sigma'_{zM}=(\alpha_{s\mathrm{I}}+\alpha_{s\mathrm{II}}+\alpha_{s\mathrm{III}}+\alpha_{s\mathrm{IV}})P \tag{1.3.19}$$

第三种情况：计算矩形面积外任意点 M' 下深度为 z 的附加应力。如图 1-3-14(c)所示，加辅助线使 M' 点成为几个小矩形面积的公共角点，然后将其应力进行代数叠加。

$$\sigma'_{zM}=(\alpha_{s\mathrm{I}}+\alpha_{s\mathrm{II}}-\alpha_{s\mathrm{III}}-\alpha_{s\mathrm{IV}})P \tag{1.3.20}$$

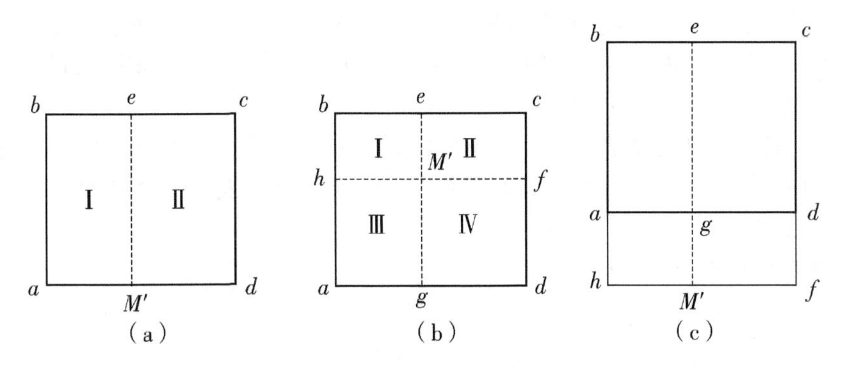

图 1-3-14　用角点法计算 M' 下的附加应力

表 1-3-2　矩形面积受竖向均布荷载作用时角点下的应力系数值

l/b z/b	1.0	1.2	1.4	1.6	1.8	2.0	3.0	4.0	5.0	6.0	10.0
0.0	0.2500	0.2500	0.2500	0.2500	0.2500	0.2500	0.2500	0.2500	0.2500	0.2500	0.2500
0.2	0.2486	0.2489	0.2490	0.2491	0.2491	0.2491	0.2492	0.2492	0.2492	0.2492	0.2492
0.4	0.2401	0.2420	0.2429	0.2434	0.2437	0.2439	0.2442	0.2443	0.2443	0.2443	0.2443
0.6	0.229	0.2275	0.2300	0.2315	0.2324	0.2329	0.2339	0.2341	0.2342	0.2342	0.2342
0.8	0.1999	0.2075	0.2120	0.2147	0.2165	0.2176	0.2196	0.2200	0.2202	0.2202	0.2202
1.0	0.1752	0.1851	0.1911	0.1955	0.1981	0.1999	0.2034	0.2042	0.2044	0.2045	0.2046
1.2	0.1516	0.1626	0.1705	0.1758	0.1793	0.1818	0.1870	0.1882	0.1885	0.1887	0.1888
1.4	0.1308	0.1423	0.1508	0.1569	0.1603	0.1644	0.1712	0.1730	0.1735	0.1738	0.1740
1.6	0.1123	0.1241	0.1329	0.1396	0.1445	0.1482	0.1567	0.1590	0.1598	0.1601	0.1604
1.8	0.0969	0.1083	0.1172	0.1241	0.1294	0.1334	0.1434	0.1463	0.1474	0.1478	0.1482
2.0	0.0840	0.0947	0.1034	0.1103	0.1158	0.1202	0.1314	0.1350	0.1363	0.1368	0.1374
2.2	0.0732	0.0832	0.0917	0.0984	0.1039	0.1084	0.1205	0.1248	0.1264	0.1271	0.1277
2.4	0.0642	0.0734	0.0813	0.0879	0.0934	0.0979	0.1108	0.1156	0.1175	0.1184	0.1192
2.6	0.0566	0.0651	0.0725	0.0788	0.0842	0.0887	0.1220	0.1073	0.1095	0.1106	0.1116
2.8	0.0502	0.0580	0.0649	0.0709	0.761	0.0805	0.0942	0.0999	0.1024	0.1036	0.1048
3.0	0.0447	0.0519	0.0583	0.0640	0.0690	0.0732	0.0870	0.0931	0.0959	0.0973	0.0987
3.2	0.0401	0.0467	0.0526	0.0580	0.0627	0.0668	0.0806	0.0870	0.0900	0.0916	0.0933
3.4	0.0361	0.0421	0.0477	0.0527	0.0571	0.0611	0.0747	0.0814	0.0847	0.0864	0.0882
3.6	0.0326	0.0382	0.0433	0.0480	0.0523	0.0561	0.0694	0.0763	0.0799	0.0816	0.0837
3.8	0.0296	0.0348	0.0395	0.0439	0.0479	0.0516	0.0646	0.0717	0.0753	0.0773	0.0796
4.0	0.0270	0.0318	0.0362	0.0403	0.0441	0.0474	0.0603	0.0674	0.0712	0.0733	0.0758
4.2	0.0247	0.0291	0.0333	0.0371	0.0404	0.0439	0.0563	0.0634	0.0674	0.0696	0.0724
4.4	0.0227	0.0268	0.0306	0.0343	0.0376	0.0404	0.0527	0.0597	0.0639	0.0662	0.0692
4.6	0.0209	0.0247	0.0283	0.0317	0.0348	0.0378	0.0493	0.0564	0.0606	0.0630	0.0663
4.8	0.0193	0.0229	0.262	0.0294	0.0324	0.0352	0.0463	0.0533	0.0576	0.0601	0.0635
5.0	0.0179	0.0212	0.0243	0.0274	0.0302	0.0328	0.0435	0.0504	0.0547	0.0573	0.0610
6.0	0.0127	0.0151	0.174	0.0196	0.0218	0.0238	0.0325	0.0388	0.0431	0.0406	0.0506
7.0	0.0094	0.0112	0.0130	0.0147	0.0164	0.0180	0.0251	0.0306	0.0346	0.0376	0.0428
8.0	0.0073	0.0087	0.0101	0.0114	0.0127	0.0140	0.0198	0.0246	0.0283	0.0311	0.0367
9.0	0.0058	0.0069	0.0080	0.0091	0.0102	0.0112	0.0161	0.202	0.0235	0.0262	0.0319
10.0	0.0047	0.0056	0.0065	0.0074	0.0083	0.0092	0.0132	0.0167	0.0198	0.0222	0.0280

注：l——基础长度(m)，b——基础宽度(m)，z——计算点离基础底面垂直距离(m)。

以上两式中 $\alpha_{s\text{I}}$、$\alpha_{s\text{II}}$、$\alpha_{s\text{III}}$、$\alpha_{s\text{IV}}$ 分别为矩形 W'hbe、W'fce、W'hag、W'fdg 的竖向均布荷载角点下的应力系数，P 为荷载强度。必须注意，在应用角点法计算每一块矩形面积 α_s 值时，b 为短边，l 恒为长边。

【例 1-3-3】 某基础基底尺寸为 2 m×4 m，已知上部荷载为 1280 kN，基础埋深范围内土的重度 $\gamma=18.0\ \text{kN/m}^3$，求基础中心点下各点的自重应力以及由自身荷载引起的地基附加应力并绘其分布图。

解 基础底面压应力：

$$P=\frac{F+G}{A}$$

$$G=\gamma_G Ad$$

所以 $p=\dfrac{F+G}{A}=\dfrac{F+\gamma_G Ad}{A}=\left(\dfrac{1\,280+20\times4.0\times2.0\times2.0}{4.0\times4.0}\right)=200.0(\text{kPa})$

基底附加应力：

$$p_0=p-\gamma_0 d$$

$$p_0=p-\gamma_0 d=200.0-18.0\times2.0=164.0\ \text{kPa}$$

利用角点法计算基础中心点下自由身荷载引起的地基附加应力 σ_z。通过基础中心点将基础分为 4 个相等的小矩形荷载面积，每个小矩形长 $l=2.0$ m，宽 $b=1.0$ m，列表计算，具体见表 1-3-3。基底附加应力分布图见图 1-3-15。

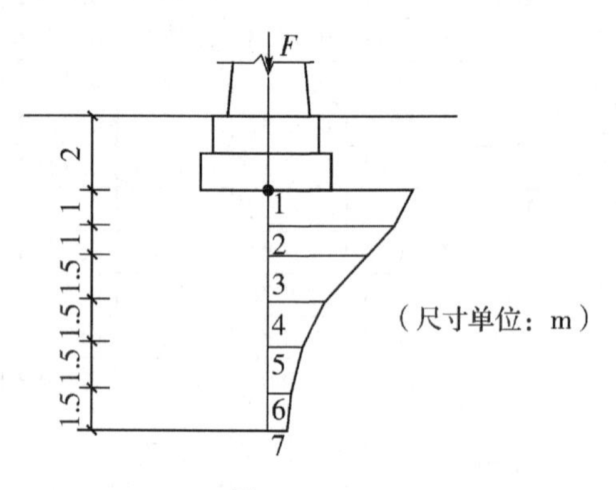

图 1-3-15

表 1-3-3

点号	σ_{cz}(kPa)	l/b	z/m	z/b	a_s	$\sigma_z=4\alpha_s p_0$(kPa)
1	2=30.6	2.0	0.0	0.0	0.2500	164.0
2	3=54.0		1.0	1.0	0.1999	131.2
3	4=72.0		2.0	2.0	0.1202	78.7
4	5.5=99.0		3.5	3.5	0.0586	38.4
5	7=126.0		5.0	5.0	0.0328	21.5
6	8.5=153.0		6.5	6.5	0.0209	13.7
7	10=180.0		8.0	8.0	0.0140	9.2

2.矩形面积受竖向三角形分布荷载作用

当建筑物柱基受偏心荷载时,基础底面接触压力为梯形或三角形分布,可用此法计算地基附加应力。

荷载分布如图 1-3-16 所示,在矩形面积上作用着三角形分布荷载,最大荷载强度为 p_t。把荷载强度为零的角点 O 作为坐标原点,在基础底面内取一微小面积 $\mathrm{d}x\mathrm{d}y$,并将其上作用的荷载以集中为 $\mathrm{d}p=\frac{p_t \cdot x}{B}\mathrm{d}x\mathrm{d}y$ 代替,利用式(1.3.13)即可求出 $\mathrm{d}P$ 在 O 点下任意点 M 引起的竖向附加应力 $\mathrm{d}\sigma_z$。

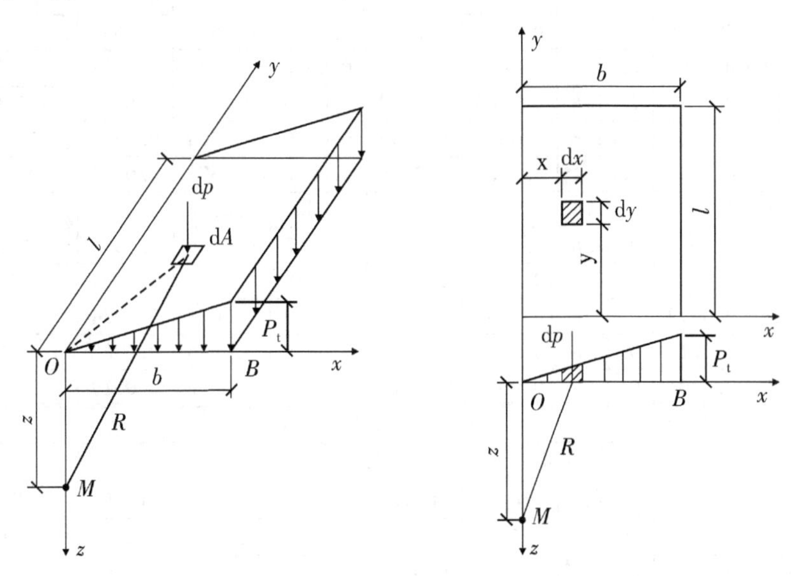

图 1-3-16 矩形面积受竖向三角形分布荷载作用时角点下的应力

$$\mathrm{d}\sigma_z = \frac{3pt}{2\pi b} \cdot \frac{xz^3}{(x^2+y^2+z^2)^{5/2}}\mathrm{d}x\mathrm{d}y \tag{1.3.21}$$

通过积分可得荷载对 M 点的附加应力 σ_z:

$$\sigma_z = \frac{mn}{2\pi}\left[\frac{1}{\sqrt{m^2+n^2}} - \frac{n^2}{(1+n^2)\sqrt{1+m_2+n^2}}\right]p_t \tag{1.3.22}$$

式中,$m=\frac{l}{b}$,$n=\frac{z}{b}$,其中 b 是沿三角荷载变化方向的矩形边长,l 为矩形的另一边长。为了计算方便,通常将式(1.3.22)简写成:

$$\sigma_z = \alpha_{t0}\, p_t \tag{1.3.23}$$

式中,$\alpha_{t0}=\frac{mn}{2\pi}\left[\frac{1}{\sqrt{m^2+n^2}}-\frac{n^2}{(1+n^2)\sqrt{1+m_2+n^2}}\right]$,$\alpha_{t0}$ 为矩形面积竖向三角形荷载角点 O 点下的应力系数。

同理,可得 B 点以下任意深度 z 处所引起的竖向附加应力:

$$\sigma_z' = \alpha_{tB}\, p_t \tag{1.3.24}$$

α_{t0}、α_{tB} 可查表 1-3-4 得到。

表 1-3-4　矩形面积受竖向三角形分布荷载作用时角点下的应力系数值

z/b	l/b									
	0.2		0.4		0.6		0.8		1.0	
	O点	B点	O点	B点	O点	B点	O点	B点	O点	B点
0.0	0.0000	0.2500	0.0000	0.2500	0.0000	0.2500	0.0000	0.2500	0.0000	0.2500
0.2	0.0223	0.1821	0.0280	0.2115	0.0296	0.2165	0.0801	0.2178	0.0304	0.2182
0.4	0.0269	0.1094	0.0420	0.1604	0.0487	0.1781	0.0517	0.1844	0.0531	0.1870
0.6	0.0259	0.0700	0.0448	0.1165	0.0560	0.1405	0.0621	0.1520	0.0654	0.1575
0.8	0.0232	0.0480	0.0421	0.0853	0.0553	0.1093	0.0637	0.1232	0.0688	0.1311
1.0	0.0201	0.0346	0.0375	0.0638	0.0508	0.0852	0.0602	0.0996	0.0666	0.1086
1.2	0.0171	0.0260	0.0324	0.0491	0.0450	0.0673	0.0546	0.0807	0.0615	0.0901
1.4	0.0145	0.0202	0.0278	0.0386	0.0392	0.0540	0.0483	0.0661	0.0554	0.0751
1.6	0.0123	0.0160	0.0238	0.0310	0.0339	0.0440	0.0424	0.0547	0.0492	0.0608
1.8	0.0105	0.0130	0.0204	0.0254	0.0294	0.0863	0.0371	0.0457	0.0435	0.0534
2.0	0.0090	0.0108	0.0176	0.0211	0.0255	0.0304	0.0324	0.0387	0.0384	0.0456
2.5	0.0063	0.0072	0.0125	0.0140	0.0183	0.0205	0.0236	0.0265	0.0284	0.0318
3.0	0.0046	0.0051	0.0092	0.0100	0.0135	0.0148	0.0176	0.0192	0.0214	0.0233
5.0	0.0018	0.0019	0.0036	0.0038	0.0054	0.0056	0.0071	0.0074	0.0088	0.0091
7.0	0.0009	0.0010	0.0019	0.0019	0.0028	0.0029	0.0038	0.0038	0.0047	0.0047
10	0.0005	0.0004	0.0009	0.0010	0.0014	0.0014	0.0019	0.0019	0.0023	0.0024

z/b	l/b									
	1.2		1.4		1.6		1.8		2.0	
	O点	B点	O点	B点	O点	B点	O点	B点	O点	B点
0.0	0.0000	0.2500	0.0000	0.2500	0.0000	0.2500	0.0000	0.2500	0.0000	0.2500
0.2	0.0305	0.2184	0.0305	0.2185	0.0306	0.2185	0.0306	0.2185	0.0306	0.2185
0.4	0.0539	0.1881	0.0543	0.1886	0.0545	0.1889	0.0546	0.1891	0.0547	0.1892
0.6	0.0673	0.1602	0.0684	0.1616	0.0690	0.1625	0.0694	0.1630	0.0696	0.1633
0.8	0.0720	0.1355	0.0739	0.1381	0.0751	0.1396	0.0759	0.1405	0.0764	0.1412
1.0	0.0703	0.1143	0.0735	0.1176	0.0753	0.1202	0.0766	0.1215	0.0774	0.1225
1.2	0.0664	0.0962	0.0698	0.1007	0.0721	0.1037	0.0738	0.1055	0.0749	0.1069
1.4	0.0606	0.0817	0.0644	0.0864	0.0672	0.0897	0.0697	0.0921	0.0707	0.0967
1.6	0.0545	0.0696	0.0586	0.0743	0.0616	0.0780	0.0639	0.0806	0.0656	0.0826
1.8	0.0487	0.0596	0.0528	0.0644	0.0560	0.0681	0.0585	0.0709	0.0604	0.0730
2.0	0.0434	0.0513	0.0474	0.0560	0.0507	0.0696	0.0533	0.0625	0.0553	0.0649
2.5	0.0326	0.0365	0.0362	0.0405	0.0393	0.0440	0.0419	0.0469	0.0440	0.0491
3.0	0.0249	0.0270	0.0280	0.0303	0.0307	0.0333	0.0331	0.0359	0.0352	0.0380
5.0	0.0104	0.0108	0.0120	0.0123	0.0135	0.0139	0.0148	0.0154	0.0161	0.0167
7.0	0.0056	0.0056	0.0064	0.0066	0.0073	0.0074	0.0081	0.0083	0.0089	0.0091
10	0.0028	0.0028	0.0033	0.0032	0.0037	0.0037	0.0041	0.0042	0.0046	0.0046

z/b	l/b									
	1.2		1.4		1.6		1.8		2.0	
	O点	B点	O点	B点	O点	B点	O点	B点	O点	B点
0.0	0.0000	0.2500	0.0000	0.2500	0.0000	0.2500	0.0000	0.2500	0.0000	0.2500

续表 1-3-4

z/b	l/b									
	1.2		1.4		1.6		1.8		2.0	
	O 点	B 点	O 点	B 点	O 点	B 点	O 点	B 点	O 点	B 点
0.2	0.0306	0.2186	0.0306	0.2186	0.0306	0.2186	0.0306	0.2186	0.0306	0.2186
0.4	0.0548	0.1894	0.0549	0.1894	0.0549	0.1894	0.0549	0.1894	0.0549	0.1894
0.6	0.0701	0.1638	0.0702	0.1639	0.0702	0.1640	0.0702	0.1640	0.0702	0.1640
0.8	0.0773	0.1423	0.0776	0.1424	0.0776	0.1426	0.0776	0.1426	0.0776	0.1426
1.0	0.0790	0.1244	0.0794	0.1248	0.795	0.1250	0.0796	0.1250	0.0796	0.1250

z/b	l/b									
	0.2		0.4		0.6		0.8		1.0	
	O 点	B 点	O 点	B 点	O 点	B 点	O 点	B 点	O 点	B 点
1.2	0.0774	0.1096	0.0779	0.1103	0.0782	0.1105	0.0783	0.1105	0.0783	0.1105
1.4	0.0739	0.0973	0.0748	0.0982	0.0752	0.0986	0.0752	0.0987	0.0753	0.0987
1.6	0.0697	0.0870	0.0708	0.0882	0.0714	0.0887	0.0715	0.0888	0.0715	0.0889
1.8	0.0652	0.0782	0.0666	0.0797	0.0673	0.0805	0.0675	0.0806	0.0675	0.0808
2.0	0.0607	0.0707	0.0624	0.0726	0.0634	0.0734	0.0636	0.0736	0.0636	0.0738
2.5	0.0504	0.0559	0.0529	0.0585	0.0543	0.0610	0.0547	0.0604	0.0548	0.0605
3.0	0.0419	0.0451	0.0449	0.0482	0.0469	0.0504	0.0474	0.0509	0.0476	0.0511
5.0	0.0214	0.0211	0.0248	0.0256	0.0283	0.0290	0.0296	0.0303	0.0301	0.0309
7.0	0.0124	0.0126	0.0152	0.0154	0.0186	0.0190	0.0204	0.0207	0.0212	0.0216
10	0.0066	0.0066	0.0084	0.0083	0.0111	0.0111	0.0123	0.0130	0.0139	0.0141

3. 圆形面积受竖向均布荷载作用

当圆形面积上作用于竖向均布荷载 P 时，荷载面积中心点 O 下任意深度 z 处 M 点的竖向附加应力 σ_z 仍可利用式(1.3.13)，在圆面积内积分求得：

$$\sigma_z = \alpha_0 p \tag{1.3.25}$$

$$\alpha_0 = 1 - \frac{1}{\left[1 + \left(\frac{r}{z}\right)^2\right]^{\frac{3}{2}}} \tag{1.3.26}$$

式中，α_0——圆形面积均布荷载作用时，圆心点下的竖向应力系数，可查表 1-3-5 得到；

r——圆面积半径；

p——均布荷载强度。

表 1-3-5　图形面积受竖向均布荷载作用中心点下的应力系数值

z/r	0	0.25	0.50	0.75	1.00	1.25	1.50	1.75	2.00	2.50
α_0	1.000	0.986	0.901	0.784	0.646	0.524	0.424	0.346	0.284	0.200
z/r	3	4	5	6	7	8	9	10	20	30
α_0	0.146	0.087	0.057	0.040	0.030	0.023	0.018	0.015	0.003	0.001

3.4.3　平面问题的附加应力计算

当建筑物基础长宽比很大，$l/b \geqslant 10$ 时，称为条形基础。如房屋的墙基、路基、堤坝与挡土墙基等均为条形基础。这种基础中心受压并沿长度方向荷载均匀分布时，地基应力计算属平面问题，即任意横截面上的附加应力分布规律相同。

1. 条形面积受竖向均布荷载作用

如图 1－3－17 所示，在条形基础受竖向均布荷载作用下，地基中任意一点 M 的附加应力同样可以利用公式(1.3.13)，进行积分后求得 M 点的附加应力 σ_z 为：

$$\sigma_z = \int_0^B \frac{2z^3}{\pi\left[(x-\xi)^2+z^2\right]^2} p d\xi$$

$$= \frac{p}{\pi}\left[\arctan\frac{m}{n} - \arctan\frac{m-1}{n} + \frac{mn}{m^2+n^2} - \frac{n(m-1)}{n^2+(m-1)^2}\right] \tag{1.3.27}$$

通常简写成：

$$\sigma_z = \alpha_u p \tag{1.3.28}$$

式中，$m=\frac{x}{b}$，$n=\frac{z}{b}$，α_u 称为条形面积竖向均布荷载角点下的应力系数，可查表 1－3－6。

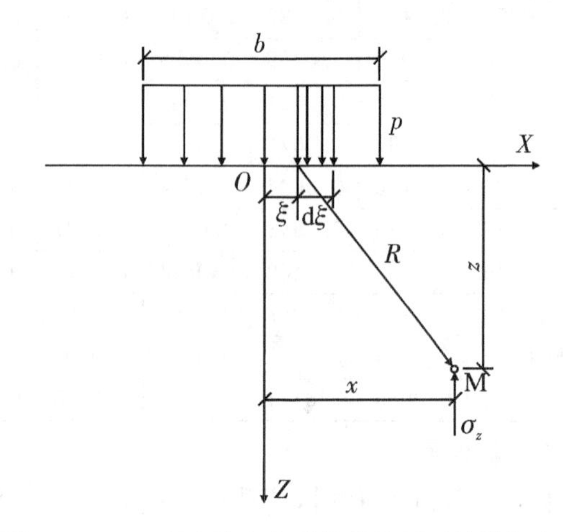

图 1－3－17　竖向均布条形荷载作用下的附加应力

表 1－3－6　条形面积受竖向均布荷载作用时的应力系数

x/b \ z/b	0.00	0.10	0.25	0.35	0.50	0.75	1.00	1.50	2.00	2.50	3.00	4.00	5.00
0.00	1.000	1.000	1.000	1.000	0.500	0.000	0.000	0.000	0.000	0.000	0.000	0.000	0.000
0.50	1.000	1.000	0.995	0.970	0.500	0.002	0.000	0.000	0.000	0.000	0.000	0.000	0.000
0.10	0.997	0.996	0.986	0.965	0.499	0.010	0.005	0.000	0.000	0.000	0.000	0.000	0.000
0.15	0.993	0.987	0.968	0.910	0.498	0.033	0.008	0.001	0.000	0.000	0.000	0.000	0.000
0.25	0.960	0.954	0.905	0.805	0.496	0.088	0.019	0.002	0.001	0.000	0.000	0.000	0.000
0.35	0.907	0.900	0.832	0.732	0.492	0.148	0.039	0.006	0.003	0.001	0.000	0.000	0.000
0.50	0.820	0.812	0.735	0.651	0.481	0.218	0.082	0.017	0.005	0.002	0.001	0.000	0.000
0.75	0.668	0.658	0.610	0.552	0.450	0.263	0.146	0.040	0.017	0.005	0.005	0.001	0.000
1.00	0.552	0.541	0.513	0.475	0.410	0.288	0.185	0.071	0.029	0.013	0.007	0.002	0.001
1.50	0.396	0.395	0.379	0.353	0.332	0.273	0.211	0.114	0.055	0.031	0.018	0.006	0.003
0.00	0.10	0.25	0.35	0.50	0.75	1.00	1.50	2.00	2.50	3.00	4.00	5.00	—
2.00	0.306	0.304	0.292	0.288	0.275	0.242	0.205	0.134	0.083	0.051	0.028	0.013	0.006
2.50	0.245	0.244	0.239	0.237	0.231	0.215	0.188	0.139	0.098	0.065	0.034	0.021	0.010
3.00	0.208	0.208	0.206	0.202	0.198	0.185	0.171	0.136	0.103	0.075	0.053	0.028	0.015
4.00	0.160	0.160	0.158	0.156	0.153	0.147	0.140	0.122	0.102	0.081	0.066	0.040	0.025
5.00	0.126	0.126	0.125	0.125	0.124	0.121	0.117	0.107	0.095	0.082	0.069	0.046	0.034

2. 条形面积受竖向三角形分布荷载作用

条形基础偏心受压时，基地压力为三角形或梯形分布。如图 1-3-18 所示，在地基表面作用无限长竖向三角形条形荷载，其最大值为 p，求在地基中任意点 M 的竖向附加应力。由公式(1.3.13)，通过积分后求得 M 点的附加应力 σ_z 为：

$$\sigma_z = \frac{p}{\pi}\left\{m\left[\arctan\left(\frac{m}{n}\right)-\arctan\left(\frac{m-1}{n}\right)\right]-\frac{(m-1)n}{(m-1)^2+n^2}\right\} \tag{1.3.29}$$

或简写成：

$$\sigma_z=\alpha_s p \tag{1.3.30}$$

式中，$m=\frac{x}{b}$，$n=\frac{z}{b}$，α_s 称为条形面积竖向三角形荷载作用时应力系数，可查表 1-3-7。

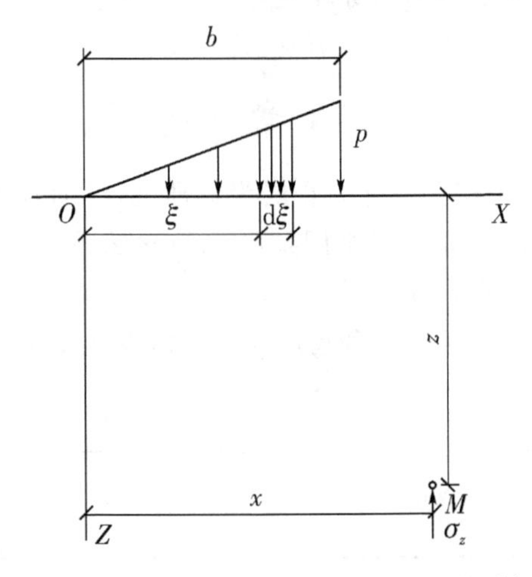

图 1-3-18 竖向三角形条形荷载作用下的附加应力

表 1-3-7 条形面积受竖向三角形荷载作用时的应力系数值

x/b z/b	−1.5	−1.0	−0.5	0	0.25	0.50	0.75	1.0	1.5	2.0	2.5
0	0	0	0	0	0.25	0.50	0.75	0.75	0	0	0
0.25	—	—	0.001	0.075	0.256	0.480	0.643	0.424	0.015	0.003	—
0.05	0.002	0.003	0.023	0.127	0.263	0.410	0.477	0.353	0.056	0.017	0.003
0.5	0.006	0.016	0.042	0.153	0.248	0.335	0.361	0.293	0.108	0.024	0.009
1.0	0.014	0.025	0.061	0.159	0.223	0.275	0.279	0.241	0.129	0.045	0.013
1.5	0.020	0.048	0.096	0.145	0.178	0.200	0.202	0.185	0.124	0.062	0.041
2.0	0.033	0.061	0.092	0.127	0.146	0.155	0.163	0.153	0.108	0.069	0.050
3.0	0.050	0.064	0.080	0.096	0.103	0.104	0.108	0.104	0.090	0.071	0.050
4.0	0.051	0.060	0.067	0.075	0.078	0.085	0.082	0.075	0.073	0.060	0.049
5.0	0.047	0.052	0.057	0.059	0.062	0.063	0.063	0.065	0.061	0.051	0.047
6.0	0.041	0.041	0.050	0.051	0.052	0.053	0.053	0.053	0.050	0.050	0.045

本章思考题

1. 什么是土的自重应力？如何计算？
2. 地下水的沉降，对地基中的自重应力有何影响？
3. 地下水的沉降，对地基中的附加应力有何影响？
4. 在集中荷载作用下地基中附加应力的分布有何规律？
5. 刚性基础底面压力分布图形与哪些因素有关？
6. 假设作用于基础底面的总压力不变，若埋置深度增加，对土中附加应力有何影响？
7. 何为角点法？如何应用角点法计算基底面下任意点的附加应力？
8. 条形荷载作用下土中附加应力的分布规律是怎样的？
9. 相邻两基础下附加应力是否会彼此影响，为什么？

本章习题

1. 如题图 1-3-1 所示，Ⅰ层为黏土，Ⅱ层为粉质黏土，Ⅲ层为细砂，计算并绘制地基中的自重应力沿深度的分布曲线。如地下水因某种原因骤然下降至高程 38 m 以下，问此时地基中的自重应力分布有什么改变？并用图表示。（提示：当地下水位骤降时，细砂层为非饱和状态，其天然重度 $\gamma=17.9\ \mathrm{kN/m^3}$，黏土和粉质黏土均因渗透性小，排水不畅，它们的含水情况不变。）

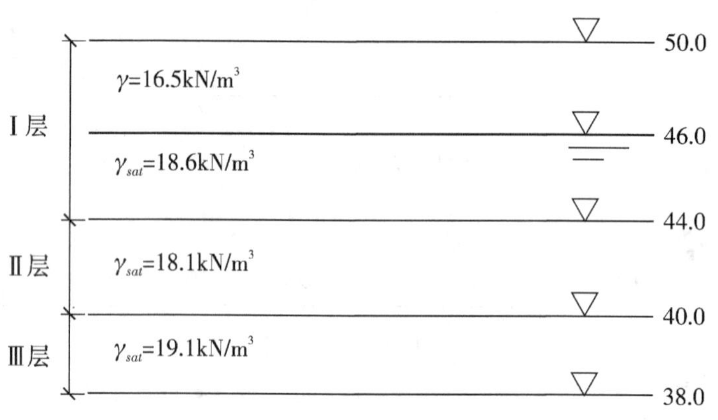

题图 1-3-1

2. 已知某基础尺寸长度 $a=2$ m，宽度 $b=3$ m，偏心荷载 $F+G=490$ kN，偏心距 $e=0.3$ m，求基底压力分布。

3. 某路堤横断面尺寸如题图 1-3-2 所示，边坡 1∶1，填土的重度 $\gamma=18.0\ \mathrm{kN/m^3}$，求基底压力分布。

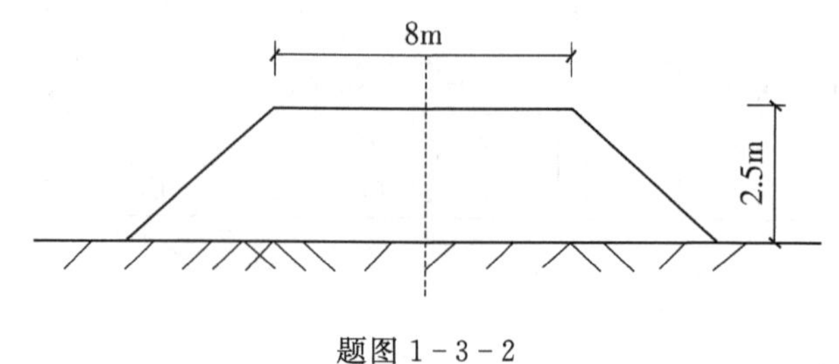

题图 1-3-2

4. 如题图 1-3-2 所示，某路堤填土的重度 $\gamma=21.0\ kN/m^3$，求路堤中心点下 1 m、3 m 处的竖向附加压力。

5. 由相邻两荷载面 A 和 B，如图 1-3-3 所示，考虑相邻荷载面的影响求出 A 荷载面中心点以下深度 $z=4$ m 处的竖向附加应力。

6. 如题图 1-3-4 所示，某建筑物为条形基础，宽 $b=4$ m，求基底下 $z=2$ m 的水平面上，沿宽度方向 A、B、C、D 点距中心垂线距离分别为 0、$b/4$、$b/2$、b 时，A、B、C、D 点的附加应力并绘出分布曲线。

7. 如图 1-3-5 所示，某厂房柱下单独方形基础，已知基础底面尺寸为 4 m×8 m，基础埋深 $d=2.0$ m，地基为粉质黏土，为透水性土层，地下水位距天然水面 3.2 m。上部荷载 F 为 5460 kN，土的天然重度 $\gamma=17.2\ kN/m^3$，$\gamma_{sat}=18.5\ kN/m^3$，求基础中心点下各点的竖向自重应力以及竖向附加应力并绘其分布图。

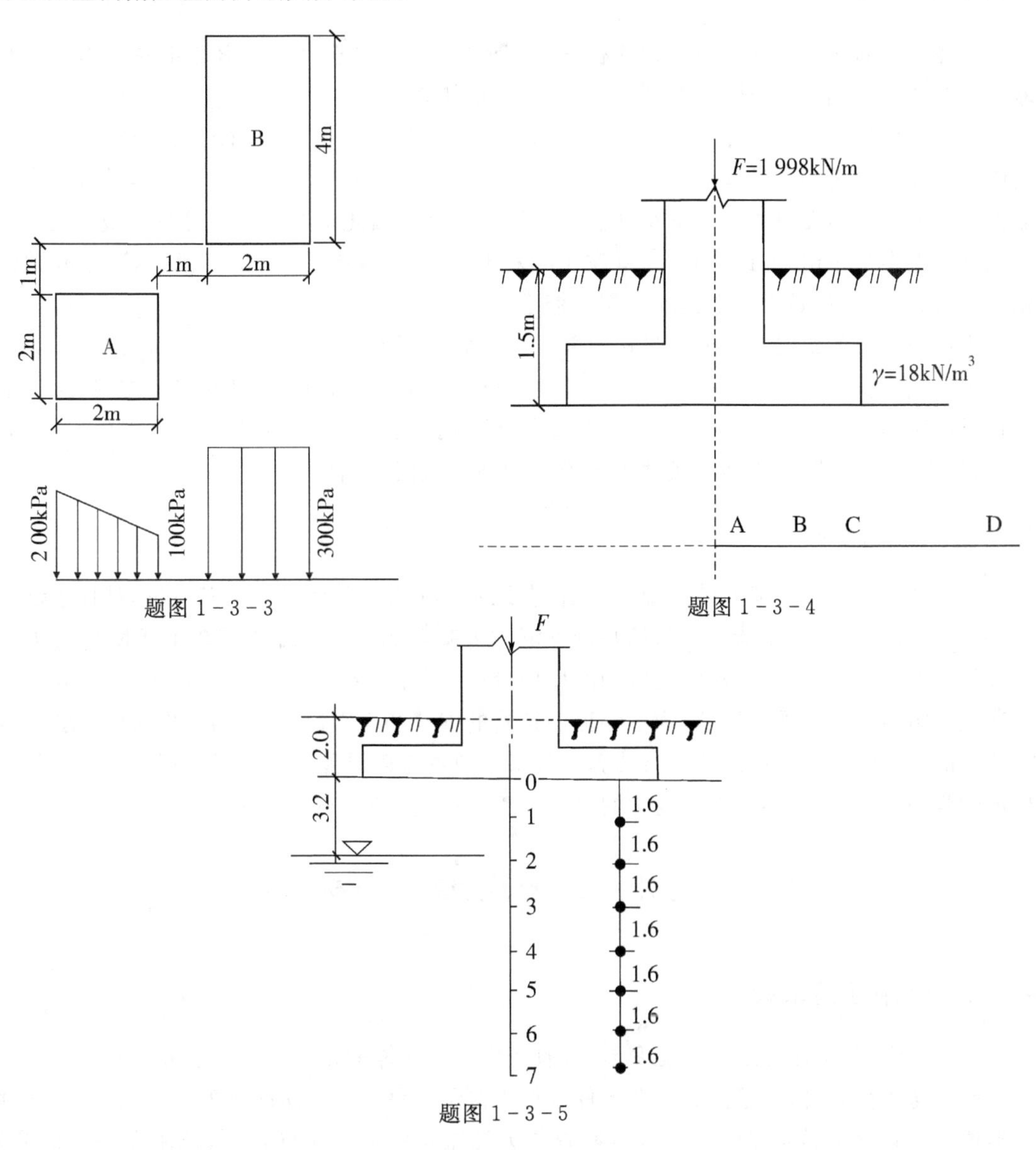

题图 1-3-3

题图 1-3-4

题图 1-3-5

第4章 土的压缩性与地基沉降计算

4.1 土的压缩性与地基沉降概述

4.1.1 土的压缩性

土体受力后引起的变形可分为体积变形和形状变形，地基土的变形通常表现为土体积的缩小。在外力作用下，土体积缩小的特性称为土的压缩性。

土的压缩通常由三部分组成：①固体土颗粒被压缩；②土中水及封闭气体被压缩；③水和气体从孔隙中被挤出。试验研究表明，在一般压力(100～600 kPa)作用下，固体颗粒和水的压缩性与土体的总压缩量之比非常小，完全可以忽略不计，因此土的压缩性可只看做是土中水和气体从孔隙中被挤出，与此同时，土颗粒相应发生移动，重新排列，靠拢挤紧，从而土孔隙体积减小，所以土的压缩是指土中孔隙体积的缩小。

土压缩变形的快慢与土的渗透性有关。在荷载作用下，透水性大的饱和无黏性土，其压缩过程短，建筑物施工完毕时，可认为其压缩变形已基本完成；而透水性小的饱和黏性土，其压缩过程所需时间长，十几年甚至几十年压缩变形才稳定。土体在外力作用下，压缩随时间增长的过程，称为土的固结，对于饱和黏性土来说，土的固结问题非常重要。

4.1.2 地基沉降

建筑物通过基础将荷载传给地基以后，在地基土中将产生附加应力和变形，从而引起建筑物基础的下沉，工程上将荷载引起的基础下沉称为基础的沉降。如果基础的沉降量过大或产生过量的不均匀沉降，不但降低建筑物的使用价值，而且导致墙体开裂、门窗歪斜，严重时会造成建筑物倾斜甚至倒塌。因此，为了保证建筑物的安全和正常使用，必须预先对建筑物基础可能产生的最大沉降量和沉降差进行估算。如果建筑物基础可能产生的最大沉降量和沉降差在规定的容许范围之内，那么该建筑物的安全和正常使用一般是有保证的。

4.2 土的压缩性指标

4.2.1 侧限压缩试验

侧限条件，是指侧向限制不能变形，只有竖向单向压缩的条件。当自然界广阔图层上作用着大面积均布荷载时，地基土的变形条件近似为侧限条件。土的压缩性的高低，常用压缩性指标描述。压缩性指标通常由工程地质勘查取天然结构的原状土样，进行侧限压缩试验测定。

侧限压缩试验常简称为压缩试验，又称固结试验。

1. 试验仪器

侧限压缩试验的主要仪器为侧限压缩仪(固结仪)，如图 1-4-1 所示。

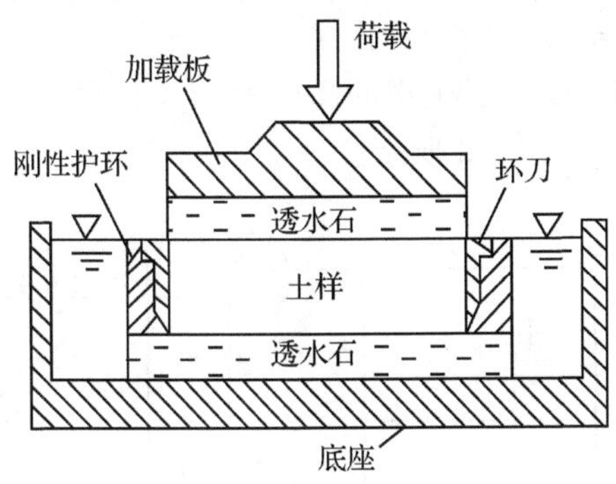

图 1-4-1　侧限压缩试验示意图

2. 试验方法

(1)用环刀切取土样，用天平称质量。一般切取扁圆柱体，高 2 cm，直径应为高度的 2.5 倍，面积为 30 cm^2 或 50 cm^2，试样连同环刀一起装入护环内，上下放有透水石以便试样在压力作用下排水。

(2)将土样依次装入侧限压缩仪的容器：先装入下透水石，再将试样装入侧限护环中，形成侧限条件；然后在试样上加上透水石和加压板，安装测微计(百分表)并调零。

(3)加上杠杆，分级施加竖向压力 P_i。为减少土的结构被扰动程度，加荷率(前后两级荷载之差与前一级荷载之比)应≤1，一般按 P=50、100、200、300、400 kPa 五级加荷，第一级压力软土宜从 12.5 kPa 或 25 kPa 开始，最后一级压力均应大于地基中计算点的自重应力与预估附加应力之和。

(4)用测微计(百分表)按一定时间间隔测记每级荷载施加后的读数(ΔH_i)。

(5)计算每级压力稳定后试验的孔隙比。

3. 试验结果

(1)采用直角坐标系，以孔隙比 e 为纵坐标，以有效应力 p 为横坐标，绘制 e-p 曲线，如图 1-4-2(a)所示。

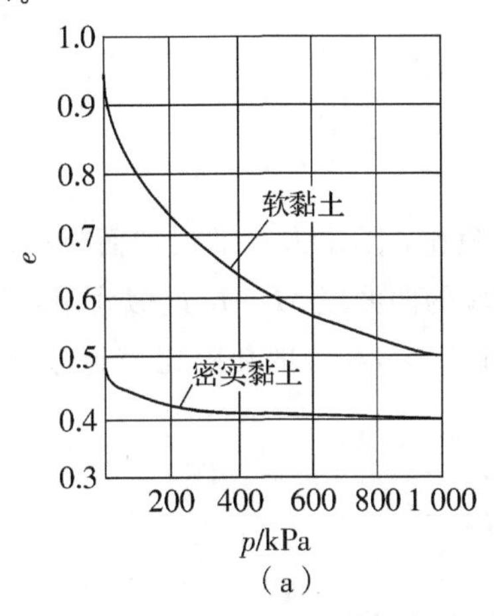

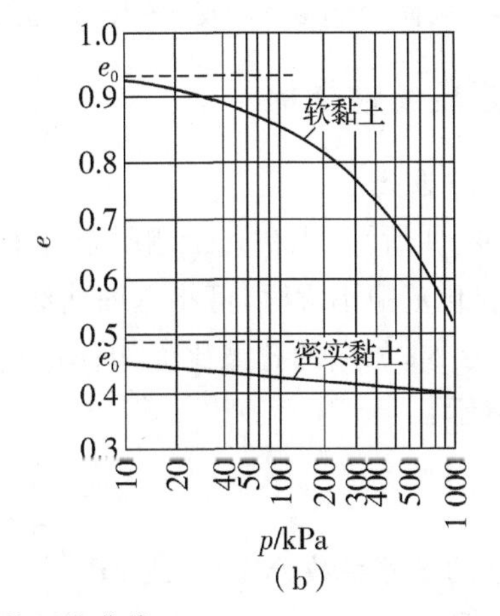

图 1-4-2　土的压缩曲线

(2)若研究土在高压下的变形特性,p 的取值较大,可采用半对数直角坐标系,以 e 为纵坐标,以 $\lg p$ 为横坐标,绘制 $e-\lg p$ 曲线,如图 1-4-2(b)所示。

假定试样中土粒本身体积不变,土的压缩仅指孔隙体积的减小,因此土的压缩变形常用孔隙比 e 的变化来表示。下面导出 e_i 的计算公式。

设土样的初始高度为 H_0,受压后土样的高度为 H_i,则 $H_i=H_0-\Delta H_i$,ΔH_i 为压力 p_i 作用下土样的稳定压缩量,如图 1-4-3 所示。

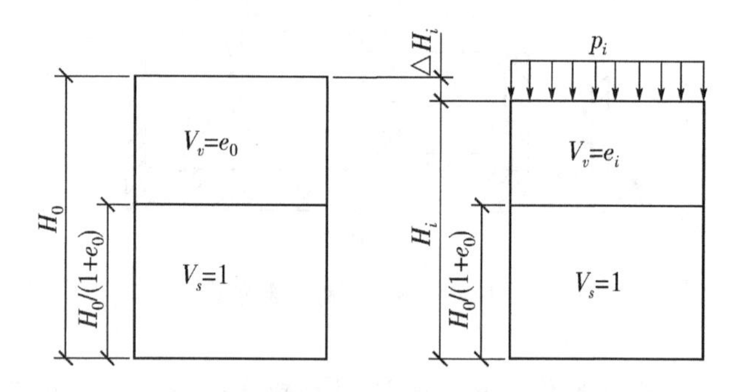

图 1-4-3 侧限条件下土样原始孔隙比的变化

由于压力作用下土粒体积不变,故令 $V_s=1$,则 $e=V_v/V_s=V_v$,即受压前 $V_v=e_0$,受压后 $V_v=e_i$。又根据侧限条件(土样受压前后的横截面面积不变),故受压前土粒的初始高度 $H_0/(1+e_0)$等于受压后土粒的高度 $H_i/(1+e_i)$,即

$$\frac{H_0}{1+e_0}=\frac{H_i}{1+e_i}=\frac{H_0-\Delta H_i}{1+e_i} \tag{1.4.1}$$

则有

$$e_i=e_0-\frac{\Delta H}{H_0}(1+e_0) \tag{1.4.2}$$

式中,e_0——土的初始孔隙比,$e_0=\dfrac{\rho_w\cdot d_s(1+w_0)}{\rho_0}-1$;

d_s,w_0,ρ_0,ρ_w——土粒比重、土样初始含水量、土样初始密度和水的密度。

因此,只要测定土样在各级压力 p_i 作用下的稳定压缩量 ΔH_i,就可按式(1.4.2)计算出相应的孔隙比 e_i,从而绘制 $e-p$ 或 $e-\lg p$ 曲线。

4.2.2 侧限压缩性指标

1. 土的压缩系数 a

如图 1-4-4 所示,土在完全侧限条件下,孔隙比 e 随压力 p 的增加而减小。当压力由 p_1 至 p_2 的压力变化范围不大时,可将压缩曲线上相应的曲线段 M_1M_2 近似地用直线来代替。若 M_1 点的压力为 p_1,相应的孔隙比为 e_1;M_2 点的压力 p_2,相应的孔隙比为 e_2,则 M_1M_2 段的斜率可用下式表示:

$$a=\frac{\Delta e}{\Delta p}=\frac{e_1-e_2}{p_2-p_1} \tag{1.4.3}$$

式中,a——土的压缩系数($\mathrm{MPa^{-1}}$ 或 $\mathrm{kPa^{-1}}$)。

压缩系数是表示土的压缩性大小的主要指标,广泛应用于土力学计算中。压缩系数越大,表明在某压力变化范围内孔隙比减少得越多，压缩性就越高。但是，由图 1-4-4 中可知，同一种土的压缩系数并不是常数，而是随所取压力变化范围的不同而改变的。因此，评价不同种类和状态土的压缩系数大小，必须以同一压力变化范围来比较。

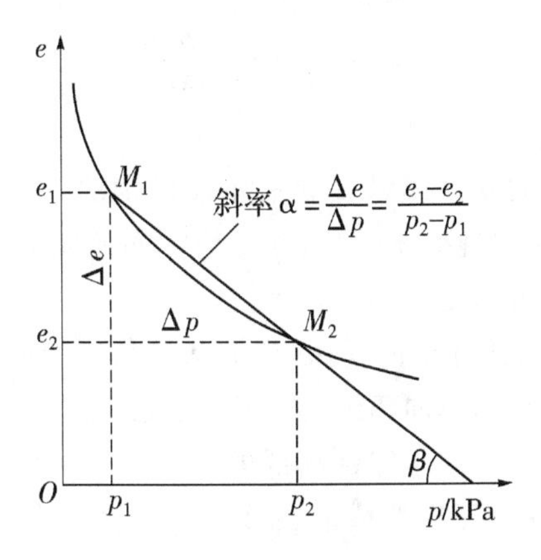

图 1-4-4　压缩系数 a 的确定

《建筑地基基础设计规范》规定：以 $p_1=0.1$ MPa 至 $p_2=0.2$ MPa 的压缩系数 a_{1-2} 作为判别土的压缩性高低的标准：①当 $a_{1-2}<0.1\ \text{MPa}^{-1}$ 时，为低压缩性土。②当 $0.1\leqslant a_{1-2}<0.5\ \text{MPa}^{-1}$ 时，为中压缩性土。③当 $a_{1-2}\geqslant 0.5\ \text{MPa}^{-1}$ 时，为高压缩性土。

各类地基土压缩性的高低，取决于土的类别、原始密度和天然结构是否扰动等因素。通常土的颗粒越粗、越密实，其压缩性越低。例如，密实的粗砂、卵石的压缩性比黏性土为低。黏性土的压缩性高低可能相差很大。当土的含水量高、空隙比大时，为高压缩性土，如淤泥为高压缩性土；若含水量低的硬塑或坚硬的土，则为低压缩性土。此外，黏性土的天然结构受扰动后，它的压缩性将增大，特别对于高灵敏度的黏土，天然结构遭到破坏，影响压缩性更甚，同时其强度也剧烈下降。

2. 土的压缩指数 C_c

如图 1-4-5 所示，e-$\lg p$ 曲线开始呈曲线，其后在较高的压力范围内，近似为一直线段，因此，取直线段的斜率为土的压缩指数 C_c，即

$$C_c=\frac{e_1-e_2}{\lg p_2-\lg p_1}=\frac{\Delta e}{\lg(p_2/p_1)} \tag{1.4.4}$$

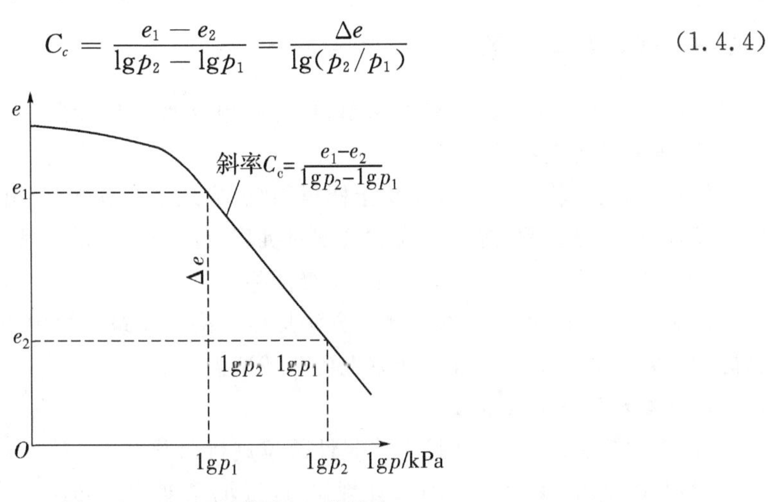

图 1-4-5　压缩指数 C_c 的确定

当 $C_c<0.2$ 时，属低压缩性土；$0.2\leqslant C_c\leqslant 0.4$ 时，属中压缩性土；$C_c>0.4$ 时，属高压缩性土。一般黏性土 C_c 值多为 0.1～1.0。C_c 值越大，土的压缩性越高。对于正常固结的黏性土，压缩指数 C_c 和压缩系数 a 之间存在如下关系：

$$C_c=\frac{a(p_2-p_1)}{\lg p_2-\lg p_1} \tag{1.4.5}$$

3. 侧限压缩模量 E_s

土的压缩模量 E_s 与材料的弹性模量 E 是有本质区别的。

(1)弹性模量 E：对于钢材或混凝土试件，在受力方向的应力与应变之比称为弹性模量 E。试验条件侧面不受约束，可以自由变形。

(2)侧限压缩模量 E_s：土的试样单向受压，应力增量与应变增量之比称为压缩模量 E_s。试验条件为为侧限条件，即只能竖向单向压缩、侧向不能变形。

土的压缩模量 E_s 也是表征土的压缩性高低的一个指标。它是指土在有侧限条件下受压时，某压力段的压应力增量 $\Delta\sigma$ 与压应变增量 $\Delta\varepsilon$ 之比，其表达式为：

$$E_s=\frac{\Delta\sigma}{\Delta\varepsilon}=\frac{\Delta p}{\Delta H/H} \tag{1.4.6}$$

土的侧限压缩模量 E_s 与压缩系数 a，两者并非相互独立，而是有下列关系：

$$E_s=\frac{1+e_1}{a} \tag{1.4.7}$$

由式(1.4.7)可知，E_s 与 a 成反比，即 a 越大，E_s 越小，土的压缩性越高。土的压缩模量随所取的压力范围不同而变化。工程上常用从 0.1 MPa 至 0.2 MPa 压力范围内的压缩模量 E_{s1-2}(对应于土的压缩系数为 a_{1-2})来判断土的压缩性高低的标准：①$E_{s1-2}<4$ MPa 时，属高压缩性土；②$E_{s1-2}=4\sim15$ MPa 时，属中等压缩性土；③$E_{s1-2}>15$ MPa 时，属低压缩性土。

4. 体积压缩系数 m_v

工程中还常用体积压缩系数 m_v 这一指标作为地基沉降的计算参数，体积压缩系数在数值上等于压缩模量的倒数，其表达式为：

$$m_v=a/(1+e_1)=1/E_s \tag{1.4.8}$$

式中，m_v 的单位为 MPa^{-1} 或 kPa^{-1}，m_v 值越大，土的压缩性越高。

4.2.3 现场荷载试验

上述土的侧限压缩试验操作简单，是目前测定地基土压缩性的常用方法，但遇到下列情况时，侧限压缩试验就不适用了。

(1)地基土为粉、细砂，取原状土样很困难，或地基为软土，土样取不上来。

(2)国家一级工程、规模大或建筑物对沉降有严格要求的工程。

(3)土层不均匀，土试样尺寸小，代表性差。

针对上述情况，可采用原位测试方法加以解决。建筑工程中土的压缩性的原位测试，主要有荷载试验和旁压试验。首先介绍现场荷载试验。

1. 试验装置与试验方法

(1)在建筑工地现场，选择有代表性部位进行荷载试验。

(2)开挖试坑，深度为基础设计埋深 d，试坑宽度 $B\geqslant 3b$，b 为荷载试验压板宽度或直径。

承压板面积不应小于 0.25 m^2，对于软土不应小于 0.5 m^2。应注意保持试验土层的原状结构和天然湿度。宜在拟试压表面用不超过 20 mm 厚的粗砂、中砂找平。

(3)加载装置与方法。

①在荷载平台上直接加铸铁块或砂袋等重物，如图 1-4-6(a)所示。试验前先将堆载工作完成，试验时通过控制千斤顶的油进行加载。

②用油压千斤顶加荷，反力由基槽承担，如图 1-4-6(b)所示。千斤顶的反力通过支撑板、斜撑杆传至槽壁土体。这种装置适用于基础埋深较大的情况。

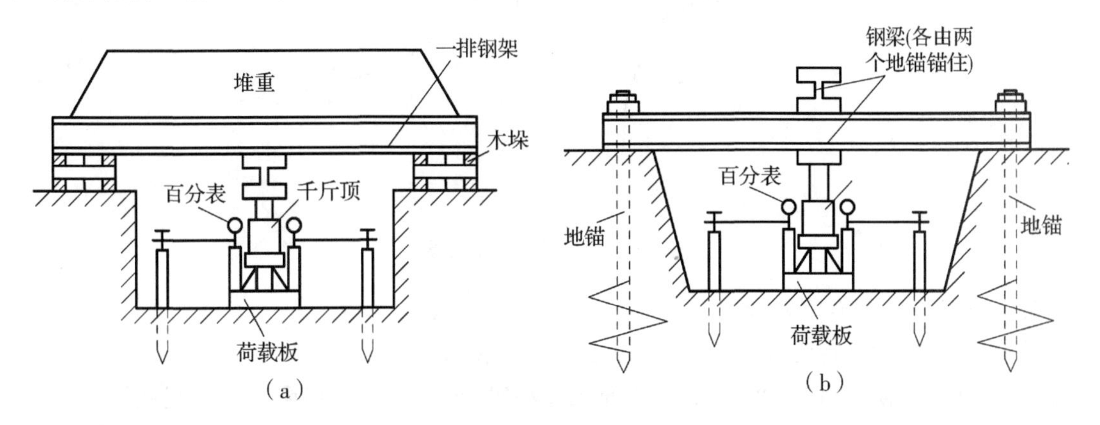

图 1-4-6　浅层平板荷载试验示意图

如基础埋深较浅，则千斤顶的反力可由堆载或锚桩反力提供。这是最常见的加载方式。

(4)加荷标准。

①第一级荷载 $p=\gamma D$(含设备重)，相当于开挖试坑所卸除土的自重应力。

②其后每级荷载增量，对松软土采用 10～25 kPa，对坚实土则用 50～100 kPa。

③加荷等级不应少于 8 级。

④最后一级荷载是判定承载力的关键，应细分二级加荷，以提高成果的精确度，最大加载量不应少于荷载设计值的 2 倍。

⑤荷载试验所施加的总荷载，应尽量接近地基极限荷载 p_u。

(5)加荷标准。每级加载后，按间隔 10，10，10，15，15，30，30，30 分钟读一次百分表的读数。

(6)沉降稳定标准。当连续两次测记压板沉降量 $s_i<0.1$ mm/h 时，则认为沉降已趋稳定，可加下一级荷载。

(7)终止加载标准。当出现下列情况之一时，即可终止加载：

①沉降 s 急骤增大，荷载－沉降($p-s$)曲线出现陡降段，且沉降量超过 $0.04d$(d 为承压板宽度或直径)。

②在某一级荷载下，24 h 内沉降速率不能达到稳定标准。

③本级沉降量大于前一级沉降量的 5 倍。

④当持力层土层坚硬，沉降量很小时，最大加载量不小于设计要求的 2 倍。

⑤承压板周围的土有明显的侧向挤出(砂土)或发生裂纹(黏性土或粉土)。

(8)极限荷载 p_u。满足终止加荷标准①、②、③三种情况之一时，其对应的前一级荷载定为极限荷载 p_u。

2. 荷载试验结果

(1)绘制荷载—沉降(p-s)曲线,如图 1-4-7(a)所示。

(2)绘制沉降—时间(s-t)曲线,如图 1-4-7(b)所示。

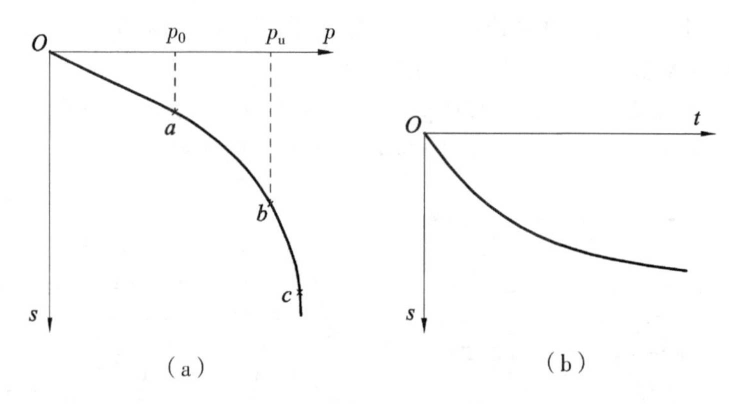

(a)　　(b)

图 1-4-7　载荷试验结果

3. 地基应力与变形的关系

荷载—沉降(p-s)典型曲线通常可分为三个变形阶段:

(1)直线变形阶段(即压密阶段)。当荷载较小时,$p<p_0$(比例界限)时,地基被压密,相当于图 1-4-7(a)中的 oa 段,荷载与变形关系接近直线关系。

(2)局部减损阶段。当荷载增大时,$p>p_0$(比例界限)时,相当于图 1-4-7(a)中的 ab 段,荷载与变形之间不再保持直线关系,曲线上的斜率逐渐增大,曲线向下弯曲,表明荷载增量 Δp 相同情况下沉降增量越来越大。此时,地基土在边缘下局部范围发生减损,压板下的土体出现塑性变形区。随着荷载的增加,塑性变形区逐渐扩大,压板沉降量显著增大。

(3)完全破坏阶段。当荷载继续增大时,$p>p_u$(极限荷载)时,压板连续急剧下沉,相当于图 1-4-7(a)中的 bc 段,地基土中的塑性变形区已连成连续的滑动面,地基土从压板下被挤出来,在试坑底部形成隆起的土堆。此时,地基已完全破坏,丧失稳定。

显然,作用在基础底面上的实际荷载不允许达到极限荷载 p_u,而应当具有一定的安全系数 K,通常 $K=2.0\sim3.0$。

4. 地基承载力特征值 f_{ak} 的确定

(1)有明显的比例界限 a 时,取 a 点对应的荷载,即 $f_{ak}=p_0$。

(2)地基极限承载力 p_u 能确定时,且 $p_u<2p_0$ 时,取 $f_{ak}=p_u/2$。

(3)按上述两点不能确定 f_{ak} 时,当承压板底面积为 0.25~0.5 m^2,对低压缩性土和砂土,可取 $s/d=0.01\sim0.015$ 对应的荷载值为 f_{ak};对中、高压缩性土和砂土,取 $s/d=0.02$ 对应的荷载值为 f_{ak}。

荷载试验对于同一土层进行的试验点,不应少于 3 处,当试验实测值的极差不超过平均值的 30%时,取其平均值作为该土层的地基承载力特征值 f_{ak},即:

$$f_{ak}=\frac{1}{3}(f_{ak1}+f_{ak2}+f_{ak3}) \tag{1.4.9}$$

5. 地基土的变形模量 E

土的变形模量表示土体在无侧限条件下,在受力方向的应力与应变之比,相当于理想弹性体的弹性模量，其大小反映了土体抵抗弹塑性变形的能力。土的变形包括弹性变形和残余变形两部分。

根据弹性力学理论公式，当集中力 p 作用在弹性半无限空间的表面，引起地表任意点的沉降为：

$$s=\frac{p(1-\mu^2)}{\pi Er} \tag{1.4.10}$$

式中，E——地基土的变形模量(kPa)；

μ——地基土的泊松比，参见表 1－4－1；

r——地表任意点至竖向集中力 p 作用点的距离，$r=x^2+y^2$。

对式(1.4.10)进行积分，可得均布荷载作用下地基沉降公式：

$$s=\frac{\omega(1-\mu^2)pb}{E} \tag{1.4.11}$$

式中，s——地基沉降量(cm)；

p——荷载板的压应力(kPa)；

b——矩形荷载的短边或圆形荷载的直径(cm)；

ω——形状系数，刚性方形荷载板 $\omega=0.886$；刚性圆形荷载板 $\omega=0.795$。

在载荷试验第一阶段，当荷载较小时，$p-s$ 曲线 oa 段呈线性关系。用此阶段实测的沉降值 s，利用公式(1.4.11)即可反算地基土的变形模量 E，即

$$E=\omega(1-\mu^2)p_0b/s \tag{1.4.12}$$

式中，p_0——荷载试验 p-s 曲线上比例界限 a 点所对应的荷载(kPa)；

s——相应于 p-s 曲线上 a 点的沉降量(cm)。

表 1－4－1

土的名称	状态	泊松比 μ	侧压系数 ξ
碎石土		0.15～0.20	0.18～0.25
砂土		0.20～0.25	0.25～0.33
粉土		0.25	0.33
粉质黏土	坚硬状态	0.25	0.33
	可塑状态	0.30	0.43
	软塑及流塑状态	0.35	0.53
黏土	坚硬状态	0.25	0.33
	可塑状态	0.35	0.53
	软塑及流塑状态	0.42	0.72

荷载试验压力的影响深度可达 1.5 b～2.0 b(b 为压板边长)，因而试验成果能反映较大一部分土体的压缩性；比钻孔取样在室内试验所受到的扰动要小得多；土中应力状态在承压板较大时与实际情况比较接近。现场荷载试验的缺点是试验工作量大，费时久，所规定的沉降稳定标准也带有较大的近似性。据有些地区的经验，它所反映的土的固结程度仅相当于实际建筑施工完毕时的早期沉降量。对于成层土，必须进行深层土的荷载试验。

深层平板荷载试验适用于埋深不小于 3 m 的地基土层及大直径桩的桩端土层，测试在承压板下应力主要影响范围内的承载力及变形模量。深层平板荷载试验加荷等级可按预估极限荷载的 1/15～1/10 分级施加，最大荷载宜达到破坏，且不应小于荷载设计值的 2 倍，其试验终

止加载的标准与浅层荷载试验相同。

6. 土的变形模量 E 与压缩模量 E_s 的关系

(1)土的变形模量 E 与压缩模量 E_s 的关系为：

$$E = (1 - \frac{2\mu^2}{1-\mu})E_s = \beta E_s \tag{1.4.13}$$

(2)公式(1.4.13)证明如下：

①据压缩模量定义 $E_s=\frac{\sigma_z}{\varepsilon_z}$，可得竖向应变：

$$\varepsilon_z = \frac{\sigma_z}{E_s}$$

②在三向受力情况下的应变：

$$\varepsilon_x = \frac{\sigma_x}{E} - \frac{\mu}{E}(\sigma_y + \sigma_z) \tag{a}$$

$$\varepsilon_y = \frac{\sigma_y}{E} - \frac{\mu}{E}(\sigma_x + \sigma_z) \tag{b}$$

$$\varepsilon_z = \frac{\sigma_z}{E} - \frac{\mu}{E}(\sigma_y + \sigma_x) \tag{c}$$

③在侧限条件下，由式(b)、(c)可得：

$$\sigma_x = \sigma_y = \frac{\mu}{1-\mu}\sigma_z \tag{e}$$

将式(e)代入式(d)得：

$$\varepsilon_z = \left(1 - \frac{2\mu^2}{1-\mu}\right)\frac{\sigma_z}{E} \tag{f}$$

④比较式(a)与式(f)得：

$$\frac{1}{E_s} = \left(1 - \frac{2\mu^2}{1-\mu}\right)\frac{1}{E} \tag{g}$$

如设 $\beta=1-\frac{2\mu^2}{1-\mu}$，则有式(1.4.13)公式成立。

4.2.4 旁压试验

上述荷载试验，如基础埋深大，则荷载试验试坑开挖很深，工程量太大，不适用。若地下水较浅，基础埋深在地下水位以下，则荷载试验无法使用。在这类情况下，可采用旁压试验。

旁压试验是一种地基原位测试方法。旁压试验比浅层荷载试验耗资少，简单轻便，而且能进行深层土的原位测试，深度可达到 20 m 以上。旁压仪由旁压器、量测与输送系统、加压系统三部分组成，其仪器安装如图 1-4-8 所示。

1. 试验原理

(1)在建筑场地试验地点钻孔，将旁压器放入钻孔中测试高程。

(2)用水加压力，使充满水的旁压器圆筒形橡胶膜膨胀，对孔壁的土体施加压力，迫使孔周围的土变形外挤，直至破坏。

(3)分级加压，测量所加的压力 p 的大小以及旁压器测量腔的体积 V 的变化。

(4)计算地基土的变形模量、压缩模量和地基承载力。

2. 试验设备与操作方法

(1)成孔工具。用麻花钻或勺形钻成孔，如地表有杂填土，麻花钻无法钻进时，可用洛阳铲，钻孔直径略大于 50 mm，钻孔竖直、平顺，深度超过测试点标高 0.5 m。在软土中为避免成孔后缩颈，可采用自钻式旁压仪，即在旁压器下端装置钻头，使旁压器自行钻进。

(2)旁压器。旁压器为一个三腔圆筒形骨架，中腔为测试腔(工作腔)，长度为 250 mm，外径 50 mm；上下腔(辅助腔)的直径相同，长度稍短，与中腔压力相同。腔体外部用弹性橡胶膜(与自行车内胎类似)包起来，弹性膜受到应力作用后产生膨胀，挤压孔周围的土，其压力是通过液压(水压)来传递的。中腔与上下腔各设一根进水管和一根排气(排水)管，与地面旁压仪表盘上的测压管、压力表相通。将旁压器顶端接上专用的小直径钻杆，竖向插入钻孔内，使中腔中心准确位于测点标高处。

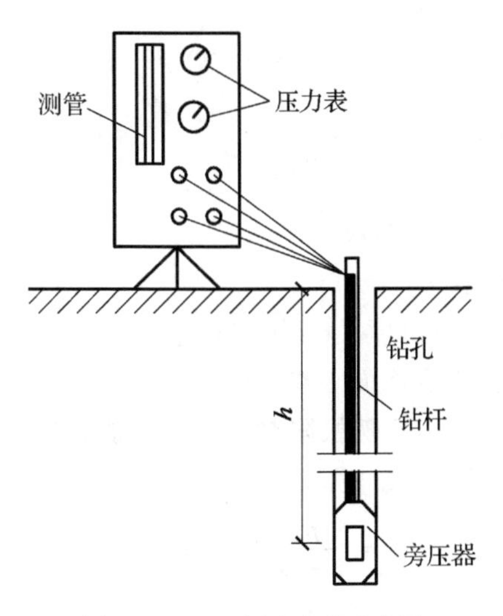

图 1-4-8　旁压试验示意图

(3)加压稳压装置。常用高压氮气瓶，或用手动打气筒，向储气罐加压，要求压力超过试验最大压力的 100～200 kPa；采用调压阀，转动调压阀至试验所需压力值，逐渐进行加压，由表盘上的精密压力表测记施加的压力值。

(4)土体变形量测系统。系统的测管和辅管由透明有机玻璃制成。测管的内截面面积为 15.28 cm^2。测管旁边安装刻度为 1 mm 的钢尺，量测测管中的水位变化。测管和辅管竖直固定在旁压仪的表盘上。各管的上端密封并接通精密压力表，其下端分别连接旁压器的中腔与上下腔。

旁压试验开始，当旁压器加压，橡胶膜向孔壁四周土体加压膨胀后，表盘上的透明有机玻璃测管中水位即下降。水位下降 1 mm，相当于原钻孔直径为 50 mm 时孔壁土体径向位移 0.04 mm。当表盘上的测管水位下降超过 35 cm 时，应立即终止试验。如继续加压，旁压器的橡胶膜将可能胀破。

3. 试验结果的整理计算

(1)反力校正。总压力为每级试验压力表读数加上静水压力，再扣除橡胶膜的约束力，即为实际施加在孔壁土体的压力值。

(2)土体变形校正。各级试验加压后，测管水位下降值扣除仪器综合变形校正值，即为实际土体压缩变形值。

(3)绘制旁压曲线。以校正后的压力 p 为横坐标，测管水位下降值 s 为纵坐标，在直角坐标上绘制 $p-s$ 曲线，如图 1-4-9 所示。

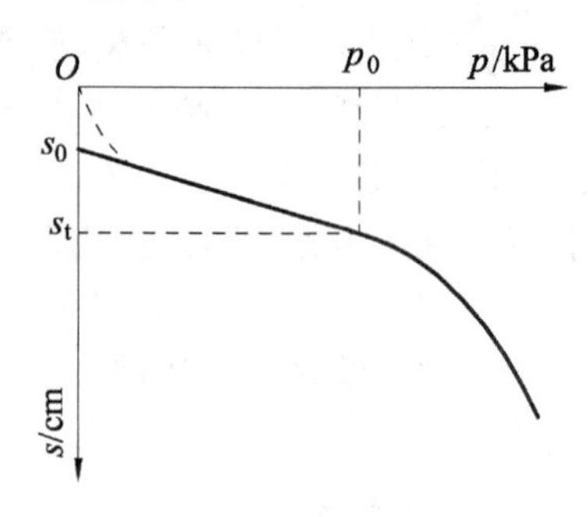

图 1-4-9　旁压试验 $p-s$ 曲线

(4)地基承载力 f 按下式计算。

$$f=p_0-\xi\gamma h \tag{1.4.14}$$

式中，f——旁压试验地基承载力(kPa)；

ξ——土的侧压力系数，查表 1-4-1；

γ——试验深度以上土的天然重度 (kN/m^3)；

h——试验深度，即中腔中心至地面距离(m)；

p_0——旁压试验 $p-s$ 曲线上，比例极限对应的压力值(kPa)。

(5)地基土的变形模量 E，按下式计算。

$$E=\frac{p_0}{s_t-s_0}(1-\mu^2)r^2m \tag{1.4.15}$$

$$r^2=\frac{Fs_0}{L\pi}+r_0^2=\frac{15.28s_0}{25\pi}+2.5^2=0.19s_0+6.25 \tag{1.4.16}$$

式中，s_t——与比例界限荷载 p_0 对应的测管水位下降值(cm)；

s_0——旁压器胶膜接触孔壁过程中，侧水管水位下降值，由 $p-s$ 曲线直线段延长与纵坐标交点即为 s_0 值(cm)；

μ——土的侧膨胀系数(泊松比)，查表 1-4-1；

r——试验钻孔的半径(cm)；

r_0——旁压器半径，$r_0=2.5$ cm；

m——旁压系数(1/cm)，它与土的物理力学性质、试验稳定标准和仪器规格等因素有关。

(6)对于 $E_s>5$ MPa 的黏性土或粉土地基，地基土的压缩模量 E_s 按下式计算：

$$E_s=1.25\frac{p_0}{s_t-s_0}(1-\mu^2)r^2+4.2 \tag{1.4.17}$$

4.3　地基最终沉降量

地基最终沉降量是指地基在建筑物附加荷载作用下，不断产生压缩，直至压缩稳定后地基表面的沉降量。

通常认为地基土层在自重作用下压缩已稳定。因此，地基沉降的外因主要是建筑物附加荷载在地基中产生的附加应力，内因是土由三相组成，具有碎散性，在附加应力作用下土层的孔隙发生压缩变形，引起地基沉降。

地基最终沉降量的计算目的：在建筑设计中需预知该建筑物建成后将产生的最终沉降量、沉降差、倾斜和局部倾斜，判断地基变形值是否超出允许的范围，以便在建筑设计时，为采取相应的工程措施提供科学依据，保证建筑物的安全。

地基最终沉降量的计算方法：世界上关于地基沉降量的计算方法很多，本课程阐述常用的两种方法：

(1)分层总和法。采用分层总和法是地基沉降计算中常常采用的一种方法。该方法假设土层只有竖向单向压缩，侧向限制不能变形。计算物理概念清楚，计算方法不难。

(2)《建筑地基基础设计规范》(GB 50007—2002)推荐法。根据大量工程实践经验，对上述分层总和法沉降计算进行总结，并据大量沉降观测的资料对分层总和法的计算结果进行了修正，列入国家规范。

4.3.1 分层总和法

1. 计算原理

如图 1-4-10 所示，在地基压缩层深度范围内，将地基土分为若干水平土层，各土层厚度分别为 $h_1, h_2, h_3, \cdots, h_n$。计算每层土的压缩量 $s_1, s_2, s_3, \cdots, s_n$。然后累计起来，即为总的地基沉降量 s。

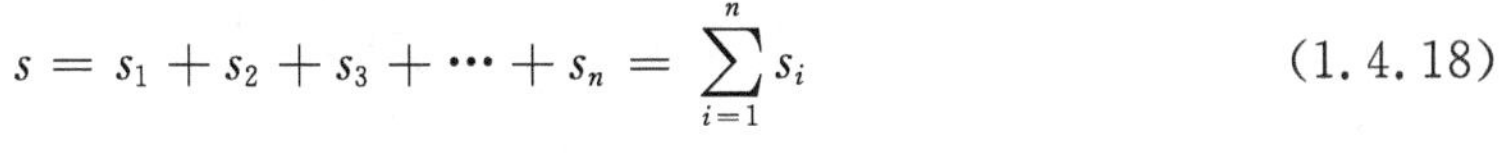

$$s = s_1 + s_2 + s_3 + \cdots + s_n = \sum_{i=1}^{n} s_i \tag{1.4.18}$$

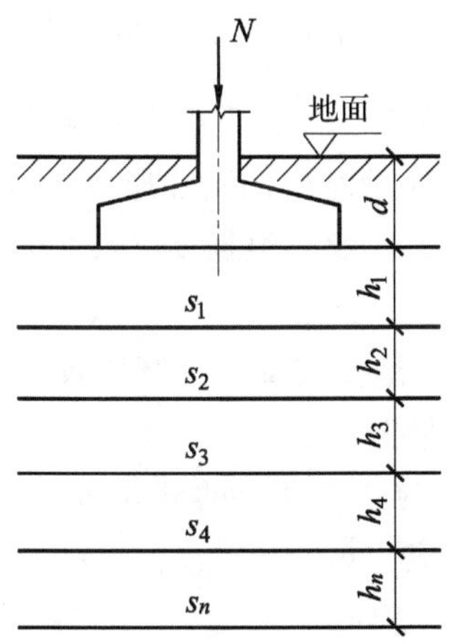

图 1-4-10 分层总和法计算原理

2. 基本假定

(1)地基土为均匀、各向同性的半无限空间弹性体。在建筑物荷载作用下，土中的应力—应变呈直线关系。

(2)计算部位选择。按基础中心点 O 下土柱所受附加应力 σ_z 来计算，这是因为基础底面中心点下的附加应力为最大值。当计算基础倾斜时，要以倾斜方向基础两端点下的附加应力进行计算。

(3)在竖向荷载作用下，地基土的变形条件为侧限条件，即在建筑物荷载作用下，地基土层只发生竖向压缩变形，不发生侧向膨胀变形。因而在沉降计算时，可以采用实验室测定的侧限压缩性指标 a 和 E_s 数值。

(4)沉降计算深度，理论上应计算至无限大，工程上因附加应力扩散随深度而减小，计算至某一深度(即受压层)即可。受压层以下的土层附加应力很小，所产生的沉降量可忽略不计。若受压层以下有软弱土层时，应计算至软弱土层底部。

3. 计算方法和步骤

(1)按比例绘制地基土层分布和基础剖面图，如图 1-4-11 所示。

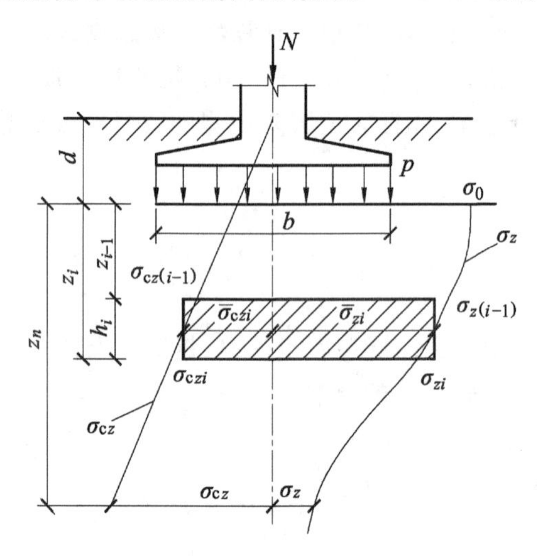

图1-4-11 分层总和法计算地基最终沉降量

(2)计算基底中心点下各分层面上土的自重应力 σ_c 和基础底面接触压力 p。

(3)计算基础底面附加应力 σ_0 及地基中的附加应力 σ_z 的分布。

(4)确定地基沉降计算深度 z_n。一般土根据 $\sigma_{zn}/\sigma_{cn}\leqslant 0.2$(软土 $\sigma_{zn}/\sigma_{cn}\leqslant 0.1$)确定地基沉降计算深度 z_n。

(5)沉降计算分层。分层是为了地基沉降量计算比较精确，分层原则如下：

①薄层厚度 $h_i\leqslant 0.4b$(b 为基础宽度)。

②天然土层面及地下水位处都应作为薄层的分界面。

(6)计算各分层土的平均自重应力 $\bar{\sigma}_{czi}=(\sigma_{cz(i-1)}+\sigma_{czi})/2$ 和平均附加应力 $\bar{\sigma}_{zi}=(\sigma_{z(i-1)}+\sigma_{zi})/2$。

(7)令 $p_{1i}=\bar{\sigma}_{czi}$，$p_{2i}=\bar{\sigma}_{czi}+\bar{\sigma}_{zi}$，在该土层的 $e-p$ 压缩曲线中，由 p_{1i} 和 p_{2i} 查出相应的 e_{1i} 和 e_{2i}，也可由有关计算公式确定 e_{1i} 和 e_{2i}。

(8)计算每一薄层的沉降量。可用以下任一公式，计算第 i 层土的压缩量 s_i：

$$s_i=\frac{\bar{\sigma}_{zi}}{E_{si}}h_i \tag{1.4.19a}$$

$$s_i=\frac{a_i}{1+e_{1i}}\bar{\sigma}_{zi}h_i \tag{1.4.19b}$$

$$s_i = \frac{e_{1i} - e_{2i}}{1 + e_{1i}} h_i \tag{1.4.19c}$$

式中，$\bar{\sigma}_{zi}$——作用在第 i 层土上的平均附加应力(kPa)；

E_{si}——第 i 层土的侧限压缩模量(kPa)；

h_i——第 i 层土的计算厚度(mm)；

a——第 i 层土的压缩系数(kPa^{-1})；

e_{1i}——第 i 层土压缩前的孔隙比；

e_{2i}——第 i 层土压缩后的孔隙比。

(9)计算地基最终沉降量。按式(1.4.18)计算，将地基受压层 z_n 范围内各土层压缩量相加，即 $s = \sum_{i=1}^{n} s_i$ 为所求的地基最终沉降量。如图 1-4-11 所示。

【例 1-4-1】 某工业厂房采用框架结构，柱基底面为正方形，边长 $l=b=$ 4.0 m，基础埋深 $d=1.0$ m。上部结构传至基础顶面荷载为 $P=1440$ kN，地基为粉质黏土，其天然重度 $\gamma=16.0\ \mathrm{kN/m^3}$，土的天然孔隙比 $e=0.97$。地下水位深 3.4 m，地下水位以下土的饱和重度 $\gamma_{sat} = 18.2\ \mathrm{kN/m^3}$。土的 e-p 曲线如图 1-4-12(b)所示。试计算柱基中点的沉降量。

解　(1)绘柱基及地基土的剖面图，如图 1-4-12(a)所示。

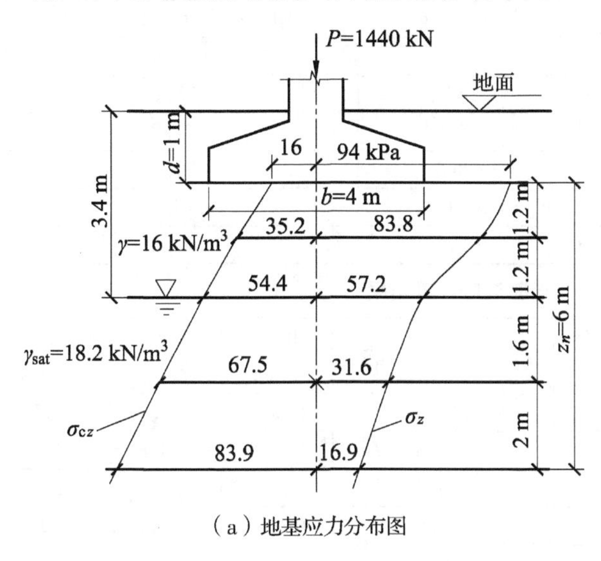

(a) 地基应力分布图

(b) 土的e-p曲线

图 1-4-12

(2)计算地基土的自重应力。

基础底面：　$\sigma_{cd} = \gamma d = 16 \times 1 = 16(\mathrm{kPa})$

地下水位处：　$\sigma_{cw} = 3.4\gamma = 3.4 \times 16 = 54.5(\mathrm{kPa})$

地面下 $2b$ 处：　$\sigma_{c8} = 3.4\gamma + 4.6\gamma' = 54.5 + 4.6 \times 8.2 = 92.1(\mathrm{kPa})$

(3)计算基础底面接触压力。设基础和回填土的平均重度 $\gamma_G = 20\ \mathrm{kN/m^3}$，则

$$\sigma = \frac{p}{l \times b} + \gamma_G d = \frac{1440}{4 \times 4} + 20 \times 1 = 110.0(\mathrm{kPa})$$

(4)计算基础底面附加应力。

$$\sigma_0 = \sigma - \gamma d = 110.0 - 16.0 = 94.0(\mathrm{kPa})$$

(5)计算地基中的附加应力。基础底面为正方形，用角点法计算，将其分成相等的四小块，计算边长 $l=b=4.0$ m。其附加应力 $\sigma_z=4\alpha_c\sigma_0$，查表确定应力系数 α_c，将计算结果列于表1-4-2。

(6)计算地基受压层深度 z_n。由图1-4-12中自重应力与附加应力分布的两条曲线，找出 $\sigma_z=0.2\sigma_{cz}$ 的深度 z。当 $z=6.0$ m 时，$\sigma_z=16.9$ kPa，$\sigma_{cz}=83.9$ kPa，$\sigma_z\approx0.2\sigma_{cz}=16.9$ kPa。故受压层深度取 $z_n=6.0$ m。

(7)地基沉降计算分层。各分层的厚度 $h_i\leqslant0.4b=1.6$ m，在地下水位以上2.4 m分两层，各1.2 m；第三层1.6 m，第四层因附加应力已很小，可取2.0 m。

(8)地基沉降计算。

计算各分层土的平均自重应力 $\bar{\sigma}_{czi}=(\sigma_{cz(i-1)}+\sigma_{czi})/2$ 和平均附加应力 $\bar{\sigma}_{zi}=(\sigma_{z(i-1)}+\sigma_{zi})/2$。令 $p_{1i}=\bar{\sigma}_{czi}$，$p_{2i}=\bar{\sigma}_{czi}+\bar{\sigma}_{zi}$。采用式(4.20(c))，计算结果列于表1-4-3。

(9)柱基中点总沉降量。

$$s=\sum_{i=1}^{n}s_i=20.16+14.64+11.46+7.18=53.4(\text{mm})$$

表1-4-2　附加应力计算结果

深度 z/m	l/b	z/b	应力系数 α_c	附加应力 $\sigma_z=4\alpha_c\sigma_0$/kPa
0	1.0	0	0.2500	94.0
1.2	1.0	0.6	0.2229	83.8
2.4	1.0	1.2	0.1516	57.2
4.0	1.0	2.0	0.0840	31.6
6.0	1.0	3.0	0.0447	16.9
8.0	1.0	4.0	0.0270	10.2

表1-4-3　地基沉降计算结果

土层编号	土层厚度 h_i/mm	平均自重应力 $\bar{\sigma}_{czi}$/kPa	平均附加应力 $\bar{\sigma}_{zi}$/kPa	$P_{2i}=\bar{\sigma}_{czi}+\bar{\sigma}_{zi}$/kPa	由 P_{1i} 查 e_{1i}	由 P_{2i} 查 e_{2i}	层沉降量 S_i/mm
1	1200	25.6	88.9	114.5	0.970	0.937	20.16
2	1200	44.8	70.5	115.3	0.960	0.936	14.64
3	1600	61.0	44.4	105.4	0.954	0.940	11.46
4	2000	75.7	24.3	100.0	0.948	0.941	7.16

4.3.2　"规范法"计算地基最终沉降量

采用上述分层总和法进行建筑物地基沉降计算，并与大量建筑物的沉降观测进行比较，发现其具有下列规律：①中等强度地基，计算沉降量与实测沉降量相接近；②软弱地基，计算沉降量小于实测沉降量，最多可相差40%；③坚实地基，计算地基沉降量远大于实测沉降量，最多相差5倍。

地基沉降量计算值与实测值不一致的原因主要有：①分层总和法所作的几点假定，与实际情况不完全符合。②土的压缩性指标的代表性、取原状土的技术及试验的准确度都存在问题。③在地基沉降计算中，未考虑地基、基础与上部结构的共同作用。

为了使地基沉降量的计算值与实测沉降值相吻合，在总结大量实践经验的基础上，《建筑地基基础设计规范》GB 50007—2002引入了沉降计算经验系数 ψ_s，对分层总和法计算结果进行了修正，使计算结果与基础实际沉降更趋于一致。同时，《建筑地基基础设计规范》还对分层总和法的计算步骤进行了简化。

1. 计算公式

《建筑地基基础设计规范》法地基沉降计算公式为：

$$s = \psi_s s' = \psi_s \sum_{i=1}^{n} \frac{p_0}{E_{si}} (z_i \overline{a_i} - z_{i-1} \overline{a_{i-1}}) \tag{1.4.20}$$

式中，s——"规范法"计算地基最终沉降量(mm)；

s'——按分层总和法计算地基沉降量(mm)；

ψ_s——沉降计算经验系数，根据地区沉降观测资料及经验确定，无地区经验时可采用表1-4-4的数值；

n——地基变形计算深度范围内所划分的土层数，如图1-4-13所示；

p_0——对于荷载效应准永久组合时的基础底面处的附加应力(kPa)；

E_{si}——基础底面第 i 层土压缩模量(kPa)，按实际应力范围取值；

z_i, z_{i-1}——基础底面至第 i 层土、第 $i-1$ 层土底面的距离(m)；

a_i, a_{i-1}——基础底面至第 i 层土、第 $i-1$ 层土底面范围内平均附加应力系数，查表1-4-5。

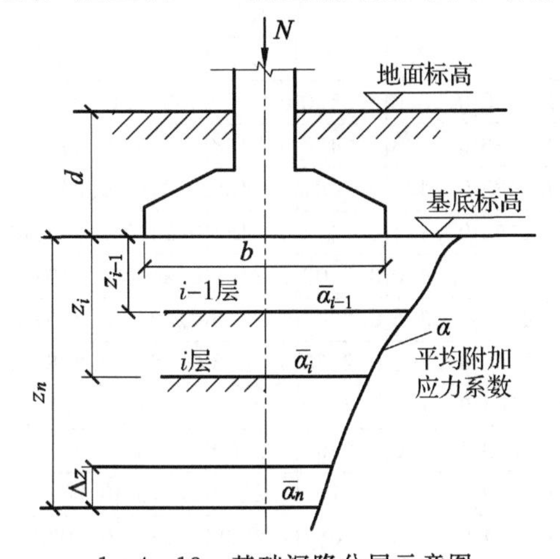

1-4-13　基础沉降分层示意图

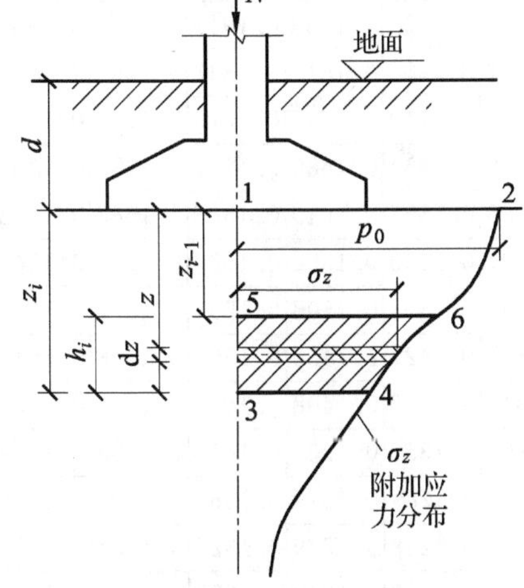

1-4-14　"规范法"计算公式推导

当地基为一均匀土层时，用此图层的压缩模量 E_s 值，直接查表 1－4－4，即可得 ψ_s 值，可用内插法计算 ψ_s。若地基为多土层，E_s 为不同数值，则先计算 E_s 的当量值 E 来查表 1－4－5。即 E_s 按附加应力面积 A 的加权平均值查表 1－4－4。

应当注意：平均附加应力系数 a_i 是指基础底面计算点至第 i 层土底面范围内全部土层的附加应力系数平均值，而非地基中第 i 层土本身附加应力系数。

表 1－4－4　沉降计算经验系数 ψ_s

$\overline{E}_{si}$/MPa 基底附加压力	2.5	4.0	7.0	15.0	20.0
$P_o \geqslant f_{ak}$	1.4	1.3	1.0	0.4	0.2
$P_o \leqslant 0.75 f_{ak}$	1.1	1.0	0.7	0.4	0.2

注：$\overline{E}_{si}$ 为变形计算深度范围内压缩模量的当量值，$\overline{E}_{si} = \sum \Delta A_i / \sum \dfrac{\Delta A_i}{E_{si}}$；$\Delta A_i$ 为第 i 层土附加应力系数沿土层厚度的积分值。

表 1－4－5　矩形面积上均布荷载作用下角点的平均附加应力系数 a_i

z/b	l/b												
	1.0	1.2	1.4	1.6	1.8	2.0	2.4	2.8	3.2	3.6	4.0	5.0	10.0
0.0	0.2500	0.2500	0.2500	0.2500	0.2500	0.2500	0.2500	0.2500	0.2500	0.2500	0.2500	0.2500	0.2500
0.2	0.2496	0.2497	0.2498	0.2498	0.2498	0.2498	0.2498	0.2498	0.2498	0.2498	0.2498	0.2498	0.2498
0.4	0.2474	0.2479	0.2481	0.2483	0.2483	0.2484	0.2485	0.2485	0.2485	0.2485	0.2485	0.2485	0.2485
0.6	0.2423	0.2437	0.2444	0.2448	0.2451	0.2452	0.2454	0.2455	0.2455	0.2455	0.2455	0.2455	0.2456
0.8	0.2346	0.2372	0.2387	0.2395	0.2400	0.2403	0.2407	0.2408	0.2409	0.2409	0.2410	0.2410	0.2410
1.0	0.2252	0.2291	0.2313	0.2326	0.2335	0.2340	0.2346	0.2349	0.2351	0.2352	0.2352	0.2353	0.2353
1.2	0.2149	0.2199	0.2229	0.2248	0.2260	0.2268	0.2278	0.2282	0.2285	0.2286	0.2287	0.2288	0.2289
1.4	0.2043	0.2102	0.2140	0.2164	0.2190	0.2199	0.2204	0.2211	0.2215	0.2217	0.2218	0.2220	0.2221
0.0	0.2500	0.2500	0.2500	0.2500	0.2500	0.2500	0.2500	0.2500	0.2500	0.2500	0.2500	0.2500	0.2500
0.6	0.1939	0.2006	0.2049	0.2079	0.2099	0.2113	0.2130	0.2138	0.2143	0.2146	0.2148	0.2150	0.2151
1.8	0.1840	0.1912	0.1960	0.1994	0.2018	0.2034	0.2055	0.2066	0.2073	0.2077	0.2079	0.2082	0.2084
2.0	0.1746	0.1822	0.1875	0.1912	0.1938	0.1958	0.1982	0.1996	0.2004	0.2009	0.2012	0.2015	0.2018
2.2	0.1659	0.1737	0.1793	0.1833	0.1862	0.1883	0.1911	0.1927	0.1937	0.1943	0.1947	0.1952	0.1955
2.4	0.1578	0.1657	0.1715	0.1757	0.1789	0.1812	0.1843	0.1862	0.1873	0.1880	0.1885	0.1890	0.1895
2.6	0.1503	0.1583	0.1642	0.1686	0.1719	0.1745	0.1779	0.1799	0.1812	0.1820	0.1825	0.1832	0.1838
2.8	0.1433	0.1514	0.1574	0.1619	0.1654	0.1680	0.1717	0.1739	0.1753	0.1763	0.1769	0.1777	0.1784
3.0	0.1369	0.1449	0.1510	0.1556	0.1592	0.1619	0.1658	0.1682	0.1698	0.1708	0.1715	0.1725	0.1733
3.2	0.1310	0.1390	0.1450	0.1497	0.1533	0.1562	0.1602	0.1628	0.1645	0.1657	0.1664	0.1675	0.1685
3.4	0.1256	0.1334	0.1394	0.1441	0.1478	0.1508	0.1550	0.1577	0.1595	0.1607	0.1616	0.1628	0.1639
3.6	0.1205	0.1282	0.1342	0.1389	0.1427	0.1456	0.1500	0.1528	0.1548	0.1561	0.1570	0.1583	0.1595
3.8	0.1158	0.1234	0.1293	0.1340	0.1378	0.1408	0.1452	0.1482	0.1502	0.1516	0.1526	0.1541	0.1554
4.0	0.1114	0.1189	0.1248	0.1294	0.1332	0.1362	0.1408	0.1438	0.1459	0.1474	0.1485	0.1551	0.1516
4.2	0.1073	0.1147	0.1205	0.1251	0.1289	0.1319	0.1365	0.1396	0.1418	0.1434	0.1445	0.1462	0.1479
4.4	0.1035	0.1107	0.1164	0.1210	0.1248	0.1279	0.1325	0.1357	0.1379	0.1396	0.1407	0.1425	0.1444
4.6	0.1000	0.1070	0.1127	0.1172	0.1209	0.1240	0.1287	0.1319	0.1342	0.1359	0.1371	0.1390	0.1410

续表 1-4-5

z/b	l/b												
	1.0	1.2	1.4	1.6	1.8	2.0	2.4	2.8	3.2	3.6	4.0	5.0	10.0
4.8	0.0967	0.1036	0.1091	0.1136	0.1173	0.1204	0.1250	0.1283	0.1307	0.1324	0.1337	0.1357	0.1379
5.0	0.0935	0.1003	0.1057	0.1102	0.1139	0.1169	0.1216	0.1249	0.1273	0.1291	0.1304	0.1325	0.1348
5.2	0.0906	0.0972	0.1026	0.1070	0.1106	0.1136	0.1183	0.1217	0.1241	0.0259	0.1273	0.1295	0.1320
5.4	0.0878	0.0943	0.0996	0.1039	0.1075	0.1105	0.1152	0.1186	0.1211	0.1229	0.1243	0.1265	0.1292
5.6	0.0852	0.0916	0.0968	0.1010	0.1046	0.1076	0.1122	0.1156	0.1181	0.1200	0.1215	0.1238	0.1266
5.8	0.0828	0.0890	0.0941	0.0983	0.1018	0.1047	0.1094	0.1128	0.1153	0.1172	0.1187	0.1211	0.1240
6.0	0.0805	0.0866	0.0916	0.0957	0.0991	0.1021	0.1067	0.1126	0.1146	0.1161	0.1185	0.1185	0.1216
6.2	0.0783	0.0842	0.0891	0.0932	0.0966	0.0995	0.1041	0.1075	0.1101	0.1120	0.1136	0.1161	0.1193
6.4	0.0762	0.0820	0.0869	0.0909	0.0942	0.0971	0.1016	0.1050	0.1076	0.1096	0.1111	0.1137	0.1171
6.6	0.0742	0.0799	0.0847	0.0886	0.0919	0.0948	0.0993	0.1027	0.1053	0.1073	0.1008	0.1114	0.1149
6.8	0.0723	0.0779	0.0826	0.0865	0.0898	0.0926	0.0970	0.1004	0.1030	0.1050	0.1066	0.1092	0.1129
7.0	0.0705	0.0761	0.0806	0.0844	0.0877	0.0904	0.0949	0.0982	0.1008	0.1028	0.1044	0.1071	0.1109
7.2	0.0688	0.0742	0.0787	0.0825	0.0857	0.0884	0.0928	0.0962	0.0987	0.1008	0.1023	0.1051	0.1090
7.4	0.0672	0.0725	0.0769	0.0806	0.0838	0.0865	0.0908	0.0942	0.0967	0.0988	0.1004	0.1031	0.1071
7.6	0.0665	0.0709	0.0752	0.0789	0.0820	0.0846	0.0889	0.0922	0.0948	0.0968	0.0984	0.1012	0.1054
7.8	0.0642	0.0693	0.0736	0.0771	0.0802	0.0828	0.0871	0.0904	0.099	0.0950	0.0966	0.0994	0.1036
8.0	0.0627	0.0678	0.0720	0.0755	0.0785	0.0811	0.0853	0.0886	0.0912	0.0932	0.0948	0.0976	0.1020
8.2	0.0614	0.0663	0.0705	0.0739	0.0769	0.0795	0.0837	0.0869	0.0894	0.0914	0.931	0.0959	0.1004
8.4	0.0601	0.0649	0.0690	0.0724	0.0754	0.0779	0.0820	0.0852	0.0878	0.0989	0.0914	0.0943	0.0988
8.6	0.0588	0.0636	0.0676	0.0710	0.0739	0.0764	0.0805	0.0836	0.0862	0.0882	0.0898	0.0927	0.0973
8.8	0.0576	0.0623	0.0663	0.0696	0.0724	0.0749	0.0790	0.0821	0.0846	0.0866	0.0882	0.0912	0.959
9.2	0.0554	0.0599	0.09637	0.0697	0.0721	0.0761	0.0792	0.0817	0.0837	0.0853	0.0882	0.0813	0.0931
9.6	0.0533	0.0577	0.0614	0.0672	0.0696	0.0734	0.0765	0.0789	0.0809	0.0825	0.0855	0.0738	0.0905
10.0	0.0514	0.0556	0.0592	0.0649	0.0672	0.0710	0.0739	0.0763	0.0783	0.0799	0.0829	0.0719	0.0880
10.4	0.0496	0.0537	0.0572	0.0627	0.0649	0.0686	0.0716	0.0739	0.0759	0.0775	0.0804	0.0682	0.0857
10.8	0.0479	0.0519	0.0553	0.0606	0.0628	0.0664	0.0693	0.0717	0.0736	0.0751	0.0781	0.0649	0.0834
11.2	0.0463	0.0502	0.0535	0.0563	0.0587	0.0609	0.0644	0.0672	0.0695	0.0714	0.0730	0.0759	0.0813
11.6	0.0448	0.0486	0.0518	0.0545	0.0569	0.0590	0.0625	0.0652	0.0675	0.0694	0.0709	0.0738	0.0793
12.0	0.0435	0.0471	0.0502	0.0529	0.0552	0.0573	0.0606	0.0634	0.0656	0.0674	0.0690	0.0719	0.0774
12.8	0.0409	0.0444	0.0474	0.0499	0.0521	0.0541	0.0573	0.0599	0.0621	0.0639	0.0654	0.0682	0.0739
13.6	0.0387	0.0420	0.0448	0.0472	0.0493	0.0512	0.0543	0.0568	0.0589	0.0607	0.0621	0.0649	0.0707
14.4	0.0367	0.0398	0.0425	0.0448	0.0468	0.0486	0.0516	0.0540	0.0561	0.0557	0.0592	0.0619	0.0677
15.2	0.0349	0.0379	0.0404	0.0426	0.0446	0.0463	0.0492	0.0515	0.0535	0.0551	0.0565	0.0592	0.0650
16.0	0.0332	0.0361	0.0385	0.0407	0.0425	0.0442	0.0169	0.0469	0.0551	0.0527	0.2540	0.0567	0.0625
18.0	0.0297	0.0323	0.0345	0.0362	0.0381	0.0396	0.0422	0.0442	0.0460	0.0475	0.0487	0.0512	0.0570
20.0	0.0269	0.0293	0.0312	0.0330	0.0345	0.0359	0.0383	0.0402	0.0418	0.0432	0.0444	0.0468	0.0524

2.《建筑地基基础设计规范》法计算公式推导

(1)分层总和法计算第 i 层土压缩量的计算公式：

$$s_i = \frac{\bar{\sigma}_{zi}}{E_{si}} h_i \tag{1.4.19}$$

由图 1-4-15 可知，上式右端分子 $\bar{\sigma}_{zi} h_i$ 等于第 i 层土的附加应力的面积 A_{3456}。

(2)附加应力的面积计算。

$$A_{3456} = A_{1234} - A_{1256}$$

其中：
$$A_{1234} = \int_0^{z_i} \sigma_z dz = \bar{\sigma}_i z_i \text{；} A_{1256} = \int_0^{z_{i-1}} \sigma_z dz = \bar{\sigma}_{i-1} z_{i-1}$$

则有：
$$s' = \frac{A_{3456}}{E_{si}} = \frac{A_{1234} - A_{1256}}{E_{si}} = \frac{\bar{\sigma}_i z_i - \bar{\sigma}_{i-1} z_{i-1}}{E_{si}} \tag{a}$$

式中，$\bar{\sigma}_i$——深度 z_i 范围的平均附加应力。

$\bar{\sigma}_{i-1}$——深度 z_{i-1} 范围的平均附加应力。

(3)平均附加应力系数 a 计算。

$$\bar{a}_i = \frac{\bar{\sigma}_i}{p_0} \text{，即 } \bar{\sigma}_i = p_0 \bar{a}_i \tag{b}$$

$$\bar{a}_{i-1} = \frac{\bar{\sigma}_{i-1}}{p_0} \text{，即 } \bar{\sigma}_{i-1} = p_0 \bar{a}_{i-1} \tag{c}$$

(4)第 i 层土的压缩量。将(b)与(c)式代入(a)式得：

$$s' = \frac{1}{E_{si}}(p_0 \bar{a}_i z_i - p_0 \bar{a}_{i-1} z_{i-1}) = \frac{p_0}{E_{si}}(\bar{a}_i z_i - \bar{a}_{i-1} z_{i-1}) \tag{d}$$

(5)地基总沉降量计算。

$$s' = \sum_{i=1}^{n} \frac{p_0}{E_{si}}(\bar{a}_i z_i - \bar{a}_{i-1} z_{i-1}) \tag{e}$$

(6)引入计算经验系数，即得“规范法”地基沉降计算公式。

$$s = \psi_s s' = \sum_{i=1}^{n} \frac{p_0}{E_{si}}(z_i \bar{a}_i - z_{i-1} \bar{a}_{i-1}) \tag{1.4.21}$$

3. 地基沉降计算深度 z_n

在《建筑地基基础设计规范》法地基沉降计算中，地基沉降计算深度的确定分两种情况。

(1)无相邻荷载的基础中点下，当无相邻荷载影响，基础宽度在 1～30 m 范围内时，基础中点的地基变形计算深度也可按下列简化公式计算。

$$z_n = b(2.5 - 0.4\ln b) \tag{1.4.22}$$

式中，b——基础宽度(m)。

(2)考虑相邻荷载的影响，应满足下式要求。

$$\Delta s'_n \leqslant 0.025 \sum_{i=1}^{n} \Delta s'_i \tag{1.4.23}$$

式中，$\Delta s'_i$——在计算深度范围内，第 i 层土的计算变形值；

$\Delta s'_n$——在计算深度 z_n 处，向上取厚度为 Δz 的土层计算变形值，Δz 意义如图 1-4-14 所示，Δz 可按表 1-4-6 确定。

表 1-4-6　计算厚度 Δz 值

b/m	$b\leqslant 2$	$2<b\leqslant 4$	$2<b\leqslant 8$	$b>8$
Δz/m	0.3	0.6	0.8	1.0

如按上式确定的计算变形计算深度下部如有较软弱土层时，应向下继续计算，直至软弱土层中所取规定厚度 Δz 的计算变形值满足上式为止。

在计算范围内存在基岩时，可取至基岩表面，当存在较厚的坚硬黏性土层，其孔隙比小于0.5、压缩模量大于 50 MPa，或存在较厚的密实砂卵石层，其压缩模量大于 80 MPa，可取至该层土表面。

4. 沉降计算经验系数 ψ_s

由于推导 s' 时作了近似假定，而且对某些复杂因素也难以定量计算。将其计算结果与大量沉降观测资料结果比较发现：低压缩性的地基土，s' 计算值偏大；高压缩性的地基土，s' 计算值偏小。因此引入经验系数 $\psi_s = s_\infty / s'$，s_∞ 为利用基础沉降观测资料推算的最终沉降量。沉降计算经验系数 ψ_s 取值可查表 1-4-4。

【例 1-4-2】　某独立柱基底面尺寸 2.5 m×2.5 m，柱轴向力设计值 F=1562.5 kN(算至±0.000 处)，基础自重和覆土标准值 G=250 kN。基础埋深 d=2 m，其余数据如图 1-4-15 所示，试计算地基最终沉降量。

解　(1)求基础底面附加压力。

为使计算简单并偏于安全，基底附加压力采用对应荷载标准值的数值。

$$F_k = \frac{F}{1.25} = \frac{1562.5}{1.25} = 1250(\text{kN})$$

1.25 为假定恒载与活载的比值 ρ=3 时荷载设计值与标准值之比。

基础底面压力：

$$P = \frac{F_k + G_k}{A} = \frac{1250 + 250}{2.5 \times 2.5} = 240(\text{kPa})$$

基底附加压力：

$$P_0 = P - rd = 240 - 19.5 \times 2 = 201(\text{kPa})$$

(2)确定沉降计算深度。

$$z = b(2.5 - 0.4\ln b) = 2.5(2.5 - 0.4\ln 2.5) = 5.33(\text{m})$$

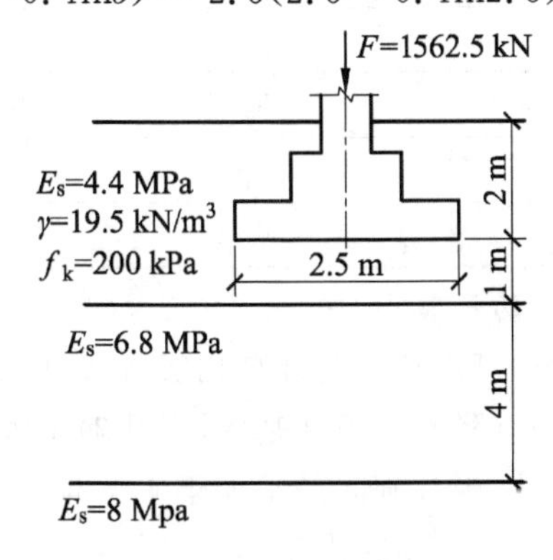

图 1-4-15

(3)地基沉降计算深度范围内土层压缩量见表 1-4-7。

表 1-4-7　地基沉降计算深度范围内土层压缩量

z/m	l/b	$2z/b$	a	$z_i a$/mm	$z_i\bar{a}_i - z_{i-1}\bar{a}_{i-1}$/mm	E_{si}/MPa	$\Delta s'$/mm	$s' = \sum \Delta s'_1$/mm
0	1.0	0	4×0.25=1.000	0				
1.0	1.0	0.8	4×0.2346=0.9384	0.9384	0.9384	4.4	42.87	42.87
5.0	1.0	4.0	4×0.1114=0.4456	2.0228	1.2896	6.8	38.12	80.99
5.4	1.0	4.32	4×0.1050=0.4201	2.2685	0.0405	8.0	1.02	82.01

(4)确定基础最终沉降量。

$$\bar{E}_s=\sum \Delta A_i/\sum \frac{\Delta A_i}{E_{si}}=\frac{(1+0.9384)\times 1/2+(0.9384+0.4456)\times 4/2+(0.4456+0.4201)\times 0.4/2}{\frac{0.9692}{4.4}+\frac{2.768}{6.8}+\frac{0.1731}{8}}$$

$$=6.03(\text{MPa})$$

由表 1-4-4 查得：$\psi_s=1+\frac{7-6.03}{7-4}(1.3-1)=1.097\approx 1.1$

则最终沉降量为：$s=\psi_s s'=1.1\times 82.01=90.21(\text{mm})$

4.3.3　相邻荷载对地基沉降的影响

1. 相邻荷载影响的原因

相邻荷载产生附加应力扩散时，产生应力叠加，引起地基的附加沉降。许多建筑物因没有充分估计相邻荷载的影响，而导致不均匀沉降，致使建筑物墙面开裂和结构破坏。相邻荷载对地基变形的影响在软土地基中尤为严重，在软弱地基中，这种附加沉降可达自身引起沉降量的50%以上，往往导致建筑物发生事故。

2. 相邻荷载影响因素

相邻荷载影响因素包括：①两基础的距离；②荷载大小；③地基土的性质；④施工先后顺序。其中以两基础的距离为最主要因素。若距离越近，荷载越大，地基越软弱，则影响越大。软弱地基相邻建筑物基础间的净距，可按表 1-4-8 选用。

表 1-4-8　相邻建筑物基础间的净距

影响建筑物的预估平均沉降量 s/mm	影响建筑物的长高比	
	$2.0\leqslant l/H_f<3.0$	$3.0\leqslant l/H_f<5.0$
70～150	2～3	3～6
160～250	3～6	6～9
260～400	6～9	9～12
>400	9～12	≥12

3. 相邻荷载对地基沉降影响的计算

当需要考虑相邻荷载影响时，可用角点法计算相邻荷载引起地基中的附加应力 p，并按式(1.4.18)或式(1.4.21)计算附加沉降量。单独基础，当基础间净距大于相邻基础宽度时，相邻荷载可按集中荷载计算；条形基础，当基础间净距大于 4 倍相邻基础宽度时，相邻荷载可按线性荷载计算。一般情况下，相邻基础间净距大于 10 m 时，可略去相邻荷载影响。

例如，两个基础甲和乙相邻，需计算乙基础底面的附加应力 P_0，对甲基础中 O 点引起的附加沉降量 s_0。如图 1-4-16 所示，所求沉降量 s_0 为矩形面积 A_{Oabc} 在 O 点引起的沉降量 s_{Oabc} 减

去由矩形面积 A_{Odec} 在 O 点引起的沉降量 s_{Odec} 的两倍。即：

$$S_0 = 2(s_{Oabc} - s_{Odec}) \tag{1.4.24}$$

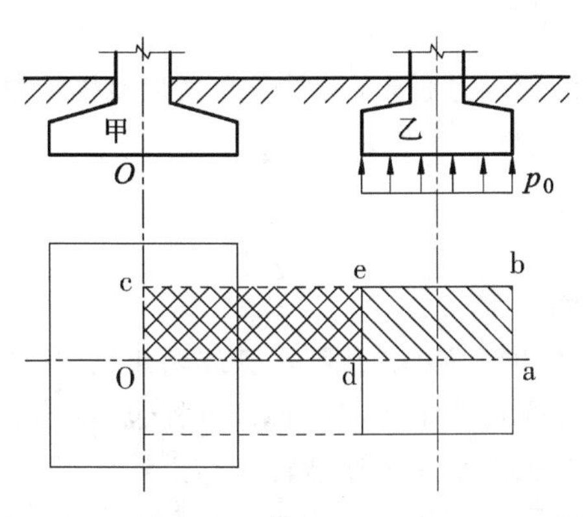

1－4－16　角点法计算相邻荷载影响

4.4　地基变形与时间的关系

上一节介绍了地基最终沉降量的计算，最终沉降量是指在上部荷载产生的附加应力作用下，地基土体发生压缩达到稳定的沉降量。实际上，地基的变形不是瞬时完成的，地基在建筑物荷载作用下要经过相当长的时间才能达到最终沉降量。饱和土体的压缩完全是由于孔隙中水的逐渐向外排出，孔隙体积减小引起的。因此，排水速率将影响到土体压缩稳定所需的时间。而排水速率又直接与土的透水性有关，透水性越强，孔隙水排出越快，完成压缩所需时间越短。

在工程设计中，除了要知道地基最终沉降量外，有时需要计算建筑物在施工期间和使用期间的地基沉降量，掌握地基沉降与时间的关系，以便设计预留建筑物有关部分之间的净空，考虑连接方法，组织施工顺序，控制施工进度，以及作为采取必要措施的依据。尤其对发生裂缝、倾斜等事故的建筑物，更需要了解当时的沉降与今后沉降的发展，即沉降与时间的关系，作为确定事故处理方案的重要依据。采用堆载预压方法处理地基时，也需要考虑地基变形与时间的关系。

对于饱和土体沉降的过程，因土的孔隙中充满水，在荷载作用下，必须使孔隙中的水部分排出，土固体颗粒才能压密，即发生土体压缩变形。由于土粒很细，孔隙更细，要使孔隙中水排出，需要经历相当长的时间 t。时间 t 的长短，取决于土层排水距离 H、土粒粒径 d 与孔隙率 e 的大小，土层渗透系数，荷载大小和压缩系数高低等因素。

一般建筑物在施工期间所完成的沉降，根据土的性质不同，有以下几种情况：

(1)对于砂土和碎石土地基，因压缩性较小，透水性较大，一般在施工完成时，地基的沉降已全部或基本完成。

(2)低压缩性黏性土，施工期间一般可完成最终沉降量的50%～80%；中压缩性黏性土，施工期间一般可完成最终沉降量的20%～50%；高压缩性黏性土，施工期间一般可完成最终沉降量的5%～20%。

(3)淤泥质黏性土渗透性低，压缩性大，对于层厚较大的饱和淤泥质黏性土地基，沉降有时需要几十年施加才能达到稳定。例如，上海展览中心馆，1954 年 5 月开工时，中央大厅的平均沉降量当年年底仅为 60 cm，1957 年 6 月为 140 mm，1979 年 9 月达到 160 mm。沉降经过 23 年仍然没有达到稳定。

为清楚地掌握饱和土体的压缩过程，首先要研究其渗流固结过程，即土体的骨架以及孔隙水分担和转移外力的情况和过程。

4.4.1　饱和土体渗透固结

1. 饱和土体渗透固结过程

饱和土体在压力作用下，随时间增长，孔隙水被逐渐排出，孔隙体积随之缩小的过程，称为饱和土体渗透固结。饱和土体受荷产生压缩(固结)过程包括：①土体孔隙中自由水逐渐排出。②土体孔隙体积逐渐减小。③孔隙水压力逐渐转移到土骨架来承受，成为有效应力。

上述三个方面为饱和土体固结作用——排水、压缩和压力转移——三者同时进行的一个过程。渗透固结所需时间的长短主要与土的渗透性和土层厚度有关，土的渗透性越小、土层越厚，孔隙水被排出所需的时间越长。

2. 渗透固结力学模型

如图 1－4－17 所示，用一个弹簧活塞力学模型来模拟饱和土体中某点的渗透固结过程。在一个盛满水的圆筒中，筒底与弹簧一端连接，弹簧另一端连接一个带排水孔的活塞。其中弹簧表示土的固体颗粒骨架，容器内的水表示土孔隙中的自由水，整个模型表示饱和土体，由于模型中只有固、液两相介质，故对于外荷 σA 的作用只能是由水和土骨架(弹簧)共同承担，设其中弹簧承担的压力为 $\sigma' A$，圆筒中的水(土孔隙水)承担的压力为 uA，根据静力平衡条件可知：

$$\sigma=\sigma'+u \tag{1.4.25}$$

式中，σ'——为有效应力；

u——孔隙水压力，以测压管中水的超高表示；

σ——总应力，通常指作用在土中的附加应力；

A——基础底面积。

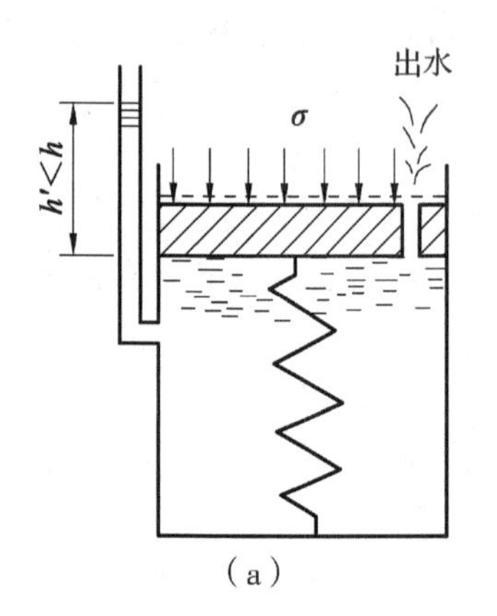

(a)

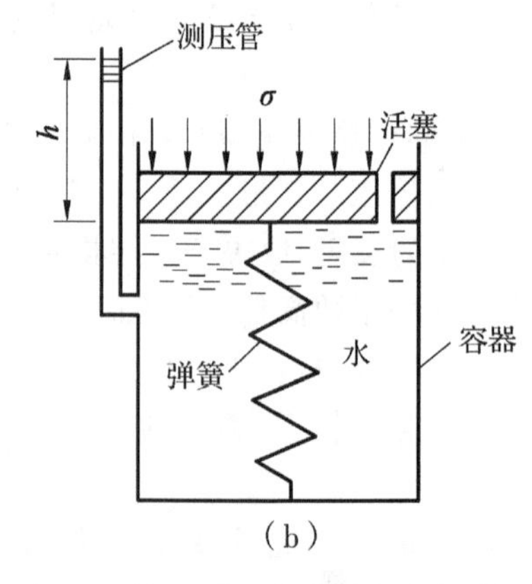

(b)

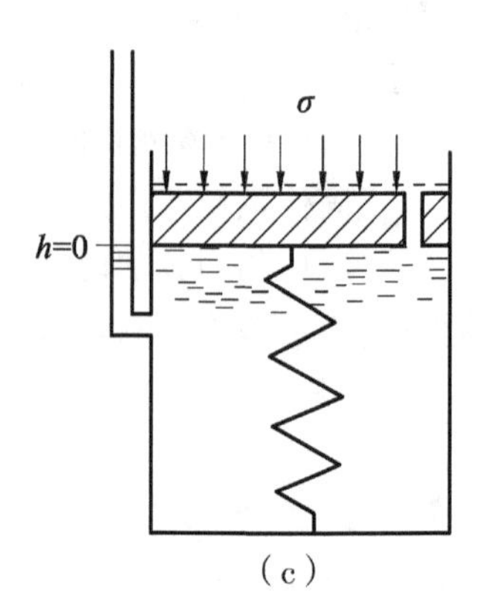

(c)

图 1－4－17　饱和土体渗透固结模型

由试验可观察到以下一些现象：

(1)当 $t=0$ 时，如图 1-4-17(a)所示，即在活塞顶面骤然施加荷载 p 的一瞬间，容器中的水尚未从活塞的细孔排出时，压力 σ 完全由水承担，弹簧没有变形和受力，有效应力 $\sigma'=0$，孔隙水压力 $u=\sigma=\gamma_w h$。此时从测压管量得水柱高 $h=\sigma/\gamma_w$。

(2)经过时间 t 以后($0<t<\infty$)，如图 1-4-17(b)所示。随着荷载作用时间的延长，水压力增大，容器中的水不断地从活塞排水孔排除，活塞下降，迫使弹簧受到压缩而受力。此时，土的有效应力 σ' 逐渐增大，孔隙水压力 u 逐渐减小，$\sigma=\sigma'+u$，$\sigma'>0$，$u<\sigma$。此时从测压管量得水柱高 $h'<\sigma/\gamma_w$。

(3)当时间 t 经历很长以后($t\to\infty$，为“最终”时间)，如图 1-4-17(c)所示。容器中的水完全排出，停止流动，孔隙水压力完全消散，活塞便不再下降，外荷载 σ 全部由弹簧承担。此时，$h=0$，$u=\gamma_w h=0$，$\sigma'=\sigma$，土的渗透固结完成。

由此看出，饱和土的渗透固结，就是土中的孔隙水压力 u 消散，逐渐转移为有效应力 σ' 的过程。土体中某点有效应力增长幅度反映该点土的固结完成程度。

3.两种应力在深度上随时间的分布

实际上，土体的有效应力 σ' 与孔隙水压力 u 的变化，不仅与时间 t 有关，而且还与该点离透水面的距离 z 有关，即孔隙水压力 u 是距离 z 和时间 t 的函数：

$$u=f(z,t) \tag{1.4.26}$$

如图 1-4-18(a)所示，室内固结试验的土样，上下面双向排水，土样厚度为 $2H$，上半部的孔隙水向上排，下半部的孔隙水向下排。

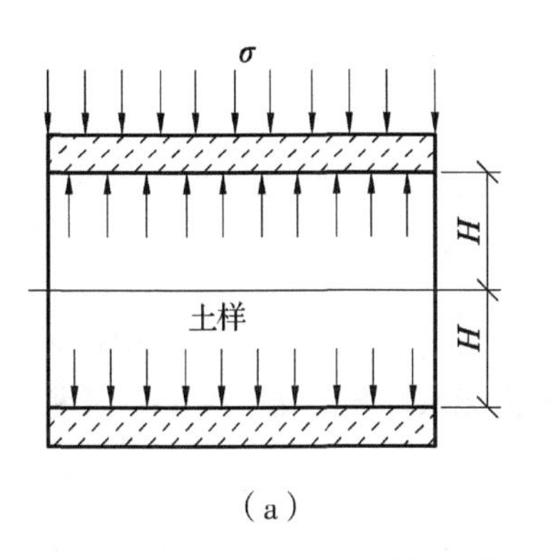

(a)

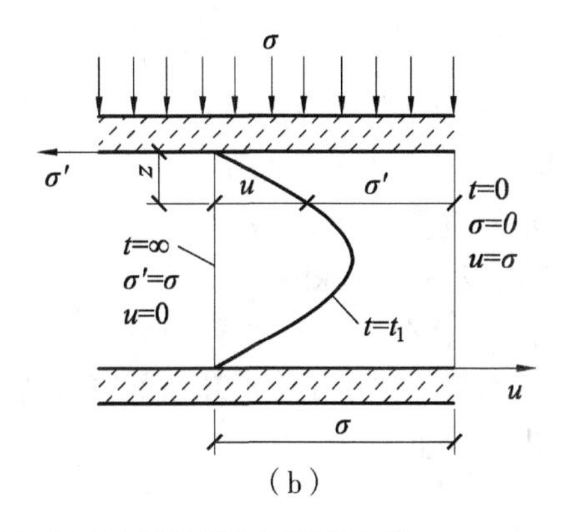

(b)

图 1-4-18　固结试验土样中两种应力随时间与深度的分布

试验土样在加外力 σ 后，经历不同时间 t，沿土样深度方向，孔隙水压力 u 和有效应力 σ' 的分布，如图 1-4-18(b)所示。

(1)当时间 $t=0$，即外力施加后的一瞬间，孔隙水压力 $u=\sigma$，有效应力 $\sigma'=0$。此时，u 和 σ' 两种应力分布见图 1-4-18(b)中右端竖直线所示。

(2)经历一段时间后，$t=t_1$ 时，u 和 σ' 两种应力都存在，$\sigma=\sigma'+u$，这两种应力分布见图 1-4-18b 中部的曲线所示。

(3)当经历很长时间以后，时间 $t\to\infty$，此时孔隙水压力 $u=0$，有效应力 $\sigma'=\sigma$。这两种应力分布见图 1-4-18(b)中左侧竖直线所示。

通过观察 u 和 σ' 在图 1-4-18(b)中的坐标变化：孔隙水压力 u 的坐标位于土样底部，向右增大；有效应力 σ' 位于土样顶部，向左增大。

4.4.2 单向固结理论

单向固结是指土中的孔隙水，只沿竖直一个方向渗流，同时土体也只沿竖直一个方向压缩。在土的水平方向无渗流，无位移。此种条件相当于荷载分布的面积很广阔，靠近地表的薄层黏性土的渗流固结情况。因为这一理论计算十分简便，目前应用很广。

1. 单向固结理论的基本假定

单向固结理论也称一维固结理论，此理论提出以下几点假设：

(1)土层是均质、各向同性和完全饱和的。

(2)土粒和孔隙水都是不可压缩的。

(3)土中水的渗流和土的压缩只沿竖向发生，水平方向不排水，不发生压缩。

(4)土中水的渗流服从达西定律，且渗透系数 k 保持不变。

(5)在固结过程中，压缩系数 a 保持不变。

(6)外荷载(附加应力)一次骤然施加，且沿土层深度呈均匀分布。

(7)土体变形完全是由土层中有效应力增加引起的。

2. 单向固结微分方程

(1)单向固结微分方程的建立。

$$\frac{\partial u}{\partial t} = C_v \frac{\partial^2 u}{\partial z^2} \tag{1.4.27}$$

式中，C_v——土的固结系数，$C_v=\dfrac{k(1+e)}{\gamma_w a}$；

k——土的渗透系数(cm/年)；

e——渗流固结前土的孔隙比；

γ_w——水的重度(kN/cm^3)；

a——土的压缩系数(kPa^{-1})。

(2)单向固结微分方程的推导。如图 1-4-19 所示，设饱和黏性土层厚度为 $2H$，土层上、下两面均为透水层。作用于土层顶面的竖直荷载 σ 为无限广阔分布，在任一深度 z 处，取一微小单元土体进行分析。

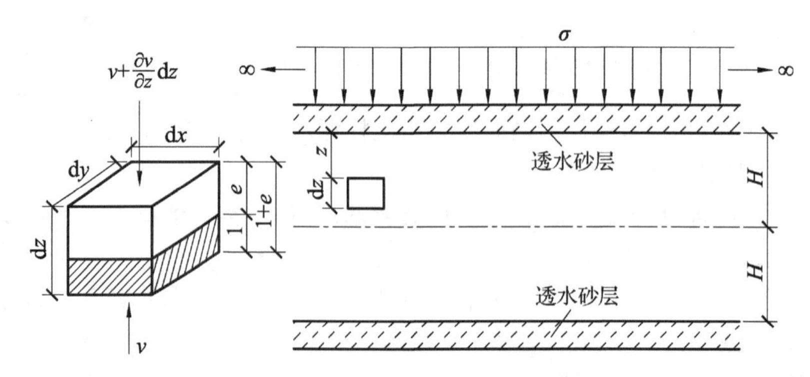

图 1-4-19 饱和土体固结计算

微元体断面为 $dxdy$，厚度为 dz，令 $V_s=1$，则 $V_v=e$ ，$V=1+e$。在单位时间里，此单元体内排出的水量 Δq，等于该单元体孔隙体积的压缩量 ΔV。设单元体底面流速为 v，顶面流速为

$v+\frac{\partial v}{\partial z}\mathrm{d}z$，则有：

$$\Delta q=\left[\left(v+\frac{\partial v}{\partial z}\mathrm{d}z\right)-v\right]\mathrm{d}x\mathrm{d}y\mathrm{d}t=\frac{\partial v}{\partial z}\mathrm{d}x\mathrm{d}y\mathrm{d}z\mathrm{d}t \tag{a}$$

根据达西定律：
$$v=ki=k\frac{\partial h}{\partial z}$$

式中的 h 为孔隙水压力水头，由 $u=\gamma_w h$，得 $h=\frac{u}{\gamma_w}$，因此：

$$v=k\frac{\partial h}{\partial z}=\frac{k}{\gamma_w}\cdot\frac{\partial u}{\partial z}$$

$\frac{\partial u}{\partial z}=\frac{k}{\gamma_w}\cdot\frac{\partial^2 u}{\partial^2 z}$，代入(a)式得：

$$\Delta q=\frac{k}{\gamma_w}\cdot\frac{\partial^2 u}{\partial^2 z}\mathrm{d}x\mathrm{d}y\mathrm{d}z\mathrm{d}t \tag{b}$$

孔隙体积的压缩量：

$$\Delta V=\mathrm{d}V_v=\mathrm{d}(nv)=\mathrm{d}\left(\frac{e}{1+e}\mathrm{d}x\mathrm{d}y\mathrm{d}z\right)=\frac{\mathrm{d}e}{1+e}\mathrm{d}x\mathrm{d}y\mathrm{d}z \tag{c}$$

由于 $\frac{\mathrm{d}e}{\mathrm{d}\sigma'}=-a$，则 $\mathrm{d}e=-a\mathrm{d}\sigma'=-a\mathrm{d}(\sigma-u)=a\mathrm{d}u=a\frac{\partial u}{\partial t}\mathrm{d}t$，带入(c)式得：

$$\Delta V=\frac{a}{1+e}\cdot\frac{\partial u}{\partial t}\mathrm{d}x\mathrm{d}y\mathrm{d}z\mathrm{d}t \tag{d}$$

对于饱和土体，$\mathrm{d}t$ 时间内 $\Delta q=\Delta V$，即式$(b)=$ 式(d)，即：

$\frac{k}{\gamma_w}\cdot\frac{\partial^2 u}{\partial z^2}\mathrm{d}x\mathrm{d}y\mathrm{d}z\mathrm{d}t=\frac{a}{1+e}\frac{\partial u}{\partial t}\mathrm{d}x\mathrm{d}y\mathrm{d}z\mathrm{d}t$，化简之后得：

$$\frac{\partial u}{\partial t}=\frac{k(1+e)}{\gamma_w a}\cdot\frac{\partial^2 u}{\partial z^2}=C_v\frac{\partial^2 u}{\partial z^2} \tag{1.4.28}$$

(3)单元体的固结微分方程的解。根据图1-4-18中 u 和 σ' 两种应力随时间与深度的分布初始条件，可知：

当 $t=0$ 和 $0\leqslant z\leqslant 2H$ 时，$u=\sigma=$常数；

当 $0<t<\infty$ 和 $z=0$ 时，$u=0$；

当 $0<t<\infty$ 和 $z=2H$ 时，$u=0$；

当 $t=\infty$ 时，$u=0$。

根据以上初始条件和边界条件，采用分离变量法，应用傅里叶级数，可求得公式(1.4.28)的解为：

$$u_{zt}=\frac{4\sigma}{\pi}\sum_{m=1}^{\infty}\frac{1}{m}\sin\frac{m\pi z}{2H}e^{-m^2\frac{\pi^2}{4}T_v} \tag{1.4.29}$$

式中，u_{zt}——深度 z 处某一时刻 t 的孔隙水压力；

m——正奇整数，即 1，3，5，…，m；

σ——附加应力，不随深度变化；

e——自然对数的底；

H——压缩土层最大的排水距离，如为双面排水，H 为土层厚度之半；若为单面排水，H 为土层的总厚度；

t——固结所需要的时间；

T_v——竖向固结时间因子。

$$T_v = \frac{C_v}{H^2}t = \frac{k(1+e)t}{a\gamma_w H^2} \tag{1.4.30}$$

4.4.3 固结度

(1)定义。地基固结度是指在外荷载作用下地基土在某一深度 z 处，经历时间 t 的固结沉降量 s_{ct} 与最终沉降量 s_c 之比，或经历时间 t 后的有效应力 σ' 与总应力 σ 之比，常用 $U_{z,t}$ 表示，即：

$$U_{z,t} = \frac{s_{ct}}{s_c}\ ;或\ U_{z,t} = \frac{\sigma'_{zt}}{\sigma} = \frac{\sigma - u_{zt}}{\sigma} \tag{1.4.31}$$

(2)地基平均固结度。因地基中各点的应力不等，因而各点的固结度也不等，因此，引入某一土层的平均固结度 U_t 的概念，对于竖向排水情况，由于固结变形与有效应力成正比，所以把某一时间 t 的有效应力图面积与总附加应力图面积之比称为平均固结度 U_t，计算公式如下：

$$U_t = \frac{A_\sigma'}{A_\sigma} = \frac{A_\sigma - A_u}{A_\sigma} = 1 - \frac{A_u}{A_\sigma} = 1 - \frac{\int_0^H u_{zt}\,\mathrm{d}z}{\int_0^H \sigma\,\mathrm{d}z} \tag{1.4.32}$$

式中，$A_{\sigma'}$——有效应力的分布面积，等于平均有效应力 σ_m 与土层厚度的乘积；

A_σ——全部固结完成后的附加应力面积，等于总应力的分布面积；

A_u——孔隙应力的分布面积，等于平均孔压 u_m 与土层厚度的乘积；

u_{zt}——深度 z 处某一时刻 t 的孔隙水压力；

σ——深度 z 处的竖向附加应力；

H——压缩土层最大的排水距离，取值规定同式(1.4.29)。

根据图 1-4-18(b)，可计算平均孔隙水压力 u_m 为：

$$u_m = \frac{1}{2H}\int_0^{2H} u\,\mathrm{d}z = \frac{1}{2H}\int_0^{2H}\left(\frac{4\sigma}{\pi}\sum_{m=1}^{\infty}\frac{1}{m}\sin\frac{m\pi z}{2H}e^{-m^2\frac{\pi^2}{4}T_v}\right)\mathrm{d}z$$

积分上式，求得 A_u 和 A_σ 之后，代入式(1.4.32)，得到地基平均固结度：

$$U_t = 1 - \frac{8}{\pi^2}\left(e^{-\frac{\pi^2}{4}T_v} + \frac{1}{9}e^{-\frac{9\pi^2}{4}T_v} + \cdots\right)$$

上式中括号内的级数收敛得很快，当 T_v 的数值较大时，可只取第一项，即

$$U_t = 1 - \frac{8}{\pi^2}\cdot e^{-\frac{\pi^2}{4}T_v} \tag{1.4.33}$$

由此可见，平均固结度 U_t 仅为时间因子 T_V 的函数，即 $U_t = f(T_v)$。

公式(1.4.33)也适用于双面排水附加应力直线分布(包括非均匀分布线性分布)的情况。

(3)对于单面排水，且上、下面附加应力不等的情况，引入系数 λ。

$$\lambda = \frac{排水面附加应力}{不排水面附加应力} = \frac{\sigma_1}{\sigma_2} \tag{1.4.34}$$

由系数 λ，可得出土层任意时刻的平均固结度的计算通式。

$$U_t = 1 - \frac{\left(\frac{\pi}{2}\lambda - \lambda + 1\right)}{1+\lambda}\cdot\frac{32}{\pi^3}e^{-\frac{\pi^2}{4}T_v} \tag{1.4.35}$$

根据据 λ 值的不同，可分为如图 1-4-20 中的几种情况。实际工程问题的几种情况如图 1-4-20(a)所示；简化的地基应力分布形式如图 1-4-20(b)所示。

①当 $\lambda=1$ 时（"0"型），薄压缩地基，或大面积均布荷载的情况。双面排水条件时，取 $\lambda=1.0$，代入式(1.4.35)则式(1.4.33)成立。

②当 $\lambda=0$ 时（"1"型），土层在自重应力作用下的固结。

③当 $\lambda=\infty$ 时（"2"型），基底面积小，传至压缩层底面附加应力接近于零。

④当 $\lambda<1$ 时（"0—1"型），在自重应力作用下尚未固结的土层，又在其上修建建筑物基础的情况。

⑤当 $\lambda>1$ 时（"0—2"型），基底面积较小，传至压缩层底面附加应力不为 0。

根据式(1.4.35)可计算不同 λ 值（$\lambda=\sigma_1/\sigma_2$）下固结度 U_t 的时间因数 T_v 的值，列于表 1-4-9。也有文献将其绘制了曲线，通过查图的方法确定 T_v 的值。

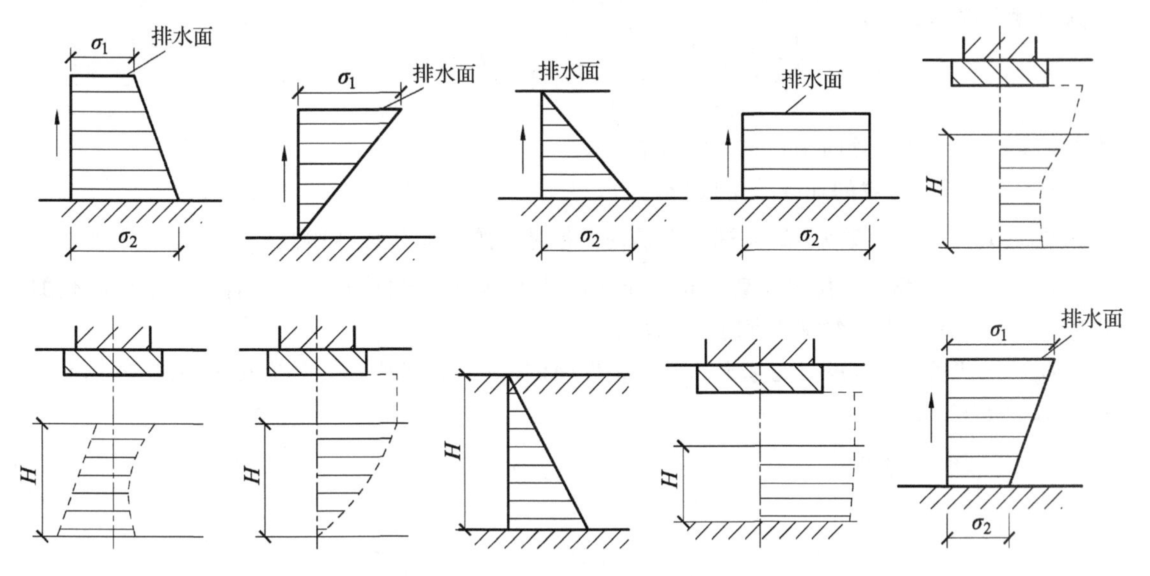

图 1-4-20 地基中应力分布图形情况

表 1-4-9 不同 $\lambda=\sigma_1/\sigma_2$ 下 U_t-T_v 关系表

λ	地基上的平均固结度 U_t											类型
	0.0	0.1	0.2	0.3	0.4	0.5	0.6	0.7	0.8	0.9	1.0	
0.0	0.0	0.049	0.100	0.154	0.217	0.290	0.380	0.500	0.660	0.95	∞	1 型
0.2	0.0	0.027	0.073	0.126	0.186	0.26	0.35	0.46	0.63	0.92	∞	0—1 型
0.4	0.0	0.016	0.056	0.106	0.164	0.24	0.33	0.44	0.60	0.90		
0.6	0.0	0.012	0.042	0.092	0.148	0.22	0.31	0.42	0.58	0.88		
0.8	0.0	0.010	0.036	0.079	0.134	0.20	0.29	0.41	0.57	0.86		
1.0	0.0	0.008	0.031	0.071	0.126	0.20	0.29	0.40	0.57	0.85	∞	0 型
1.5	0.0	0.008	0.024	0.058	0.107	0.17	0.26	0.38	0.54	0.83	∞	0—2 型
2.0	0.0	0.006	0.019	0.050	0.095	0.16	0.24	0.36	0.52	0.81		
3.0	0.0	0.005	0.016	0.041	0.082	0.14	0.22	0.34	0.50	0.79		
4.0	0.0	0.004	0.014	0.040	0.080	0.13	0.21	0.33	0.49	0.78		

续表 1-4-9

λ	地基上的平均固结度 U_t											类型
	0.0	0.1	0.2	0.3	0.4	0.5	0.6	0.7	0.8	0.9	1.0	
5.0	0.0	0.004	0.013	0.034	0.069	0.12	0.20	0.32	0.48	0.77	∞	0—2 型
7.0	0.0	0.003	0.012	0.030	0.065	0.12	0.19	0.31	0.47	0.76		
10.0	0.0	0.003	0.011	0.028	0.060	0.11	0.18	0.30	0.46	0.75		
20.0	0.0	0.003	0.010	0.026	0.060	0.11	0.17	0.29	0.45	0.74		
0.0	0.002	0.009	0.024	0.048	0.09	0.16	0.23	0.44	0.73	∞	2 型	

(4)荷载一级或多级等速施加情况的地基平均固结度 $U_{z,t}$。

上述一次瞬时加载情况计算的地基平均固结度结果偏大，因为在实际工程中多为一级或多级等速加载情况，如图 1-4-21 所示，当固结时间为 t 时，对应于累加荷载 $\sum \Delta p$ 的地基平均固结度可按下式计算：

$$U_{z,t} = \sum_{i=1}^{n} \frac{q_i}{\sum \Delta p}\left[(T_i - T_{i-1}) - \frac{\alpha}{\beta} e^{-\beta t} (e^{\beta T_i} - e^{\beta T_{i-1}}) \right] \tag{1.4.36}$$

式中，$U_{z,t}$——深度 z 处时间 t 的平均固结度；

q_i——第 i 级荷载的加载速率(kPa/天)；

$\sum \Delta p$ ——与一级或多级等速加载历时 t 相对应的累加荷载(kPa)；

T_{i-1}、T_i——第 i 级荷载加载的起始和终止时间(从零点起算)(天)，当计算第 i 级荷载加载过程中某实际 t 的平均固结度时，T_i 改为 t；

α,β——两个参数，根据地基土的排水条件确定，对于天然地基的竖向排水固结条件，$\alpha = 8/\pi^2, \beta = \pi^2 C_v/4H^2$。

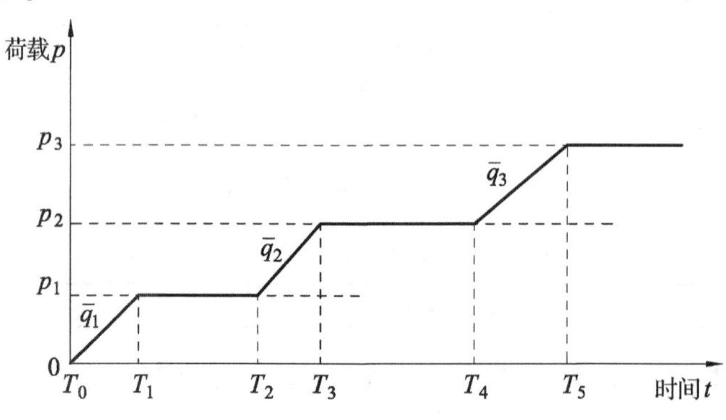

图 1-4-21 多级等速加载图

4.4.4 地基沉降与时间关系计算

1. 求某特定时间 t 的沉降量

(1)计算地基最终沉降量 s_c。用分层总和法或《建筑地基基础设计规范》推荐的方法进行计算。

(2)计算附加应力比值 $\lambda = \frac{\sigma_1}{\sigma_2}$，由地基附加应力计算。

(3)假定一系列地基平均固结度 U_t。如 U_t=20%，40%，60%，80%，90%。

(4)计算时间因子 T_v。由假定的每一个平均固结度 U_t 与 λ 值，查表 1-4-10。

(5)由地基土的性质指标和土层厚度,由公式(1.4.33)计算 U_t 所对应的时间 t。

(6)计算时间 t 的沉降量 s_{ct}。由公式 $U_t=s_{ct}/s_c$ 可得:$s_{ct}=U_t s_c$。

(7)绘制 s_{ct} 与 t 的曲线。由计算的 s_{ct} 为纵坐标,时间 t 为横坐标,绘制 $s_{ct}-t$ 关系曲线,则可求任意时间 t_1 的沉降量 s_1。

【例 1-4-3】 某饱和黏土层地基,厚 8.0 m,顶部为薄砂层,底部为不透水基岩,如图 1-4-22(a)所示。基础中点 O 下的附加应力:基底 240 kPa,基岩顶面 160 kPa。黏土地基孔隙比 $e_1=0.88$,$e_2=0.83$,$k=0.6\times10^8$ cm/s。求地基沉降与时间的关系。

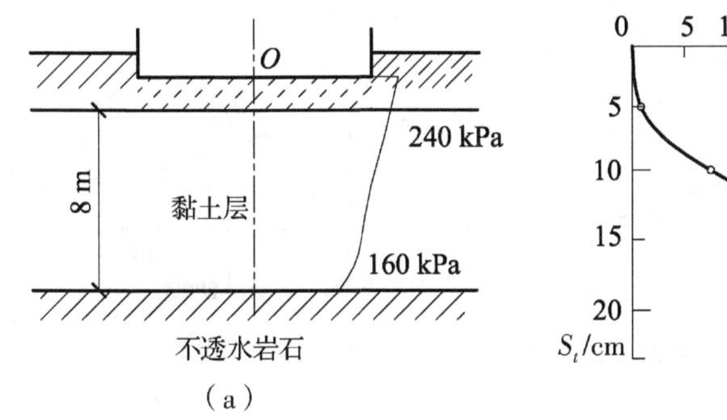

(a)

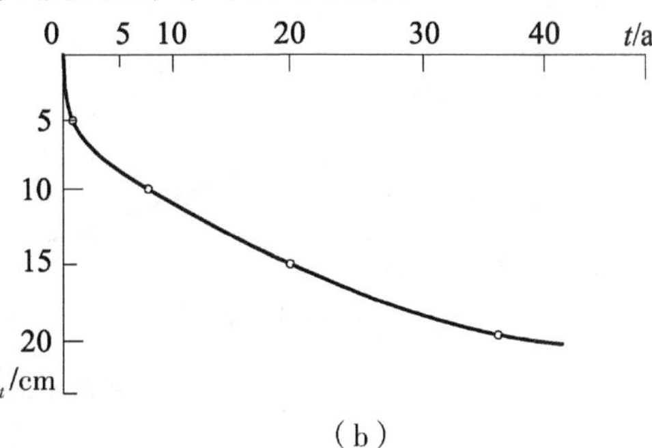

(b)

图 1-4-22

解 (1)地基总沉降量的估算。

$$s_c=\frac{e_1-e_2}{1+e_1}H=\frac{0.88-0.83}{1+0.88}\times800=21.3(\text{cm})$$

(2)计算附加应力比值 λ。

$$\lambda=\frac{\sigma_1}{\sigma_2}=\frac{240}{160}=1.50$$

(3)假定平均固结度 $U_t=25\%,50\%,75\%,90\%$。

(4)计算(或查表、查图)确定时间因子 T_v。

由 λ 与 U_t 查表 1-4-9 可得:$T_v=0.04;0.17;0.45;0.83$。

(5)计算相应的时间 t。

①压缩系数 $a=\dfrac{\Delta e}{\Delta\sigma}=\dfrac{e_1-e_2}{(0.24+0.16)/2}=\dfrac{0.88-0.83}{0.20}=0.25(\text{MPa})$

②渗透系数 $k=0.6\times10^{-8}\times3.15\times10^7=0.19(\text{cm/年})$

③固结系数 $C_v=\dfrac{k(1+e_m)}{0.1a\gamma_w}=\dfrac{0.19[1+(0.88+0.83)/2]}{0.1\times0.25\times0.001}=14100(\text{cm}^2/\text{年})$

④时间因子 $T_v=\dfrac{C_v t}{H^2}=\dfrac{14100t}{800^2}$;$t=\dfrac{640000}{14100}T_v=45.5T_v$

计算见表 1-4-10。

表 1-4-10 时间 t 时的沉降量 s_{ct}

固结度 U_t	系数 λ	时间因子 T_v	时间 t/a	沉降量 S_{ct}/cm
25	1.5	0.04	1.82	5.32
50	1.5	0.17	7.735	10.64
75	1.5	0.45	20.475	15.96
90	1.5	0.83	37.765	19.17

地基沉降与时间的关系 $s_{ct}-t$ 曲线如图 1-4-22(b)所示。

4.4.5 地基瞬时沉降与次固结沉降

在外荷载作用下，观测黏性土地基的实际变形，可认为地基最终沉降量是由下面三部分组成的，如图 1-4-23(a)所示。

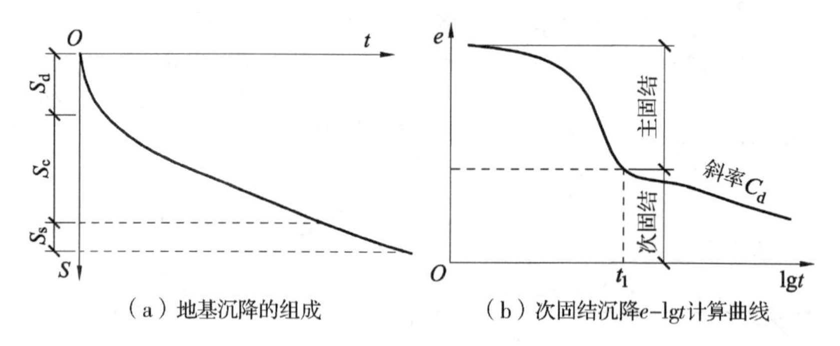

（a）地基沉降的组成　（b）次固结沉降e-lgt计算曲线

图 1-4-23　地基瞬时沉降与次固结沉降

$$S=S_d+S_c+S_s \tag{1.4.37}$$

式中，S_d——瞬时沉降（畸变沉降）；

S_c——固结沉降（主固结沉降）；

S_s——次固结沉降。

1. 瞬时沉降 S_d

瞬时沉降（畸变沉降）是地基受荷后立即发生的沉降。对于饱和土体来说，受荷瞬间孔隙中的水尚未排出，土体的体积没有变化。因此瞬时沉降是由土体产生的剪切变形所引起的沉降，与基础形状、尺寸及附加应力大小等因素有关，可近似用弹性力学公式进行计算，即

$$S_d=\frac{\omega(1-\mu^2)}{E}pB \tag{1.4.38}$$

式中，μ——土的泊松比，假定土体的体积不可压缩，取 0.5；

ω——沉降系数，刚性方形取 0.8，刚性圆形取 0.79；

B——矩形荷载的短边；

p——均匀荷载；

E——地基土的变形模量，采用三轴压缩试验初始切线模量 E_i 或现场实际荷载下，再加荷模量 E_r。

弹性模量 E 可通过室内三轴反复加卸载的不排水试验求得，也可近似采用 $E_u=(500\sim1000)C$ 估算，C_u 为不排水抗剪强度。对于成层土地基，计算参数 E 和 μ 应在地基压缩层范围内近似取按土层厚度计算的加权平均值。

2. 固结沉降（主固结沉降）S_c

在荷载作用下饱和土体中随着孔隙水的逐渐排出，孔隙体积相应减小，土体逐渐压密而产生的沉降，称为主固结沉降。这部分沉降量是地基沉降的主要部分。此期间，孔隙水应力逐渐消散，有效应力逐渐增加，当孔隙水应力消散为零，有效应力最终达到一个稳定值时，主固结沉降完成。通常用分层总和法进行计算。

3. 次固结沉降 S_s

在主固结沉降完成(即孔隙水应力消散为零,有效应力不变)之后土体还会随时间增长进一步产生的沉降,称为次固结沉降。次固结沉降被认为与土的骨架蠕变有关。次固结沉降对于坚硬土或超固结土,这一分量相对较小,而对于软黏土,尤其是土中含有一些有机质(如胶态腐殖质等),或是在深处可压缩土层中当压力增量比(土中附加应力与自重应力之比)较小的情况下,次固结沉降是比较重要的,必须引起注意。

次固结沉降过程中,土的体积变化速率与孔隙水从土中流出的速率无关,即次固结沉降的时间与土层厚度无关。许多室内试验和现场测试的结果都表明,在主固结完成后发生的次固结沉降,其大小与时间的关系在半对数坐标图上接近于一直线,因而地基土层单向压缩的次固结沉降计算公式如下:

$$S_s = \sum_{i=1}^{n} \frac{H_i}{1+e_{0i}} C_{di} \lg \frac{t}{t_1} \tag{1.4.39}$$

式中,C_{di}——第 i 分层土的次固结系数(半对数图上直线段 $e-\lg t$ 斜率),由试验确定,$C_{di} \approx 0.018\omega$,$\omega$ 为土的天然含水量;

t——所求次固结沉降的时间,$t>t_1$;

t_1——相当于主固结度为 100%的时间,根据 $e-\lg t$ 曲线外推而得。

本章思考题

1. 什么是土体的压缩曲线? 它是如何获得的?
2. 什么是土体的压缩系数? 它如何反映土的压缩性质?
3. 同一种土压缩系数是否为常数? 它随什么因素变化?
4. 工程中为何用 a_{1-2} 来判断土的压缩性质? 如何判断?
5. 什么是土的弹性变形和残余变形?
6. 压缩系数和压缩指数哪个更能准确反映土的压缩性质? 为什么?
7. 什么是压缩模量? 与压缩系数有何关系?
8. 压缩模量、变形模量、弹性模量有什么区别?
9. 荷载试验与压缩试验的变形模量有何不同? 哪个更符合地基实际受力情况?
10. 什么是正常固结土、超固结土、欠固结土? 在相同荷载作用下变形相同吗?
11. 什么是孔隙水压力、有效应力? 在土层固结过程中,他们如何变化?
12. 什么是固结系数? 什么是固结度? 它们的物理意义是什么?
13. 分层总和法、规范法有何异同?
14. 规范法计算变形为什么还要进行修正?

本章习题

1. 一饱和黏土试样在固结仪中进行压缩试验,该试样原始高度为 20 mm,面积为 30 cm^2,土样与环刀总质量为 175.6 g,环刀质量 58.6 g。当荷载由 $p_1=100$ kPa 增加至 $p_2=200$ kPa 时,在 24 h 内土样的高度由 19.31 mm 减少至 18.76 mm。该试样的土粒比重为 2.74,试验结束后烘干土样,称得干土重 0.910 N。

(1)计算与 p_1 及 p_2 对应的孔隙比 e_1 及 e_2。

(2)求 a_{1-2} 及 $E_{s(1-2)}$，并判断该土的压缩性。

2. 如题图 1-4-1 所示的矩形基础的底面尺寸为 $4\times2.5\ m^2$，基础埋深 1 m，地下水位位于基底标高，地基土的物理指标见题图 1-4-1，室内压缩试验结果见题表 1-4-1，试用分层总和法计算基础中点沉降。

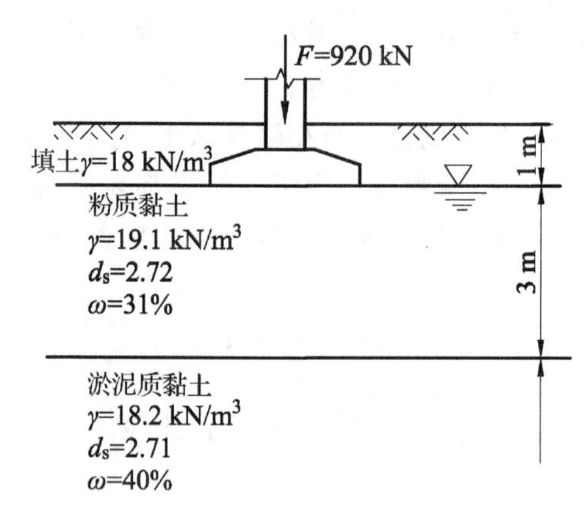

题图 1-4-1

题表 1-4-1 室内压缩试验关系 $e-p$

e	p/kPa				
土层	0	50	100	200	300
粉质黏土	0.942	0.889	0.855	0.807	0.773
淤泥质粉质黏土	1.045	0.925	0.891	0.848	0.823

3. 某柱下独立基础，底面尺寸为 2.0 m×2.0 m，基础埋深 d=1.2 m，上部柱传来的中心荷载准永久组合值 F=500 kN，地基表层为粉质黏土，γ_1=18.5 kN/m³，E_{s1}=5.2 MPa，厚度 h_1=3.2 m；第二层为黏土，γ_2=17.5 kN/m³，E_{s2}=4.5 MPa，厚度 h_2=3.0 m；以下为岩石。用规范法计算柱基的最终沉降量。

4. 如题图 1-4-2 所示，厚度为 8 m 的黏土层，上下层面均为排水砂层，已知黏土层孔隙比 e_0= 0.8，压缩系数为 0.25 MPa^{-1}，渗透系数 k=6.3×108 cm/s，地表瞬时施加一无限分布均布荷载 p=180 kPa。

试求：(1)加荷半年后地基的沉降；

(2)黏土层达到 50% 固结度所需的时间。

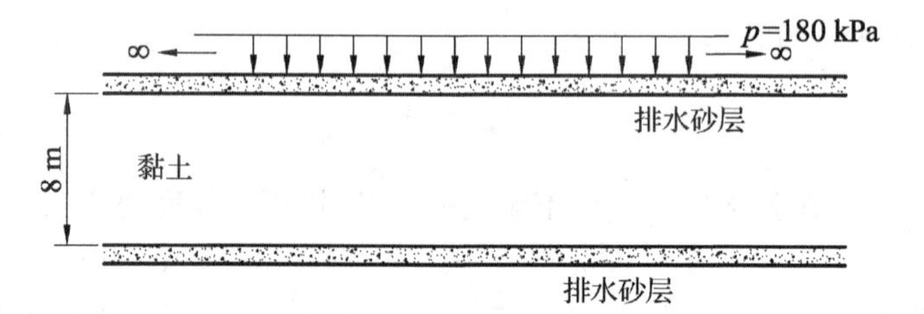

题图 1-4-2

第5章 土的抗剪强度与地基承载力

为了建筑物的安全可靠和正常使用，要求建筑地基设计在满足变形要求外，还必须同时满足强度要求，即保证地基的稳定性，不发生剪切破坏。变形问题在前面章节中已作阐述。本章将主要介绍地基的强度和稳定问题。

5.1 土的抗剪强度

5.1.1 土体强度的概念

土的抗剪强度是指土体抗剪切破坏的极限能力，它是土的基本力学性质之一。

如图1-5-1所示，(a)、(b)因路堤、基抗边坡太陡，边坡土体沿某一滑动面塌陷；(c)因极地压力较大，地基土沿某一滑面向基底一侧或两侧挤出；(d)因挡土墙背后土压力过大，背后填土及地基土发生滑动破坏。这些情况表明土体破坏是土体中的一部分对另一部分发生相对滑动，即失去稳定而破坏。破坏的过程就是丧失稳定的过程。大量工程实践和实验都说明，土体的破坏就是剪切破坏，土的强度实质上就是土的抗剪强度，挡土体的强度不足以抵抗某一面上的剪应力作用时，剪切变形急剧发展，就形成了剪切破坏。

在工程实践中，土体强度问题的应用主要有三个方面：第一是土作为建筑物地基的承载力问题，如图1-5-1(c)所示；第二是土作为建筑材料的土工构建物的稳定问题，如图1-5-1(a)、(b)所示：第三是作为工程构建物的安全问题，如图1-5-1(d)所示。

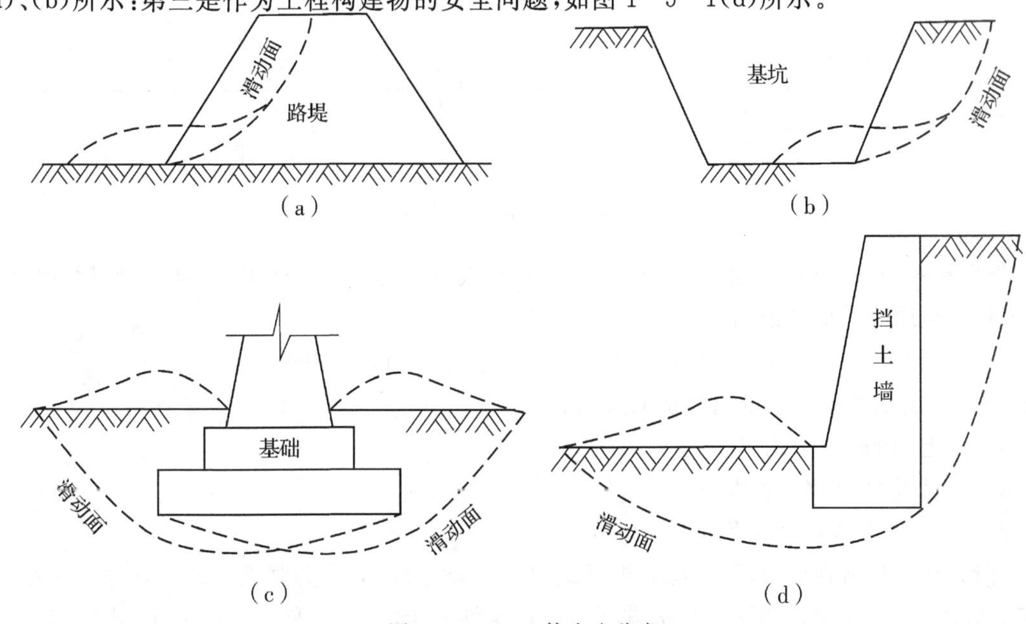

图1-5-1　土体失去稳定

5.1.2 库仑定律

1776年，法国科学家库仑(C. A. Coulomb)根据砂土的剪切实验，将砂土强度表达为滑动面上法向应力的线性函数，即：

$$\tau_f = \sigma \cdot \tan\varphi \tag{1.5.1}$$

后来又给出了黏性土的抗剪强度表达式

$$\tau_f = \sigma \cdot \tan\varphi + c \tag{1.5.2}$$

式中，τ_f——土的抗剪强度；

σ——剪切滑动面上的法向应力；

φ——土的内摩擦角；

c——土的黏聚力，对于无黏性土，$c=0$ 。

式(1.5.1)和(1.5.2)为著名的库仑定律。c，φ 称为土的抗剪强度指标，他们能反映出土的抗剪强度大小。如图1-5-2所示，对于无黏性土，抗剪强度线通过坐标原点，其抗剪强度仅仅是土粒间的摩擦力，即内摩擦力 $\sigma \cdot \tan\varphi$；对于黏性土，抗剪强度线在 τ_f 轴上的截距为黏聚力 c，其抗剪强度由内摩擦力和黏聚力两部分组成，内摩擦力是指颗粒间的表面摩擦力和颗粒间的咬合力，$\tan\varphi$ 为土的内摩擦系数。

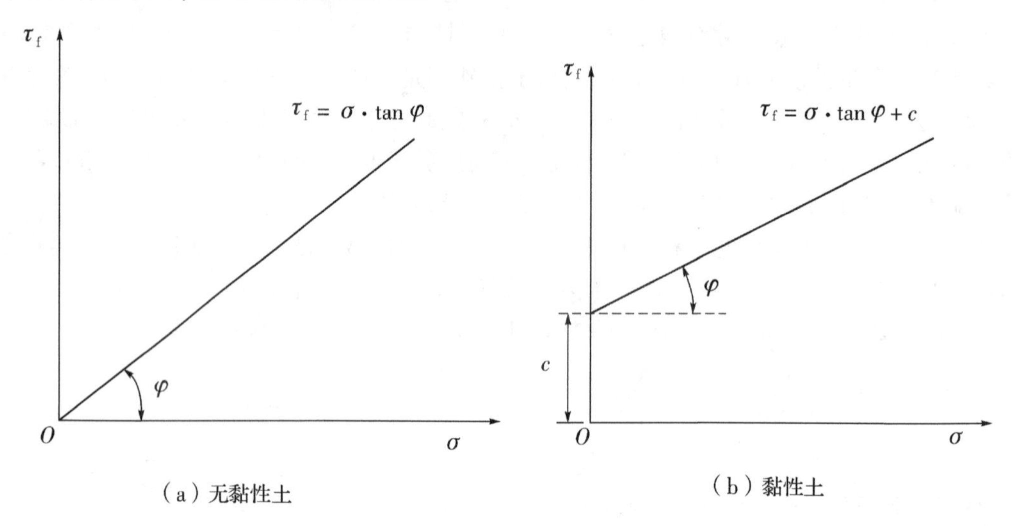

图1-5-2　土的抗剪强度线

随着有效应力原理的发展，人们认识到只有有效应力的变化才能引起强度的变化，库仑定律式(1.5.2)用有效应力改写为：

$$\tau_f = \sigma' \cdot \tan\varphi' + c' = (\sigma - \mu) \cdot \tan\varphi' + c' \tag{1.5.3}$$

式中，σ'——剪切滑动面上的有效法向应力；

μ——土中的空隙水压力；

c'——土中的有效粘聚力；

φ'——土的有效内摩擦角。

可见，土的抗剪强度有两种表达方式，式(1.5.2)称为应力抗剪强度公式，c，φ 统称为土的总应力强度指标，直接应用这些指标进行土体稳定性分析的方法，称为总应力法；式(1.5.3)称为有效应力抗剪强度公式，C'，φ'统称为土的有效应力强度指标，应用这些指标进行土体稳定性分析的方法称为有效应力法。

5.1.3　土的强度理论

1. 土中一点的应力状态

在平面问题中，土中一点的应力状态是指围绕一点所取单元体的各方位斜截面上的应力状态，这里的应力包括正应力和剪应力，均随所取斜截面方位的不同而变化。单元体的各斜截面中，剪应力为零的平面称为主平面，主平面上的法向应力称为主应力，法向应力的最大、最小值分别叫大、小主应力，用符号 σ_1、σ_3 表示。

围绕土体中任一点取单元体，如图 1－5－3(a)所示，这个单元任一斜截面 $m-m$（与 σ_1 作用面成 α 角的平面）上的法向应力 σ 与剪应力 τ，可由下列公式求得：

$$\sigma = \frac{\sigma_1 + \sigma_3}{2} + \frac{\sigma_1 - \sigma_3}{2}\cos 2\alpha \qquad (1.5.4)$$

$$\tau = \frac{\sigma_1 - \sigma_3}{2}\sin 2\alpha$$

两式经过数学变换得应力圆（莫尔圆）方程：

$$\left(\sigma - \frac{\sigma_1 + \sigma_3}{2}\right)^2 + \tau^2 = \left(\frac{\sigma_1 - \sigma^3}{2}\right)^2 \qquad (1.5.5)$$

可见，在 $\sigma-r$ 坐标平面内，土中某一点的应力状态的轨迹是一个圆。这一任意斜截面 $m-m$ 上的法向力 σ 和剪切应力 τ 的大小与应力圆 O' 上某点 M 的横、纵坐标相对应，如图 1－5－3(b)所示。

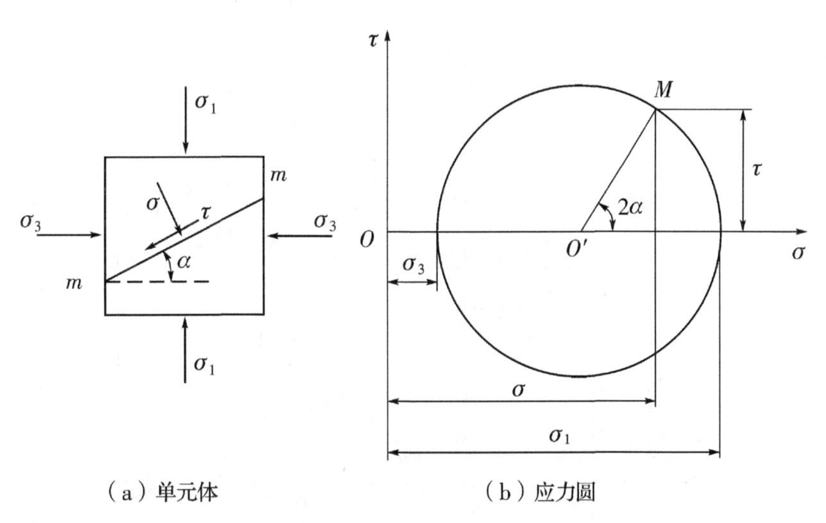

（a）单元体　　（b）应力圆

图 1－5－3　土中单元体的应力状态

2. 土的极限平衡状态

土体破坏是指土的剪切破坏，把土中一点的应力状态同土的抗剪求对比，就可以讨论土在这一点的强度问题。现将应力圆和抗剪强度线画在同一坐标系中，这样可以判断土中某点是否处于极限破坏状态。

如图 1－5－4 所示，圆 A 位于抗剪强度线下方，说明经过圆 A 对应的土中某点任意斜截

面上的剪应力 τ 都小于相应斜剪面上所具有的抗剪强度，因此土中这一点处于稳定平衡状态(或称为弹性平衡状态)，土体不会发生剪切破坏；圆 B 与抗剪强度线相切于 M 点，说明圆 B 对应的土中某点在与大主应力 σ_1 作用面成 α_{cr} 角的斜截面上的剪应力 τ，等于相应斜截面上所具有的抗剪强度 τ_f，因此土中这一点处于极限平衡状态，圆 B 为极限应力圆；圆 C 与抗剪强度线相割，说明圆 C 对应的土中的那个点已有一部分斜截面上的剪应力 τ 超过了相应的抗剪强度 τ_f，该点早已达到极限平衡状态，已发生剪切破坏而失去稳定，因为抗剪强度等于土体剪切破坏时的极限剪切力，土中不可能存在比抗剪强度还要大的剪应力，这种应力状态实际上是不存在的，圆 C 这样的应力圆也不可能有。

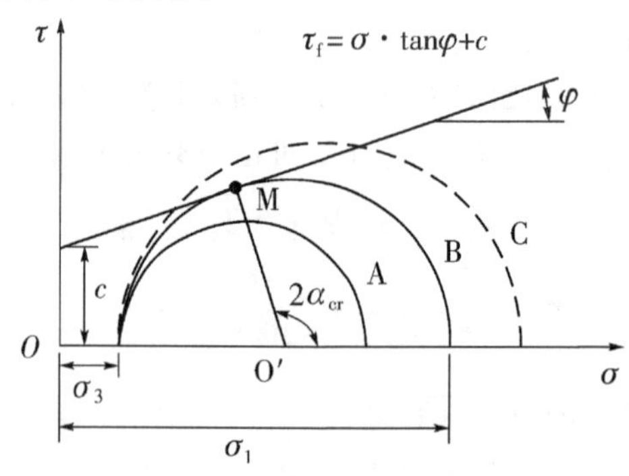

图1-5-4 应力圆与抗剪强度线之间的关系

如图 1-5-5 所示，土中某点处于极限平衡状态时，抗剪强度线盒极限应力圆 O' 相切于 M、M' 点。根据几何关系有：

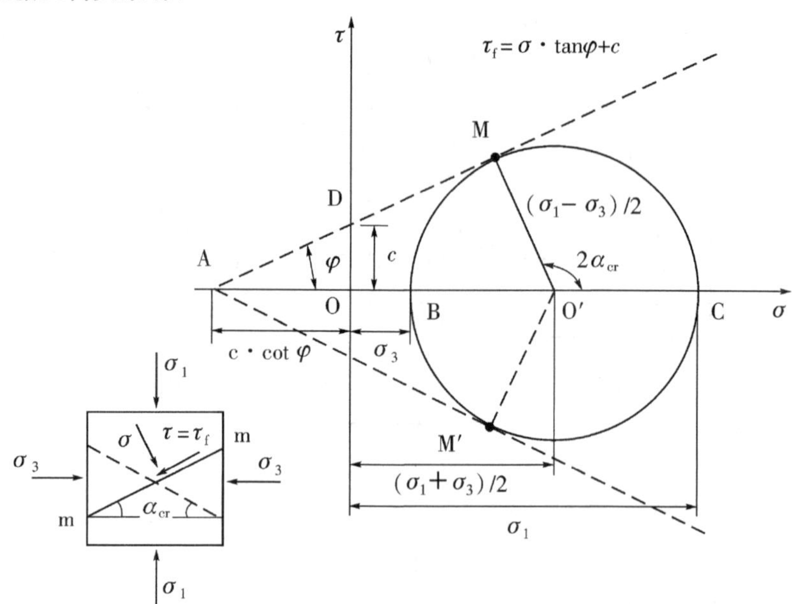

图 1-5-5 土的极限平衡状态

$$\sin\varphi = \frac{\dfrac{\sigma_1 - \sigma_3}{2}}{c \cdot \cot\varphi + \dfrac{\sigma_1 + \varphi_3}{2}} \tag{1.5.6}$$

经数学变换可得

$$\sigma_1 = \varphi_3 \tan^2(45° + \frac{\varphi}{2}) + 2c \cdot \tan(45° + \frac{\varphi}{2}) \tag{1.5.7}$$

或
$$\sigma_3 = \varphi_1 \tan^2(45° - \frac{\varphi}{2}) - 2c \cdot \tan(45° - \frac{\varphi}{2}) \tag{1.5.8}$$

当土为黏性土时，把 $c=0$ 代入得

$$\sigma_1 = \sigma_3 \tan^2(45° + \frac{\varphi}{2}) \tag{1.5.9}$$

或
$$\sigma_3 = \sigma_1 \tan^2(45° - \frac{\varphi}{2}) \tag{1.5.10}$$

式(1.5.7)、(1.5.8)、(1.5.9)、(1.5.10)即为土的极限平衡条件。此时，图 1－5－5 中的一对切点 M, M' 所表示的一对斜截面就是剪切滑动面，由几何关系得：

$$2\alpha_{cr} = \pm(90° + \varphi) \tag{1.5.11}$$

由此可知，剪切滑动面与大主应力 σ_1 作用面成 $\alpha_{cr} = \pm(45° + \frac{\varphi}{2})$的角。

上面的极限平衡条件表达式(1.5.7)～(1.5.10)也是用来判别土是否达到剪切破坏的强度条件，是土的强度理论，通常称为莫尔—库伦强度理论。

【例 1－5－1】 某砂土中地基中一点的最大主应力 $\sigma_1 = 560$ kPa，最小主应力＝180 kPa，内摩擦角 $\varphi = 30°$。(1)试绘制代表改点应力状态的莫尔圆；(2)求解最大剪应力值及其作用面的位置；(3)计算与大主应力面成 20°夹角的斜面上的正应力和剪应力；(4)判断该点的土体是否破坏。

解　(1)建立直角坐标系 $\sigma-\tau$，按比例尺确定最大主应力 $\sigma = 560$ kPa，最小主应力 $\sigma_3 = 181$ kPa 的位置。以 $\sigma-\sigma_3$ 为直径作圆，即为所求的莫尔圆，如图 1－5－6 所示。

(2)当 $\sin 2\alpha = 1$ 时，由式(1.5.4)得最大剪应力：

$$\tau_{max} = \tau = \frac{\sigma_1 - \sigma_3}{2}\sin 2\alpha = \frac{560 - 180}{2} \times 1 = 190(\text{kPa})$$

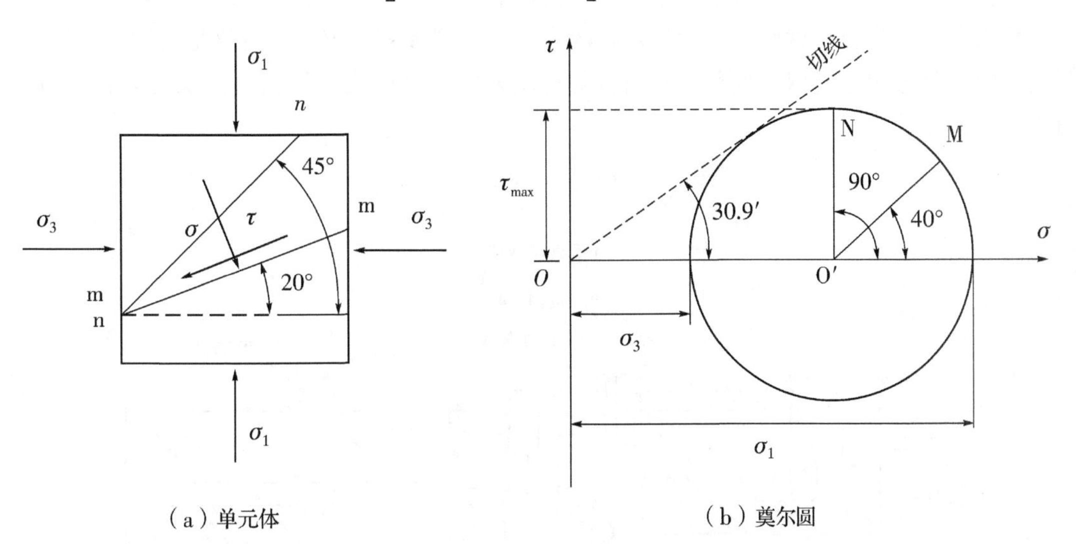

（a）单元体　　（b）莫尔圆

图 1－5－6　土中一点的应力状态

(3)此时 $2\alpha=90°$,$\alpha=45°$,斜面位置如图 1-5-6(a)中的 $m-m$,代入式(1.5.4)得:

$$\sigma=\frac{\sigma_1+\sigma_3}{2}+\frac{\sigma_1-\sigma_3}{2}\cos 2\alpha=\frac{560+180}{2}+\frac{560-180}{2}\cos 40^\circ=515.5(\text{kPa})$$

$$\tau=\frac{\sigma_1-\sigma_3}{2}\sin 2\alpha=\frac{560-180}{2}\sin 40^\circ=122.1(\text{kPa})$$

(4)由式(1.5.6)可得:

$$\sin\varphi_{\max}=\frac{\varphi_1-\varphi_3}{\varphi_1-\varphi_3}=\frac{560-180}{560+180}=0.5135$$

$$\varphi_{\max}=30.9°>30°$$

因此,土中这一点已达到极限平衡状态。

5.2 抗剪强度指标的测定

土的抗剪强度是决定建筑物地基和土木结构稳定的关键因素,因此正确测定土的抗剪强度指标对工程实践具有重要的意义。

土的剪切实验可分为室内和现场实验。室内实验的特点是边界条件比较明确,容易控制;但是室内实验要求必须从现场采集式样,在取样的过程中不可避免地引起应力释放和土的结构扰动,为了弥补室内实验的不足,可在现场进行原位试验。原位试验的优点是试验直接在现场原位置进行,不需取试样,因而能够很好地反应土的机构和构造特性。对无法进行或很难进行室内试验的土,如粗粒土、极软黏土及岩土接触面等,进行原位试验,以取得必要的力学指标。总之,每种试验仪器都有其一定的适用性和局限性,在试验方法和成果整理等方面也有各自不同的做法。

5.2.1 直接剪切试验

直接试验是测定土的抗剪强度指标的室内试验方法之一,它可直接测出给定剪切面上土的抗剪强度。直接剪切试验使用的仪器称为直接剪切仪或直剪仪。直剪仪是对试样分级施加剪应力同时测定相应的剪切位移。我国目前普遍采用的是应变控制式直剪仪,其结构构造如图 1-5-7 所示。

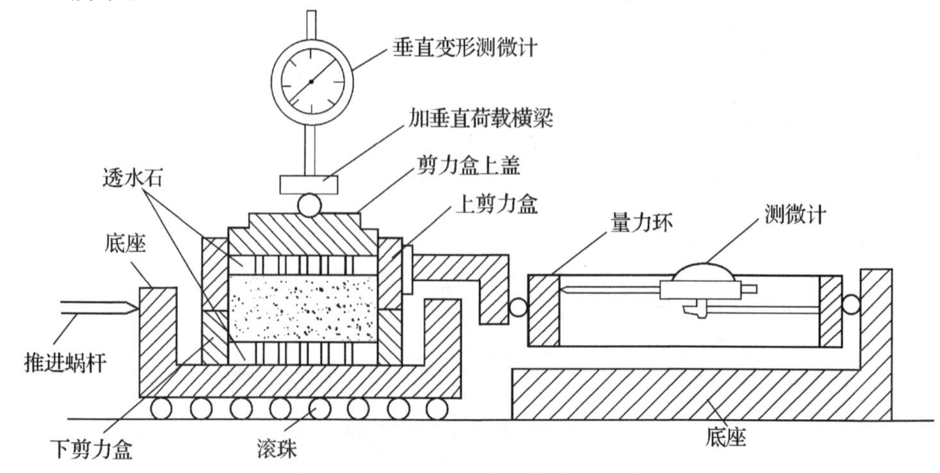

图 1-5-7 应变式直剪仪构造示意图

将面积为 A 的试样，置于上、下盒之间的盒内，通过加压板（活塞），对其施加竖向压力 P（相应的法向应力 $\sigma=\frac{P}{A}$），水平推力 T（相应的剪应力 $\tau=\frac{T}{A}$），则由等速前进的轮轴施加于下盒，使试样在沿上、下盒水平接触面产生剪切位移，直接将剪切破坏为止。试样破坏时的剪应力 τ 就是抗剪强度 τ_f。水平推力 T 由量力环测定，剪切位移由百分表测定。

取同一种土的 4 个土样，分别在不同的法应力作用下施加水平剪应力，使土样剪坏，得到相应的抗剪强度。以法向应力为横坐标，抗剪强度为纵坐标，将 4 个实测点在同一坐标系内定出，通过点群重心可以绘制一条直线，即抗剪强度线。该直线对横轴的倾斜角为土的内摩擦角，该直线在纵轴上的截距为土的黏聚力，如图 1-5-8 所示。

为了近似模拟土体在现场受剪时的排水条件，通常将直剪试验按加荷速率的不同，分为快剪、固结快剪和慢剪三种，具体做法是：

(1)快剪。在试样上施加竖向压力后，立即快速施加水平剪应力使试样剪切破坏。整个试验过程时间很短（3～5s 内剪坏），空隙水压力来不及消散，试样不能排水固结，试样前后含水率基本不变。当地基土为较厚的饱和黏土，工程施工进度又快，土体将在没有排水固结的情况下承受荷载时，采用这种实验方法。

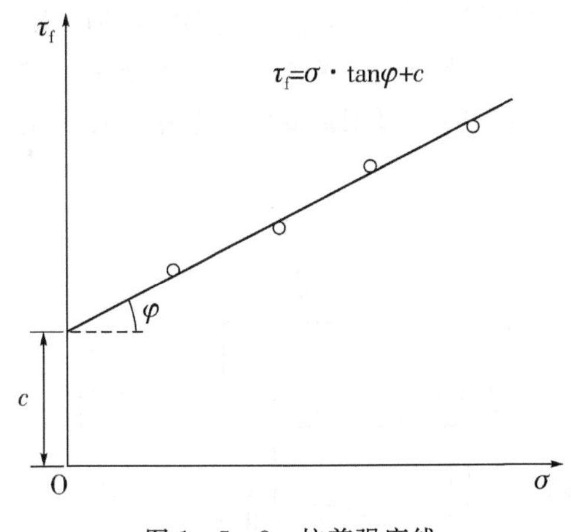

图 1-5-8 抗剪强度线

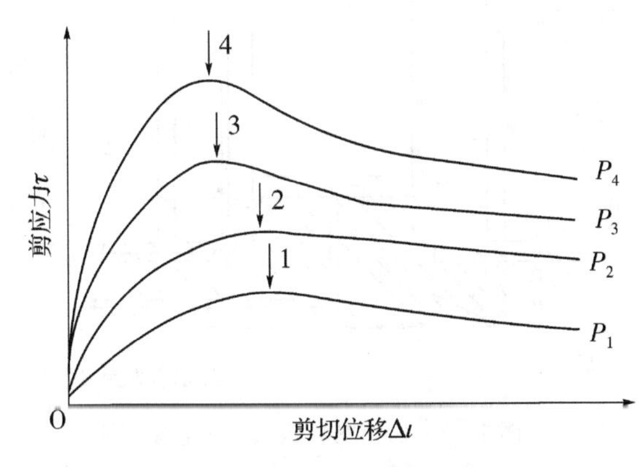

图 1-5-9 剪应力与剪切位移的关系

(2)固结快剪。试样在竖向压力作用下充分排水，在土样固定稳定后，在以施加水平剪应力使试样剪切破坏。当建筑物在施工期间允许土体充分排水固结,但完工后可能有突然增加的活载作用时,采用这种试验方法。

(3)慢剪。试样在竖向压力作用下充分排水,在土样固结稳定后,再以缓慢的速率施加水平剪应力使试样剪切破坏。在剪切过程中,允许孔隙水排出。当地基排水条件良好、土体易在较短时间内固结,且工程施工速度相对较慢时,采用这种试验方法。

直接剪切实验具有仪器简单、操作方便、实验原理较易理解等优点,一般工厂广泛采用。它的缺点是:①不能控制试样的排水条件,不能测定试验过程中试样内孔隙水压力的变化应力;②试件内的应力状态复杂,剪切面上受力不均匀,试件先在边缘剪破,在边缘处发生应力集中现象;③剪切面积随着剪切的进展而逐渐减小,而且竖向压力发生偏心,但计算抗剪强度时仍按受剪面积不变、剪应力均匀来考虑;④剪切面人为地限制在上、下盒之间的接触面上,它不一定是试样中强度最薄弱的面。

5.2.2 三轴压缩试验

三轴压缩仪是目前测定土抗剪强度较为完善的仪器,其核心部分的压力室是一个由金属上盖、底座和透明有机玻璃圆筒组成的密闭容器,如图 1-5-10 所示。试样为圆柱形,高度与直径之比一般采用 2~2.5。试样用橡胶膜封裹,使其中的孔隙水与膜外压力的水分开,试样上、下两端可根据试验要求放置透水石或不透水板。排水阀可以控制试验中试样的排水情况,试样底部与孔隙水压力量测系统连接,可根据测定试验中试样的空隙水压力值。

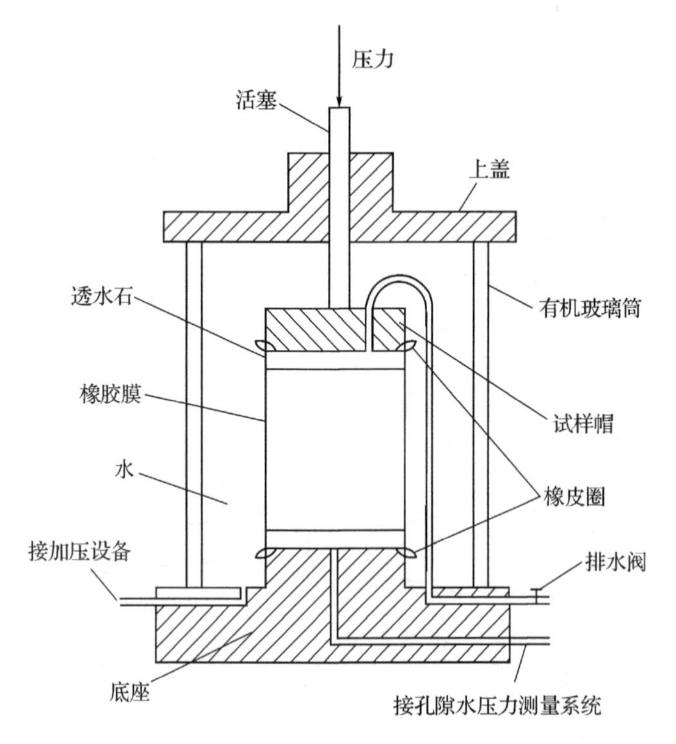

图 1-5-10　三轴压力室示意图

试验时,首先通过空压机或其他装置对压力室液体(水)施加各向相等的周围压力 σ_3,然后再通过穿压活塞在试样顶上逐渐施加轴向力 $\Delta\sigma(\Delta\sigma=\sigma_1-\sigma_3)$,逐渐加大 $\Delta\sigma$ 的值,直至土样剪切破坏为止，由 σ_1 和 σ_3 可绘制极限应力圆。通常至少需要 3～4 个土样在荷载不同的 σ_3 作用下进行剪切，得到 3～4 个不同的极限应力圆，绘出各应力圆的公切线(包络线)，即为土的抗剪强度线，由此可求得抗剪强度指标值 c，φ，如图 1-5-11 所示。

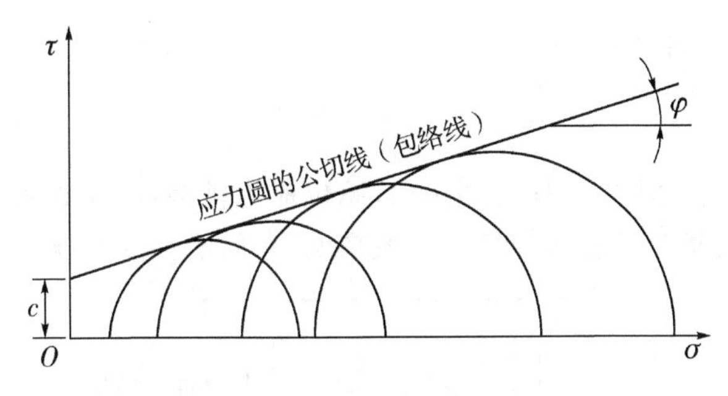

图 1-5-11 土的抗剪强度线

按试样的固结排水情况。常规的三轴试验有三种方法：

(1)不固结不排水剪(UU)，简称不排水剪。试验时，先施加周围压力 σ_3，然后施加轴向力 $\Delta\sigma$，在整个试验中，排水阀始终关闭，不允许试样排水，试样的含水率保持不变。

(2)固结不排水剪(CU)。试验时先施加 σ_3，打开排水阀，使试样排水固结完成，关闭排水阀，然后施加 $\Delta\sigma$ 直至试样破坏。在试验过程中，如需测空隙水压力，可打开孔压量测系统的阀门。

(3)固结排水剪(CD)，简称排水剪。在 σ_3 和 $\Delta\sigma$ 的施加过程中，打开排水阀，让试样排水固结，放慢 $\Delta\sigma$ 的加荷速率并使试样在孔隙水压力为零的情况下达到破坏。

三轴试验同直接剪切试验相比的优点是：能较为严格地控制试样的排水条件，量测试样中孔隙水压力，从而定量地获得土中有效应力的变化情况；试样中的应力状态较为简单明确，应力分布比较均匀；没有人为限定剪切破坏面，破坏发生在最薄弱的截面。可见，三轴试验结果比直剪试验结果更加可靠、准确。但该试验仪器复杂、操作技术要求高；试样制备也比较麻烦，试件所受的应力是轴对称的，试验应力状态与实际仍有差异。为此，现代的土工实验室发展了平面应变试验仪、真三轴试验仪、空心圆柱扭剪试验仪等，更好地模拟土的不同应力状态，更准确地测定土的强度。

5.2.3 无侧限抗压强度试验

无侧限抗压强度试验就如同在三轴压力缩仪中进行 $\sigma_3=0$ 的不排水剪切试验，现在也常用三轴仪做这样试验，试验所使用的无侧限压缩仪如图 1-5-12 所示。

试验时对试样不施加周围应力(即 $\sigma_3=0$)，仅施加竖向轴压力，直至试样剪切破坏为止，试样剪切破坏时所能承受的最大轴向压力 q_u 称为无侧限抗压强度，由于试样在试验过程中侧向不受任何限制，无黏性土试样就难以形成，所以此试验主要用于黏性土，尤其适合饱和黏性土。

根据试验结果，只能绘制出一个通过坐标原点的极限应力圆($\sigma_1=q_u$，$\sigma_3=0$)，因此，对于一般粘性土难以做出破坏包络线，而对于饱和软黏土，根据三轴不固结不排水试样试验的结果，其抗剪强度包络线近似一水平线，即 $\phi_u=0$，故饱和软黏土的不排水抗剪强度 τ_u，可以利用无侧限抗压强度试验来推求，如图1-5-13所示。试验方法是：先测得q_u，以$\frac{\sigma_1+\sigma_3}{2}=\frac{q_u+0}{2}=\frac{q_u}{2}$为圆心横坐标，以$\frac{\sigma_1-\sigma_3}{2}=\frac{q_u-0}{2}=\frac{q_u}{2}$为半径作应力圆，作一水平线与应力圆相切，则该线在纵轴上的截距c_u为抗剪强度τ_u，即：

$$c_u=\tau_u=\frac{q_u}{2}$$

必须注意，由于取样过程中土样受到扰动，原位应力被释放，用这种土样测得的不排水强度并不完全代表土样的原位不排水强度。一般来说，它低于原位不排水强度。

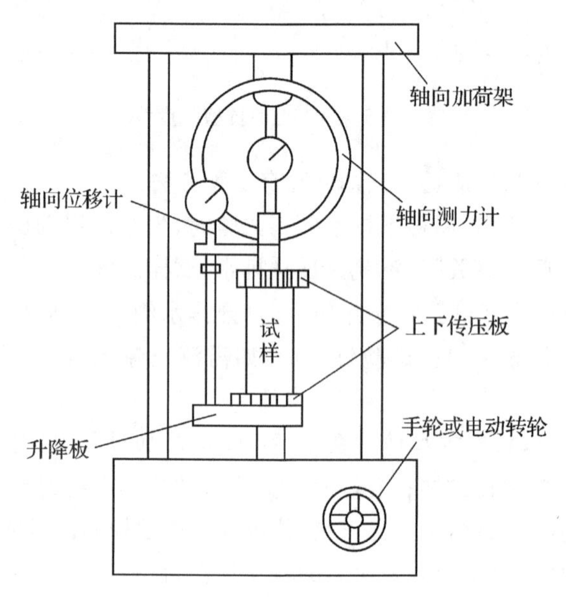

图1-5-12　无侧限压缩仪示意图

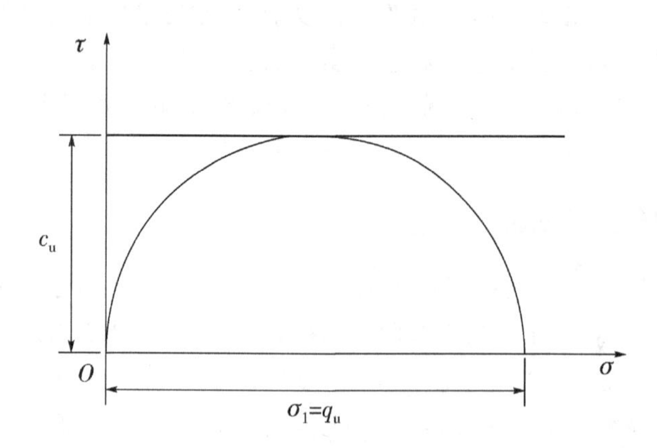

图1-5-13　无侧限抗压强度试验结果

5.2.4　十字板剪切试验

十字板剪切仪是一种设备简单、操作方便的原位测试仪器，常用来测得饱和黏性土的原位不排水强度。它无需钻孔取得原状土样，使土少受扰动，试验时土的排水条件、受力状态等与实际条件十分接近，因而特别用于取样和高灵敏度的均匀饱和黏性土。

现场十字板剪切仪主要由十字板头、施力传力装置和测力装置三部分组成。板头是两片正交的金属板，厚 2 mm，常用尺寸为宽×高＝50 mm×100 mm，如图 1-5-14 所示。

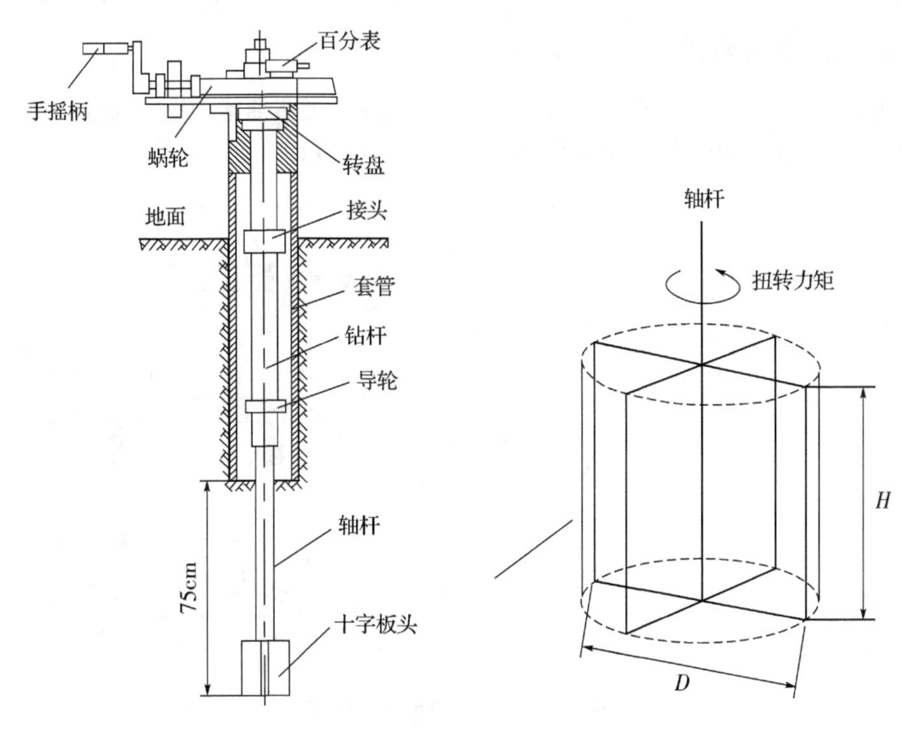

图 1-5-14　十字板剪切试验装置示意图

试验时，先将打入套筒至欲测试高度以上 75 cm(3～5 倍套筒直径)处，清除管内残土后，将十字板头压入土中至预定测试深度，然后通过施力传力装置施加扭转力矩使钻杆旋转以带动十字板头，一般要求在 3～10 min 内把土体剪损，以免产生孔隙水压力的消散。剪切破坏面十字板旋转形成的圆柱土体的侧面及上下端面，如图 1-5-14 所示。根据所施加的最大扭转力矩与剪切面上的抗剪强度产生的抵抗力矩相平衡条件，可求得土的抗剪强度：

$$M_{\max} = \left(\pi DH \times \frac{D}{2}\right) \times \tau_f + \left(2 \times \frac{\pi D^2}{4} \times \frac{D}{3}\right) \times \tau_f$$

$$\tau_f = \frac{2M_{\max}}{\pi D^2\left(H + \frac{D}{3}\right)}$$

式中，D——十字板的宽度，即圆柱体的直径；

H——十字板的高度。

对饱和黏土来说，与室内无侧限抗压强度试验一样，十字板剪切试验所得的成果为不排水抗剪强度 c_u，且主要反映土体垂直面上的强度。十字板剪试验结果往往比无侧限抗压强度值偏高，这可能与土样扰动较少有关。

5.3 地基的变形阶段与破坏阶段

5.3.1 地基的变形阶段

地基土现场荷载试验可得到其荷载 p 与沉降 s 的 p-s 关系曲线，从 p-s 曲线形态来看，地基破坏的过程一般将经历以下三个阶段，如图 1-5-15 所示。

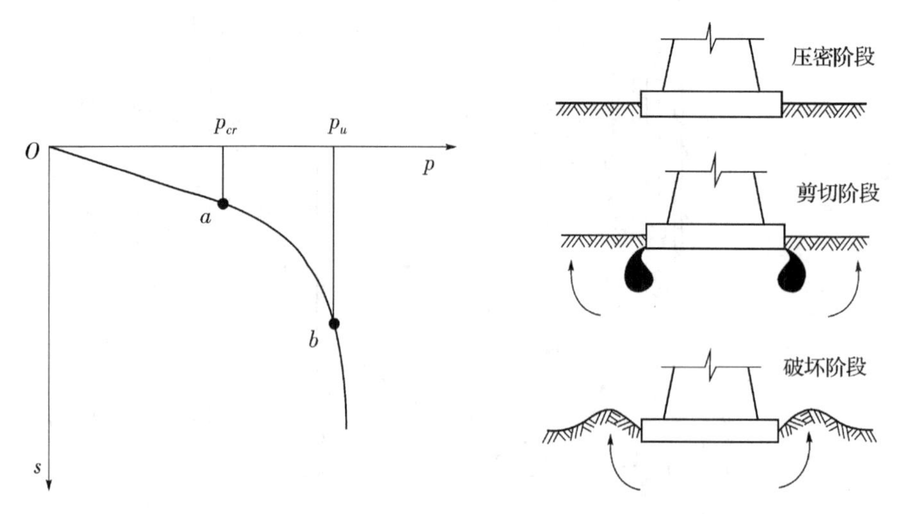

图 1-5-15 地基的变形阶段

1. 压密阶段

压密阶段也称为线弹性变形阶段，即 p-s 曲线中的 Oa 段。荷载与变形基本上呈线性关系，土中各点的剪应力均小于土的抗剪强度，土体处于弹性平衡状态。荷载板沉降主要是由于土的压密变形引起的，即土内孔隙减少，土粒靠拢挤紧。将 p-s 曲线上相应于 a 点的荷载称为临塑荷载 p_{cr}，表示荷载板底面以下的地基土体将要出现而未出现塑性变形区时的基底压力。

2. 剪切阶段

剪切阶段也成为弹塑性变形阶段，即 p-s 曲线中的 ab 段。当荷载超过临塑荷载 p_{cr} 后，它已不在保持线性变化而是向下弯曲，沉降的增长率随荷载的增大而增加。在这个阶段，从荷载板边缘开始，地基土中局部范围内的剪应力达到土的抗剪强度，土体发生剪切破坏，塑性变形区(剪切破坏区)以外仍然是弹性平衡状态区，剪切阶段是地基中塑性变形区的发生与发展阶段。将 p-s 曲线上相应于 b 点的荷载称为极限荷载 p_u，它表示地基将丧失稳定时的基底压力。

3. 破坏阶段

破坏阶段也称完全塑性变形阶段，即 p-s 曲线上 b 点以后的曲线。当荷载超过极限荷载 p_u 后，荷载板急剧下沉，即使不增加荷载，沉降也不能稳定，这表明地基进入破坏阶段。由于土中塑性变形区的范围不断扩展，最后在土中形成连续滑动面，土中从荷载板四周挤出隆起，地基土产生剪切破坏而失稳。

5.3.2 地基的破坏形式

地基的破坏形式多种多样，根据土的性质、挤出的埋深、加荷速率等因素而异，大体上可分为以下三种主要形式，如图 1－5－16 所示。

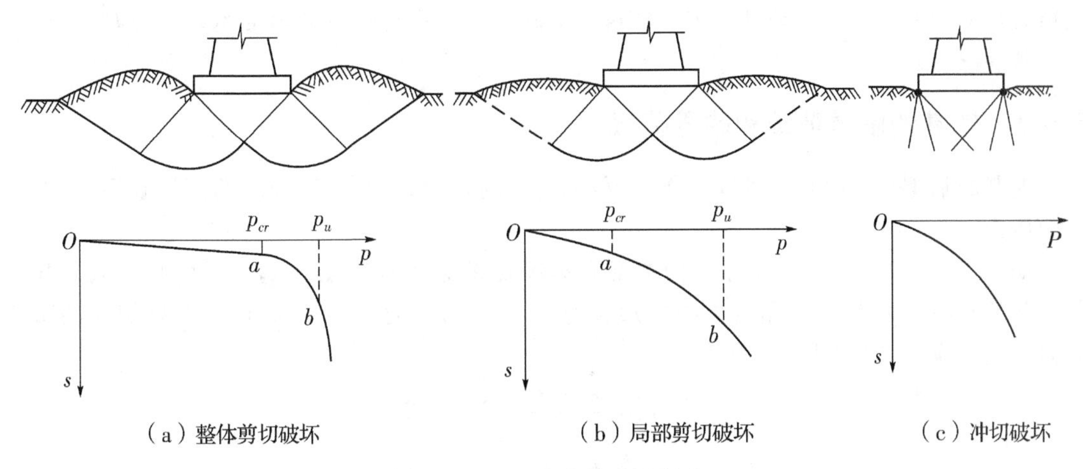

（a）整体剪切破坏　（b）局部剪切破坏　（c）冲切破坏

图 1－5－16　地基的破坏形式

1. 整体剪切破坏

当地基为密实的砂类土和较坚硬的黏性土，且基础埋置较浅时，常出现整体剪切破坏。当基底压力 $P<P_{cr}$ 时，p-s 曲线呈线性关系；当基底压力 $P\geqslant P_{cr}$ 时，塑性变形区首先在基础底面边缘处产生，然后逐渐向侧面向下扩展，此时基础的沉降速率较前一阶段增大，p-s 曲线表现为明显的曲线特征；当基底压力达到 P_u 时，剪力破坏面与地表面连通形成弧形的滑动面，地基土沿着此滑动面从一侧或两侧大量挤出，造成基础侧面底面隆起，整个地基将失去稳定，形成破坏状态，如图 1－5－16(a)所示。

2. 局部剪切破坏

当地基为一般黏性土或中密砂土，且基础埋较浅时，或当地基为砂性土或黏性土，且基础埋深较大时，常出现局部剪切破坏。

随着荷载的增加，塑性变形区同样从基础底面处边缘开始发展，但被限制在基地内部的某一区域内，而不能形成延伸至底面的连接滑动面，如图 1－5－16(b)所示。图中虚线仅表示滑动面的延展趋势，并非实际破裂面。地基失稳后时，基础两侧土没有基础现象，地面只有微微的隆起。p-s 曲线有转折点，但不如整体剪切破坏那么明显，转折点 b 后的沉降速率虽然较前一阶段大，但不如整体剪切破坏那样急剧增加。

3. 冲切破坏

冲切破坏也称为迫切破坏或者刺入破坏。当地基为松砂、饱和黏软黏土时，随着荷载的增加，基础下图层发生压缩变形，基础随之下沉，当荷载继续增加，在基础边缘向下及基础正下方体产生垂直剪切破坏，使基础刺入土中，而基础两边的土体并无隆起现象。p-s 曲线上没有明显的转折点，也无明显的临塑荷载及极限荷载，如图 1－5－16(c)所示。冲切破坏的主要特征就是基础发生了显著的沉降。

5.4　按理论公式确定地基承载力

地基承载力是指地基承受荷载的能力。工程实践中可分为两种：一种是地基的极限承载力，是指地基即将丧失稳定时的承载力（即所对应的基底压力）；另一种是地基的容许承载力，是指有足够的安全度保证地基稳定而建筑物基础的沉降不超过容许值的承载力（即所对应得最大基底压力）。

5.4.1 地基的临塑荷载和临界荷载

地基的临塑荷载是指在外荷载作用下，地基中刚开始塑性变形（即局部剪切破坏）时的基底面压力。

如图 1-5-17 所示，条形基础的宽度为 b，埋置深度为 h，基底的天然重度为 γ。建筑物荷载引起的基底压力为 p，则基底处的附加应为 $p_0=p-\gamma h$，它在地基中任一点 M 引起的附加应力（大、小应力）的弹性力学解答为：

$$\sigma_1=\frac{p-\gamma h}{\pi}(2\beta+\sin2\beta)$$

$$\sigma_3=\frac{p-\gamma h}{\pi}(2\beta-\sin2\beta)$$

式中，2β——M 点与基础店面两边缘点的两连接线间的夹角。

σ_1 的方向沿着 2β 的角平分线方向。

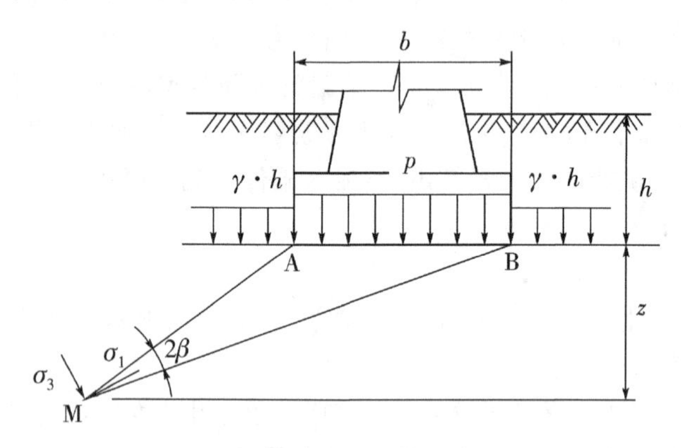

图 1-5-17　条形均布荷载作用下地基任意点的附加应力计算

M 点的自重应力为 $\gamma(h+z)$，水平向应力为 $\gamma(h+z)\cdot\xi$。为简化起见，假定土的侧压力系数为 $\xi=1.0$，则自重应力如同静水压力一样，各个方面都相等且为 $\gamma(h+z)$，则 M 点的总主应力应该是附加应力与自重应力之和：

$$\sigma_1=\frac{p-\gamma h}{\pi}(2\beta+\sin2\beta)+\gamma(h+z) \tag{1.5.12}$$

$$\sigma_3=\frac{p-\gamma h}{\pi}(2\beta-\sin2\beta)+\gamma(h+z) \tag{1.5.13}$$

当 M 点的应力状态达到了极限平衡状态时，其大、小应力应满足式(1.5.6)。将式(1.5.12)或(1.5.13)代入式(1.5.6)，并整理得：

$$z=\frac{p-\gamma h}{\pi\gamma}\left(\frac{\sin2\beta}{\sin\varphi}-2\beta\right)-\frac{c\cdot\cot\varphi}{\gamma}-h \tag{1.5.14}$$

式中，c，φ——基底以下土的黏聚力、内摩擦角。

式(1.5.14)为塑性变形区的边界线方程，它表示塑性边界上任意一点的深度 z 与视角 2β

间的关系。如果 p,h,γ,c,φ 均为已知时，可据此式绘出塑性区边界线。

由(1.5.14)可求解塑性变形区的最大深度 $z_{\max}$，令 $\frac{\mathrm{d}z}{\mathrm{d}\beta}=0$，得 $2\beta=\frac{\pi}{2}-\varphi$，再代回到式(1.5.14)得：

$$z_{\max}=\frac{p-\gamma h}{\pi\gamma}\left(\cot\varphi-\frac{\pi}{2}+\varphi\right)-\frac{c\cdot\cot\varphi}{\gamma}-h \tag{1.5.15}$$

由式(1.5.15)可得：

$$p=\frac{\pi}{\cot\varphi-\frac{\pi}{2}+\varphi}\gamma z_{\max}+\frac{\cot\varphi+\frac{\pi}{2}+\varphi}{\cot\varphi-\frac{\pi}{2}+\varphi}\gamma h+\frac{\pi\cdot\cot\varphi}{\cot\varphi-\frac{\pi}{2}+\varphi}c \tag{1.5.16}$$

如果塑性变形区的最大深度为 $z_{\max}=0$，则地基中刚开始产生塑性变形，将要出现塑性区而尚未出现，式(1.5.16)中的 p 就是临塑荷载 p_{cr}，即

$$p_{\mathrm{cr}}=\frac{\cot\varphi+\frac{\pi}{2}+\varphi}{\cot\varphi-\frac{\pi}{2}+\varphi}\gamma h+\frac{\pi\cdot\cot\varphi}{\cot\varphi-\frac{\pi}{2}+\varphi}c=\gamma hN_{\mathrm{q}}+cN_{\mathrm{c}} \tag{1.5.17}$$

式中，N_q，N_c 为承载力系数，$N_q=\frac{\cot\varphi+\frac{\pi}{2}+\varphi}{\cot\varphi-\frac{\pi}{2}+\varphi}$，$N_c=\frac{\pi\cdot\cot\varphi}{\cot\varphi-\frac{\pi}{2}+\varphi}$。

在工程实际中，可以根据建筑物的不同要求，用临塑荷载预估地基承载力。大量实践表明，采用上述临塑荷载作为地基承载力，往往偏于保守。因为在临塑荷载作用下，地基处于压密阶段末尾，并刚刚开始出现塑性区。实际上，若建筑地基中自基底向下一定深度范围出现局部塑性区，只要不超过某一容许范围，并不影响建筑物的安全和正常使用。地基的塑性区容许深度大小与建筑物的规模、重要性、荷载大小与性质以及地基上的物理力学性质等因素有关。

一般经验表明：在中心荷载作用下，可容许地基塑性变形区最大深度 $z_{\max}=b/4$；在偏心荷载作用下，可容许 $z_{\max}=b/3$；其中 b 为基础宽度，与此相应的基底压力，分别用为 $p_{1/4}$ 和 $p_{1/3}$ 表示，称为临界荷载。

令式(1.5.16)中的 $z_{\max}=\frac{b}{4}$ 和 $z_{\max}=\frac{b}{3}$ 分别得到：

$$p_{1/4}=\gamma bN_{1/4}+\gamma hN_q+cN_c=p_{cr}+\gamma bN_{1/4} \tag{1.5.18}$$

$$p_{1/3}=\gamma bN_{1/3}+\gamma hN_q+cN_c=p_{cr}+\gamma bN_{1/3} \tag{1.5.19}$$

式中，承载力系数 $N_{1/4}=\frac{\pi}{4(\cot\varphi-\frac{\pi}{2}+\varphi)}$，$N_{1/3}=\frac{\pi}{3(\cot\varphi-\frac{\pi}{2}+\varphi)}$。

5.4.2　地基的极限承载力

地基的极限承载力，也称为极限荷载 p_u，是指地基上体中的塑性变形区充分发展并形成连续贯通的滑动面时，地基所承受的最大荷载。

当建筑物基础的基底压力增长至极限荷载时，基底即将失去稳定而破坏。极限荷载与临塑荷载及临界荷载相比几乎不存在安全储备。因此，在地基基础设计中必须将地基极限承载

力除以一定的安全系数 K，才能作为设计时的地基承载力，即取 p_u/K 作为地基容许承载力，以保证建筑物的安全与稳定。安全系数的取值与建筑物的重要性、荷载类型等有关，一般常取 $K=2\sim3$。

地基极限承载力理论公式主要有两种：一种是根据土体的极限平衡理论，建立微分方程，根据边界条件求出地基达到极限平衡时各点的精确解。采用这种方法仅能对某些边界条件比较简单的情况求解。另一种是先假定滑动面的形状，然后根据滑动土体的静力平衡条件求解。这种方法概念明确，计算简便，在工程实践中得到广泛应用，以下仅介绍后一种方法。

1. 普朗特儿一雷斯诺极限承载力公式

1920 年，普朗特尔（L. Prandtl）根据塑性理论研究刚性体压入无重量的介质中时，得到了当介质达到破坏时的滑动面形状及极限压力公式，但没有考虑基础的埋置深度。1924 年，雷斯诺（H. Reissuer）考虑基础的埋置深度，对极限承载力的理论计算公式做了进一步的完善。理论公式在推导过程中作出如下假设：

（1）基础底面以下的地基土是重度为零的介质，只有 c、φ 值；

（2）基础底面是光滑的，它和土之间没有摩擦力；

（3）基底荷载为条形均布垂直荷载，当基础埋置深度为 h 时，将基底面以上基础两侧的土体用当量均布荷载 $q=\gamma_0 h$ 代替，如图 1-5-18 所示。

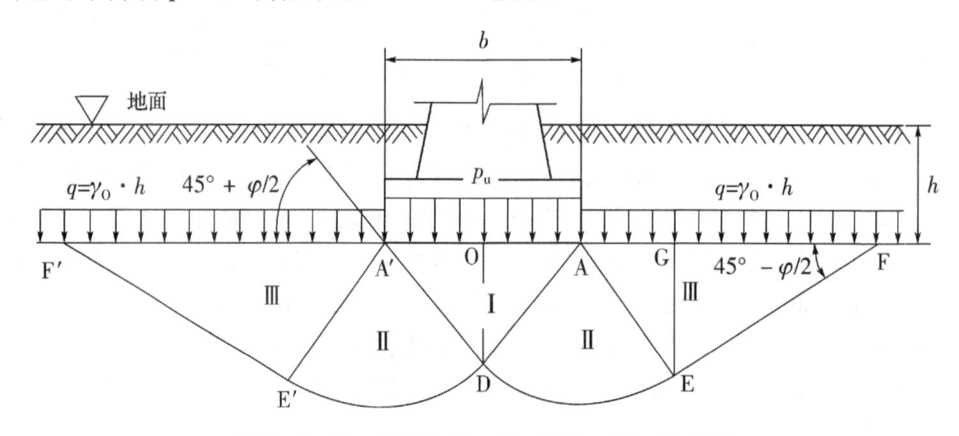

图 1-5-18 普朗特尔一雷斯诺公式的滑动画面

根据弹塑性极限平衡理论和上述假定的边界条件，得出条形基础发生整体剪切破坏时滑动面的形状，如图 1-5-18 所示。滑倒面基底平面所包围的区域分为 3 个区域；因为假设基础底面是光滑的，Ⅰ区中的竖向应力即为大主应力，成为朗肯主动区，滑动面 AD，$A'D$ 与水平面成 $45°+\varphi/2$。由于Ⅰ区的土契体 $A'AD$ 向下移动，把附近的土体挤向两侧，使Ⅲ区中的土体 AEF 和 $A'E'F'$ 达到被动状态，成为朗肯被动区，滑动面 EF，$E'F'$ 与水平面成 $45°-\varphi/2$。在主动区与被动区之间是由一组对数螺线和一组辐射线组成的过渡区，即Ⅱ区 ADE 和 $A'DE'$，两条对数螺线 DE 和 DE' 分别与主、被动区的滑面 EF 和 $E'F'$ 相切。取一部分滑动土体 $OGED$ 作为隔离体，然后分析它的静力平衡条件，推导出地基的极限承载力的理论公式为：

$$P_u=\gamma_0 hN_q+cN_c \tag{1.5.20}$$

式中，γ_0——基底以上土的加权平均重度；

h——基础埋深；

c——基底以上下的黏聚力；

N_q，N_c——地基极限承载力系数，是基底以下地基土内摩擦角 φ 的函数，即：

$$N_q = \exp(\pi\tan\varphi)\tan^2(45°+\varphi/2)$$

$$N_c = (N_q - 1)\cot\varphi$$

2. 太沙基极限承载力公式

1943 年，太沙基(K. Terzaghi)在普朗特尔－雷斯诺地基极限承载力理论的基础上推导出均质地基上的条形基础受中心荷载作用下的极限承载力公式，其假定如下：

(1)基础底面以下的地基是有重度的介质；

(2)基础底面是粗糙的，它和土之间存在摩擦力；

(3)基底以上两侧的土体为均布荷载 $q=\gamma_0 h$，不考虑基底以上基础两侧土体抗剪强度的影响作用。

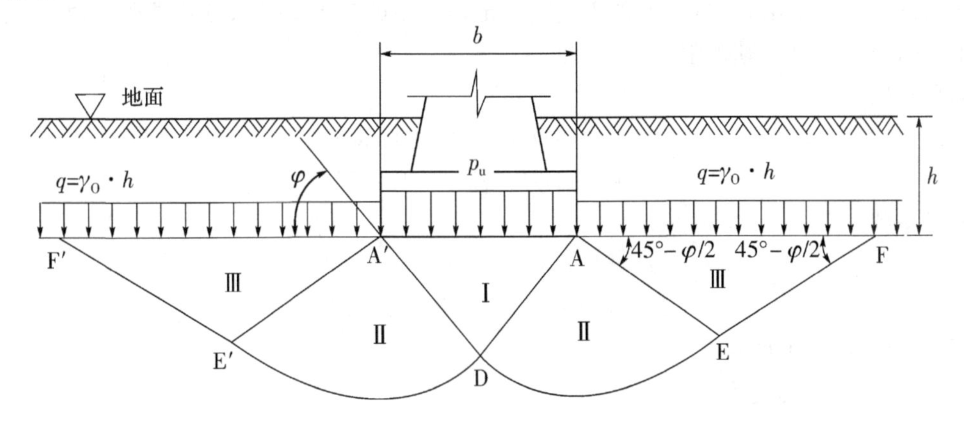

图 1-5-19 太沙基公式的滑动画面

根据以上假定，地基滑动面的形状如图 1-5-19 所示。地基滑动土体分为 3 个区域：Ⅰ区位基底以下的弹性核 $A'AD$，它与基础成为整体竖直向下移动，并挤压两侧土体 $ADEF$ 和 $A'D'E'F'$ 直至土体破坏，侧面 AD，$A'D$ 与水平面夹角 φ。Ⅱ区位一组对数螺线和一组辐射线组成的过渡区 ADE 和 $A'DE'$。Ⅲ区为朗肯被动状态区，滑移面 AE，$A'E'$ 与水平面的夹角为 $45°-\varphi/2$。取弹性核 $A'AD$ 为隔离体，然后分析它的静力平衡条件，推导出地基的极限承载力的理论公式为：

$$P_u = \frac{1}{2}\gamma b N_r + qN_q + cN_c \tag{1.5.21}$$

式中，q——基底以上土体荷载 $q=\gamma_0 h$，γ_0 基底以上的加权平均重度，h 基础埋深；

γ,c,b——基底以下土体的重度、黏聚力、基础底面宽度；

N_r、N_q、N_c——太沙基地承载力系数，它们是土的内摩擦角 φ 的函数，可由图 1-5-20 中的实曲线确定。

式(1.5.21)只适用地基土较密实，发生整体剪切破坏的情况。对于压缩性较大的松散土体，地基可能会发生局部剪切破坏。太沙基根据经验将式(1.5.21)改为：

$$P_u = \frac{1}{2}\gamma b N_r' + qN_q' + \frac{2}{3}cN_c' \tag{1.5.22}$$

式中，N_r'，N_q'，N_c'——土的内摩擦角 φ 的函数，可由图 1-5-20 中的虚曲线确定。

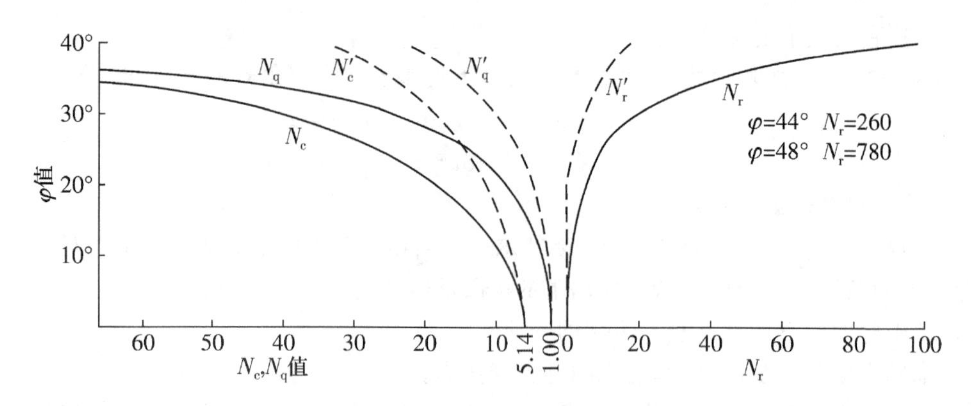

图 1-5-20 太沙基地基承载力系数

如果不是条形基础,而是置于密实或坚硬土地基中的方形基础或圆形基础,太沙基建议按经修正后的公式计算地基极限承载力,即:

圆形基础

$$P_u=0.6\gamma Nr+qN_q+1.2cN_c \tag{1.5.23}$$

$$P_u=0.6\gamma R+qN_q'+1.2cN_c' \tag{1.5.24}$$

方形基础

$$P_u=0.4\gamma bN_r+qN_q+1.2cN_c \tag{1.5.25}$$

$$P_u=0.4\gamma bN_r'+qN_q'+1.2cN_c' \tag{1.5.26}$$

式中,R——圆形基础的半径;

b——方形基础的宽度。

5.5 按规范确定地基承载力

确定地基承载能力的方法,除了按照理论公式以外,还可以采用各地区和各产业部门制定的地基基础设计规范。这些规范所提供的数据和确定地基承载力的方法是根据大量的工程实践经验、土工试验和地基荷载等综合分析总结出来的。因为这些数据和方法在地基的稳定和变形方面具有一定的安全储备,不致于因种种意外情况而导致地基破坏,所以它们是确定地基承载力的一种可靠而实用的方法。

本节介绍《铁路桥涵地基和基础设计规范》(TB 10002.2—2005)和《建筑地基基础设计规范》(GB 50007—2002)提供的确定地基承载力的方法,以下分别简称《铁路规范》和《建筑规范》。《公路桥涵地基与基础设计规范》(JTG D63—2007)提供的方法与《铁路规范》相似。

5.5.1 按《铁路规范》确定地基承载力

《铁路规范》对于一般铁路桥涵基础给出了各种土体基本承载力 σ_0 数据表,并推荐计算地基容许承载力[σ]的经验公式。在一般情况下,按照规范确定的地基容许承载力进行设计的建筑物,其地基强度和稳定性得到保证,同时其沉降也在范围以内。

1. 地基的基本承载力

地基的基本承载力是指当基础宽度 $b\leqslant 2$ m,埋置深度 $h\leqslant 3$ m 时,地质情况简单(指地基土比较均匀或水平成层)的地基容许承载力。基础宽度 b 的含义:对于矩形基础为短边宽度;对于圆形或正多边形基础为$\sqrt{F}$,F 为基础底面积。

规范中各类土的基本承载力数据表(表 1-5-1～表 1-5-9)是根据我国各地不同地基上已有建筑物的观测资料和荷载试验资料,结合工程实践经验,采用统计分析方法制定的。若要利用这些表中的数据,必须先在现场取出土样,进行室内试验,以划分土的类别和测定土的物理力学指标,然后根据土的分类和测出的有关指标,从表中查取基本承载力。由于我国幅员辽阔,自然条件复杂,不是在任何条件下上述各表都能试用的,因此如经原位测试、理论公式的计算、临近旧桥涵的调查对比、地区建筑经验的调查,确定基本承载力时可不受表列数值的限制;对于地质复杂(指地基不均匀,或土层倾斜较大,易引起建筑物不均匀沉降)和结构复杂的桥涵地基,应根据实际情况尽量进行原位测试。

表 1-5-1 岩石地基的基本承载力 σ_0 单位:kPa

节理发育程度(节理间距/cm) \ 岩石类别	节理很发育	节理发育	节理不发育或较发育
	2～20	20～40	≥40
硬质岩	1500～2000	2000～3000	≥3000
较软岩	800～1000	1000～1500	1500～3000
软岩	500～800	700～1000	900～1200
极软岩	200～300	300～400	400～500

注:①对于溶洞、断层、软弱夹层、易溶岩石等,应个别研究确定。

②裂隙张开或有泥质填充时,应取低值。

表 1-5-2 碎石土地的基本承载力 σ_0 单位:kPa

密实程度 \ 土 名	松散	稍密	中密	密实
卵石土、粗圆砾土	300～500	500～650	650～1000	1000～1200
碎石土、粗角砾土	200～400	400～550	550～800	800～1000
细圆砾土	200～300	300～400	400～600	600～850
细角砾土	200～300	300～400	400～500	500～700

注:①半胶结的碎石类土,可按密实的同类土的 σ_0 值,提高 10%～30%计算。

②由硬质岩块组成,充填砂土者用高值;由软质岩块组成,充填黏性土者用低值。

③自然界很少见到的松散的碎石类土,定为松散应慎重。

④漂石土、块石土的 σ_0 值,可参照卵石、碎石土适当提高。

表 1-5-3 砂类土及粉土地基的基本承载力 σ_0 单位:kPa

砂类土及粉土地基的基本承载力 σ_0					
土名	湿度	松散	稍密	中密	密实
砾砂、粗砂	与湿度无关	200	370	430	550
中砂	与湿度无关	150	330	370	450
细砂	稍湿或潮湿	100	230	270	350
	饱和	—	190	210	300

续表 1-5-3

砂类土及粉土地基的基本承载力 σ_0					
土名	湿度	松散	稍密	中密	密实
粉砂	稍湿或潮湿	—	190	210	300
	饱和	—	90	110	200

粉土地基的基本承载力							
e \ W	10	15	20	25	30	35	40
0.5	400	380	(355)	—	—	—	—
0.6	300	290	280	(270)	—	—	—
0.7	250	235	225	215	(205)	—	—
0.8	200	190	180	170	(165)	—	—
0.9	160	150	145	140	130	(125)	—
1.0	130	125	120	115	110	105	(100)

表 1-5-4　Q_4 冲、洪积黏性土地基本承载力 σ_0　　单位:kPa

孔隙比 e \ 液性指数 I_L	0	0.1	0.2	0.3	0.4	0.5	0.6	0.7	0.8	0.9	1.0	1.1	1.2
0.5	450	440	430	420	400	380	350	310	270	240	220	—	—
0.6	420	410	400	380	360	340	310	280	250	220	200	180	
0.7	400	370	350	330	310	290	270	240	220	190	170	160	450
0.8	380	330	300	280	260	240	230	210	180	160	150	140	130
0.9	320	280	260	240	220	210	190	180	160	140	130	120	100
1.0	250	230	220	210	190	170	160	150	140	120	110	—	—
1.1	—	—	160	150	140	130	120	110	100	100	—	—	—

注:土中含有粒径大于 2 mm 的颗粒且按其土重占全重 30%以上时,σ_0 可予以提高。

表 1-5-5　Q_3 及其以前冲、洪积黏性土地基的基本承载力 σ_0

压缩模量 E_S/MPa	10	15	20	25	30	35	40
σ_0/kPa	380	430	470	510	550	580	620

注:①$E_S=\dfrac{1-e_1}{a_{1-2}}$,$e_1$ 为压力为 0.1 MPa 时土样的孔隙比;a_{1-2} 为对应于 0.1～0.2 MPa 压力段的压缩系数(MPa^{-1})。

②当 $E_S \leqslant 10$ MPa 时,其基本承载力按表 1-5-4 确定。

表 1-5-6　残积黏性土地基的基本承载力 σ_0

压缩模量 E_S/MPa	4	6	8	10	12	14	16	18	20
σ_0/kPa	190	220	250	270	290	310	320	330	340

注:本表适用于西南地区碳酸盐类岩层的残积红土,其他地区可参照使用。

表 1-5-7 新黄土(Q_4、Q_3)地基的基本承载力 σ_0 单位:kPa

含水量 w_n/%		5	10	15	20	25	30	35
液限 w_L	孔隙比 e							
24	0.7	—	230	190	150	110	—	—
	0.9	240	200	160	125	85	50	—
	1.1	210	170	130	100	60	20	—
	1.3	180	140	100	70	40	—	—
28	0.7	280	260	230	190	150	110	—
	0.9	260	240	200	160	125	85	—
	1.1	240	210	170	140	100	60	—
	1.3	220	180	140	110	70	40	—
32	0.7	—	280	260	230	180	150	—
	0.9	—	260	240	200	150	125	—
	1.1	—	240	210	170	130	100	60
	1.3	—	220	180	140	100	70	40

注:①非饱和 Q_3 新黄土,当 $0.85 \leqslant e \leqslant 0.95$ 时,σ_0 值提高 10%。

②本表不适用于坡积、崩积和人工堆积等黄土。

③括号内数值供内插用。

表 1-5-8 老黄土(Q_2、Q_1)地基的基本承载力 σ_0 单位:kPa

w/w_L \ e	$e \leqslant 0.7$	$0.7 \leqslant e \leqslant 0.8$	$0.8 \leqslant e \leqslant 0.9$	$e \geqslant 0.9$
≤0.6	700	600	500	400
0.6~0.8	500	400	300	250
≥0.8	400	300	250	200

注:w——天然含水量;wL——液限含水量;e——天然孔隙比。

表 1-5-9 多年冻土地基的基本承载力 σ_0 单位:kPa

序号	土名 \ 基础底面的月平均最高土温/℃	−0.5	−1.0	−1.5	−2.0	−2.5	−3.5
1	块石土、卵石土、碎石土、粗圆砾土、粗角砾土	800	950	1100	1250	1380	1650
2	细圆砾土、细角砾土、砾砂、粗砂、中砂	600	750	900	1050	1180	1450
3	细砂、粉砂	450	550	650	750	830	1000
4	粉土	400	450	550	650	710	850
5	粉质黏土、黏土	350	400	450	500	560	700
6	饱和冰冻土	250	300	350	400	450	550

注:①本表序号 1~5 类的地基基本承载力,适合于少冰冻土、多冰冻土,当序号 1~5 类的地基为富冰冻土时,表列数值应降低 20%。

②含土冰层的承载力应实测确定。

③基础置于饱冰冻土的土层上时,基础底面应敷设厚度不小于 0.20~0.30 m 的砂垫层。

2. 地基的容许承载力

当基础的宽度 $b \geqslant 2$ m 或基础底面的埋置深度 $h \geqslant 3$ m,其 $h/b \leqslant 4$ 时,地基的容许承载力

可按下式计算：

$$[\sigma]=\sigma_0+k_1\gamma_1(b-2)+k_2\gamma_2(h-3) \tag{1.5.27}$$

式中，$[\sigma]$——地基的容许承载力(kPa)；

σ_0——地基的基本承载力(kPa)；

b——对于矩形基础为短边宽度(m)，对于圆形或正多边形基础为（F 为基础的底面积），b 大于 10 m 时，按 10 m 计算；

h——基础底面的埋置深度(m)，对于受水流冲刷的墩台，由一般的冲刷线算起；不受水流冲刷者，由天然底面算起；位于挖方内，由开挖后底面算起；

γ_1——基底以下持力层的天然容重(kN/m^3)；如持力层在水面以下，且为透水者，应采用浮重度；

γ_2——基底以上土的天然容量(kN/m^3)；如持力层在水面以下，且为透水者，水中部分采用浮重度；如为不透水者，不论基底以上水中部分的透水性质如何，应采用饱和重度；

k_1,k_2——宽度、深度修正系数，按持力层决定，见表 1-5-10。

表 1-5-10　宽度、深度修正系数

土的类别系数	黏性土				粉土	黄土		砂类土								碎石类土			
	Q_4 的冲、洪积土		Q_3 及其以前的冲、洪积土	残积土		新黄土	老黄土	粉砂		细砂		中砂		砾砂粗砂		碎石圆砾角砾		卵石	
	$I_L\leqslant 0.5$	$I_L\geqslant 0.5$						稍、中密	密实	稍、中密	密实	稍、中密	密实	稍、中密	密实	稍、中密	密实	稍、中密	密实
k_1	0	0	0	0	0	0	0	1	1.2	1.5	2	2	3	3	4	3	4	3	4
k_2	2.5	1.5	2.5	1.5	1.5	1.5	1.5	2	2.5	3	4	4	5.5	5	6	5	6	6	10

注：①节理不发育或较发育的岩石不作宽深修正，节理发育或很发育的岩石，k_1、k_2 可按碎石类土的系数，但对已风化成砂、土状者，则按砂类土、黏性土的系数。

②稍松状态的砂类土和松散状态的碎石类土，k_1、k_2 可采用表列稍、中密值的 50%。

③冻土的 $k_1=0$，$k_2=0$。

3. 软土地基的容许承载力

软土地基的容许承载力必须同时满足稳定和变形两个方面的要求，可按下列方法确定，但应同时检算基础的沉降量，并符合有关规定。

$$[\sigma]=5.14c_u\frac{1}{m'}+\gamma_2 h \tag{1.5.28}$$

对于小桥和涵洞的基础，也可由下式确定软土地基容许承载力：

$$[\sigma]=\sigma_0+\gamma_2(h-3) \tag{1.5.29}$$

式中，$[\sigma]$——地基的容许承载力(kPa)

m'——安全系数，可视软土为灵敏度及建筑物对变形的要求等因素选用 1.5～2.5；

c_u——不排水剪切强度(kPa)；

γ_2,h——同式(1.5.27)；

σ_0——由表 1-5-11 确定。

表 1-5-11 软土地基的基本承载力 单位:kPa

天然含水量 w_n/%	36	40	45	50	55	65	75
σ_0	100	90	80	70	60	50	40

4. 地基承载力的提高

墩台建在水中,基底土为不透水层,常水位高出一般冲刷线每高 1 m,容许承载力[σ]可增加 10 kPa;主力加附加力时,地基容许承载力[σ]可提高 20%。既有桥墩台的地基土因多年运营被压密,其基本承载力可予以提高,但提高值不超过 25%。

【例 1-5-2】 如图 1-5-21 所示,某地基为 Q_4 洪黏性土,地下水位在地表以下 3 m 处、室内试验测得水上土样重度 $\gamma=18.6\ \mathrm{kN/m^3}$,水下土样资料为:$G_S=2.69$,$S_r=1.0$,$w_L=37\%$,$w_P=19\%$,$w=29\%$,底面尺寸为 6 m×4 m 的矩形基础置于地表以下 4 m 处。试按《铁路规范》确定地基的容许承载力。

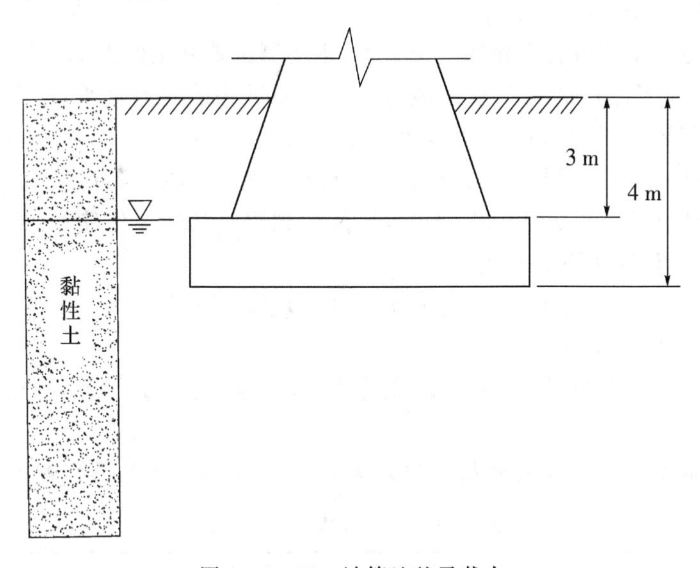

图 1-5-21 计算地基承载力

解 (1)基本承载力 σ_0:

$$I_L=\frac{w-w_P}{w_L-w_P}=\frac{29\%-19\%}{37\%-19\%}=0.556$$

由 $S_r=\dfrac{w\cdot G_s}{e}=1.0$,得

$$e=\frac{w\cdot G_s}{S_r}=\frac{29\%\times 2.69}{1.0}=0.780$$

查表 1-5-4,用内插法得基本承载力 $\sigma_0=243.3$(kPa)。

(2)容许承载力[σ]。

由 $I_L=0.556$,查表 1-5-10 得到宽度、深度修正系数为 $k_1=0$,$k_2=1.5$。

由于 $0\leqslant I_L=0.556\leqslant 1$,持力层土呈软塑状态,按最不利状态考虑,采用浮重度

$$\gamma_1=\gamma'=\frac{\gamma_s-\gamma_w}{1+e}=\frac{26.9-10}{1+0.780}=9.49(\mathrm{kN/m^3})$$

γ_2 取基底以上土的天然重度的平均值,

$$\gamma_2 = \frac{18.6 \times 3 + 9.49 \times 1}{3+1} = 16.32(\mathrm{kN/m^3})$$

$$\begin{aligned}[\sigma] &= \sigma_0 + k_1\gamma_1(b-2) + k_2\gamma_2(h-3) \\ &= 243.3 + 039.493 \times (4-2) + 1.5316.323 \times (4-3) \\ &= 267.8(\mathrm{kPa})\end{aligned}$$

5.5.2 按《建筑规范》确定地基承载力

地基承载力特征值是指由荷载试验测定的地基压力变形曲线线性变形阶段内规定的变形所对应值，其最大值为比例界限值。

地基承载力特征值可由荷载试验或其他原位测试、公式计算，并结合工程实践经验等方法综合确定。《建筑规范》提出了两大类地基承载力特征的确定方法，具体如下：

1. 原位测试法

原位测试法是在建筑物的实际场地位置上，现场测试地基土的性能，减少了土样扰动带来的影响，更可靠反应了图层的实际承载能力。原位测试法确定地基承载力的方法很多，见第 5.6 节的静载荷试验、标准贯入试验、静力触探试验等。

当基础宽度小于 3 m 或埋置深度小于 0.5 m 时，直接由原位测试确定地基承载力；当基础宽度大于 3 m 或埋置深度大于 0.5 m 时，从荷载试验或其他原位测试、经验值等方法确定的地基承载力特征值，应按下式修正：

$$f_a = f_{ak} + \eta_b\gamma(b-3) + \eta_d\gamma_m(d-0.5) \tag{1.5.30}$$

式中，f_a——修正后地基承载力特征值；

f_{ak}——地基承载力特征值，由荷载试验或其他原位测试、公式计算，并结合工程实践经验等方法综合确定；

η_b，η_d——基础宽度和埋深的地基承载力修正系，按基底下土的类别查表 1-5-12；

表 1-5-12 承载力修正系数

土的类别		η_b	η_d
淤泥和淤泥质土		0	1.0
人工填土，e 或 I_L 大于等于 0.85 的黏性土		0	1.0
红黏土	含水比 $\alpha_w = w/w_l > 0.8$	0	1.2
	含水比 $\alpha_w = w/w_l \leqslant 0.8$	0.15	1.4
大面积压实填土	压实系数大于 0.95、黏粒含量 $\rho_c \geqslant 10\%$ 的粉土	0	1.5
	最大干密度大于 2.1 t/m³ 的级配砂石	0	2.0
粉土	黏粒含量 $\rho_c \geqslant 10\%$ 的粉土	0.3	1.5
	黏粒含量 $\rho_c < 10\%$ 的粉土	0.5	2.0
e 及 I_L 均小于 0.85 的黏性土		0.3	1.6
粉砂、细砂（不包括很湿与饱和时的稍密状态）		2.0	3.0
中砂、粗砂、砾砂和碎石土		3.0	4.4

注：①强风化和全风化的岩石，可参照所风化成的相应土类取值，其他状态下的岩石不修正。

②地基承载力特征值按深层平板载荷试验确定时，η_d 取 0。

γ——基础底面以下土的重度，地下水以下取浮重度；

b——基础底面宽度(m),当基宽小于 3 m 按 3 m 取值,大于 6 m 按 6 m 取值;

γ_m——基础底面以上土的加权平均重度,地下水位以下取浮重度;

d——基础埋置深度(m),一般自室外底面高程算起。在填方整平地区,可自填土地面高程算起,但填土在上部结构施工后完成时,应从天然底面高程算起。对于地下室,如采用箱形基础或筏基时,基础埋置深度自室外底面高程算起;当采用独立基础或条形基础时,应从室内底面高程算起。

2. 地基土的强度理论法

当偏心距 e 小于或等于 0.033 倍基础底面宽度时,根据土的抗剪强度指标确定地基承载力特征值可按下式计算,并应满足变形要求。

$$f_a = M_b \gamma b + M_d \gamma_m d + M_c c_k \tag{1.5.31}$$

式中,f_a——由土的抗剪强度指标确定的地基承载力特征值;

M_b, M_d, M_c——承载力系数,按表 1-5-13 确定;

b——基础底面宽度,大于 6 m 时按 6 m 取值,对于砂土小于 3 m 时按 3 m 取值;

c_k——基底下 1 倍短边宽深度内土的粘聚力标准值。

表 1-5-13 承载力系数 M_b, M_d, M_c

土的内摩擦角标准值 φ_k/°	M_b	M_d	M_c	土的内摩擦角标准值 φ_k/°	M_b	M_d	M_c
0	0	1.00	3.14	22	0.61	3.44	6.04
2	0.03	1.12	3.32	24	0.80	3.87	6.45
4	0.06	1.25	3.51	26	1.10	4.37	6.90
6	0.10	1.39	3.71	28	1.40	4.93	7.40
8	0.14	1.55	3.93	30	1.90	5.59	7.95
10	0.18	1.73	4.17	32	2.60	6.35	8.55
12	0.23	1.94	4.42	34	3.40	7.21	9.22
14	0.29	2.17	4.69	36	4.20	8.25	9.97
16	0.36	2.43	5.00	38	5.00	9.44	10.80
18	0.43	2.72	5.31	40		10.84	11.73
20	0.51	3.06	5.66				

5.6 按原位测试确定地基承载力

目前确定地基承载力最可靠的方法就是在现场对地基土进行直接加载测试,称为原位测试方法。该法能基本保持岩土的天然结构、天然含水量以及原位应力状态,所测数据较为准确可靠,更符合岩土的实际情况。其中荷载试验是在建筑物设计位置的地基土中间接测地基承载力,如静力触探法、动力触探法、标准贯入试验、十字板剪切试验、旁压试验等。对于重要建筑物和复杂地基,各类地基规范都明确规定需要用原位测试方法来确定地基承载力。若条件允许,最好采用多种测试方法,以便对比参考,现分别介绍试验方法。

5.6.1 荷载试验

荷载试验包括平板荷载试验和螺旋板荷载试验。平板荷载试验是通过在一定面积的刚性承压板上，逐级向板下地基施加荷载，以测求地基土的承载力与变形特性。它分浅层平板荷载试验和深层平板荷载试验。螺旋板荷载是通过向旋入地下预定深度的螺旋形承压板施加压力，同时测量承压板的相应沉降量，以求算地基土承载力与变形指标，它适用于深层板基土和地下水位以下的基土。

1. 浅层平板荷载试验

(1)适用条件。确定浅部地基土层的承压板下应力主要影响范围内的承载力。

(2)试验装置。在建筑工地现场，选择有代表性的部位进行荷载试验，开挖试挖，深度为基础设计埋深 d，基坑宽度 $B\geqslant 3b$，b 为承压板宽度或直径，常用尺寸为 $b=50$ cm、7.7 cm、100 cm，即承压板面积为 0.25 m^2、0.50 m^2、1.0 m^2。承压板面积不应小于 0.25 m^2，对于软土不应小于 0.5 m^2。应保持试验土层的原装结构和天然湿度，宜在拟试压表面粗砂或中砂层找平，其厚度不超过 20 mm。

(3)加载要求。加荷分级不应少于 8 级，最大加载量不应小于设计要求的 2 倍。

每级加载后，按间隔 10 mm、10 mm、10 mm、15 mm、15 mm 以后为每隔 0.5 h 测读一次沉降量，当在连续 2 h 内，每小时的沉降量小于 0.1 mm 时，则认为已趋稳定，可加下一级荷载。当出现下列情况之一时，即可终止加载：

①承压板周围的土明显地侧向挤出。

②沉降急骤增大，荷载一沉降($p-s$)曲线出现陡降段。

③在某一级荷载下，24 h 内沉降速率不能达到稳定。

④沉降量与承压板宽度直径之比大于或等于 0.06。

当满足前三种情况之一时，其对应的前一级荷载定为极限荷载。

(4)承载力特征值的确定：

①当 $p-s$ 曲线上有比例界限时，取该比例界限所对应的荷载值，如图 1-5-22(a)所示。

②当极限荷载小于对应比例界限的荷载值的 2 倍时，取极限荷载的 1/2。

③当不能按上述两个要求确定时，当压板面积为 0.25～0.50 m^2，可取 $s/b=0.01\sim0.015$ 所对应的荷载，如图 1-5-22(b)所示，但其值不应大于最大加载量的 1/2。

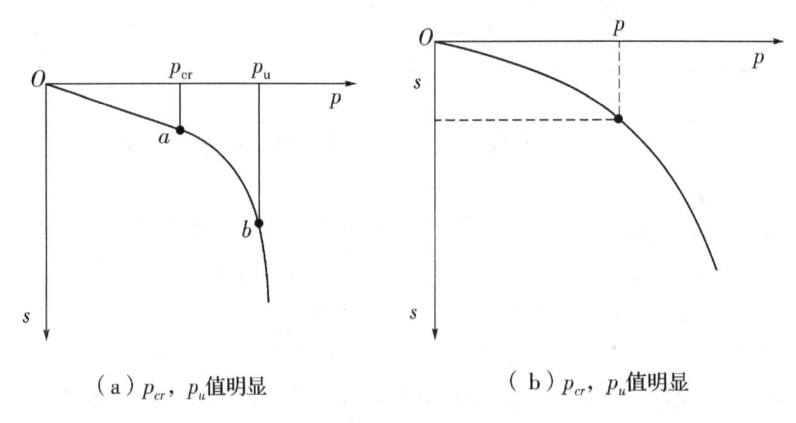

(a) p_{cr}，p_u值明显　　(b) p_{cr}，p_u值明显

图 1-5-22　地基承载力特征值的确定

同一土层参加统计的试验点不应少于 3 点，当试验测值的极差不超过其平均的 30%时，取次平均值作为该土层的地基承载力特征力特征值 f_{ak}。

2. 深层平板荷载试验

(1)适用条件。确定深部地基、土层及大直径桩桩端土层在承压板下应力主要影响范围内的承载力。

(2)试验装置。深层平板荷载试验的承压板采用的直径为 0.8 m 的刚性板，紧靠承压板周围外侧的土层高度应不少于 90 cm。

(3)加载要求。加荷等级可按预估极限承载力的 1/15～1/10 分级施加。

每级加荷后，第一个小时内按间隔 10 min、10 min、10 min、15 min、15 min，以后为每隔 0.5 h 测读 1 次沉降。当在连续 2 h 内，每小时的沉降量小于 0.1 mm 时，则认为已趋稳定，可加下一级荷载。

当出现下列情况之一时，可终止加载：

①沉降 s 急骤增大，荷载－沉降($p-s$)曲线上可判定极限承载力的陡降段，且沉降量超过 $0.04d$(d 为承压板直径)；

②在某些荷载下，24 h 被沉降速率不能达到稳定；

③本级沉降量大于前一级沉降量的 5 倍；

④当持力层土层坚硬，沉降量很小时，最大加载量不小于设计要求的 2 倍。

(4)承载力特征值的确定：

①当 $p-s$ 曲线上有比例界限时，取该比例界限所对应的荷载值；

②满足前三条终止加载条件之一时，其对应的前一级荷载定为极限荷载，当该值小于对应比例界限值的荷载值的 2 倍时，取极限荷载值的 1/2；

③不能按上述两条要求确定时，可取 $s/b=0.01\sim0.015$ 所对应的荷载值，但其值不应大于最大加载量的 1/2。

同一土层参加统计的试验点不应少于 3 点，当试验实测值的极差不超过平均值的 30% 时，取次平均值作为该土层的地基的承载力特征值 f_{ak}。

5.6.2 静力触探

1917 年，瑞士首先使用静力触探方法，它具有快速、准确、经济、节省人力等优点，特别是对于地层变化较大的复杂场地以及不易取得原状土样的饱和砂土、高灵敏度的软黏土地层和桩基工程的勘察，更适合采用静力触探进行勘察。

静力触探的基本原理就是通过液压千斤顶或其他机械转动方法，把带有圆锥形探头的钻杆压入土层中，当探头受到阻力时，其中贴有的电阻应变片相应拉伸而改变电阻，电阻应变仪量测微应变的数值，计算贯入阻力的大小，判定地基土的工程性质。

静力触探仪的结构可分成探头、钻杆和加压设备三部分，探头是其核心部件，国内外使用的探头可分为三种类行，如图 1－5－23 所示。

1. 单桥探头

如图 1－5－23(a)所示，其锥尖与外套筒式连在一起的，使用时只能测取一个参数——比贯入阻力 P_S。

$$P_S=\frac{P}{A} \tag{1.5.32}$$

式中，P——包括探头和侧壁摩擦阻力在内的总贯入阻力；

A——探头锥底面积。

单桥探头是我国特有的一种探头类型，其优点是结构简单、坚固耐用而且价格低廉，对于推动我国静力触探技术的发展曾经起到了积极作用，其缺点是测试参数少，规格与国际标准不统一，不利于国际交流，故其应用受到限制。

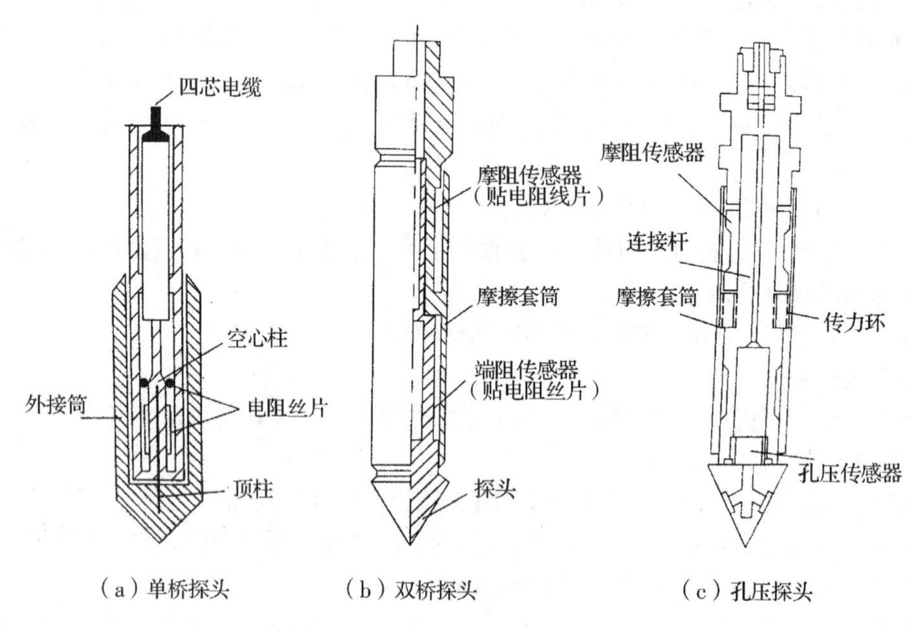

图 1-5-23　静力触探探头类型

2. 双桥探头

如图 1-5-23(b)所示，这是国内外应用最广泛的一种探头，其锥尖与摩擦套筒是分开的，使用时同时测定锥尖阻力 q_c 和侧壁摩擦力 f_s。

$$q_c = \frac{Q_c}{A} \tag{1.5.33}$$

$$f_s = \frac{P_f}{F_s} \tag{1.5.34}$$

式中，Q_c——锥尖总阻力；

P_f——侧壁总摩擦力；

F_s——摩擦筒表面积。

3. 孔压探头

如图 1-5-23(c)所示，它是在双桥探头的基础上发展起来的一种新型探头，国内已能定性生产。孔压探头除了具备双桥探头的功能外，还能测定触探时的孔隙水压力，这对于黏土中的测试成果分析有很大的好处。

常用的探头规格和信号见表 1-5-14。

表 1-5-14 常用探头规格

探头种类	型号	锥头			摩擦筒(或套筒)		标准
		顶角/°	直径/mm	底面积/m²	长度/mm	表面积/m²	
单桥	Ⅰ-1	60	35.7	10	57		我国独有
	Ⅰ-2	60	43.7	15	70		
	Ⅰ-3	60	50.7	20	81		
双桥	Ⅱ-0	60	35.7	10	133.7	150	国际标准
	Ⅱ-1	60	35.7	10	179	200	
	Ⅱ-2	60	43.7	15	219	300	
	Ⅱ-3	60		20	189	300	
孔压		60		10	133.7	150	国际标准
		60		15	179	200	

5.6.3 动力触探

当土层较硬,用静力触探无法贯入土中时,可采用圆锥动力触探法,简称动力触探。它适用于强风化、全风化的硬质岩石,各种软质岩石及各类土。动力触探仪的构造分三部分,即圆锥形探头、钻杆和冲击锤,如图 1-5-24(a)所示。它的工作原理是把冲击锤提升到一定高度,令其自由下落,冲击钻杆上的锤垫,使探头贯入土中。贯入阻力用贯入一定深度的锤击数表示。动力触探的优点是设备简单、操作方便、工效较高、适应性广,并具有连续贯入的特征,缺点是不能采样对土进行直接鉴别描述,试验误差稍大,再现性差。

动力触探仪根据锤的质量进行分类,相应的探头和钻杆的规格尺寸也不同。国内将动力触探分为轻型、重型和超重型三种类型,见表 1-5-15。

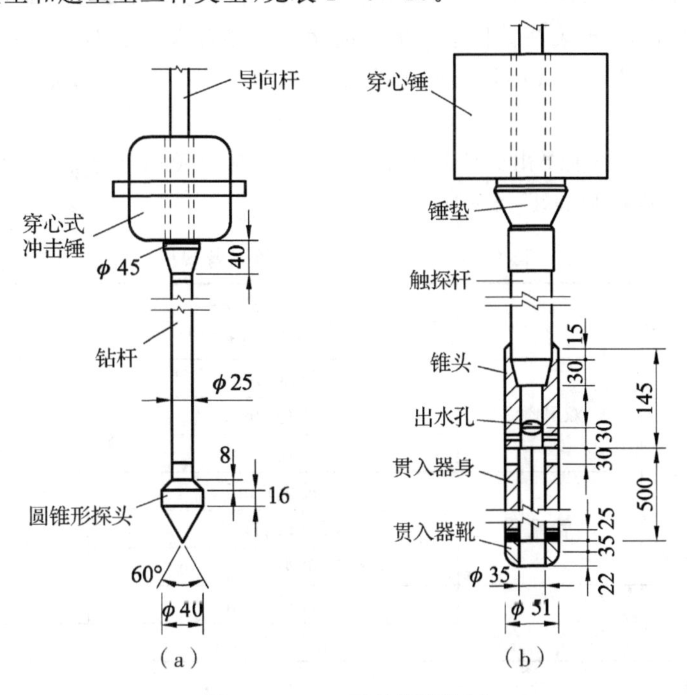

图 1-5-24 两种触探装置

表 1-5-15 圆锥动力触探仪类型

类型		轻型	重型	超重型
冲击锤	锤的质量/kg	10±0.2	63.5±0.5	120±1
	落距/cm	50±2	76±2	100±2
探头	直径/mm	40	74	74
	锥角/°	60	60	60
钻杆直径/mm		25	42	50～60
贯入指标	深度/cm	30	10	10
	锤击数	N_{10}	$N_{63.5}$	N_{129}

动力触探时可获得锤击数 N_{10}，$N_{63.5}$，N_{129}（下标表示相应穿心锤的质量）沿深度的分布曲线。根据曲线的变化情况，可对土进行力学分层，再配合钻探等手段定出各土层的土名和相应的物理状态。

我国幅员辽阔，土层分布的特点具有很强的地域性，各地区各部门在使用动力触探的过程中积累了很多地区性或行业性的经验，有的还建立了地基承载力和动力触探锤击数之间的经验公式，但使用时一定要注意公式的使用范围和使用条件。影响动力触探测试成果的因素很多，主要有有效锤击能量、钻杆的刚柔度、测试方法、钻杆的垂直度等，因而动力触探是一项经验性很强的工作，所得成果的离散性也比较大。所以，一般情况下最好采取两种以上的方法对地基进行综合分析。

5.6.4 标注贯入试验

标注贯入试验始创于 1902 年，源自美国。它实质上是动力触探的一种，适用于砂土、粉质土、黏性土。标注贯入试验应与钻探工作相配合，用钻机的卷扬机提升质量为 63.5 kg 的穿心锤至 76 cm 时自由下落，把装在钻杆前端的圆筒状贯入器打入土中 15 cm（此时不计锤击数），随后将贯入器打入土层 30 cm 的锤击数即为施测的锤击数 $N_{63.5}$，试验后拔出贯入器，取出其中的土样进行鉴别描述。

标注贯入试验的设备主要由标注贯入器、触探杆和穿心锤三部分组成，如图 1-5-24(b) 所示，其设备的详细规格见表 1-5-16。

表 1-5-16 标注贯入试验设备规格

项目		规格	数值
落锤		锤的质量/kg	63.5
		落距/cm	76
贯入器	双开管	长度/mm	≥500
		外径/mm	51
		内径/mm	35
	管靴	长度/mm	50～76
		刃口角度/0	18～20
		刃口单刃厚度/mm	2.5
钻杆		直径/mm	42
		相对弯曲/mm	≤1/1000

试验步骤如下：

(1)先用钻具钻至试验土层高程以上约 150 mm 处，以免下层受到扰动；

(2)贯入时，穿心锤落距为 760 mm，使其自由下落，将贯入器竖直打入土层 150 mm 过后，每打入土层中 300 mm 的锤击数，即为实测的锤击数。

(3)拔出贯入器，取出贯入器中土样进行鉴别描述。

(4)若需继续下一深度的贯入试验时，可重复上述操作步骤。

(5)试验数据处理。

考虑土质的不均匀性及试验时的人为误差，在现场实验时，对同一土层需作 6 点或 6 点以上的触探试验，然后用下述方法进行数据处理：

$$N = \mu - 1.645\sigma \tag{1.5.35}$$

式中，N——经回归修正后的标准贯入锤击数；

μ——现场实验锤击数的平均值；

σ——标准差。

$$\sigma = \sqrt{\frac{\sum_{i=1}^{n}\mu_i^2 - n\mu^2}{n-1}} \tag{1.5.36}$$

用 N 值估算地基承载力的经验方法很多，如梅椰霍夫从地基的强度出发，提出如下经验公式：当浅基的埋深为 D(m)，基础宽度为 B(m)，对于砂土地基的容许承载力：

$$[\sigma] = 10N \cdot B\left(1 + \frac{D}{B}\right) \tag{1.5.37}$$

对于粉质土或地下水面以下的砂土，则式(1.5.37)还要除以 2。

太沙基和派克(R. Peck)考虑地基沉降的影响，提出另一计算地基容许承载力的经验公式，在总沉降不超过 25 mm 的情况下，可用以下两式计算$[\sigma]$：

当 $B \leqslant 1.3$ m 时，$[\sigma] = 12.5\,N$ (1.5.38)

当 $B \geqslant 1.3$ m 时，$[\sigma] = \frac{25}{3}N\left(1 + \frac{3}{B}\right)$ (1.5.39)

式中，B——基础宽度(m)。

(1.5.38)和(1.5.39)式已把地下水的影响考虑进去，故不另加修正。

5.6.5 十字板剪切试验

1919 年，瑞典人 John Olsson 首先提出十字板剪切试验。它适用于难以取样和高灵敏度的均匀饱和软黏土，在我国沿海软土地区广泛使用。这种方法的仪器简单、操作方便，对原状土的扰动小，详见本章第 2 节。用十字板剪切仪可在原位测定软土地地基的不排水抗剪强度，从而进一步推算出地基承载力。

5.6.6 旁压实验

1956 年，法国道桥工程师梅纳(Menard)发明了旁压仪。旁压试验已成为地基勘察与基础设计实用而可靠的方法。该试验又称为横压试验，是在钻孔内进行的横向荷载试验，能测定较深处土层的变形模量和承载力。若基础埋深很大，则前述荷载试验因测试开挖工程量太大而不适用；若基础埋深在地下水位以下，则荷载试验无法使用，此时可采用旁压试验。

旁压仪是由旁压器、冲水系统、加压系统和变形系统四部分所组成，系统简图如图 1－5－

25(a)所示。旁压器是旁压仪的主要部分，它是外径为 56 mm 的圆柱形橡胶囊，内部用横膈膜分成中腔和上下腔。中腔直接用以测量，称为测量室；上下腔用以保持中腔的变形均匀，将空间问题简化成平面应变问题，称为辅助室。

在孔中某一待测深度处放入，然后从地面气水系统分级向其加压，使橡胶囊径向膨胀，从而向四周孔壁土层施加径向压力 p_h，并引起孔壁的径向变形 S，可通过压入到橡皮囊内的水体积 V 的变化间接量测这种径向变形。

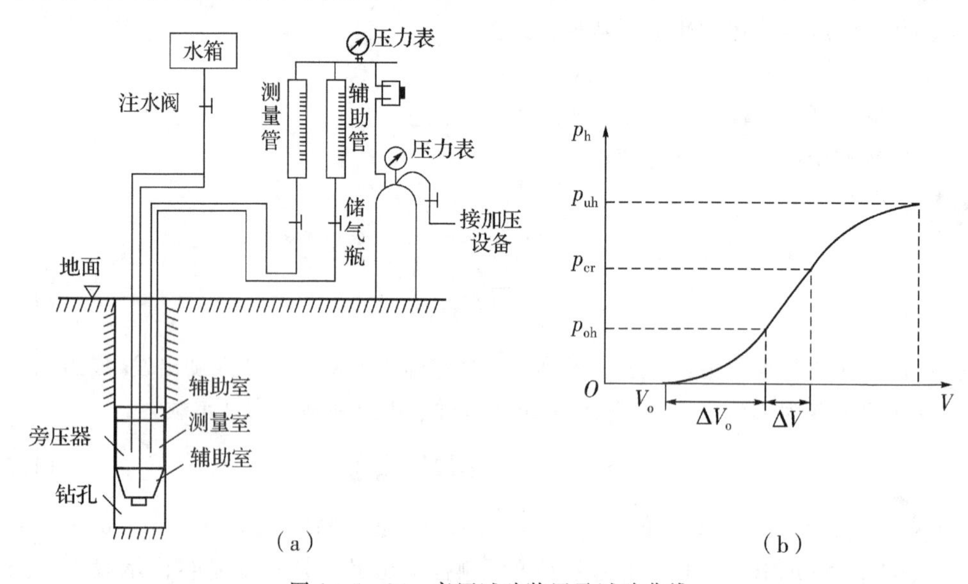

图 1-5-25　旁压试验装置及试验曲线

绘制 p_h-V 关系曲线，如图 1-5-25(b)所示。其 $O-p_{oh}$ 段是将橡皮囊撑开，贴紧孔壁的区段；$p_{oh}-p_{cr}$ 是变形模量量测段。当压力大于 p_{cr} 以后，孔壁周围土体发生局部破坏，达到极限荷载 p_{uh} 时，土体产生整体破坏。由 $p_{oh}-p_{cr}$ 段利用轴对称平面问题的弹性理论可求得径向变形模量——旁压模量。只有当土质均匀时，才可以把径向变形模量作为土的变形模量直接用于地基变形计算中，对于各向异性的地基，则不能直接应用。

本章思考题

1. 何谓土的抗剪强度？在工程实践中，土体强度问题的应用主要有哪几个方面？

2. 库仑定律的表达式是什么，用有效应力可以把库仑定律的表达式改写为什么？

3. 同一土样的抗剪强度是不是一个定值，为什么？

4. 什么是稳定平衡状态，什么是极限平衡状态，土的极限平衡条件是什么？

5. 土中发生剪切破坏面是否为剪应力最大的面，剪切破坏面与最大剪应力面在什么情况下重合，剪切破坏面与大主应力作用面的夹角是多少？

6. 试述直接剪切的慢剪、快剪、固结快剪。

7. 为什么抗剪试验要分慢剪、快剪、固结快剪？

8. 阐述三轴压缩试验的原理，三轴压缩试验有哪些优点，适用于什么范围？

9. 地基破坏一般经历哪几个变形阶段，它的破坏形式有几种？

10. 何谓塑性区，地基的临塑荷载、临界荷载和物理概念是什么，它们在工程中有何实用意义？

11. 什么是地基的极限承载 p_u，它与哪些因素有关？

12. 在《铁路桥涵地基和基础设计规范》(TB 10002.5—2005)中，地基的基本承载力是指什么，地基的容许承载力的检验公式是什么，地基承载力提高是如何规定的？

13. 按原位测试确定地基承载力的方法有哪些？

14. 浅层平板荷载试验的加载要求是什么，承载力特征值是怎样确定的？

本章习题

1. 某地基土样进行直剪试验，其结果见题表 1-5-1。

题表 1-5-1　压缩试验资料

σ/kPa	100	200	300	400
τ_f/kPa	69	121	163	217

(1) 请用作图法求解土的抗剪强度指标 c，φ 的值，并写出抗剪强度表达式。

(2) 若作用在土样中某些平面上的正应力和剪应力分别 260 kPa 和 152 kPa，问是否会发生剪切破坏？

(3) 若土样中某些平面上的正应力和剪应力分别为 160 kPa，94 kPa，该面是否会发生剪切破坏？

2. 已知地基某点所受的最大主应力为 500 kPa，最小应力 94 kPa。要求：①绘制莫尔应力圆；②求最大剪应力值和最大剪应力作用与大主应力面的夹角；③计算作用在与大主应力面成 25°的面上的正应力和剪应力。

3. 黏性土地基内某点的大主应力为 480 kPa，小主应力为 200 kPa，土的内摩擦角 18°，黏聚力 35 kPa，试判断该点所处的状态。

4. 在平面问题中，砂土某一点的大小应力分别为 480 kPa 和 1600 kPa，其摩擦角 32°。试问：

(1) 该点最大剪应力是多少，最大剪应力作用面上的法向应力是多少？

(2) 此点是否已达到极限平衡，为什么？

(3) 若此点未达到极限平衡，且大主应力不变，而改变小主应力，使其达到极限平衡，这时的小主应力应为多少？

5. 某黏性土样进行无侧限抗压强度试验，当压力加到 85 kPa 时，土样开始破坏，呈现与竖直线成 34°角的破裂面，如题图 1-5-1 所示。试求其黏聚力及内摩擦角。

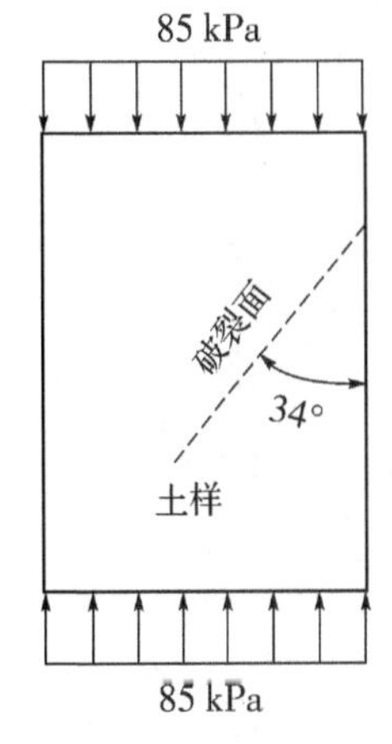

题图 1-5-1

6. 某土样的直剪试验，测得垂直压力 100 kPa，极限水平剪应力 75 kPa。以相同土样区作三轴试验，当垂直压力加到 550 kPa(包括液压 200 kPa)时，土样剪坏。试求该土样的抗剪强度指标。

7. 某矩形基础基底面尺寸为 8 m×6 m，埋深 4 m，地基为：粉砂 $\gamma=18.4\ \text{kN/m}^3$，$\gamma_s=26.6\ \text{kN/m}^3$，$w=29\%$；中砂 $\gamma=20.1\ \text{kN/m}^3$，$\gamma_s=26.6\ \text{kN/m}^3$，$w=22\%$，其他资料如题图 1-5-2 所示，试求持力层的容许承载力。

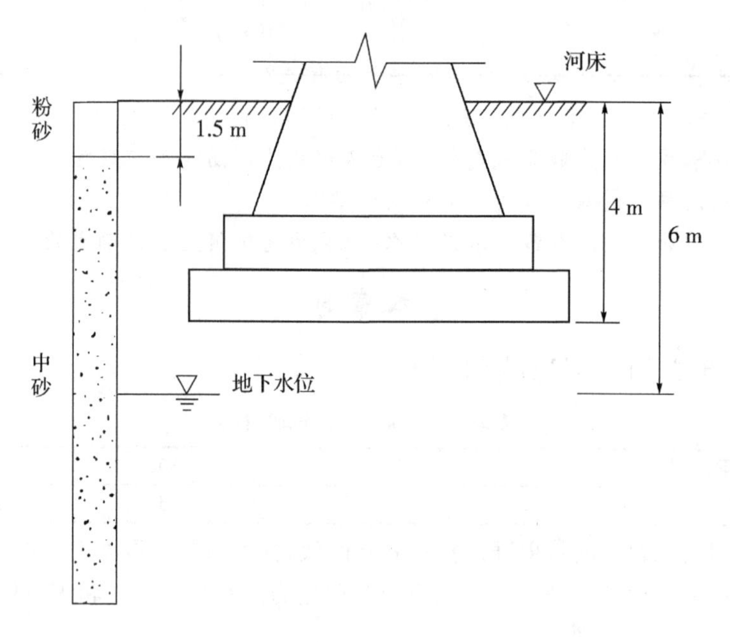

题图 1-5-2

8. 某一条形基础 $b=1.2$ m，$d=2.0$ m，粘性土地基的 $\gamma=18$ KN/m^3，$c=15$ kPa，$\varphi=15°$，试求临塑荷载 p_{cr}，临界荷载 $p_{1/4}$ 和 $p_{1/3}$。

9. 某条形基础宽 3.5 m，埋置深度 1.8 m，黏性土地基重度 $\gamma=18.6$ kN/m^3，孔隙比 $e=0.62$，液性指数 $I_L=0.46$，现场标准贯入试验测得地基承载力特征值 $f_{ak}=260$ kPa。(1)试采用《建筑规范》确定地基承载力；(2)若根据剪切试验测得土的抗剪强度指标 $C_k=24$ kPa，$\varphi_k=20°$。试采用上述规范提供的地基理论公式确定地基承载力特征值，并与(1)中的承载力进行比较。

第6章

土压力

6.1 土压力和土坡稳定概述

6.1.1 土压力概述

1.挡土墙的用途

在建筑工程中,遇到在土坡上、下修建建筑物时,为了防止土坡发生滑动和坍塌,需用各种类型的挡土结构物加以支挡。挡土墙是用来支撑天然或人工斜坡不致坍塌以保持土体稳定性,或使部分侧向荷载传递分散到填土上的支挡结构物。挡土墙在工业与民用建筑、水利水电工程、铁路、公路、桥梁、港口及航道等各类建筑工程中被广泛地应用。例如,山区或丘陵地区,在土坡上、下修建房屋时,防止土坡坍塌的挡土墙,支挡建筑物周围填土的挡土墙,房屋地下室的外墙,江河岸边桥的边墩,码头岸墙,堆放煤,卵石等散粒材料的挡墙等,如图 1-6-1 所示。

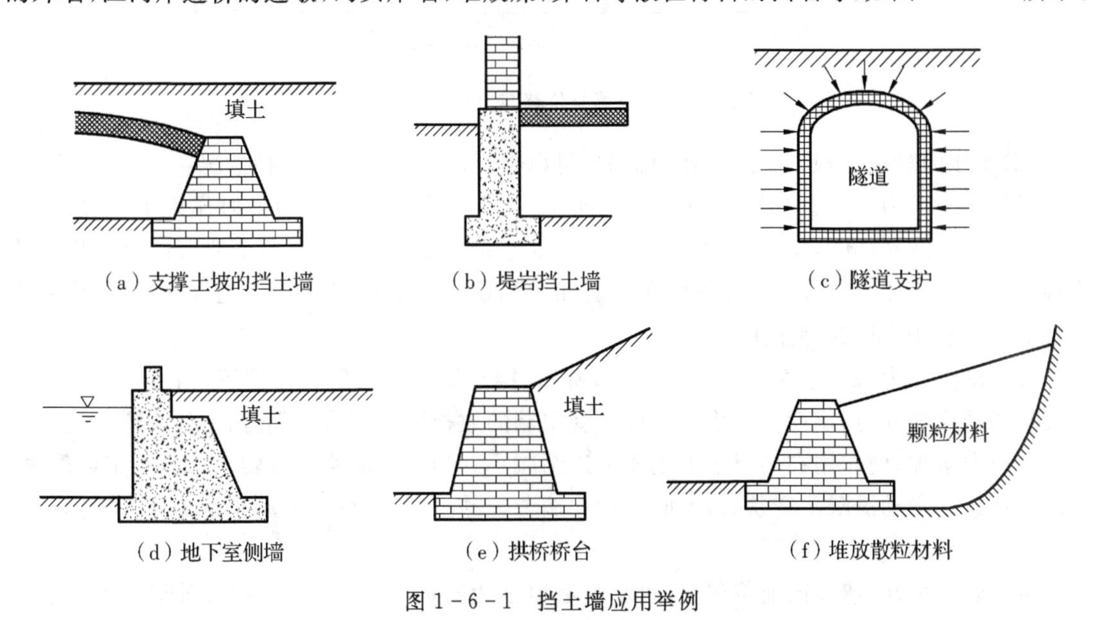

图 1-6-1 挡土墙应用举例

2.挡土墙的类型

(1)挡土墙按结构形式分:①重力式;②悬臂式;③扶臂式;④锚杆式;⑤加筋土式。

(2)挡土墙按建筑材料分:①砖砌;②块石;③素混凝土;④钢筋混凝土。

(3)按其刚度和位移方式分:①刚性挡土墙;②柔性挡土墙;③临时支撑。

3. 土压力的种类

由于土体自重、土上荷载或结构物的侧向挤压作用，挡土结构物所承受的来自墙后填土的侧向压力叫做土压力，土压力的计算是挡土墙设计的重要依据。

(1)土压力试验。在实验室里通过挡土墙的模型试验，可以测得当挡土墙产生不同方向的位移时，将产生三种不同性质的土压力。在一个长方形的模型槽中部插上一块刚性挡板，在板的一侧安装压力盒，填上土；板的另一侧临空。在挡板静止不动时，测得板上的土压力为 E_0；如果将挡板向离开土体的临空方向移动或转动时，则土压力逐渐减小，当墙后土体发生滑动时达到最小值，测得板上的土压力为 E_a；反之，将挡板推向填土方向则土压力逐渐增大，当墙后土体发生滑动时达到最大值，测得板上的土压力为 E_p。土压力随挡板移动而变化的情况如图 1-6-2 所示。

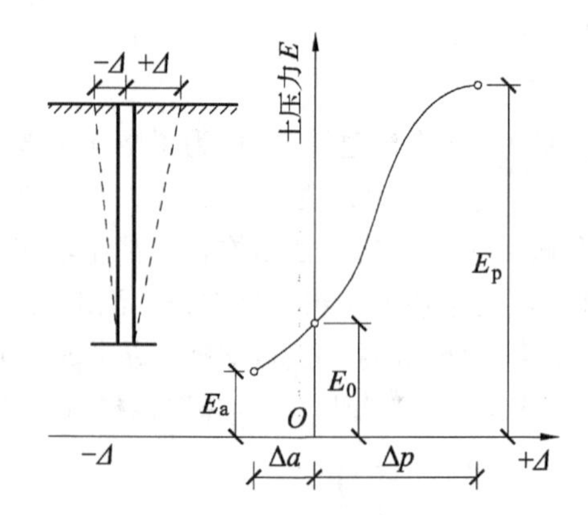

图 1-6-2　墙身位移与土压力的关系

(2)土压力种类。根据上述土压力试验，可以将土压力分为以下三种情况：

①静止土压力(E_0)。如图 1-6-3(a)所示，挡土墙在墙后填土的推力作用下，不发生任何方向的移动或转动时，墙后土体没有破坏，而处于弹性平衡状态，作用于墙背的水平压力称为静止土压力 E_0。例如，地下室外墙在楼面和内隔墙的支撑作用下几乎无位移发生，作用在外墙面上的土压力即为静止土压力。

②主动土压力(E_a)。如图 1-6-3(b)所示，挡土墙在填土压力作用下，向着背离土体方向发生移动或转动时，墙后土体由于侧面所受限制的放松而有下滑的趋势，土体内潜在滑动面上的剪应力增加，使作用在墙背上的土压力逐渐减小。当挡土墙移动或转动达到一定数值时，墙后土体达到主动极限平衡状态，此时作用在墙背上的土压力，称为主动土压力 E_a(土体主动推墙)。

试验研究可知，墙体向前位移值，对于墙后填土为密砂时，$\Delta_a=0.5\%H$；对于墙后填土为密实黏性土时，$\Delta_a=1\%H\sim2\%H$，即可产生主动土压力。

③被动土压力(E_p)。如图 1-6-3(c)所示，当挡土墙在较大的外力作用下，向着土体的方向移动或转动时，墙后土体由于受到挤压，有向上滑动的趋势，土体内潜在滑动面上的剪应力反向增加，使作用在墙背上的土压力逐渐增大。当挡土墙的移动或转动达到一定数值时，墙后土体达到被动极限平衡状态，此时作用在墙背上的土压力，称为被动土压力 E_p(土体被动地被墙推移)。

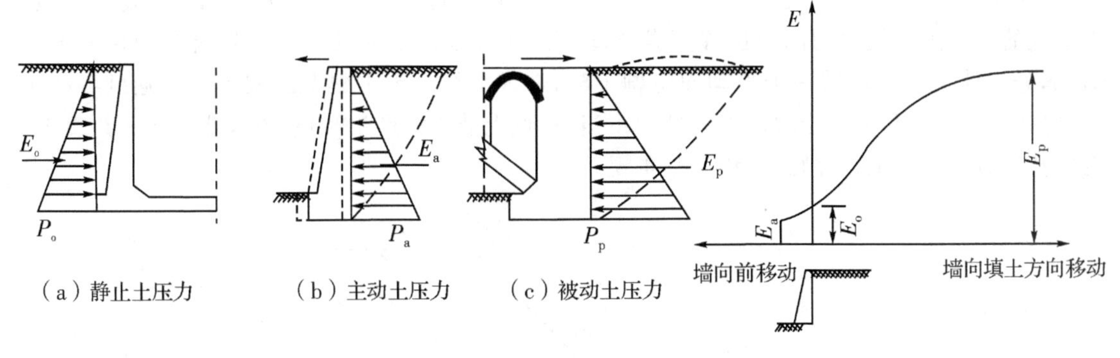

图 1-6-3 三种土压力示意图

试验研究可知,墙体在外力作用下向后位移值,对于墙后填土为密砂时,$\Delta p \approx 5\%H$;对于墙后填土为密实黏性土时,$\Delta p \approx 10\%H$,才会产生被动土压力。而被动土压力充分发挥所需要的如此大位移在实际工程中往往是工程结构所不容许的,因此一般情况下,只能利用被动土压力的一部分。

静止土压力的计算主要应用弹性理论的方法;主动土压力和被动土压力的计算主要应用朗肯土压力理论和库仑土压力理论,以及由此发展起来的一些近似方法及图解法。试验研究表明,在相同条件下,主动土压力小于静止土压力,而静止土压力又小于被动土压力,即 $E_a < E_0 < E_p$。

4. 影响土压力的因素

试验研究表明,影响土压力大小的因素可归纳为以下几个方面:

(1)挡土墙的位移。挡土墙的位移(或转动)方向和位移量的大小,是影响土压力大小的最主要因素。墙体位移的方向不同,土压力的性质就不同;墙体方向和位移量大小决定着所产生的土压力的大小。其他条件完全相同,仅仅挡土墙的移动方向相反,土压力的数值相差可达20倍左右。

(2)挡土墙类型。挡土墙的剖面形状,包括墙背为数值还是倾斜、光滑还是粗糙,都关系采用何种土压力计算理论公式和计算结果。如果挡土墙的材料采用素混凝土或钢筋混凝土,可认为墙背表面光滑,不计摩擦力;若是砌石挡土墙,则必须计入摩擦力,因而土压力的大小和方向都不相同。

(3)填土的性质。挡土墙后填土的性质,包括填土松密程度即重度、干湿程度(即含水率)、土的强度指标(内摩擦角和黏聚力)的大小,以及填土表面的形状(水平、上斜或下斜)等,都将会影响土压力的大小。

6.1.2 土坡稳定

1. 土坡稳定的作用

土坡就是具有倾斜表面的土体。由于地质作用自然形成的土坡,如山坡、江河的岸坡等称为天然土坡。经过人工开挖,填土工程建造物如基坑、渠道、土坡、路堤等的边坡,通常称为人工土坡。土坡的外形和各部分名称,如图 1-6-4 所示。

在土体自重和外力作用下,坡体内将产生切应力,当切应力大于土的抗剪强度时,即产生剪切破坏,如靠坡面处剪切破坏面积很大,则将产生一部分土体相对另一部分土体滑动的现象，称为滑坡或塌方。土坡在发生滑动之前，一般在坡顶首先开始明显的下沉并出现裂缝，坡脚附近的地面则有较大的侧向位移并微微隆起。随着坡顶裂缝的开展和坡脚侧向位移的增加，部分土体突然沿着某一个滑动面急剧下滑，造成滑坡。土木建筑工程中经常遇到各类土坡，包括天然土坡和人工土坡。如果处理不当，一旦土坡失稳产生滑坡，不仅影响工程进度，甚至危及生命安全和工程存亡，应该引起重视。

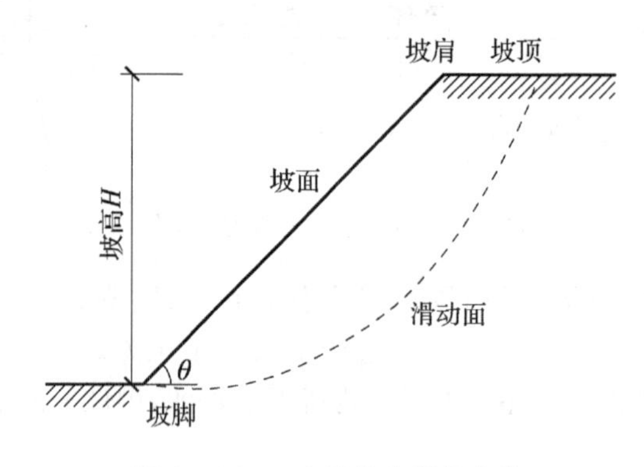

图 1-6-4　土坡的各部分名称

(1)基坑开挖。一般黏性土浅基础施工，基础埋深 $d=1\sim2$ m，可垂直开挖节省土方量，也可用速度快的机械化施工。但当 $d>5$ m 时，两层以上的箱基或深基，垂直开挖会产生滑坡。如边坡缓，则工程量太大，在密集建筑区进行基坑开挖，可能影响邻近建筑物的安全。

(2)土坡坡顶修建建筑物或堆放材料，可能使原来稳定的土坡产生滑动。如建筑物离边坡远，则对土坡无影响，应确定安全距离。

(3)人工填筑的土堤、土坝、路基，应采用合适边坡坡度。由于这些工程长度很大，边坡稍微改陡一点，节省的工程量往往很可观。

由此可见，土坡稳定在工程上具有很重要的意义，特别要注意外界不利因素对土坡稳定的影响。

2. 影响土坡稳定的因素

影响土坡稳定有多种因素，包括土坡的边界条件、土质条件和外界条件。具体因素分述如下：

(1)土坡坡度。土坡坡度有两种表示方法：一种以高度和水平尺度之比来表示，例如，1∶2 表示高度 1 m，水平长度为 2 m 的缓坡；另一种以坡角 θ 的大小来表示。坡角 θ 越小则土坡越稳定，但不经济；坡角 θ 越大则土坡越经济，但不安全。

(2)土坡高度。土坡高度 H 是指坡脚到坡顶之间的垂直距离。试验研究表面，对于黏性土坡，其他条件相同时，坡高越小，土坡越稳定。

(3)土的性质。土的性质越好，土坡越稳定。例如，土的抗剪强度指标 c、φ 值大的土坡比 c、φ 值小的土坡稳定。

(4)气象条件。若天气晴朗，土坡处于干燥状态，土的强度高，土坡的稳定性就好。若在雨季，尤其是连续大暴雨，大量的雨水入渗，使土的强度降低，可能导致土坡滑动。

(5)地下水的渗透。当土坡中存在与滑动方向一致的渗透力时，对土坡稳定不利。例如，水库土坝下游土坡可能发生这种情况。

(6)震动荷载。震动荷载，如地震、工程爆破、车辆震动等，会产生附加的震动荷载，降低土坡的稳定性。震动荷载还可能使土体中的孔隙水压力升高，降低土体的抗剪强度。震动能量越大则越危险。

6.2　静止土压力计算

6.2.1　计算原理及公式

静止土压力产生的条件是挡土墙静止不动，位移 $\Delta=0$，转角为零。

在岩石地基上的重力式挡土墙，由于墙的自重大，地基坚硬，墙体不会产生位移和转动；地下室外墙在楼面和内隔墙的支撑作用下也几乎无位移和转动发生。此时，挡土墙或地下室外墙后的土体处于静止的弹性平衡状态，作用在挡土墙或地下室外墙面上的土压力即为静止土压力 E_0。

假定挡土墙其后填土水平，容重为 γ。挡土墙静止不动，墙后填土处于弹性平衡状态。在填土表面以下深度 z 处取一微小单元体，如图 1－6－5(a)所示。作用在此微元体上的竖向力为土的自重应力 γz，该处的水平向作用力即为静止土压力。

1.静止土压力计算公式

$$e_0=K_0\gamma z \tag{1.6.1}$$

式中，e_0——静止土压力(kPa)；

K_0——静止土压力系数；

γ——填土的重度(kN/m^3)；

z——计算点的深度(m)。

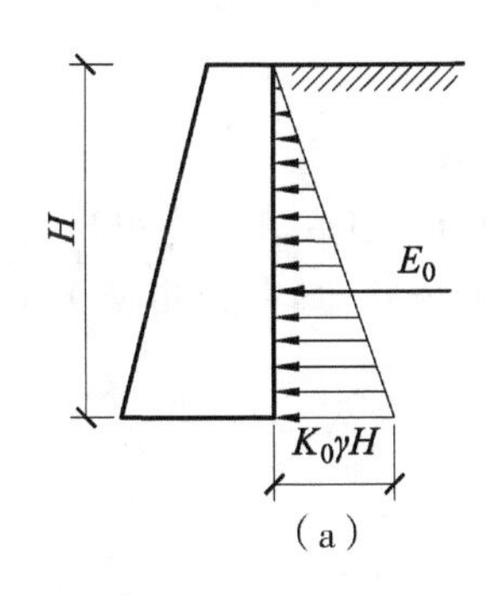

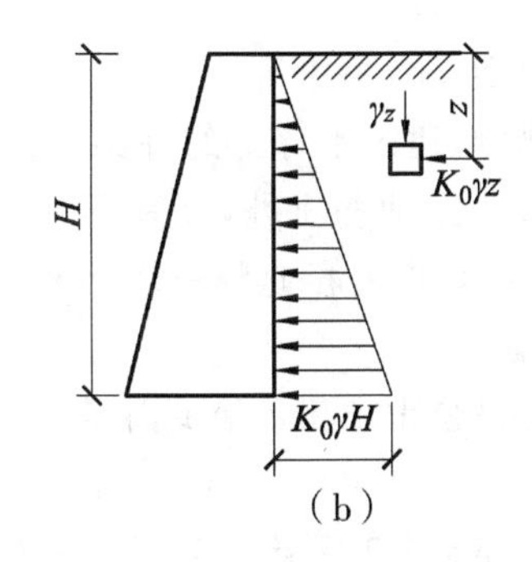

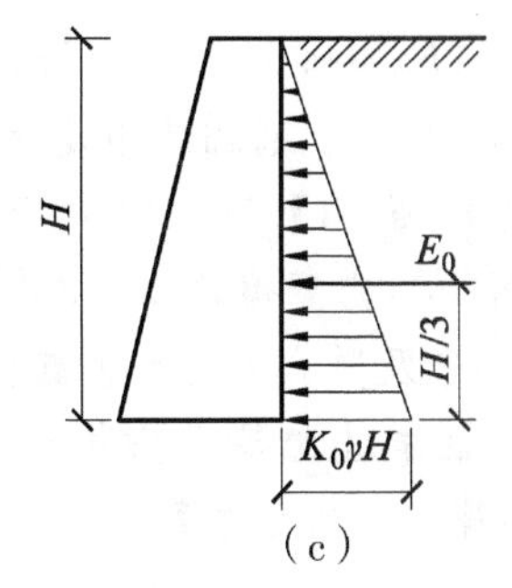

图 1－6－5　静止土压力计算

2.总静止土压力

由式 $e_0=K_0\gamma z$ 可知，静止土压力沿墙高呈三角形分布，如图 1－6－5(a)所示。

作用在单位长度挡土墙上的总静止土压力如图 1－6－5(b) 所示。沿墙长度方向取 1 延米，只需计算土压力分布图的三角形面积，即：

$$E_0=\frac{1}{2}\gamma H^2K_0 \tag{1.6.2}$$

式中，H——挡土墙的高度(m)。

总静止土压力的作用点位于静止土压力三角形分布图形的重心，即墙底面以上 $H/3$ 处，如图 1-6-5(c)所示。

6.2.2 静止土压力系数

静止土压力系数 K_0，即土的侧压力系数可通过室内的或原位的静止侧压力试验测定。静止土压力系数的物理意义：在不允许有侧向变形的情况下，土样受到轴向压力增量 $\Delta\sigma_1$ 将会引起侧向压力的相应增量 $\Delta\sigma_3$，比值 $\Delta\sigma_3/\Delta\sigma_1$ 称为土的侧压力系数或静止土压力系数 K_0。K_0 确定方法如下：

1. 按照经典弹性力学理论计算

$$K_0=\frac{\Delta\sigma_3}{\Delta\sigma_1}=\frac{1-\mu}{\mu} \tag{1.6.3}$$

式中，μ——墙后填土的泊松比。

2. 半经验公式

对于无黏性土及正常固结黏土，可近似按下列公式计算：

$$K_0=1-\sin\varphi' \tag{1.6.4}$$

式中，φ'——为填土的有效摩擦角。

对于超固结黏性土可用下式计算：

$$(K_0)_{o\cdot c}=(K_0)_{N\cdot c}\cdot(OCR)^m \tag{1.6.5}$$

式中，$(K_0)_{o\cdot c}$——超固结土的 K_0 值；

$(K_0)_{N\cdot c}$——正常固结土的 K_0 值；

OCR——超固结比；

m——经验系数，一般可用 $m=0.41$。

3. 经验取值

砂土：$K_0=0.34\sim0.45$；黏性土：$K_0=0.5\sim0.7$。

日本的《建筑基础结构设计规范》建议不分土的种类，均取 $K_0=0.5$。

【例 1-6-1】 已知某建于基岩上的挡土墙，墙高 $H=6.0$ m，墙后填土为中砂，重度 $\gamma=18.5$ kN/m³，内摩擦角 $\varphi'=30°$。计算作用在此挡土墙上的静止土压力，并画出静止土压力沿墙背的分布及其合力的作用点位置。

解 因挡土墙建于基岩上，故按静止土压力公式计算：

(1)静止土压力系数。

$$K_0=1-\sin\varphi=1-\sin 30^\circ=1-0.5=0.5$$

(2)墙底静止土压力分布值。

$$e_0=K_0\gamma z=0.5\times18.5\times6.0=55.5(\text{kPa})$$

(3)静止土压力合力。

$$E=\frac{1}{2}\gamma H^2K_0=\frac{1}{2}\times18.5\times6.0^2\times0.5=166.5(\text{KN/m})$$

(4)静止土压力合力作用点。

$$h=H/3=6.0/3=2.0$$

静止土压力沿墙背的分布及其合力的作用点位置如图 1-6-6 所示。

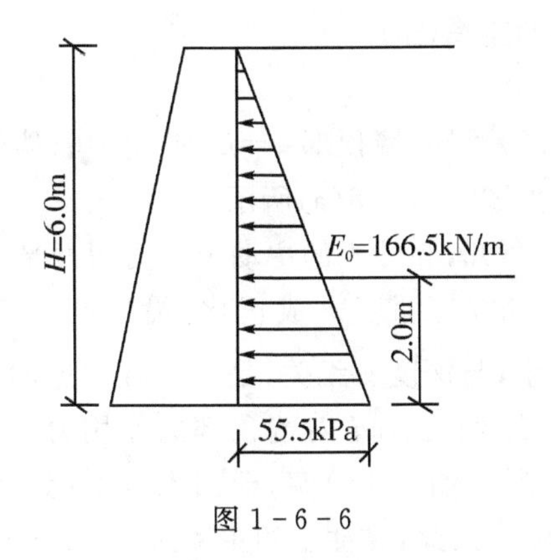

图 1-6-6

6.3 朗肯土压力理论

朗肯土压力理论假设条件:表面水平的半无限土体,处于极限平衡状态。若将垂线 AB 左侧的土体,换成虚设的墙背竖直光滑的挡土墙,如图 1-6-7 所示。当挡土墙发生离开 AB 线的水平位移时,墙后土体处于主动极限平衡状态,则作用在此挡土墙上的土压力,等于原来土体作用在 AB 竖直线上的水平法向应力。

朗肯土压力理论的适用条件:①挡土墙的墙背垂直、光滑;②挡土墙墙后填土表面水平。

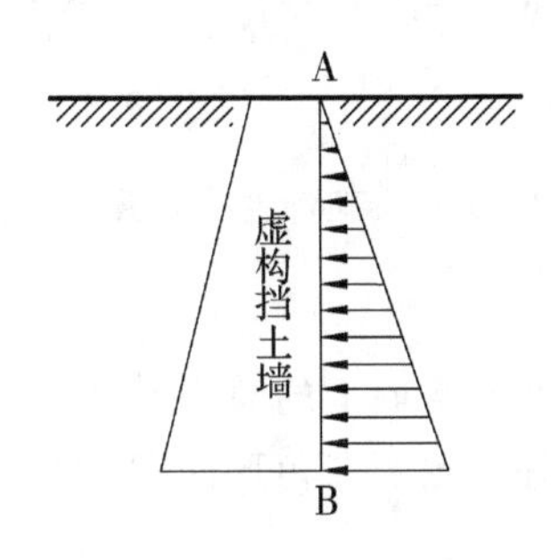

图 1-6-7 朗肯假定

6.3.1 主动土压力

1. 主动土压力计算公式

黏性土的主动土压力强度计算公式为:

$$e_a = \gamma z K_a - 2c\sqrt{K_a} \tag{1.6.6}$$

对无黏性土,因土的黏聚力 $c=0$,则有:

$$e_a = \gamma z K_a \tag{1.6.7}$$

式中,e_a——主动土压力强度(kPa);

K_a——主动土压力系数,$K_a = \tan^2(45°-\varphi/2)$;

C——墙后填土的黏聚力(kPa);

γ——墙后填土的重度,地下水位以下用有效重度(kN/m³);

z——计算点离填土表面的距离(m)。

2. 主动土压力分布

(1)无黏性土。由式(1.6.7)可知,墙顶部 $z=0$ 时,$e_a=0$;墙底部 $z=H$,$e_a=\gamma zK_a$。主动土压力沿墙高呈三角形分布,如图 1-6-8(a)所示。

(2)黏性土。由式(1.6.6)可知,黏性土的主动土压力由两部分组成。第一部分"γzK_a"与无黏性土相同,由土的自重产生,与深度 z 成正比,沿墙高呈三角形分布;第二部分"$-2c\sqrt{K_a}$"由黏性土的黏聚力 c 产生,与深度 z 无关,是一常数。这两部分土压力叠加后,如图 1-6-8(b)所示。墙顶部土压力三角形$\triangle aed$ 对墙顶部的作用力为负值,即拉力。实际上,墙与土并非整体,在很小的拉力作用下,墙与土分离,即挡土墙不能承受拉力,此时,可认为挡土墙顶部 ae 段墙上土压力作用为零。因此,黏性土的主动土压力分布只有 Δabc 部分,墙底 $z=H$,$e_a=\gamma zK_a=-2c\sqrt{K_a}$。

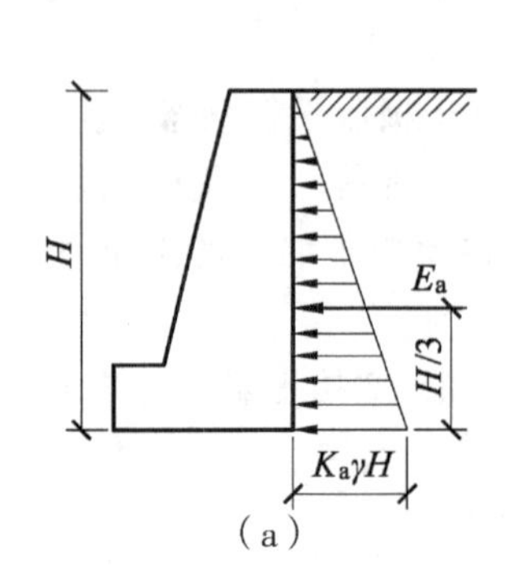

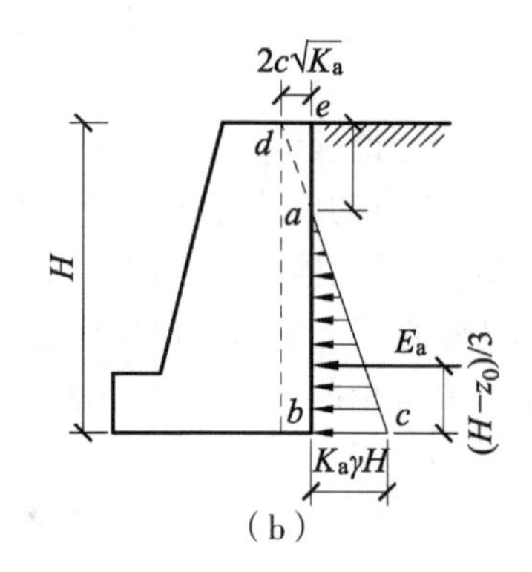

图 1-6-8 朗肯主动土压力分布

3. 总主动土压力

(1)无黏性土。作用在单位长度挡土墙上的总主动土压力如图 1-6-8(a)所示。沿墙长度方向取 1 延米,只需计算土压力分布图的三角形面积,即:

$$E_a=\frac{1}{2}\gamma H^2K_a \tag{1.6.8}$$

(2)黏性土。土压力为零的 a 点的深度 OZ 称为临界深度,令式(1.6.6)为零得:

$$Z_0=\frac{2c}{\gamma\sqrt{K_a}} \tag{1.6.9}$$

作用在单位长度挡土墙上的总主动土压力如图 1-6-8(b)所示。沿墙长度方向取 1 延米,只需计算土压力分布图$\triangle abc$ 的面积,即:

$$E_a=\frac{1}{2}(\gamma HK_a-2c\sqrt{K_a})(H-Z_0)=\frac{1}{2}\gamma H^2K_a-2cH\sqrt{K_a}+\frac{2c^2}{\gamma} \tag{1.6.10}$$

4. 总主动土压力作用点

(1)无黏性土。总主动土压力的作用点位于主动土压力三角形分布图形的重心,即墙底面以上 $H/3$ 处,如图 1-6-8(a)所示。

(2)黏性土。总主动土压力的作用点位于主动土压力三角形分布图形的重心,即墙底面以上$(H-z_0)/3$ 处,如图 1-6-8(b)所示。

6.3.2 被动土压力

1. 被动土压力计算公式

黏性土的被动土压力强度计算公式为：

$$e_p = \gamma z K_p + 2c\sqrt{K_p} \tag{1.6.11}$$

对无黏性土，因土的黏聚力 $c=0$，则有：

$$e_p = \gamma z K_p \tag{1.6.12}$$

式中，e_p——被动土压力强度(kPa)；

K_p——主动土压力系数，$K_p = \tan2(45° + \varphi/2)$。

2. 被动土压力分布

(1)无黏性土。由式(1.6.2)可知，墙顶部 $z=0$ 时，$e_p=0$；墙底部 $z=H$，$e_p=\gamma z K_p$。被动土压力沿墙高呈三角形分布，如图 1-6-9(a)所示。

(2)黏性土。由式(1.6.11)可知，黏性土的被动土压力由两部分组成。第一部分"$\gamma z K_p$"与无黏性土相同，由土的自重产生，与深度 z 成正比，沿墙高呈三角形分布；第二部分"$2c\sqrt{K_p}$"由黏性土的黏聚力 c 产生，与深度 z 无关，是一常数，故此部分土压力呈矩形分布。这两部分土压力叠加后，呈梯形分布，如图 1-6-9(b)所示。墙顶部 $z=0$，$e_p=2c\sqrt{K_p}$；墙底部 $z=H$，$e_p=\gamma z K_p+2c\sqrt{K_p}$。

3. 总被动土压力

(1)无黏性土。作用在单位长度挡土墙上的总被动土压力如图 1-6-9(a)所示。沿墙长度方向取 1 延米，只需计算土压力分布图的三角形面积，即：

$$E_p = \frac{1}{2}\gamma H^2 K_p \tag{1.6.13}$$

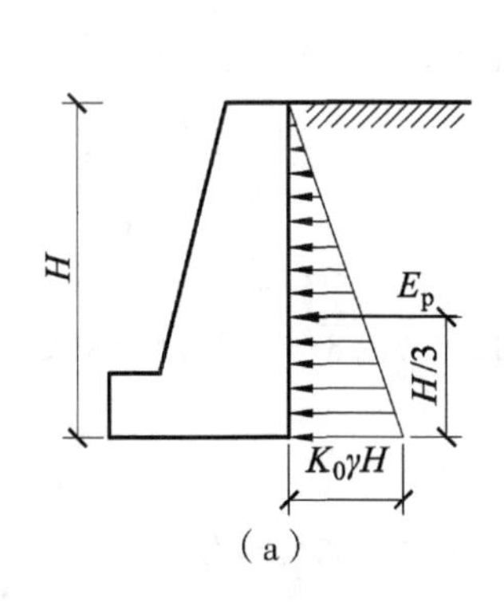

(a)

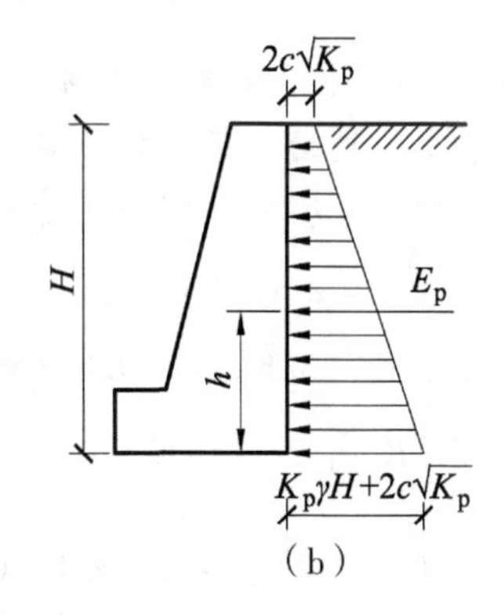

(b)

图 1-6-9 朗肯被动土压力分布

(2)黏性土。作用在单位长度挡土墙上的总被动土压力如图 1-6-9(b)所示。沿墙长度方向取 1 延米，计算土压力梯形分布图的面积，即：

$$E_p = \frac{1}{2}\gamma H^2 K_p + 2cH\sqrt{K_p} \tag{1.6.14}$$

4. 总被动土压力作用点

(1)无黏性土。总被动土压力的作用点位于被动土压力三角形分布图形的重心，即墙底面

以上 $H/3$ 处，如图 1-6-9(a)所示。

(2)黏性土。总被动土压力的作用点位于被动土压力梯形分布图形的重心，其距墙底面的距离 h 可由式(1.6.15)计算，如图 1-6-9(b)所示。

$$h=\frac{6c+\gamma h\sqrt{K_p}}{12c+3\gamma h\sqrt{K_p}}H \tag{1.6.15}$$

【例 1-6-2】 已知某混凝土挡土墙墙高为 $H=6.0$ m，墙背竖直光滑，墙后填土面水平。填土重度 $\gamma=19.0\ \text{kN/m}^3$，黏聚力 $c=10$ kPa，内摩擦角 $\varphi=30°$。计算作用在此挡土墙上的静止土压力、主动土压力、被动土压力，并画出土压力分布图。

解 (1)挡土墙上的静止土压力的计算。

$K_0=1-\sin\varphi=1-\sin 30°=1-0.5=0.5$

$e_0=\gamma z K_0=19\times 6.0\times 0.5=57.00(\text{kPa})$

$E_0=\frac{1}{2}\gamma H^2 K_0=\frac{1}{2}\times 19\times 6.0^2\times 0.5=171.00(\text{kPa})$

静止土压力的合力作用点在离挡土墙底面高 2.0 m 处。

(2)挡土墙上的主动土压力的计算。

$K_a=\tan^2(45°-\varphi/2)=\tan^2(45°-30/2)=1/3$

$Z_0=\frac{2c}{\gamma\sqrt{K_a}}=\frac{2\times 10}{19\times\sqrt{1/3}}=1.82(\text{m})$

$e_a^{上}=-2c\sqrt{K_a}=-2\times 10.0\times\sqrt{1/3}=-11.55(\text{kPa})$

$e_a^{下}=\gamma H K_a-2c\sqrt{K_a}=19.0\times 6.0\times 1/3-2\times 10.0\times\sqrt{1/3}=26.45(\text{kPa})$

$E_a=\frac{1}{2}\gamma H^2 K_a-2cH\sqrt{K_a}+\frac{2c^2}{\gamma}$

$=\frac{1}{2}\times 19.0\times 6.0^2\times 1/3-2\times 10.0\times 6.0\times\sqrt{1/3}+\frac{2\times 10.0^2}{19.0}=55.24(\text{kN/m})$

合力作用点在离挡土墙底面高 h_1 处，$h_1=(6.0-1.82)/\ 3.0=1.39(\text{m})$。

(3)挡土墙上的被动土压力的计算。

$K_p=\tan^2(45°+\varphi/2)=\tan^2(45°+30/2)=3$

$e_a^{上}=2c\sqrt{K_p}=2\times 10.0\times\sqrt{3}=34.64(\text{kPa})$

$e_a^{下}=\gamma H K_p+2c\sqrt{K_p}=19.0\times 6.0\times 3+2\times 10.0\times\sqrt{3}=376.64(\text{kPa})$

$E_p=\frac{1}{2}\gamma H^2 K_p+2cH\sqrt{K_p}$

$=\frac{1}{2}\times 19.0\times 6.0^2\times 3+2\times 10.0\times 6.0\times\sqrt{3}=1233.85(\text{kN/m})$

$h_2=\frac{34.64\times 6.0\times 3.0+1/2\times(376.64-34.64)\times 6.0\times 2.0}{1233.85}=2.17(\text{m})$

(4)绘制的挡土墙上的静止土压力、主动土压力、被动土压力沿深度的分布图，如图 1-6-10 所示。

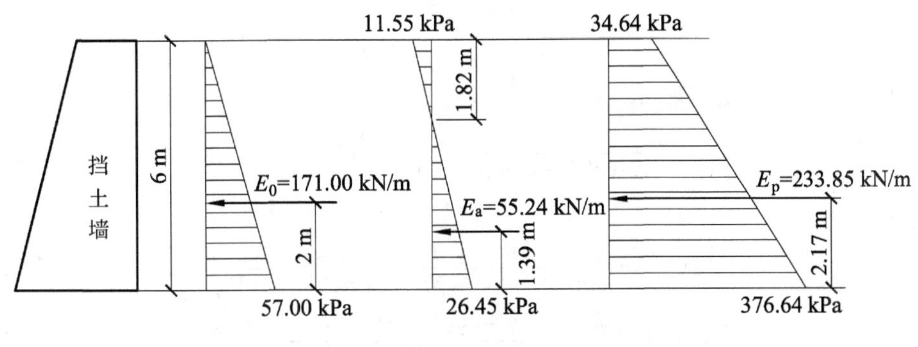

图 1-6-10

6.3.3　超载时主动土压力

通常将挡土墙后填土面上的分布荷载称为超载。

1.挡土墙墙背垂直,填土表面水平的情况

当挡土墙后填土面有连续均布荷载 q 作用时,可把均布荷载 q 视为虚构的填土自重 γh 的自重产生。虚构填土的当量高度为 $h=q/\gamma$,如图 1-6-11(a)所示。

作用在挡土墙墙背上的土压力由两部分组成:

(1)实际填土高 H 产生的土压力$\frac{1}{2}\gamma H^2 K_a$。

(2)由均匀荷载 q 换算成当量填土高 h 产生的土压力 $qHKa$。

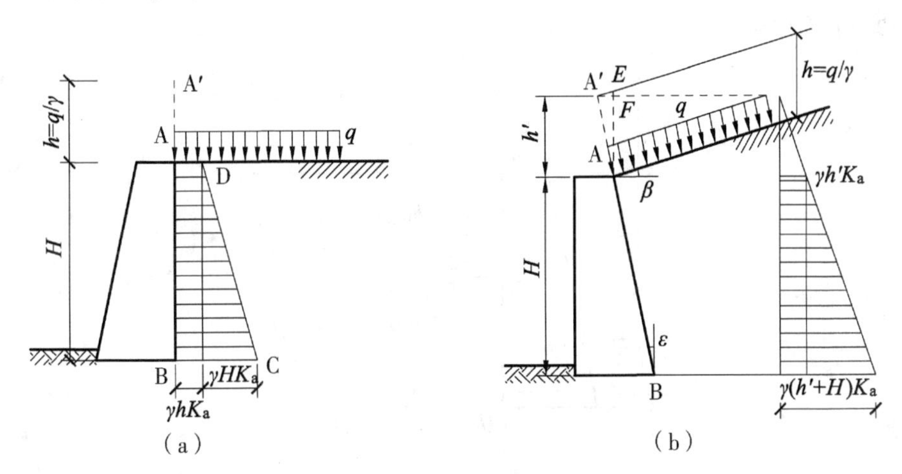

图 1-6-11　填土表面有均布荷载时的土压力计算

墙背作用的总土压力为:

$$E_a=\frac{1}{2}\gamma H^2 K_a+qHK_a \tag{1.6.16}$$

土压力呈梯形分布,作用点在梯形的重心。

2.挡土墙墙背倾斜,填土表面倾斜的情况

计算当量填土高度 $h=q/\gamma$,此虚构填土的表面斜向延伸与墙背 AB 向上延长线交于 A' 点,如图 1-6-11(b)所示。按 $A'B$ 为虚构墙背计算土压力,此虚构挡土墙的高度为 $h'+H$。

$\triangle AA'F$ 中应用正弦定理可得:

$$\frac{h'}{\sin(90^\circ-\varepsilon)}=\frac{AA'}{\sin 90^\circ}$$

$\triangle AA'E$ 中应用正弦定理可得：

$$\frac{h'}{\sin(90^\circ-\varepsilon+\beta)}=\frac{AA'}{\sin(90^\circ-\beta)}$$

故有：

$$AA'=\frac{h\cdot\sin(90^\circ-\beta)}{\sin(90^\circ-\varepsilon+\beta)}=\frac{h'\sin 90^\circ}{\sin(90^\circ-\varepsilon)}$$

$$h'=h\frac{\sin(90^\circ-\beta)\sin(90^\circ-\varepsilon)}{\sin(90^\circ-\varepsilon+\beta)\sin 90^\circ}=h\frac{\cos\beta\cos\varepsilon}{\cos(\varepsilon-\beta)} \tag{1.6.17}$$

墙背作用的总主动土压力按式(1.6.18)计算，土压力呈梯形分布，作用点在梯形的重心。

$$E_a=\frac{1}{2}\gamma H^2K_a+\gamma h'HK_a \tag{1.6.18}$$

6.3.4 非均质填土的主动土压力

若挡土墙墙后填土有几层不同性质的水平土层，如图 1-6-12 所示。此时，土压力计算分第一层土和第二层土两部分。

(1)对于第一层土，挡土墙墙高 h_1，填土指标 γ_1、c_1、φ_1，土压力计算与前面单层土计算方法相同。

(2)计算第二层土的土压力时，将第一层土的重度 $\gamma_1 h_1$ 折算成与第二层土的重度 γ_2 相应的当量厚度 h_1' 来计算。

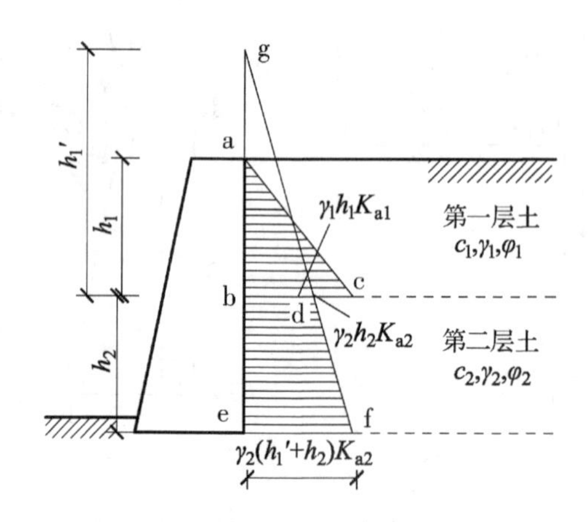

图 1-6-12　填土分层时土压力计算

(3)第一层土的当量厚度 $h_1'=\gamma_1 h_1/\gamma_2$。按挡土墙高度为 $h_1'+h_2$ 计算土压力为 $\triangle gef$，第二层范围内的梯形 $bdef$ 部分土压力，即为所求。

由于上下各层土的性质与指标不同，各自相应的主动土压力系数 K_a 不相同。因此，交界面上下土压力的数值不一定相同，会出现突变。

【例 1-6-3】 某挡土墙高度 $H=6.0$ m，墙背竖直、光滑，墙后填土表面水平。墙后填土分两层：上层重度 $\gamma_1=18.5\ \text{kN/m}^3$，内摩擦角 $\varphi_1=16^\circ$，黏聚力 $c_1=10$ kPa，层厚 $h_1=3.0$ m；下层重度 $\gamma_2=17.0\ \text{kN/m}^3$，内摩擦角 $\varphi_2=30^\circ$，黏聚力 $c_2=0$ kPa，层厚 $h_2=3.0$ m。计算作用在

此挡土墙上的总主动土压力及其分布。

解　(1)上层填土为黏性土，墙顶部土压力为零，计算临界深度 z_0。

$$K_{a1}=\tan^2(45°-\varphi_1/2)=\tan^2(45°-16°/2)=0.568$$

$$Z_0=\frac{2c}{\gamma\sqrt{K_{a1}}}=\frac{2\times 10}{19\times\sqrt{0.568}}\approx 1.4(\mathrm{m})$$

(2)上层土底部土压力。

$$e_{a1}=\gamma_1 H_1 K_{a1}-2c\sqrt{K_{a1}}=19.0\times 3.0\times 0.568-2\times 10.0\times\sqrt{0.568}=17.3(\mathrm{kPa})$$

(3)下层土土压力计算，先将上层土折算成当量土层厚度。

$$h_1'=h_1\gamma_1/\gamma_2=3.0\times 19.0/17.0\approx 3.35(\mathrm{m})$$

$$K_{a2}=\tan^2(45°-\varphi_2/2)=\tan^2(45°-30°/2)=0.333$$

(4)下层土顶部土压力。

$$e_{a2}=\gamma_2 h_1' K_{a2}=17.0\times 3.35\times 0.333=18.98(\mathrm{kPa})$$

(5)下层土底部土压力。

$$e_{a3}=\gamma_2(h_1'+h_2)K_{a2}=17.0\times 6.35\times 0.333=35.98(\mathrm{kPa})$$

(6)土压力分布为两部分，如图 1-6-13 所示。上层土为△abc，下层土为梯形 $befd$。

(7)总主动土压力。

$$\begin{aligned}E_a&=e_{a1}(h_1-z_0)/2+(e_{a2}+e_{a3})h_2/2\\&=17.3\times(3.0-1.4)/2+(18.98+35.98)\times 3.0/2\\&=13.84+82.44=96.28(\mathrm{kN/m})\end{aligned}$$

(8)总主动土压力作用点离墙高度 h_0。

$$h_0=\left[\frac{1}{2}(h_1-z_0)\left(\frac{(h_1-z_0)}{3}+h_2\right)+\frac{1}{2}(e_{a2}+e_{a3})h_2{}^2/3\right]/E_a$$

$$=\left[13.84\times\left(\frac{3.0-1.4}{3}+3.0\right)+82.44\times 3.0/3\right]/96.28=1.364(\mathrm{m})$$

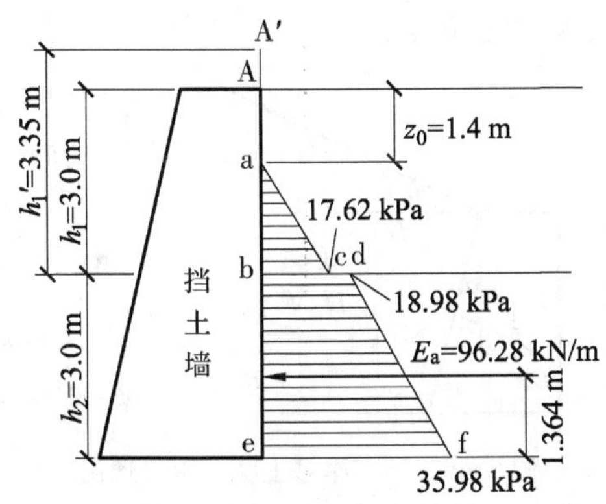

图 1-6-13　土压力计算结果

6.4　库仑土压力

朗肯理论虽然概念清晰、简单，应用也方便，但是它的应用条件也非常苛刻，在工程上很难满足其假设条件。因此，我们在工程实践中要继续了解库仑(Coulomb)土压力理论以及我国规范方法。

库仑在 1776 年(铁路时代)总结了大量的工程实践经验后,根据挡土墙的具体情况,提出了较为符合当时实际情况的土压力计算理论。虽然这一方法的计算结果,其被动土压力计算值与实际情况相差较大,但这一方法对于挡土墙的设计计算具有较好的实用性。库仑理论所要求的条件,也比朗肯理论更为符合实际情况。

假定条件:墙后填土是理想的散体($c=0$),滑动破坏面为一平面,挡土墙刚性。

求解方法:对于如图 1-6-14 所示挡土墙,已知墙背倾斜角为 α,填土面倾斜角为 β,若挡土墙在填土压力作用下背离填土向外移动,当墙后土体达到主动极限平衡状态时,土体中将产生滑动面 AB 及 BC。通过取滑动体 ABC 作为脱离体,求出不同的滑动面 BC 所对应的滑动体对墙背的作用力的极值,即为要求的主动土压力 E_a。同样也可用此方法求出被动土压力 E_p。

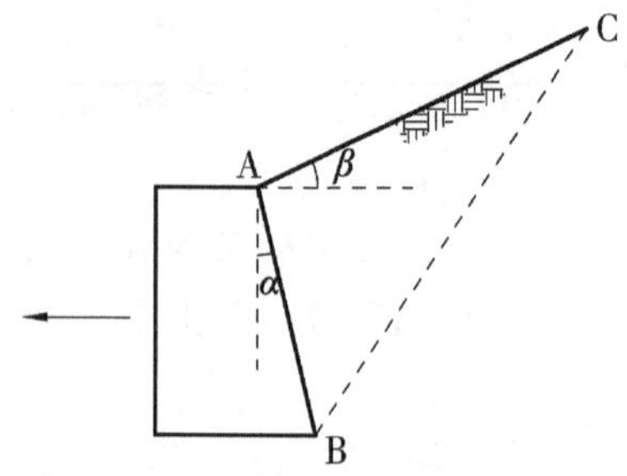

图1-6-14　库仑土压力理论示意图

6.4.1　主动土压力

沿挡土墙长度方向取一单位长度的墙进行分析,当土压力作用迫使墙体向前位移或绕墙前趾转动,当位移或转动达到一定数值,墙后土体达到极限平衡状态,产生滑动面 BC,滑动土体 ABC 有下滑的趋势。取土体 ABC 作为脱离体,它所受重力 W、滑动面上的作用力及挡土墙对它的作用力的方向如图 1-6-15 所示。墙对它的作用力就是主动土压力的反作用力。在极限平衡状态,三个力组成封闭三角形。

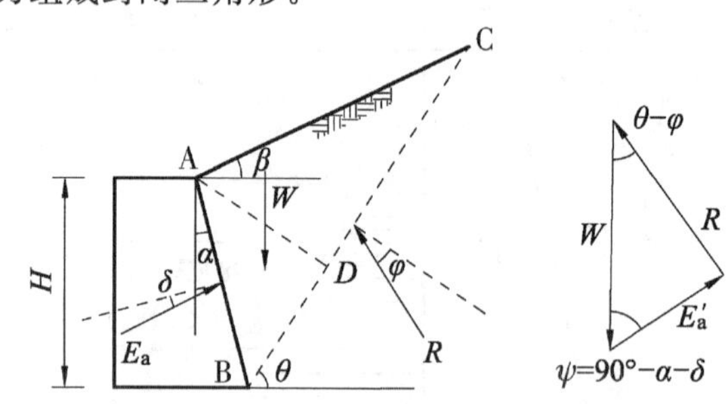

图 1-6-15　库仑主动土压力理论

δ 为墙背与土的摩擦角,称为外摩擦角。φ 为土的内摩擦角。

滑动土体 ABC 的重量:

$$W=\gamma \cdot BC \cdot AD$$

由正弦定律知:

$$BC = AB \cdot \frac{\sin(90^\circ - \alpha + \beta)}{\sin(\theta - \beta)}, AB = \frac{H}{\cos\alpha}$$

即
$$BC = H \cdot \frac{\cos(\alpha-\beta)}{\cos\alpha \cdot \sin(\theta-\beta)}$$

在直角△ADB 中：

$$AD = AB \cdot \cos(\theta-\alpha) = H \cdot \frac{\cos(\theta-\alpha)}{\cos\alpha}$$

于是

$$W = \frac{1}{2}\gamma H^2 \frac{\cos(\alpha-\beta)\cos(\theta-\alpha)}{\cos^2\alpha\sin(\theta-\beta)} \tag{1.6.19}$$

在力封闭三角形中，E_a 与 W 的关系由正弦定律给出：

$$E_a = W\frac{\sin(\theta-\varphi)}{\sin[180°-(\theta-\varphi+\psi)]}$$

将 W 的表达式代入上式，得：

$$E_a = \frac{1}{2}\gamma H^2 \frac{\cos(\alpha-\beta)\cdot\cos(\theta-\alpha)\cdot\sin(\theta-\varphi)}{\cos^2\alpha\cdot\sin(\theta-\beta)\cdot\sin(\theta-\varphi+\psi)}$$

显然，上式中对不同的 θ 角有不同的土压力表达式，令$\frac{dE_a}{d\theta}=0$，求出 θ_{cr}，它所对应的 E_a 极大值即为所求。

$$E_a = \frac{1}{2}\gamma H^2 \frac{\cos^2(\varphi-\alpha)}{\cos^2\alpha\cdot\cos(\alpha+\delta)\left[1+\sqrt{\frac{\sin(\varphi+\delta)\cdot\sin(\varphi-\beta)}{\cos(\alpha+\delta)\cdot\cos(\alpha-\beta)}}\right]^2} \tag{1.6.20}$$

令
$$K_a = \frac{\cos^2(\varphi-\alpha)}{\cos^2\alpha\cdot\cos(\alpha+\delta)\left[1+\sqrt{\frac{\sin(\varphi+\delta)\cdot\sin(\varphi-\beta)}{\cos(\alpha+\delta)\cdot\cos(\alpha-\beta)}}\right]^2} \tag{1.6.21}$$

则
$$E_a = \frac{1}{2}\gamma H^2 K_a \tag{1.6.22}$$

式中，δ——土对挡土墙背的摩擦角，由试验确定或参考表 1－6－1 取值。

φ——墙后填土的内摩擦角(°)；

K_a——库仑主动土压力系数，用公式或查表 1－6－2 确定；

γ——墙后填土的重度(k)；

H——挡土墙高度(m)；

α——墙背的倾斜角(°)，俯斜时取正号，仰斜时为负号；

β——墙后填土面的倾角(°)；

式(1.6.22)与朗肯土压力理论公式(1.6.8)形式完全相同，但主动土压力系数计算公式不同。

当 $\varepsilon=0,\delta=0,\beta=0$ 时，代入式(1.6.21)得：$K_a=\tan^2(45°-\varphi/2)$，与朗肯主动土压力系数一致，这说明朗肯土压力理论是库仑土压力理论的特例。

表 1－6－1 墙背与填土之间的摩擦角 δ

挡土墙墙背粗糙度及填土排水情况	δ
墙背平滑，排水不良	$\varphi/3$
墙背粗糙，排水良好	$\varphi/3\sim\varphi/2$
墙背粗糙，排水很良好	$\varphi/2\sim2\varphi/3$

库仑主动土压力的分布与无黏性土朗肯主动土压力的分布类似，墙顶部 $z=0$ 时，$e_a=0$；墙底部 $z=H$，$e_a=\gamma HK_a$。主动土压力沿墙高呈三角形分布，如图 1-6-16 所示。但这种分布形式只表示土压力大小，并不代表实际作用墙背上的土压力方向，而沿墙背面的压强则为 $\gamma HK_a\cos\varepsilon$。

库仑总主动土压力作用点位于主动土压力三角形分布图形的重心，即墙底面以上 $H/3$

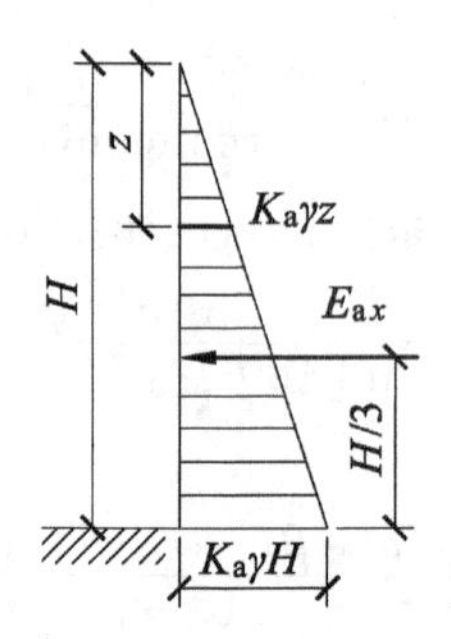

图 1-6-16 主动土压力

处，如图 1-6-16 所示。

表 1-6-2 库仑主动土压力系数 K_a 值(注:表中角度单位为°)

δ	ε	β \ φ	15°	20°	25°	30°	35°	40°	45°	50°
0°	0°	0	0.589	0.490	0.406	0.333	0.271	0.217	0.172	0.132
		10	0.704	0.569	0.462	0.374	0.300	0.238	0.186	0.142
		20		0.883	0.572	0.441	0.344	0.267	0.204	0.154
		30				0.750	0.436	0.318	0.235	0.172
	10°	0	0.652	0.559	0.478	0.407	0.343	0.287	0.238	0.194
		10	0.784	0.654	0.550	0.461	0.384	0.318	0.261	0.211
		20		10.15	0.684	0.548	0.444	0.360	0.291	0.232
		30				0.925	0.566	0.433	0.337	0.262
	20°	0	0.735	0.648	0.569	0.498	0.434	0.375	0.322	0.274
		10	0.895	0.767	0.662	0.572	0.492	0.421	0.358	0.302
		20		1.205	0.833	0.687	0.576	0.483	0.405	0.337
		30				1.169	0.740	0.586	0.474	0.385
	−10°	0	0.539	0.433	0.344	0.270	0.209	0.158	0.117	0.083
		10	0.643	0.500	0.389	0.301	0.229	0.171	0.125	0.088
		20		0.785	0.482	0.353	0.261	0.190	0.136	0.094
		30				0.614	0.331	0.226	0.155	0.104
	−20°	0	0.497	0.380	0.287	0.212	0.153	0.106	0.070	0.043
		10	0.594	0.438	0.323	0.234	0.166	0.114	0.074	0.045
		20		0.707	0.401	0.274	0.188	0.125	0.080	0.047
		30				0.498	0.239	0.147	0.090	0.051

续表 1-6-2

δ	ε	β \ φ	15°	20°	25°	30°	35°	40°	45°	50°
10°	0°	0	0.533	0.447	0.373	0.308	0.253	0.204	0.163	0.127
		10	0.664	0.531	0.431	0.350	0.282	0.225	0.177	0.136
		20		0.897	0.549	0.420	0.326	0.254	0.195	0.148
		30				0.762	0.423	0.306	0.226	0.166
	10°	0	0.603	0.520	0.448	0.384	0.326	0.275	0.229	0.189
		10	0.759	0.626	0.524	0.440	0.368	0.307	0.253	0.206
		20		1.064	0.674	0.534	0.432	0.351	0.283	0.227
		30				0.969	0.564	0.427	0.332	0.258
	20°	0	0.695	0.615	0.543	0.478	0.419	0.365	0.316	0.271
		10	0.890	0.752	0.646	0.558	0.481	0.414	0.354	0.300
		20		1.308	0.844	0.687	0.573	0.481	0.403	0.337
		30				1.268	0.758	0.593	0.478	0.388
	−10°	0	0.476	0.385	0.309	0.245	0.191	0.146	0.109	0.078
		10	0.590	0.455	0.354	0.275	0.211	0.159	0.116	0.082
		20		0.773	0.450	0.328	0.242	0.177	0.127	0.088
		30				0.605	0.313	0.212	0.146	0.098
	−20°	0	0.427	0.330	0.252	0.188	0.137	0.096	0.064	0.039
		10	0.529	0.388	0.286	0.209	0.149	0.103	0.068	0.041
		20		0.675	0.364	0.248	0.170	0.114	0.073	0.044
		30				0.475	0.220	0.135	0.082	0.047
15°	0°	0	0.518	0.434	0.363	0.301	0.248	0.201	0.160	0.125
		10	0.655	0.522	0.423	0.343	0.277	0.221	0.174	0.135
		20		0.914	0.546	0.415	0.323	0.251	0.194	0.147
		30				0.776	0.422	0.305	0.225	0.165
	10°	0	0.592	0.511	0.411	0.378	0.323	0.273	0.228	0.188
		10	0.759	0.622	0.520	0.437	0.366	0.305	0.252	0.206
		20		1.103	0.679	0.535	0.432	0.350	0.284	0.228
		30				1.005	0.570	0.430	0.333	0.260
	20°	0	0.690	0.611	0.540	0.476	0.419	0.366	0.317	0.273
		10	0.903	0.757	0.649	0.560	0.483	0.416	0.357	0.303
		20		1.382	0.862	0.697	0.579	0.486	0.408	0.341
		30				1.341	0.778	0.605	0.487	0.395
	−10°	0	0.457	0.371	0.298	0.237	0.186	0.142	0.106	0.076
		10	0.575	0.441	0.344	0.267	0.205	0.155	0.114	0.081
		20		0.776	0.441	0.320	0.236	0.174	0.125	0.087
		30				0.607	0.308	0.209	0.143	0.097
	−20°	0	0.405	0.314	0.240	0.180	0.132	0.093	0.062	0.038
		10	0.509	0.372	0.274	0.201	0.144	0.100	0.066	0.040
		20		0.667	0.352	0.239	0.164	0.110	0.071	0.042
		30				0.470	0.214	0.131	0.080	0.046

续表 1-6-2

δ	ε	β \ φ	15°	20°	25°	30°	35°	40°	45°	50°
		0			0.357	0.297	0.245	0.199	0.160	0.125
	0°	10			0.419	0.340	0.275	0.220	0.174	0.135
		20			0.547	0.414	0.322	0.250	0.193	0.147
20°		30				0.798	0.425	0.305	0.225	0.166
		0			0.438	0.377	0.322	0.273	0.229	0.190
	10°	10			0.521	0.438	0.367	0.360	0.254	0.207
		20			0.690	0.540	0.435	0.354	0.286	0.230
		30				1.051	0.582	0.437	0.338	0.263
		0			0.543	0.479	0.442	0.370	0.321	0.277
	20°	10			0.659	0.568	0.490	0.423	0.363	0.309
		20			0.890	0.714	0.592	0.496	0.417	0.349
		30				1.434	0.807	0.624	0.501	0.406
		0			0.291	0.232	0.182	0.140	0.105	0.076
20°	−10°	10			0.337	0.262	0.202	0.153	0.113	0.080
		20			0.436	0.316	0.233	0.171	0.123	0.086
		30				0.614	0.306	0.207	0.142	0.096
		0			0.232	0.174	0.128	0.090	0.061	0.038
	−20°	10			0.266	0.195	0.140	0.097	0.064	0.039
		20			0.344	0.233	0.160	0.108	0.069	0.042
		30				0.468	0.210	0.129	0.079	0.045

6.4.2 被动土压力

1. 受力分析

挡土墙在外力作用下向后移动，推向填土，使滑动楔体△ABC达到极限平衡状态，墙后填土沿墙背AB面和填土内某一滑动面BC同时向上滑动。取滑动楔体△ABC为隔离体进行受力分析，如图 1-6-17 所示。

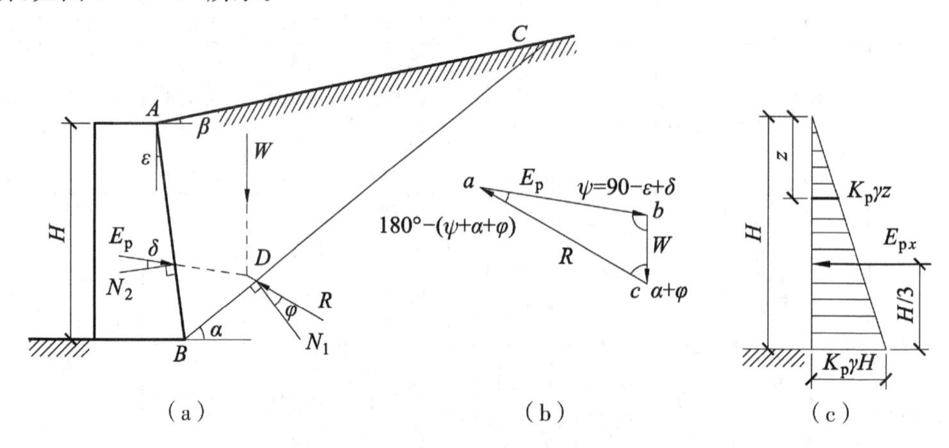

图 1-6-17 库仑被动土压力计算

(1)取挡土墙1延米宽,作用于楔体△ABC,自重W计算见式(1.6.19)。

(2)墙背AB对滑动楔体的推力E_p。该支撑力与所求的被动土压力大小相等,方向相反。E_p的方向已知,与墙背法线$2N$成δ角。因为土楔体向上滑动,墙背给土体的推力朝斜下方向,故推力E_p在法线$2N$的上方,如图1-6-17(a)所示。

(3)墙后填土中的滑动面BC上,作用着滑动面下方不动土体对滑动楔体△ABC的反力R。R的方向与滑动面BC的法线N_1成φ角。因为土楔体向上滑动,故支撑力R在法线N_1的上方,如图1-6-17(a)所示。

如图1-6-17(b)所示。由静力平衡三角形△abc可知:W与R的夹角为$\alpha+\varphi$,令W与E_p之间夹角为$\psi(\psi=90°-\varepsilon-\delta)$,则$E_p$与$R$之间的夹角为$180°-[\psi+(\alpha+\varphi)]$。

取不同的滑动面(变化坡角α),则W、E与R的数值以及方向将随之变化,找出最小的E值(此时该滑动面为最危险滑动面),即为所求的被动土压力E_p。

2.计算公式

(1)在力三角形△abc中应用正弦定理,可得:

$$\frac{E}{\sin(\alpha+\varphi)}=\frac{W}{\sin(\psi+\alpha+\varphi)} \tag{1.6.23}$$

即

$$E=\frac{W\sin(\alpha+\varphi)}{\sin(\psi+\alpha+\varphi)} \tag{1.6.24}$$

(2) 因$E=f(\alpha)$,为求其最大值,需通过$\mathrm{d}E/\mathrm{d}\alpha=0$得出相应的最危险滑动面的$\alpha$值,并将其代入式(1.6.24),可得无黏性土库仑被动土压力E_p为:

$$E_p=\frac{1}{2}\gamma H^2K_p \tag{1.6.25}$$

$$K_p=\frac{\cos^2(\varphi+\alpha)}{\cos^2\varepsilon\cdot\cos\varepsilon(\alpha-\delta)\cdot\left[1-\sqrt{\dfrac{\sin(\varphi+\delta)\cdot\sin(\varphi+\beta)}{\cos(\varepsilon-\delta)\cdot\cos(\varepsilon-\beta)}}\right]^2} \tag{1.6.26}$$

式中,K_p——被动土压力系数;其他符号意义同式(1.6.22)。

式(1.6.25)与朗肯土压力理论公式(1.6.13)形式完全相同,但被动土压力系数公式不同。当$\varepsilon=0,\delta=0,\beta=0$时,代入式(1.6.26)得$K_p=\tan^2(45°+\varphi/2)$,与朗肯被动土压力系数一致,证实了朗肯土压力理论是库仑土压力理论的特例。

3.库仑被动土压力的分布

与无黏性土朗肯被动土压力的分布类似,墙顶部$z=0$时,$e_p=0$;墙底部$z=H$,$e_p=\gamma HK_p$。被动土压力沿墙高呈三角形分布,如图1-6-17(c)所示。但这种分布形式只表示土压力大小,并不代表实际作用墙背上的土压力方向。而沿墙背面的压强则为“$\cos\varepsilon\cdot\gamma HK_p$”。

4.库仑总被动土压力作用点

总被动土压力的作用点位于被动土压力三角形分布图形的重心,即墙底面以上$H/3$处,如图1-6-17(c)所示。

6.4.3 有车辆荷载时的土压力

在挡土墙或桥台设计时,应考虑车辆荷载引起的土压力。《公路桥涵设计通用规范》(JTG D60—2004)中对车辆荷载引起的土压力计算方法,做出了具体规定。计算原理是按照库仑土压力理论，把填土破坏棱体范围内的车辆荷载，换算成等代均布土层厚度 h_e 来计算，然后用库仑土压力公式计算。

如图 1-6-18 所示，当土层特性无变化但有车辆荷载作用时，作用在桥台、挡土墙后的主动土压力标准值在填土表面与水平面的夹角 $\beta=0$ 时，可按下式计算：

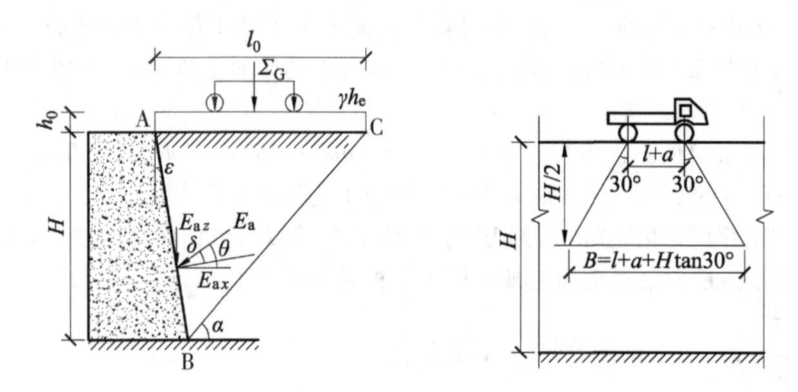

图 1-6-18 车辆荷载引起的土压力计算

$$E_a=\frac{1}{2}\gamma H(H+2h_e)K_a \tag{1.6.27}$$

式中，E_a——主动土压力标准值(kN)；

h_e——汽车荷载的等代均布土层厚度(m)，按式(1.6.28)计算；

H——计算土层高度(m)；

K_a——库仑主动土压力系数。

$$h_e=\frac{\sum G}{Bl_0\gamma} \tag{1.6.28}$$

式中，γ——土的重度(kN/m³)；

$\sum G$——布置在 $B\times$l0 面积内的车轮的总重力(kN)；

l_0——桥台或挡土墙后填土的破坏棱体长度(m)；

B——桥台的计算宽度或挡土墙的计算长度(m)，见规范规定，重车挡土墙的计算长度如图 1-6-18(b)所示，$B=l+a+H\tan 30°$。

主动土压力的水平分力 $E_{ax}=E_a\cos\theta$，其作用点距墙脚的竖直距离为：

$$C_y=\frac{H}{3}\times\frac{H+3h_e}{H+2h_e} \tag{1.6.29}$$

主动土压力的垂直分力 $E_{ay}=E_a\sin\theta$，其作用点距墙脚 B 点的水平距离为：

$$C_x=C_y\tan\varepsilon \tag{1.6.30}$$

6.4.4 朗肯土压力理论与库仑土压力理论的比较

朗肯土压力理论与库仑土压力理论是在各自的假设条件下，应用不同的分析方法得到的土压力假设公式。只有在最简单的情况下(墙背垂直光滑，填土表面水平，即 ε、δ、β 均为零)，用这两种理论计算的结果才相等，否则便得出不同的结果。因此，应根据实际情况合理选择使用。

1. 分析原理的异同

朗肯土压力理论与库仑土压力理论计算出的土压力都是墙后土体处于极限平衡状态时的土压力，故均属于极限状态土压力理论。朗肯土压力理论从半无限土体中一点的极限平衡应力状态出发，直接求得墙背上各点的土压力强度分布，其公式简单，便于记忆；而库仑土压力理论是根据挡土墙墙背和滑裂面之间的土楔体整体处于极限平衡状态，用静力平衡条件，直接求得墙背上的总土压力。

2. 墙背条件不同

朗肯土压力理论为了使墙后填土的应力状态符合半无限土体的应力状态，其假定墙背垂直光滑，因而使其应用范围受到了很大限制；而库仑土压力理论墙背可以是倾斜的，也可以是非光滑的，因而使其能适用于较为复杂的各种实际边界条件，应用更为广泛。

3. 填土条件不同

朗肯土压力理论计算对于黏性土和无黏性土均适用，而库仑土压力理论不能直接应用于填土为黏性土的挡土墙。朗肯土压力理论假定填土表面水平，使其应用范围受到限制；而库仑土压力理论填土表面可以是水平的，也可以是倾斜的，能适用于较为复杂的各种实际边界条件，应用更为广泛。

4. 计算误差不同

两种土压力理论都是对实际问题做了一定程度的简化，其计算结果有一定误差。朗肯土压力理论忽略了实际墙背并非光滑以及存在摩擦力这一事实，使其计算所得的主动压力系数 K_a 偏大，而被动土压力系数 K_p 偏小；库仑土压力理论考虑了墙背与填土摩擦作用，边界条件正确，但却把土体中的滑动面假定为平面，与实际情况不符，所说计算的主动压力系数 K_a 稍偏小；被动土压力系数 K_p 偏高。

计算主动土压力时，对于无黏性土，朗肯土压力理论计算结果将偏大，但这种误差是偏于安全的，而库仑土压力理论计算结果比较符合实际；对于黏性土，可直接应用朗肯土压力理论计算主动土压力，而库仑土压力理论却无法直接应用，可以采用规范推荐的公式或图解法求解。计算被动土压力时，两种理论计算结果误差均较大。当 δ 和 φ 较大时，工程上不采用库仑土压力理论计算被动土压力。

6.5　土坡和地基的稳定性

6.5.1　土坡的滑动破坏形式

根据滑动的诱因，可分为推动式滑坡和牵引式滑坡。推动式滑坡是由于坡顶超载或地震等因素导致下滑力大于抗滑力而失稳，牵引式滑坡主要是由于坡脚受到切割导致抗滑力减小而破坏。

根据滑动面形状的不同，滑坡破坏通常有以下两种形式：

(1)滑动面为平面的滑坡，常发生在匀质的和成层的非均质的无黏性土构成的土坡中；

(2)滑动面为近似圆弧面的滑坡，常发生在黏性土坡中。

6.5.2　土坡滑动失稳的机理

土坡滑动失稳的原因一般有以下两类情况：

(1)外界力的作用破坏了土体内原来的应力平衡状态。如基坑的开挖，由于地基内自身重力发生变化，又如路堤的填筑、土坡顶面上作用外荷载、土体内水的渗流、地震力的作用等。

(2)土的抗剪强度由于受到外界各种因素的影响而降低，促使土坡失稳破坏。滑坡的实质是土坡内滑动面上作用的滑动力超过了土的抗剪强度。土坡的稳定程度通常用安全系数来衡量，它表示土坡在预计的最不利条件下具备的安全保障。土坡的安全系数为滑动面上的抗滑力矩 M_r 与滑动力矩 M 的比值，即 $K=M_r/M$(或是抗滑力 T_f 与滑动力 T 之比值，即 $K=T_f/T$)；或为土体的抗剪强度 τ_f 与土坡最危险滑动面上产生的剪应力 τ 的比值，即 $K=\tau_f/\tau$，也有用内聚力、内摩擦角、临界高度表示的。对于不同的情况，采用不同的表达方式。土坡稳定分析的可靠程度在很大程度上取决于计算中选用的土的物理力学性质指标(主要是土的抗剪强度指标 c、φ 及土的重度 γ 值)，指标选用得当，才能获得符合实际的稳定分析。

6.5.3 无黏性土坡的稳定分析

如图 1-6-19 为一无黏性土坡，其沿坡面的滑动力 $T=W\sin\beta$，阻止滑动的力是 W 在斜面上的法向分力 N 引起的摩擦力，抗滑力 $T_f=N\cdot\tan\varphi=W\cos\beta\cdot\tan\varphi$，

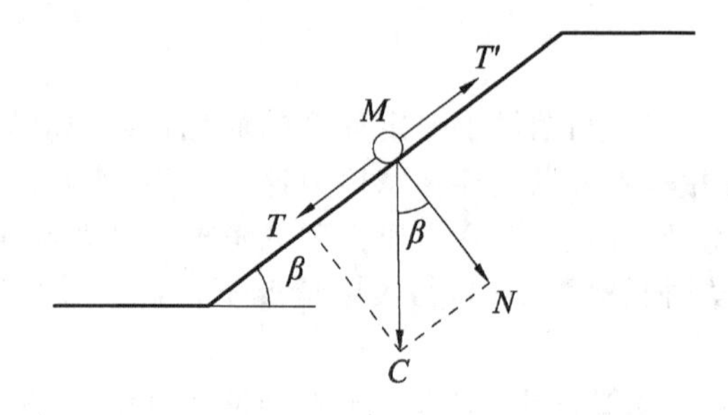

图 1-6-19 无黏性土坡

则稳定安全系数为：

$$K=\frac{T_f}{T}=\frac{W\cos\beta\cdot\tan\varphi}{W\sin\beta}=\frac{\tan\varphi}{\tan\beta} \qquad (1.6.31)$$

讨论：

(1)当坡角 β 等于土的内摩擦角 时，$K=1$，即土坡处于极限平衡状态。

(2)只要 $\beta<\varphi(K>1)$，土坡就能稳定，而且与坡高无关。

(3)若土坡为密实碎石土，存在咬合力，则稳定安全系数 K 还与坡高 H 等，则对于同一种土，坡高 H 大时，坡度允许值要小，即坡度平缓。

6.5.4 黏性土坡的稳定分析

黏性土坡发生滑坡时，其滑动面形状多为一曲面，在理论分析中，一般将此曲面简化为圆弧面，并按平面问题处理。圆弧滑动面的形式有以下三种：

(1)圆弧滑动面通过坡脚 B 点，见图 1-6-20(a)，称为坡脚圆。

(2)圆弧滑动面通过坡面上 E 点，见图 1-6-20(b)，称为坡面圆。

(3)圆弧滑动面发生在坡角以外的 A 点，见图 1-6-20(c)，且圆心位于坡面中点的垂直线上，称为中点圆。

土坡稳定分析时采用圆弧滑动面首先由彼德森(K. E. Petterson，1916)提出，此后费伦

纽斯(W. Fellernius,1927)和泰勒(D. W. Taylor,1948)做了研究和改进。他们提出的分析方法可以分为两类:①土坡圆弧滑动按整体稳定分析法,主要适用于均质简单土坡。②用条分法分析土坡稳定,对非均质土坡、土坡外形复杂及土坡部分在水下时均适用。

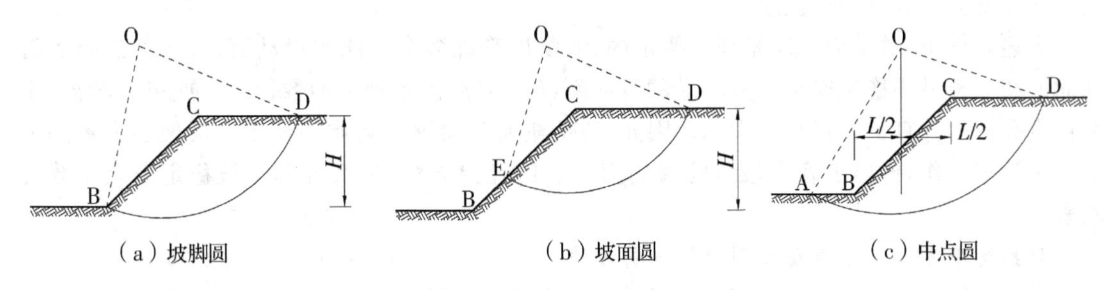

图 1-6-20　黏土土坡的滑动面形式

6.5.5　均质简单黏性土坡的整体稳定分析

1. 基本原理

对于均质简单土坡,其圆弧滑动体的稳定分析可采用整体稳定分析法进行。所谓简单土坡是指土坡顶面与底面水平,坡面 BC 为一平面的土坡,如图 1-6-21 所示。

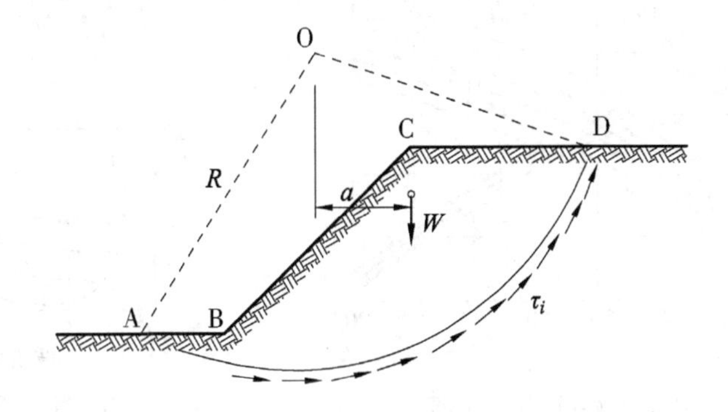

图 1-6-21　均质黏性土坡滑动面的形式

分析图 1-6-21 所示均质简单土坡,若可能的圆弧滑动面为 AD,其圆心为 O,滑动圆弧半径为 R。滑动土体 $ABCD$ 的重力为 W,它是促使土坡滑动的滑动力。沿着滑动面 AD 上分布的土的抗剪强度 τ_f 将形成抗滑力 T_f。将滑动力 W 及抗滑力 T_f 分别对滑动面圆心 O 取矩,得滑动力矩 M_s 及抗滑力矩 M_r 为:

$$M_s = Wa$$

$$M_r = T_f R = \tau_f \widehat{L} R$$

式中,W——滑动体 $ABCDA$ 的重力(kN);

a——W 对 O 点的力臂(m);

τ_f——土的抗剪强度,按库仑定律 $\tau_f = \sigma\tan\varphi + c$(kPa);

$\widehat{L}$——滑动圆弧 AD 的长度(m);

R——滑动圆弧面的半径(m)。

土坡滑动的稳定安全系数 K 可以用抗滑力矩 M_r 与滑动力矩 M_s 的比值表示,即:

$$K=\frac{M_r}{M_s}=\frac{\tau_f\widehat{L}R}{Wa} \tag{1.6.32}$$

由于土的抗剪强度沿滑动面 AD 上的分布是不均匀的，因此直接按公式(1.6.32)计算土坡的稳定安全系数有一定误差。

上述计算中，滑动面 AD 是任意假定的，需要试算许多个可能的滑动面，找出最危险的滑动面即相应于最小稳定安全系数 K_{min} 的滑动面，K_{min} 必须满足规定的数值。由此可以看出，土坡稳定分析的计算工作量是很大的。因此，费伦纽斯和泰勒对均质的简单土坡做了大量的近似分析计算工作，提出了确定最危险滑动面圆心的经验方法，以及计算土坡稳定安全系数的图表。

2. 泰勒确定最危险滑动面圆心的分析方法

泰勒对均质简单土坡稳定问题做了进一步的研究，用图表的形式给出了确定均质简单土坡最危险滑动面圆心位置和稳定因数 N_s 的方法。泰勒认为圆弧滑动面的三种破坏形式是与土的内摩擦角 φ 值、坡角 β 以及硬层埋藏深度等因素有关。泰勒经过大量计算分析后提出：

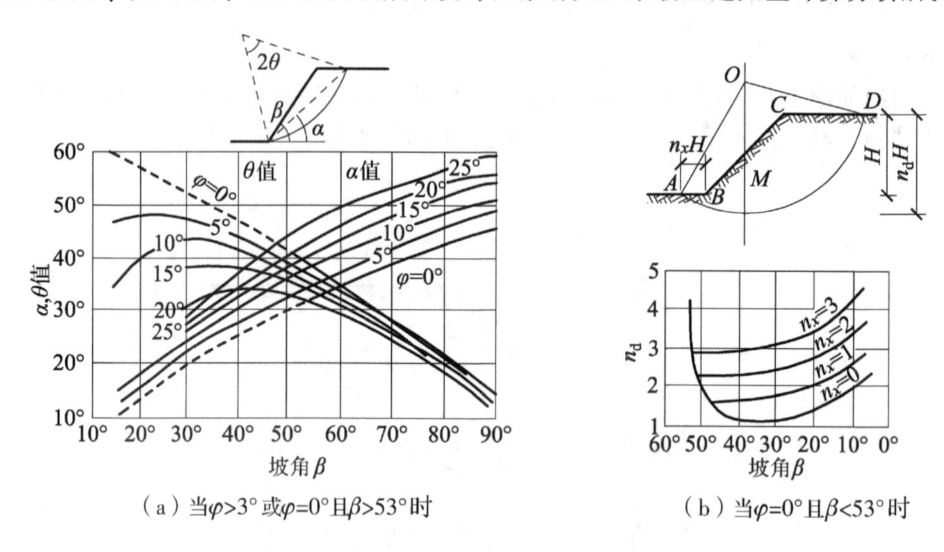

图 1-6-22 按泰勒方法确定最危险滑动面圆心位置

(1)当 $\varphi>3°$ 时，滑动面为坡脚圆，其最危险滑动面圆心位置可根据 φ 值及 β 角，从图 1-6-22 中曲线查得 θ 及 α 值作图求得。

(2)当 $\varphi=0°$，且 $\beta>53°$ 时，滑动面也是坡脚圆，其最危险滑动面圆心位置，同样可从图 1-6-22 中的曲线查得 θ 及 α 值作图求得。

(3)当 $\varphi=0°$，且 $\beta<53°$ 时，滑动面可能是中点圆，也有可能是坡脚圆或坡面圆，它取决于硬层的埋藏深度。当土体高度为 H，硬层的埋藏深度为 n_dH（见图 1-6-22(a)）。若滑动面为中点圆，则圆心位置在坡面中点 M 的铅直线上，且与硬层相切（见图 1-6-22(b)），滑动面与土面的交点为 A，A 点距坡脚 B 的距离为 n_xH，n_x 值可根据 n_d 及 β 值由图 1-6-22(b)查得。若硬层埋藏较浅，则滑动面可能是坡脚圆或坡面圆，其圆心位置需通过试算确定。

6.5.6 黏性土土坡稳定分析的条分法

由于整体分析法对于非均质的土坡或比较复杂的土坡（如土坡形状比较复杂，或土坡上有荷载作用，或土坡中有水渗流时等）均不适用，费伦纽斯（W. Fellenius，1927）提出了黏性土土坡稳定分析的条分法。由于此法最先在瑞典使用，又称为瑞典条分法。毕肖普（A. W. Bishop，1955）对此法进行改进，提高了条分法的计算精度。

1. 费伦纽斯条分法

（1）条分法的基本原理。

如图1-6-23所示土坡，取单位长度土坡按平面问题计算。设可能的滑动面是一圆弧AD，其圆心为O，半径为R。将滑动土体$ABCDA$分成许多竖向土条，土条宽度一般可取$b=0.1R$。

任一土条i上的作用力包括：土条的重力W_i，其大小、作用点位置及方向均已知。滑动面ef上的法向反力N_i及切向反力T_i，假定N_i，T_i作用在滑动面ef的中点，它们的大小均未知。土条两侧的法向力E_i，E_{i+1}及竖向剪切力X_i，X_{i+1}，其中E_i和X_i可由前一个土条的平衡条件求得，而E_{i+1}和X_{i+1}的大小未知，E_{i+1}的作用点位置也未知。

由此看到，土条i的作用力中有5个未知数，但只能建立3个平衡条件方程，故为非静定问题。为了求得N_i，T_i值，必须对土条两侧作用力的大小和位置作适当假定。费伦纽斯的条分法假设不考虑土条两侧的作用力，也即假设E_i和X_i的合力等于E_{i+1}和X_{i+1}的合力。

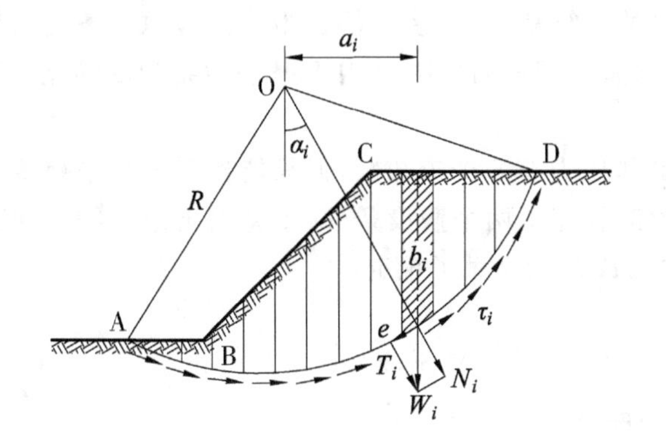

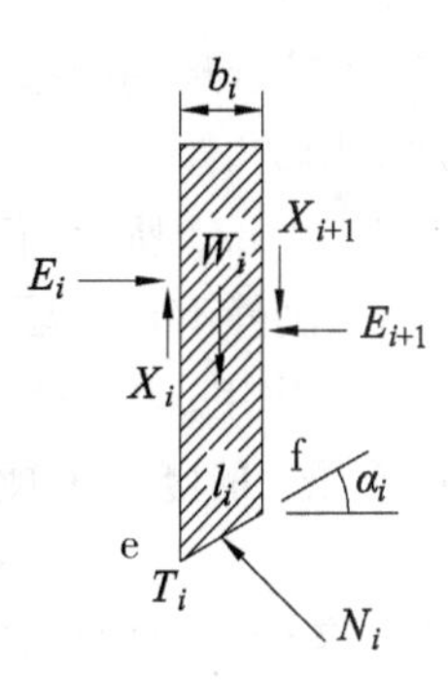

图1-6-23 土坡稳定分析的条分法

同时它们的作用线重合，因此土条两侧的作用力相互抵消。这时土条i仅有作用力W_i，N_i及T_i，根据平衡条件可得，

$$N_i = W_i\cos\alpha_i$$
$$T_i = W_i\sin\alpha_i$$

滑动面ef上土的抗剪强度为：

$$\tau_{fi} = \sigma_i\tan\varphi_i + c_i = \frac{1}{l_i}(N_i\tan\varphi_i + c_i l_i) = \frac{1}{l_i}(W_i\cos\alpha_i\tan\varphi_i + c_i l_i)$$

式中，α_i——土条i滑动面的法线（即半径）与竖直线的夹角（°）；

l_i——土条i滑动面ef的弧长（m）；

c_i、φ_i——滑动面上上的粘聚力及内摩擦角（kPa，°）。

土条i上的作用力对圆心O产生的滑动力矩M_s及抗滑力矩M_r分别为：

$$M_s = T_i R = W_i\sin\alpha_i R$$
$$M_r = \tau_{f\ i} l_i R = (W_i\cos\alpha_i\tan\varphi_i + c_i l_i)R$$

整个土坡相应于滑动面 AD 时的稳定安全系数为：

$$K = \frac{M_r}{M_s} = \frac{R\sum_{i=1}^{n}(W_i\cos\alpha_i\tan\varphi_i + c_i l_i)}{R\sum_{i=1}^{n}W_i\sin\alpha_i} \tag{1.6.33}$$

对于均质土坡，$c_i=c$，$\varphi_i=\varphi$，则

$$K = \frac{M_r}{M_s} = \frac{\tan\varphi\sum_{i=1}^{n}W_i\cos\alpha_i + c\widehat{L}}{\sum_{i=1}^{n}W_i\sin\alpha_i} \tag{1.6.34}$$

(2)最危险滑动面圆心位置的确定。上述稳定安全系数 K 是对于某一个假定滑动面求得的，因此需要试算许多个可能的滑动面，相应于最小安全系数的滑动面即为最危险滑动面，也可以费伦纽斯或泰勒提出的确定最危险滑动面圆心位置的经验方法，但当坡形复杂时，一般还是采用电算搜索的方法确定。

2. 毕肖普条分法

费伦纽斯的简单条分法假定不考虑土条间的作用力，一般说，这样得到的稳定安全系数是偏小的。在工程实践中，为了改进条分法的计算精度，许多人都认为应该考虑土条间的作用力，以求得比较合理的结果。目前已有许多解决问题的办法，其中以毕肖普提出的简化方法是比较合理适用的。

如图 1－6－23 所示，任一土条 i 上的作用力有 5 个未知数，但只能建立 3 个平衡条件方程，是一个二次静不定问题，毕肖普在求解时补充了两个假设条件：①忽略土条间的竖向剪切力 X_i 和 X_{i+1} 作用；②对滑动面上的切向力 T_i 的大小做了规定。

根据土条 i 的竖向平衡条件可得：

$$W_i - X_i + X_{i+1} - T_i\sin\alpha_i - N_i\cos\alpha_i = 0$$

忽略土条间的竖向剪切力 X_i 和 X_{i+1}，即 $X_i - X_{i+1}=0$，得：

$$W_i - T_i\sin\alpha_i - N_i\cos\alpha_i = 0$$

即

$$N_i\cos\alpha_i = W_i - T_i\sin\alpha_i \tag{1.6.35}$$

若土坡的稳定安全系数为 K，则土条 i 上的抗剪强度 τ_{fi} 也只发挥了一部分，毕肖普假设 τ_{fi} 与滑动面上的切向力 T_i 平衡，即

$$T_i = \tau_{fi} l_i = \frac{1}{K}(N_i\tan\varphi_i + c_i l_i) \tag{1.6.36}$$

将式(1.6.36)代入式(1.6.35)中，得

$$N_i = \frac{W_i - \frac{c_i l_i}{K}\sin\alpha_i}{\cos\alpha_i + \frac{1}{K}\tan\varphi_i\sin\varphi_i} \tag{1.6.37}$$

土坡的安全系数 K 为：

$$K = \frac{M_r}{M_s} = \frac{\sum_{i=1}^{n}(N_i\tan\varphi_i + c_i l_i)}{\sum_{i=1}^{n}W_i\sin\alpha_i} \tag{1.6.38}$$

将式(1.6.37)代入式(1.6.38)中,得

$$K=\frac{\sum_{i=1}^{n}\frac{W_i\tan\varphi_i+c_il_i\cos\alpha_i}{\cos\alpha_i+\frac{1}{K}\tan\varphi_i\sin\alpha_i}}{\sum_{i=1}^{n}W_i\sin\alpha_i} \tag{1.6.39}$$

上式中令

$$m_{\alpha i}=\cos\alpha_i+\frac{1}{K}\tan\varphi_i\sin\alpha_i \tag{1.6.40}$$

则式(1.6.39)可简化为:

$$K=\frac{\sum_{i=1}^{n}\frac{1}{m_{\alpha i}}(W_i\tan\varphi_i+c_il_i\cos\alpha_i)}{\sum_{i=1}^{n}W_i\sin\alpha_i} \tag{1.6.41}$$

式(1.6.41)就是毕肖普法计算土坡稳定安全系数的公式。由于式中 $m_{\alpha i}$ 也包含 K 值,因此需用迭代法求解,先假定一个 K 值,按式(1.6.41)求得 $m_{\alpha i}$ 值,再代入式(1.6.40)中求得 K 值。若此值与假定值不符,则用此 K 值重新计算 $m_{\alpha i}$ 求得新的 K 值,如此反复迭代,直至假定的 K 值与求得的 K 值相近为止。

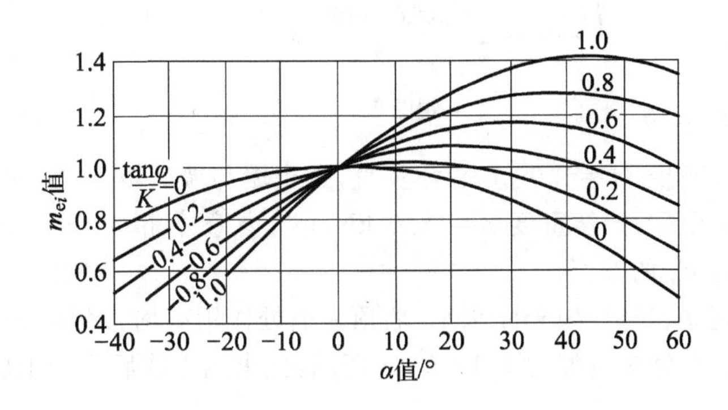

图 1-6-24　$m_{\alpha i}$ 值曲线

将式(1.6.40)的 $m_{\alpha i}$ 值制成曲线,按 α_i 及 $\frac{\tan\varphi_i}{K}$ 值直接查得 $m_{\alpha i}$ 值,以方便计算,如图 1-6-24所示。

最危险滑动面圆心位置的确定方法,仍可按前述经验方法来确定。

本章思考题

1. 土压力有哪几种? 影响土压力的各种因素中最重要的因素是什么?
2. 试阐述主动、静止、被动土压力的定义和产生的条件,并比较三者的数值大小。
3. 比较朗肯土压力理论和库仑土压力理论的基本假定及适用条件。
4. 挡土墙背的粗糙程度、填土排水条件的好坏对主动土压力有何影响?
5. 挡土墙有哪几种类型? 如何确定重力式挡土墙断面尺寸及进行各种验算?
6. 土坡稳定有何实际意义? 影响土坡稳定的因素有哪些? 如何防止土坡滑动?
7. 土坡稳定分析的条分法原理是什么? 如何确定最危险圆弧滑动面?

本章习题

1. 有一挡土墙，高 5 m，墙背直立、光滑，填土面水平。填土的物理力学性质如下：$c=10$ kPa，$\varphi=20°$、$\gamma=18\ \text{kN/m}^3$，试求主动土压力及其作用点，并绘出主动土压力分布图。

2. 某挡土墙高 5 m，墙背竖直光滑，填土面水平，$\gamma=18.0\ \text{kN/m}^3$、$\varphi=22°$、$c=15$ kPa。试计算：(1)该挡土墙的主动土压力分布、合力大小及其作用点位置；(2)若该挡土墙在外力作用下，朝填土方向产生较大位移时，作用在墙背的土压力分布、合力大小及其作用点位置又如何？

3. 某挡土墙墙高 $H=6$ m，墙背垂直、光滑，填土面水平并作用有连续的均布荷载 $q=15$ kPa，墙后填土为两层，其物理力学性质指标如题图 1-6-1 所示，试计算墙背所受土压力。

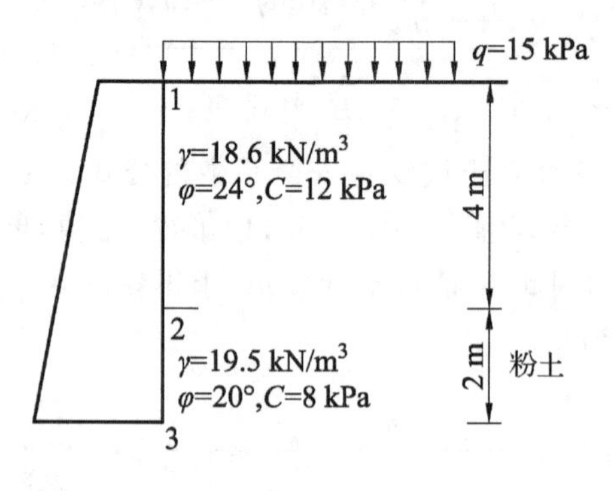

题图 1-6-1

4. 已知某挡土墙高度 $H=4.0$ m，墙背竖直，挡土墙与墙后填土之间的摩擦角 $\delta=24°$，填土表面水平。填土为干砂，天然重度 $\gamma=18.0\ \text{kN/m}^3$，内摩擦角 $\varphi=36°$。试计算作用在此挡土墙上的主动土压力 E_a 的数值。

5. 已知挡土墙直立、光滑，填土面水平，墙顶表面处作用有均布荷载 $q=20$ kPa，填土为两层，墙后有地下水位，具体资料如题图 1-6-2 所示，试求挡土墙后主动土压力及总侧推力。

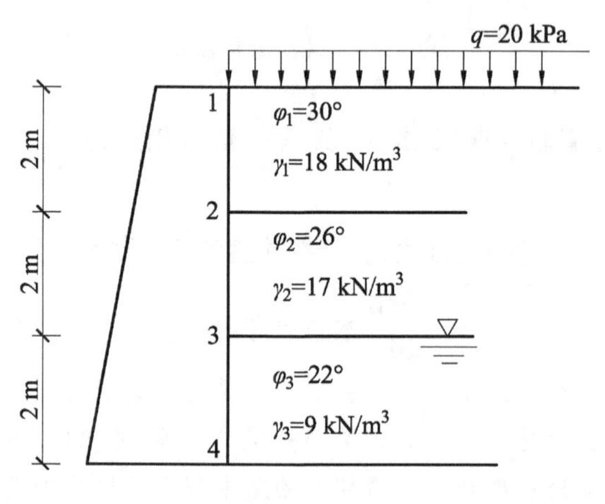

题图 1-6-2

6. 已知一均质土坡，坡角 $\theta=30°$，土的重度 $\gamma=16.0\ \text{kN/m}^3$，内摩擦角 $\varphi=20°$，黏聚力 $c=5$ kPa。计算此黏性土坡的安全高度 H。

7. 已知某路堤填筑高度 $H=10.0$ m，填土重度 $\gamma=18.0\ \text{kN/m}^3$，内摩擦角 $\varphi=20°$，黏聚力

$c=7$ kPa。求此路基的稳定坡角 θ。

8. 某基坑深度 $H=6.0$ m，土坡坡度 1∶1。地基土分为两层：第一层为粉质黏土，天然重度 $\gamma_1=18.0$ kN/m^3，内摩擦角 $\varphi_1=20°$，黏聚力 $c_1=5.4$ kPa，层厚 $h_1=3.0$ m；第二层为黏土，重度 $\gamma_2=19.0$ kN/m^3，内摩擦角 $\varphi_2=16°$，黏聚力 $c_2=10.0$ kPa，层厚 $h_2=10.0$ m。试用圆弧条分法计算此土坡稳定性。

第二部分　基础工程

项目一 浅基础的设计及验算

学习目标

知识目标

1. 熟悉浅基础设计的基本原则
2. 掌握浅基础的类型
3. 掌握基础埋深的选择
4. 熟悉地基承载力的确定
5. 熟悉基础底面尺寸的确定
6. 了解地基变形验算

能力目标

1. 具有确定地基承载力特征值的能力
2. 具有无筋扩展基础、墙下条形基础与柱下单独基础的设计和强度验算能力
3. 了解筏板基础、箱形基础等设计方法
4. 会分析地基不均匀沉降的原因,提出合理的解决措施

项目分析

项目概述

基础按照埋设深度分为浅基础和深基础,一般在天然地基上修筑浅基础,其施工简单,且较经济,而人工地基及深基础,往往造价较高,施工工艺比较复杂。因此,在保证建筑物的安全和正常使用的条件下,应首先选用天然地基浅基础方案。

情景案例设计

实践一:某地基土为中性的碎石,其承载力标准值为 500 kPa,地下水位以上的重度 $\gamma=19.8\ kN/m^3$,地下水位以下的饱和重度 $\gamma_{sat}=21.0\ kN/m^3$,地下水距地表为 1.3 m。基础埋深 $d=1.8$ m,基底宽 $d=3.5$ m。试求地基土承载力特征值。

实践二:浅基础设计

1. 实践目的

根据本课程教学大纲的要求,学生应通过本设计掌握天然地基上的基础设计的原理与方法,培养学生分析问题、实际运算和绘制施工图的能力,以巩固和加强对基础设计原理的理解。

2. 设计任务与资料

设计单层工业厂房排架柱基础,按使用功能要求,上部结构的柱截面尺寸设计为 400 mm×700 mm,间距为 6 m,外柱柱角处内力组合设计值为:$F_k=500$ kN,$M=150$kN·m,$V=25$ kN,基础梁宽为 240 mm,传递集中力 $P=160$ kN,室内外设计地坪高差为 0.15 m,地质剖面资料如图 2-1-1 所示(注:该地区的标准冻深 $z_0=1.2$ m,冬季采暖期间的平均气温为 9℃,吊车起质量为 35 t,厂房跨度为 30 m)。

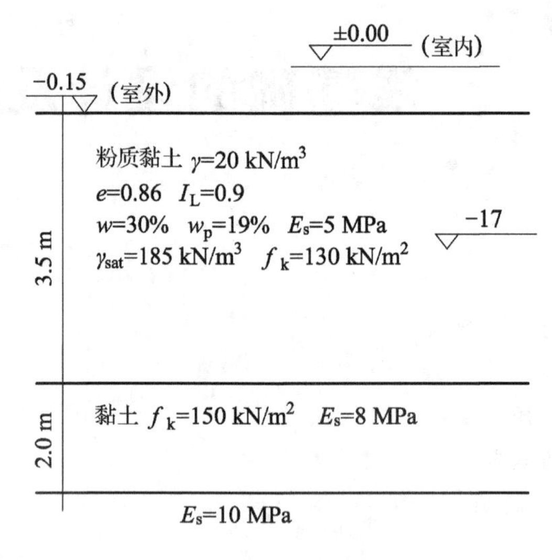

图 2-1-1 地质剖面资料图

3. 设计成果要求

(1)设计说明书。要求写出完整的设计说明书,包括荷载设计、基础类型、材料选择、埋深确定、底面尺寸设计、剖面尺寸确定及配筋量计算。

(2)图纸。绘制 2 号图 1 张(独立基础平面、剖面图)。

4. 设计步骤

(1)根据地质条件确定基础的埋置深度。

(2)根据地基承载力与荷载计算基底面积,并进行软弱下卧层验算。

(3)根据建筑层数及地质条件确定基础类型。

(4)地基变形验算。

(5)基础剖面设计与结构计算。

(6)绘制基础施工图,编写施工说明书。

任务分析

任务一 确定基础埋置深度

一、浅基础设计中应注意的问题

(1)充分掌握拟建场地的工程地质条件和地基勘察资料,例如:不良地质现象和地震断土层的存在及其危害性,地基土层分布的均匀性和软弱下卧层的位置和厚度,各层土的类别及其工程特性指标。地基勘探的详细程度与建筑物的安全等级(见表 2-1-1)和场地的工程地质条件相适应。

表 2-1-1　建筑物安全等级

安全等级	破坏后果	建 筑 类 型
一级	很严重	重要的工业与民用建筑物；20 层以上的高层建筑；体型复杂的 14 层以上高层建筑；对地基变形有特殊要求的建筑物；单桩承受的荷载在 4000kN 以上的建筑物
二级	严重	次要的建筑物
三级	不严重	次要的建筑物

(2)了解当地的建筑经验、施工条件和就地取材的可能性，并结合实际考虑采用先进的施工技术和经济、可行的地基处理方法。

(3)在研究地基勘察资料的基础上，结合上部结构的类型，荷载的性质、大小和分布，建筑布置和使用要求以及拟建的基础对原有建筑或设施的影响，从而考虑选择基础类型和平面布置方案，并确定地基持力层和基础埋置深度。

(4)按地基承载力确定基础底面尺寸，进行必要的地基稳定性和特征变形验算，以便使地基的稳定性能得到充分的保证，使地基的沉降不致引起结构损坏、建筑物倾斜与开裂，或影响其使用和外观。

(5)以简化的、考虑相互作用的计算方法进行基础结构的内力分析和截面设计，以保证基础具有足够的强度、刚度和耐久性。最后绘制施工详图并作出施工说明。

不难看出，上述各方面是密切关联、相互制约的，未必能一次考虑周详。因此，地基基础设计工作往往要反复进行才能取得满意的结果。对规模较大的基础工程，还应对若干可能方案做技术经济比较，然后择优采用。

必须强调的是：地基基础问题的解决，不宜单纯着眼于地基基础本身，按常规设计时，更应把地基、基础与上部结构视为一个统一的整体，从三者相互作用的概念出发考虑地基基础方案。尤其是当地基比较复杂时，如果能从上部结构方面配合采取适当的建筑、结构、施工等不同措施，往往可以收到合理、经济的效果。

二、基础设计的方法

地基、基础和上部结构三者相互联系成整体，共同来承担荷载和抵抗变形的，合理的分析方法应该以地基、基础和上部结构必须同时满足静力平衡和变形协调两个条件为前提，但常采用的浅基础体型不大、结构简单，在计算单个基础时，一般既不遵循上部结构与基础的变形条件，也不考虑地基与基础的相互作用，把这种简化法称为常规设计。

三、浅基础设计步骤

浅基础可按以下步骤进行设计：

(1)选择基础的材料、类型和平面布置。

(2)选择基础的埋置深度 d。

(3)确定地基承载力特征值 f_{ak} 及修正值 f_a。

(4)确定基础的底面积和底面尺寸。

(5)地基变形验算。

(6)基础结构设计。

(7)基础施工图绘制(包括施工说明)。

上述设计步骤是相互关联的，通常可按顺序逐项进行。当后面的计算出现不能满足设计要求(包括构造要求)的情况时,应返回前面(1)、(2)步骤,重新作出选择后再进行设计,直至完全满足设计要求为止。

四、浅基础的类型

地基基础的形式多样,一般按材料及受力情况可以分为无筋扩展基础和扩展基础;按结构,可以分为单独基础、条件基础、片筏基础和箱形基础。

1.按材料及受力情况分类

基础按材料及受力情况可以分为无筋扩展基础和扩展基础。无筋扩展基础一般是指用抗压强度较大,但抗拉、抗剪强度小的材料做成的基础,如砖基础、三合土基础、灰土基础、毛石基础、毛石混凝土基础。扩展基础一般是指抗压、抗拉和抗剪强度均比较大的材料做成的基础,如钢筋混凝土基础。

(1)无筋扩展基础。无筋扩展基础由于使用材料的特点,设计时必须保证发生在基础内的拉应力和剪应力不超过相应的材料强度设计值。这种保证通常是通过对基础构造(见图 2-1-2)的限制来实现的,即基础每个台阶的宽度与其高度之比都不得超过表 2-1-2 所列的台阶宽高比的允许值(可用图 2-1-2 中角度 α 的正切 $\tan\alpha$ 表示)。在这样的限制下,基础的相对高度都比较大,几乎不发生挠曲变形,所以无筋扩展基础习惯上称为刚性基础(当考虑地基与基础相互作用时,挠曲变形可以不予考虑的任何基础)。设计时一般先选择适当的基础埋置深度 d 和基础底面尺寸,设基底宽度为 b,则按上述限制,基础的构造高度应(H_0)满足下列要求。

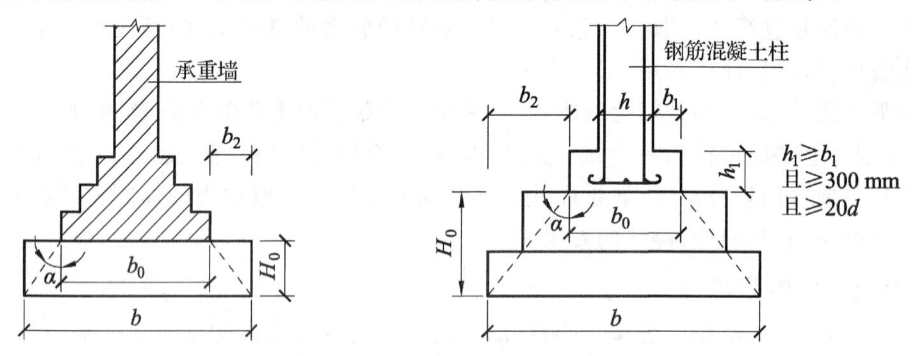

d—柱中纵向钢筋直径

图 2-1-2　无筋扩展基础构造示意图

表 2-1-2　无筋扩展基础台阶宽高比的允许值

基础材料	质量要求	台阶宽高比的允许值		
		$p_k \leqslant 100$	$100 < p_k \leqslant 200$	$200 < p_k \leqslant 300$
混凝土基础	C15 混凝土	1∶1.00	1∶1.00	1∶1.25
毛石混凝土基础	C15 混凝土	1∶1.00	1∶1.25	1∶1.50
砖基础	砖不低于 MU10、砂浆不低于 M5	1∶1.50	1∶1.50	1∶1.50
毛石基础	砂浆不低于 M5	1∶1.25	1∶1.50	—
灰土基础	体积比 3∶7 或 2∶8 的灰土,其最小干密度:粉土 1.50 t/m³,粉质黏土1.50t/m³,黏土 1.45 t/m³	1∶1.25	1∶1.50	—
三合土基础	体积比 1∶2∶4～1∶3∶6(石灰∶砂∶骨料),每层约需铺 220 mm,夯至 150 mm	1∶1.50	1∶2.00	—

注:① p_k 为荷载效应标准组合时基础地面处的平均压力值(kPa)

②阶梯形毛石基础的每阶伸出宽度,不宜大于 200 mm。

③当基础由不同材料叠合组成时,应对接触部分作抗压计算。

④基础底面处的平均压力值超过 300 kPa 的混凝土基础,应进行抗剪验算。

$$H_0 \geqslant \frac{b-b_0}{2\tan\alpha} \tag{2.1.1}$$

式中,b—— 基础底面宽度;

b_0—— 基础顶面的墙体宽度或柱脚宽度;

H_0——基础高度;

$\tan\alpha$—— 基础台阶宽高比 $b_2:H_0$,其允许值可按项目表 2-1-2 选择;

b_2—— 基础台阶高度。

当基础荷载较大,按地基承载力确定的基础底面宽度 b 也较大时,按上式计算,则 H_0 增大,此时,即使 $H_0<d$,也还存在用料多、自重大的缺点。如果 $H_0<d$,就不得不采用增大基础埋深来满足设计要求了,这样做,会对施工带来不便。所以,无筋扩展基础一般只可用 6 层和 6 层以下(三合土基础不宜超过 4 层)的民用建筑和砌体承重的厂房。

(2)砖基础。砖基础的主要材料是普通烧结砖,具有就地取材、工程造价低、施工工艺简单方便等特点,所以在普通的底层民用建筑中广泛使用。砖基础的剖面为阶梯形,称为大放脚。每一阶梯挑出的长度为砖长的 1/4(即 60 mm)。为保证基础外挑部分在基底反力作用下不至发生破坏,大放脚的砌法有两皮一收和二、一间隔收两种(见图 2-1-3)。两皮一收是每砌两皮砖,收进 1/4 砖长;二、一间隔收是底层砌两皮砖,收进 1/4 砖长,再砌一皮砖收进 1/4 砖长,反复如此。在相同底宽的情况下,二、一间隔收可减少基础高度,但为了保证基础的强度,基底需用两皮一收砌筑。为了施工方便,减少砍砖损耗,大放脚基础的宽度应是砖尺寸的倍数,如 250 mm、370 mm、490 mm 等。

砖基础的强度及抗冻性较差,对砂浆与砖的强度等级根据地区的潮湿程度和寒冷程度有不同的要求。

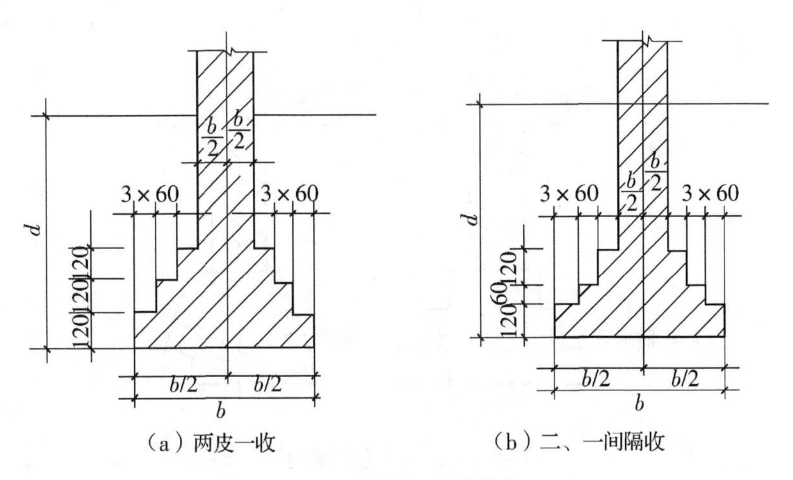

图 2-1-3 砖基础(尺寸单位:mm)

(3)三合土基础。我国南方地区,常用三合土做基础,它是用石灰、砂、碎砖或碎石,按体积比为 1∶2∶4～1∶3∶6 配成,经加入适量水拌和后,均匀铺入基槽,每层需铺 20 mm,夯至 15

mm，铺至设计高程后再在其上砌砖大方脚见图 2－1－4。三合土基础常用于地下水位较低的 4 层及 4 层以下的民用建筑中。

(4)灰土基础。我国在一千多年前就采用灰土作为基础材料，有的至今还保存完整。灰土是石灰和黏性土混合而成(见图 2－1－5)。石灰以块状生石灰为宜，经熟化 1～2 d 后，用 5～10 mm 筛子筛后使用。土料应以有机质含量不大的黏性土为宜，使用前也应过 10～20 mm 的筛子。石灰和土按其体积比为 3∶7 或 2∶8，经加入适量水拌匀，然后铺入基槽内。每层需铺 220～250 mm，夯至 150 mm 为一步，一般可铺 2～3 步。灰土基础适用于地下水位较低，5 层及 5 层以下的混合结构房屋和砌体承重的轻型工业厂房。

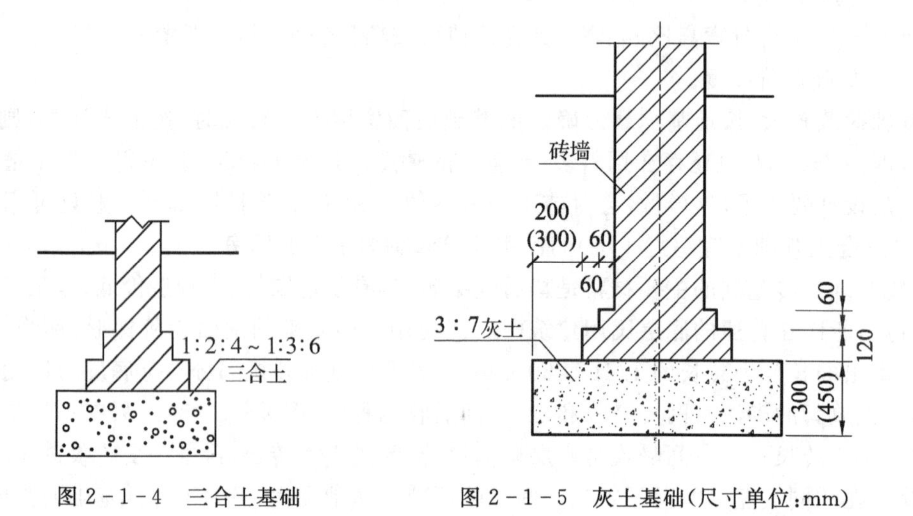

图 2－1－4　三合土基础　　　图 2－1－5　灰土基础(尺寸单位：mm)

(5)毛石基础。毛石基础(见图 2－1－6)是采用强度较高而尚未风化的毛石砌筑。石材及砂浆的最低强度等级应符合表 2－1－3 要求。由于毛石尺寸较大，毛石基础墙厚及台阶高度不得小于 400 mm，台阶宽度不宜大于 200 mm，基础顶面要比墙或柱每边宽 100 mm。

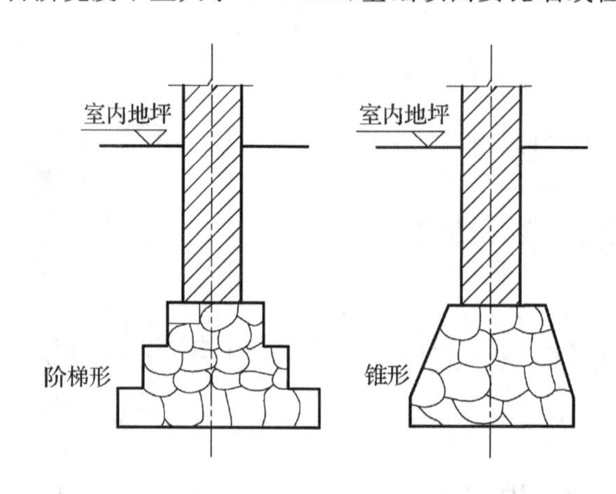

图 2－1－6　毛石基础

表 2-1-3　基础用砖、石料及砂浆最低强度等级

基土的潮湿程度	黏土砖		混凝土砌块	石材	混合砂浆	水泥砂浆
	严寒地区	一般地区				
稍潮湿的	MU10	MU10	MU5	MU20	M5	M5
很潮湿的	MU15	MU10	MU7.5	MU20	—	M5
含水饱和的	MU20	MU15	MU7.5	MU30	—	M5

注：①石料的重度不低于 18 kN/m^3。

②地面以下或防潮层以下砌体，不宜采用空心砖。当采用混凝土空心砖砌块砌体时，其孔洞应采用强度等级不低于 C15 的混凝土灌实。

③各种硅酸盐材料及其他材料制作的块体，应根据相应材料标准的规定选择采用。

(6)混凝土及毛石混凝土基础。混凝土基础的强度、耐久性、抗冻性都较好。当荷载较大或位于地下水位以下时，常用混凝土基础。阶梯高度一般不小于 300 mm(见图 2-1-7)。混凝土基础水泥用量较大，造价也比砖、石基础高。如基础体积较大，为了节约混凝土用量，在浇筑混凝土时，可掺入少于基础体积 30%的毛石，做成毛石混凝土基础(见图 2-1-8)。毛石强度等级应符合表 2-1-3 要求，尺寸不得大于 300 mm，使用前应冲洗干净。

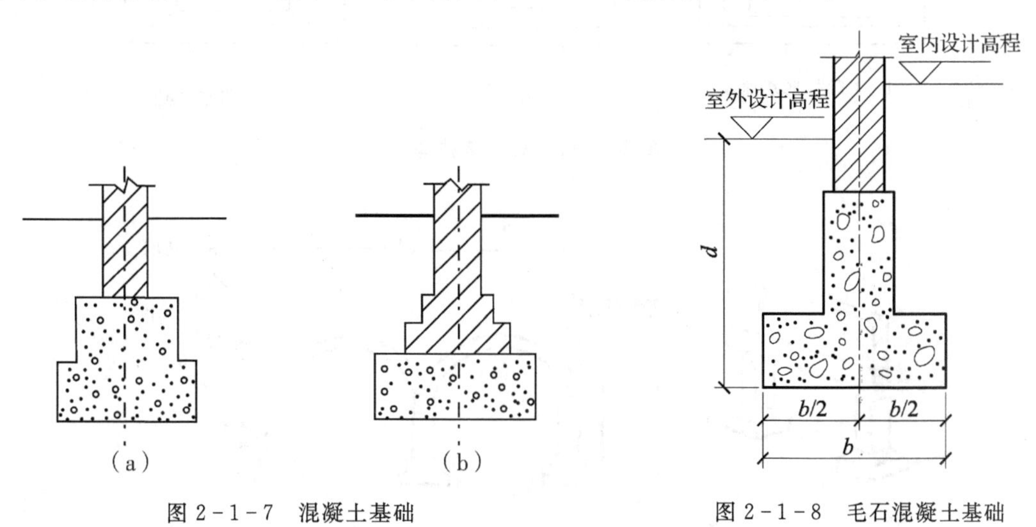

图 2-1-7　混凝土基础　　　　图 2-1-8　毛石混凝土基础

(7)扩展基础。扩展基础是指柱下钢筋混凝土独立基础和墙下钢筋混凝土条形基础。

钢筋混凝土基础强度大，具有良好的抗弯性能，在相同条件下，基础的厚度较薄。如建筑物的荷载较大或土质较软弱时，常采用这类基础。

2.按构造分类

基础的构造类型与上部结构特点、荷载大小与地质条件有关，其按结构可分为以下几种类型。

(1)独立基础。按支撑的上部结构形式，可分为柱下独立基础和墙下独立基础。

①柱下独立基础。独立基础是柱基础的主要类型。它所用材料依柱的材料和荷载大小而定，常采用砖石、混凝土和钢筋混凝土等。

现浇柱下钢筋混凝土基础的截面可做成梯形或锥形，如图 2-1-9(a)、(b)所示。预制柱下的基础一般做成杯形基础，如图 2-1-9(c)所示，待柱子插入杯口后，将柱子临时支撑，然后

用强度等级 C20 的细石混凝土将柱周围的缝隙填实。

②墙下独立基础。墙下独立基础是在上层土质松软，而在不深处有较好的土层时，为了节省基础材料和减少开挖土方量而采用的一种基础形式。图 2-1-10(a)是在单独基础之间放置钢筋混凝土过梁，以承受上部结构传来的荷载。独立基础应布置在墙的转角、两墙交叉和窗间墙处，其间距一般不应超过 4 m。在我国北方为防止梁下土冻胀而使梁破坏，需在梁下留 60～90 mm 厚的松砂或干煤渣。

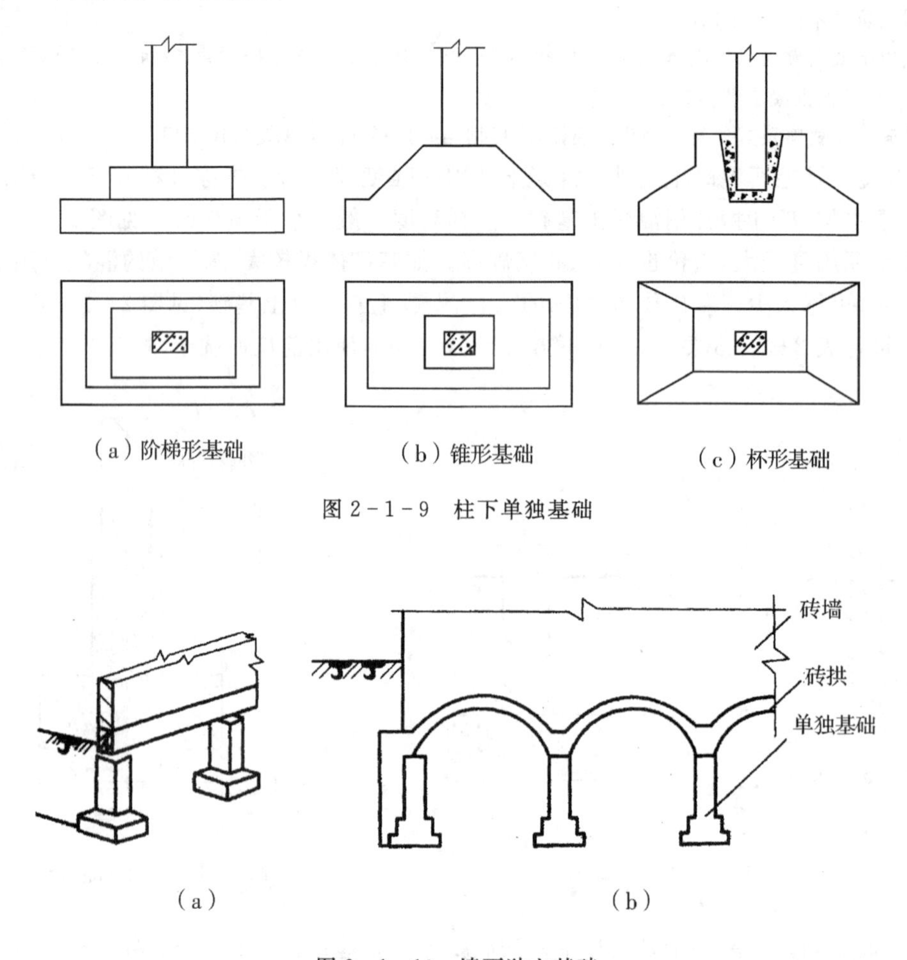

(a) 阶梯形基础　　(b) 锥形基础　　(c) 杯形基础

图 2-1-9　柱下单独基础

(a)　　(b)

图 2-1-10　墙下独立基础

当上部结构荷载较小时，也可用砖拱承受上部结构传来的荷载，如图 2-1-10(b)所示。因砖拱有横向推力，墙两端的独立基础要适当加大，柱基周围填土要密实，以抵抗横向推力，有时可将端部一跨基础改为条形基础，以增强其稳定性。

(2)条形基础。条形基础是指基础长度远大于其宽度的一种基础形式。

①墙下条形基础。条形基础是承重墙基础的主要形式，常用砖、毛石和灰土做成。当上部结构荷载较大而土质较差时，可采用混凝土或钢筋混凝土做成。墙下钢筋混凝土条形基础一般做成无肋式，如图 2-1-11(a)所示；如地基在水平方向上压缩性不均匀，为了基础的整体性，减少不均匀沉降，也可做成有肋式的条形基础，如图 2-1-11(b)所示。

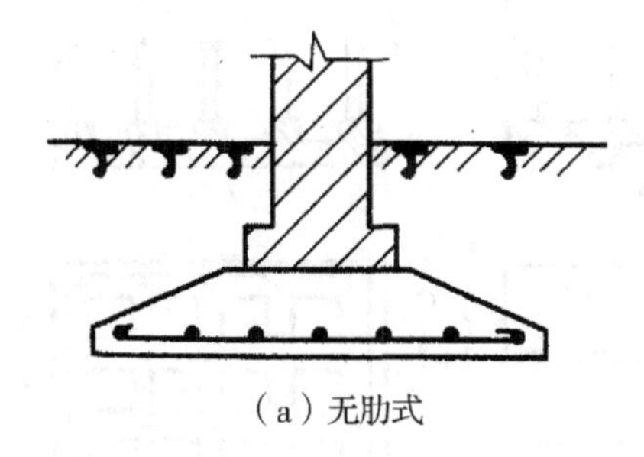

(a) 无肋式

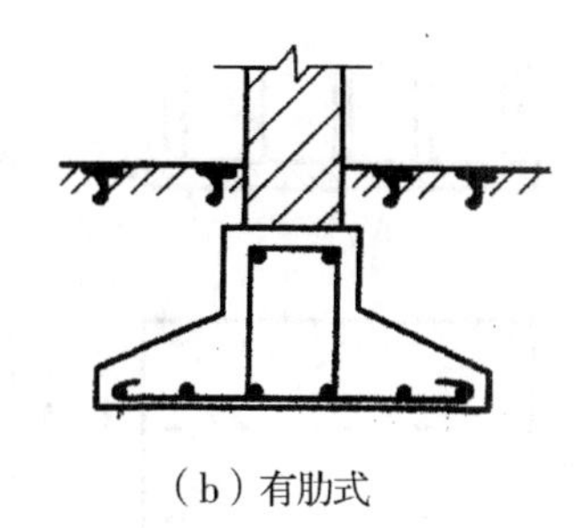

(b) 有肋式

图 2-1-11　墙下条形基础

②柱下钢筋混凝土条形基础。当地基软弱而荷载较大，若采用柱下独立基础，基底面积必然很大而且互相接近。为增强基础的整体性并方便施工，可将同一排的柱基础连通做成钢筋混凝土条形基础，如图 2-1-12 所示。

③柱下十字形基础。荷载较大的高层建筑，如土质较软，为了增强基础的整体刚度，减小不均匀沉降，可在柱网下纵横两方向设置钢筋混凝土条形基础，形成如图 2-1-13 所示的十字形基础。

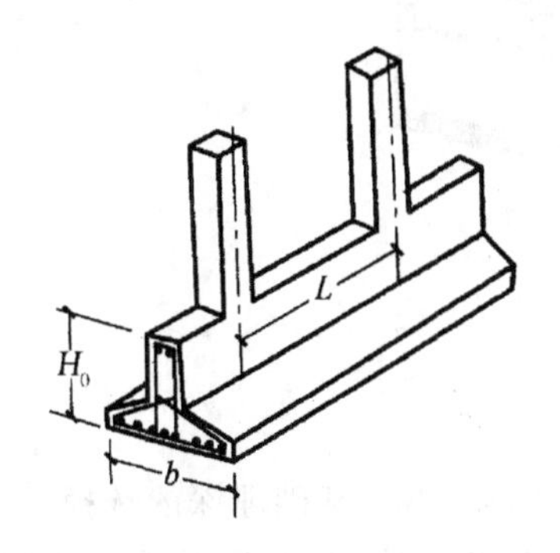

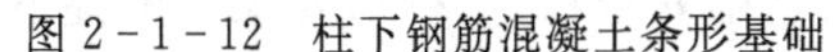

图 2-1-12　柱下钢筋混凝土条形基础

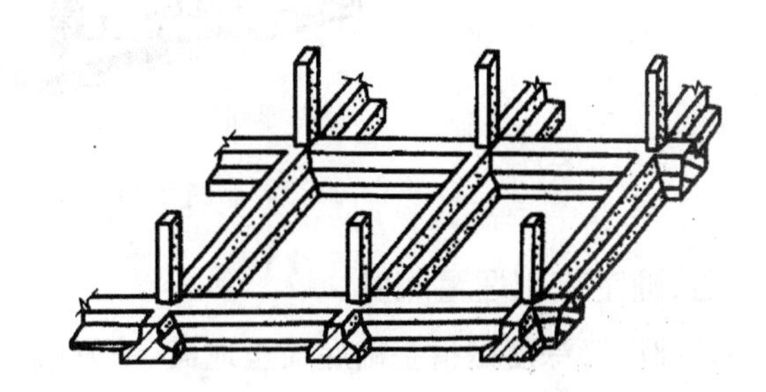

图 2-1-13　柱下十字形基础

④片筏基础。如地基软弱而荷载又很大，采用十字形基础仍不能满足要求或相邻基槽距离很小时，可用钢筋混凝土做成整块的片筏基础(见图 2-1-14)。按构造不同它可分为平板式和梁板式两类。平板式是在地基上做一块钢筋混凝土底板，柱子直接支撑在底板上，如图 2-1-14(a)所示。梁板式按梁板位置不同可又分为两类：图 2-1-14(b)是将梁放在底板的下方，底板上面平整，可作建筑物底层底面；图 2-1-14(c)是在底板上做梁，柱子支撑在梁上。

⑤箱形基础。箱形基础是由钢筋混凝土底板、顶板和纵横交叉的隔墙组成，见图 2-1-15。底板、顶板和隔墙共同工作，具有很大的整体刚度。基础中空部分可作地下室，与实体基础相比可减小基底压力。箱形基础较适用于地基软弱、平面形状简单的高层建筑的基础。某些对不均匀沉降有严格要求的设备或构筑物，也可采用箱形基础。

箱形基础、柱下条形基础、十字形基础、片筏基础都需要钢筋混凝土，尤其是箱形基础，耗用的钢筋及混凝土量均较大，故采用这些类型的基础时，应与其他的地基基础方案作技术、经济比较后确定。

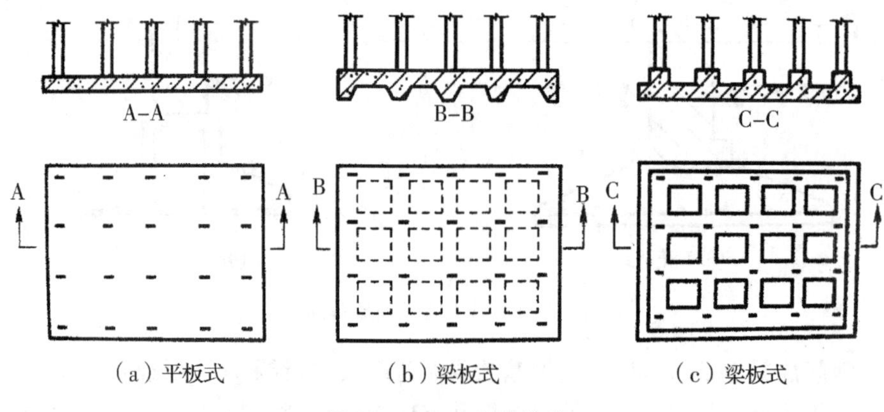

图 2-1-14　片筏基础

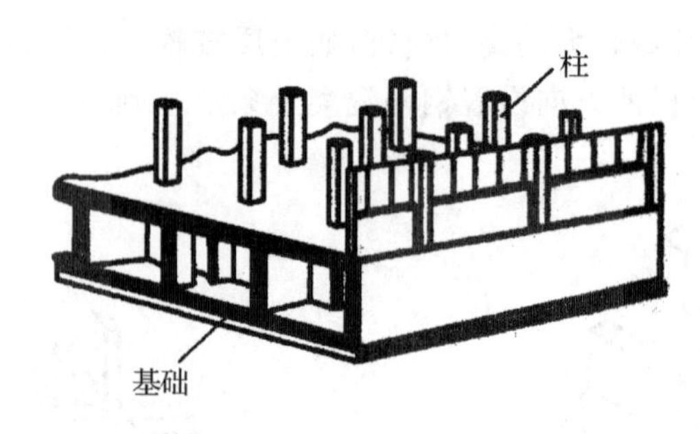

图 2-1-15　箱形基础

五、确定基础埋置深度

基础埋置深度是指基础底面至地面（一般指室外地面）的距离。基础埋深的选择关系到地基基础施工的难易和造价的高低。所以，在保证建筑物基础安全稳定、变形要求的前提下，基础尽量浅埋，当上土层地基的承载力大于下土层时，宜利用上土层作持力层，以节省工程量并便于施工。为了防止基础日晒雨淋、人来车往等造成基础损伤，除岩石地基外，基础至少埋深 0.5 m。

如何确定基础的埋置深度，应当综合考虑以下几个方面的因素：

（1）建筑物的用途、有无地下室、设备基础和地下设施、基础的形式和构造的影响。

基础的埋深，应满足上部及基础的结构构造要求，适合建筑物的具体安排情况和荷载的性质、大小。

当有地下室、地下管道或设备基础时，基础的顶板原则上应低于这些设施的底面，否则应采用有效措施，消除基础对地下设施的不利影响。

为了保护基础不受人类活动和生物活动的影响，基础应埋置在地表以下，其最小埋深为 0.5 m，且基础顶面至少应低于设计地面 0.1 m，以便于建筑物周围排水的布置。

（2）相邻建筑物基础埋深的影响。靠近原有建筑物修建新基础时，为了不影响原有建筑物基础的安全，新基础最好不低于原有的基础，如必须超过时，则两基础间净距应不小于其底面高差的 1～2 倍，见图 2-1-16。如不能满足这一要求，施工期间应采取相应措施。此外在使用期间，还要注意新基础的荷载是否将引起原有建筑物产生不均匀沉降。

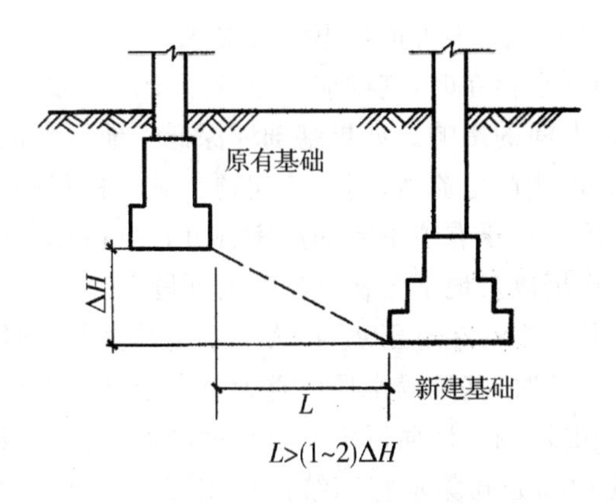

图 2-1-16 相邻基础埋深

(3)作用在地基上的荷载大小和性质。选择基础埋深时必须考虑荷载的性质和大小。一般荷载大的基础,其尺寸需要大些,同时也需要适当增加埋深。长期作用有较大水平荷载和位于坡顶、坡面的基础应有一定的埋深,以确保基础具有足够的稳定性。承受上拔力的基础,如输电塔基础,也要求有一定的埋深,以提供足够的抗拔阻力。

(4)土层的性质和分布。直接支撑基础的土层称为持力层,在持力层下方的土层称为下卧层。为了满足建筑物对地基承载力和地基允许变形值的要求,基础应尽可能埋在良好的持力层上。当地基受力层或沉降计算深度范围内存在软弱下卧层时,软弱下卧层的承载力和地基变形也应满足要求。

在工程地质勘查报告中,已经说明拟建场地的地层分布、各土层的物理力学性质和地基承载力,这些资料给基础埋深和持力层的选择提供了依据。我们把处于坚硬、硬塑或可塑状态的黏性土层,密实或中密状态的砂石层和碎石土层,以及属于低、中压缩性的其他土层视为良好土层;而把处于软塑、流塑状态的黏性土层,处于松软状态的砂土层、填土和其他土层视为软弱土层。良好土层的承载力高或较高;软弱土层的承载力低。按照压缩性和承载力的高低,对拟建厂区的土层,可自上而下选择合适的地基承载力和基础埋深。在选择中,大致会遇到如下几种情况:

①在建筑物影响范围内,自上而下都是良好土层,那么基础埋深按其他条件或最小埋深确定。

②自上而下都是软弱土层,基础难以找到良好的持力层,这时宜考虑采用人工地基或深基础等方案。

③上部为软弱土层而下部为良好土层。这时,持力层的选择取决于上部软弱土层的厚度。一般来说,软弱土层厚度小于 2 m 者,应选取下部良好的土层作为持力层;软弱土层厚度较大时,宜考虑采用人工地基或深基础等方案。

④上部为良好土层而下部为软弱土层,此时基础应尽量浅埋。例如,我国沿海地区,地表普遍存在一层厚度 2～3 m 的所谓“硬壳层”,硬壳层以下为较厚的软弱土层。对一般中小型建筑物来说,硬壳层属良好的持力层,应当充分利用。这时最好采用钢筋混凝土基础,并尽量按基础最小埋深考虑,即采用“宽基浅埋”的方案。同时在确定基础底面尺寸时,应对地基受力范围内的软弱下卧层进行验算。

应当指出,上面所划分的良好土层和软弱土层,只是相对于一般中小型建筑而言。对于高层建筑来说，上述所指的良好土层，很可能还不符合要求。

(5)地下水条件。有地下水存在时，基础应尽量埋置于地下水位以下，以避免地下水位对基坑开挖、基础施工和使用期间的影响。如果基础埋深低于地下水位，则应考虑施工期间的基坑降水、坑壁支撑以及是否可能产生流沙、涌土等问题。对于具有侵蚀性的地下水应采用抗侵蚀的水泥品种和相应的措施。对于有地下室的厂房、民用建筑和地下储罐，设计时还应考虑地下水的浮力和静水压力的作用以及地下结构抗渗漏的问题。

当持力层为隔水层而其下方存在承压水时，为了避免开挖基坑时隔水层被承压水冲破，坑底隔水层应有一定的厚度。这时，基坑隔水层的重力应大于其下面承压水的压力。

(6)地基土冻胀和融陷的影响。地面以下一定深度的地层温度，随大气温度而变化。当地层温度降到0℃以下时，土中部分孔隙水将冻结而形成冻土。季节性冻土在冬季冻结而夏季融化，每年冻融交替一次；多年冻土则不论冬夏，常年均处于冻结状态，且冻结连续3年或3年以上。我国东北、华北和西北地区的季节性冻土厚度在0.5 m以上，最大可达3 m左右。

如果季节性冻土由细粒土组成，且土中含水率多而地下水位又较高，那么不但冻结深度内的土中水被冻结形成冰晶体，而且未冻结区的自由水和部分结合水将不断向冻结区迁移、聚集，使冰晶体逐渐扩大，引起土体发生膨胀和隆起，形成冻胀现象。到了夏季，地温升高，土体解冻，造成含水率增加，使土处于饱和及软化状态，强度降低，建筑物下陷，这种现象称为融陷。位于冻胀区内的基础，在土体冻结时，受到冻胀力的作用而上抬。融陷和上抬往往是不均匀的，致使建筑物墙体产生方向相反、互相交叉的斜裂缝，或使轻型建筑物逐年上抬。

土的冻结不一定产生冻胀，即使冻胀，程度也有所不同。对于结合水含量极少的粗粒土，不存在冻胀问题。对于某些粉砂、粉土和黏性土的冻胀性，则与冻结以前的含水率有关。此外，冻胀程度还与地下水位有关。

任务二　确定地基承载力

根据《建筑地基基础设计规范》(GB 50007—2002)的规定，基础底面的压力和地基承载力应符合以下要求。

(1)当轴心荷载作用时。

$$P_K \leqslant f_a \tag{2.1.2}$$

式中，P_K——相应于荷载效应标准组合时，基础底面处的平均压力值；

f_a—— 修正后的地基承载力特征值。

(2)当偏心荷载作用时。除符合式(2.1.2)要求外，还应符合下式要求：

$$P_{k\max} \leqslant 1.2 f_a \tag{2.1.3}$$

式中，$P_{k\max}$——相应于荷载效应标准组合时，基础底面边缘的最大压力值。

一、基础底面压力的计算

1. 轴心荷载作用

当轴心荷载作用时，

$$P_K = \frac{F_K + G_K}{A} \tag{2.1.4}$$

式中，F_K——相应于荷载效应标准组合时，上部结构传至基础顶面的竖向力值；

G_K——基础自重力和基础上的土重力；

A—— 基础底面面积。

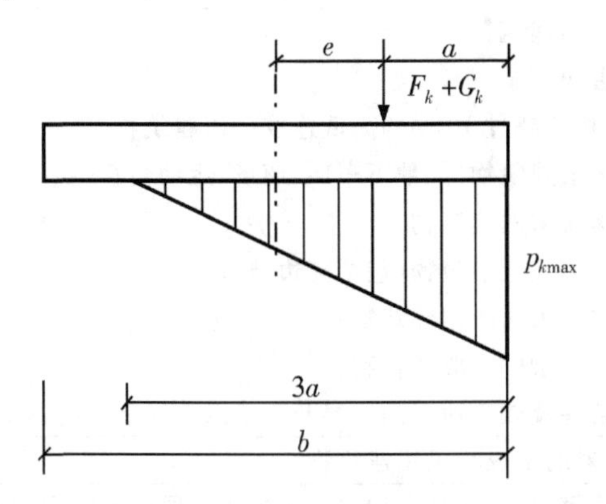

图 2-1-17 偏心荷载($e\geqslant b/6$)下基底压力计算示意图

2. 偏心荷载作用

当偏心荷载作用时(见图 2-1-17)，

$$P_{k\max}=\frac{F_K+G_K}{A}+\frac{M_K}{W} \tag{2.1.5}$$

$$P_{k\min}=\frac{F_K+G_K}{A}-\frac{M_K}{W} \tag{2.1.6}$$

式中，M_K——相应于荷载效应标准组合时，作用于基础地面的力矩值；

W——基础底面的抵抗矩；

$P_{K\min}$——相应于荷载效应标准组合时，基础底面边缘的最小压力值。

当偏心距 $e\geqslant b/6$ 时，$P_{K\min}$应按下式计算：

$$P_{K\max}=\frac{2(F_K+G_k)}{3la} \tag{2.1.7}$$

式中，l——垂直于力矩作用方向的基础底面边长；

a——合力作用点至基础底面最大压力边缘的距离。

二、地基承载力特征值及其确定

地基承载力特征值 f_{ak} 是指由荷载试验测定的地基土压力变形曲线线性变形阶段内规定的变形所对应的压力值，其最大值为比例界限值。

不同地区、不同成因、不同土质的地基承载力特征值差别很大。例如：密实的卵石，f_{ak} 可高达 800～1000 kPa；而淤泥或淤泥质土，当天然含水率 $w=75\%$时，地基承载力特征值仅有 40 kPa，两者相差 20 倍以上。

地基承载力特征值可由荷载试验或其他原位试验、公式计算并结合工程实践等方法确定。

1. 承载力荷载试验 $p-s$ 曲线确定

对于设计等级为甲级建筑物(见表 2-1-4)或地质条件复杂、土质很不均匀的情况，采用现场荷载试验法，可以取得较精确可靠的地基承载力数据。进行现场荷载试验，需要相应的试验费和时间，对建设单位来讲，采用现场荷载试验成果，不仅安全可靠，而且往往可以提高地基承载力，节省一笔投资，而这笔投资远超过试验费，因此现场荷载试验法是值得做的。

表 2-1-4　地基基础设计等级

设计等级	建筑和地基类型
甲级	重要的工业与民用建筑； 30 层以上的高层建筑； 体积复杂、层数相差超过 10 层的高低连成一体建筑物； 大面积的多层地下建筑物(如地下车库、商场、运动会管等) 地基变形有特殊要求的建筑物； 复杂地基条件下的坡上建筑物(包括高边坡)； 对原有工程影响较大的新建建筑物； 场地和地基条件复杂的一般建筑物； 位于复杂地质条件及软土地区的 2 层及 2 层以上地下室的基坑工程
乙级	除甲级、丙级以外的工业与民用建筑物
丙级	场地和地基条件简单、荷载分布均匀的 7 层及 7 层以下民用建筑及一般工业建筑物； 次要的轻型建筑物

地基承载力特征值应符合下列要求：

当 p-s 曲线有比较明显的起始曲线和界限值时，如图 2-1-18(a)所示，可取比例界限荷载 P_a 作为地基承载力特征值。

有些土 P_a、f_u 比较接近，当 $f_u<2.0P_a$ 时，则取 X 的一半作为地基承载力特征值。

当不能按以上要求确定时，例如界限值不明确，见图 2-1-18(b)，当压板面积为 2.25～0.50 mm^2 时，取 $s/b=0.01$～0.015 所对应的荷载，但其值不应大于最大加载量的一半。

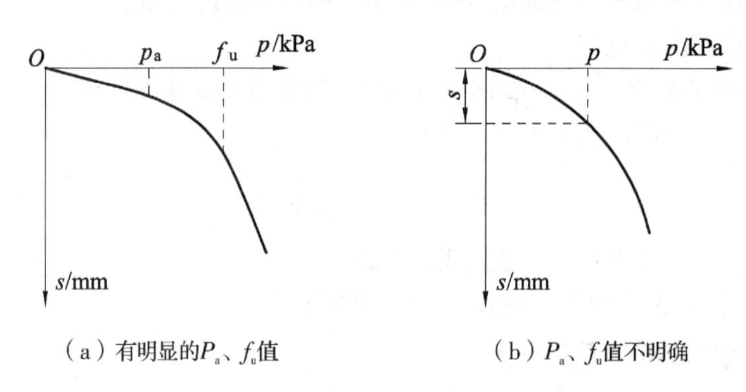

(a) 有明显的P_a、f_u值　　(b) P_a、f_u值不明确

图 2-1-18　按静荷载试验 $p-s$ 曲线确定地基承载力

2. 根据土的抗剪强度指标计算

当偏心距 $e\leqslant 0.033b$，根据土的抗剪强度指标地基承载力特征值可按下式计算：

$$f_a = M_b\gamma b + M_d\gamma_m d + M_c c_k \tag{2.1.8}$$

式中，f_a——由土的抗剪强度指标确定的地基承载力特征值；

M_b，M_d，M_c——承载力系数，按表 2-1-5 确定；

d——基础埋置深度；

b——基础底面宽度，大于 6 m 时按 6 m 取值，对于砂土小于 3 m 的按 3 m 取值；

c_k——基底下 1 倍短边宽深度内土的黏聚力标准值。

表 2-1-5 承载力系数 M_b, M_d, M_c

土的内摩擦角标准值 ϕ_k/°	M_b	M_d	M_c	土的内摩擦角标准值 ϕ_k/°	M_b	M_d	M_c
0	0	1.00	3.14	22	0.61	3.44	6.04
2	0.03	1.12	3.32	24	0.80	3.87	6.45
4	0.06	1.25	3.51	26	1.10	4.37	6.90
6	0.10	1.39	3.71	28	1.40	4.93	7.40
8	0.14	1.55	3.93	30	1.90	5.59	7.95
10	0.18	1.73	4.17	32	2.60	6.35	8.55
12	0.23	1.94	4.42	34	3.40	7.21	9.22
14	0.29	2.17	4.69	36	4.20	8.25	9.97
16	0.36	2.43	5.00	38	5.00	9.44	10.80
18	0.43	2.72	5.31	40	5.80	10.84	11.73
20	0.51	3.06	5.66				

注：ϕ_k——基底下 1 倍短边宽深度内土的内摩擦角标准值。

式(2.1.8)是在中心荷载下导出的，而偏心距 $e \leqslant 0.033b$ 时，偏心荷载作用下地基承载力条件 $P_{kmax} \leqslant 1.2f_a$（$f_a$ 为宽度和深度修正后的地基承载力）与中心荷载作用下的条件 $P_k \leqslant f_a$ 所确定的基础底面面积是相同的。因此，《建筑地基基础设计宽度》(GB 50007—2002)规定，式(2.1.8)可以用于偏心距 $e \leqslant 0.033b$ 时的情形。

3. 当地经验参数法

对于设计等级为丙级中的次要、轻型建筑物可根据临近的经验确定地基承载力特征值。

4. 地基承载力特征值深度修正

当基础宽度大于 3 m 或埋置深度大于 0.5 m 时，从荷载试验或其他原位测试、经验值方法确定的地基承载力特征值，应按下式修正：

$$f_a = f_{ak} + \eta_b \eta \gamma (b-3) + \eta_d \gamma_m (d-0.5) \tag{2.1.9}$$

式中，f_a——修正后的地基承载力特征值；

f_{ak}——地基承载力特征值；

η_b，η_d——基础宽度和埋深的地基承载力修正系数，按基底下土的类别查表 2-1-6 值；

γ——基础底面以下土的重度，地下水位以下取浮重度；

γ_m——基础底面以下土的加权平均重度，地下水位以下取浮重度；

b——基础底面宽度，当基宽小于 3 m 按 3 m 取值，大于 6 m 按 6 m 取值；

d——基础埋置深度，一般自室外地面高程算起(m)。在填方整平地区，可自填土地高程算起，但填土在上部结构施工完成时，应从天然地面高程算起。对于地下室，如采用箱形基础或筏基时，基础埋置深度自室外底面高程算起；当采用独立基础或条形基础时，应从室内地面高程算起。

表 2-1-6 承载力修正系数

土的类别		η_b	η_d
淤泥和淤泥质土		0	1.0
人工填土 e 或 I_L 大于等于 0.85 的黏性土		0	1.0
红黏土	含水比 $\alpha_w>0.8$	0	1.2
	含水比 $\alpha_w\leqslant 0.8$	0.15	1.4
大面积压实填土	压实系数大于 0.95,黏粒含量 $\rho_c\geqslant 10\%$ 的粉土	0	1.5
	最大干密度大于 2.1 t/m³ 的级配砂石	0	2.0
粉土	黏粒含量 $\rho_c\geqslant 10\%$ 的粉土	0.3	1.5
	黏粒含量 $\rho_c<10\%$ 的粉土	0.5	2.0
e 及 I_L 均小于 0.85 的黏性土		0.3	1.6
粉砂、细砂(不包括很湿与饱和时的稍密状态)		2.0	3.0
中砂、粗砂、砂砾和碎石土		3.0	4.4

注:①强风化和全风化的岩石,可参照所风化成的相应土类取值,其他状态下的岩石不修正。

②地基承载力特征值按《建筑地基基础设计规范》(GB 50007—2002)附录 D 深层平板载荷试验确定时 η_d 取 0。

【例 2-1-1】 在 $e=0.727$,$I_L=0.05$,$f_{ak}=240.7$ kPa 的黏性土上修建一基础,其埋深为 1.5 m,底宽为 2.5 m,埋深范围内土的重度 $\gamma_0=17.5$ km/m³,基底下土的重度 $\gamma=18$ kN/m³,试确定基础的承载力特征值。

解 基底宽度小于 3 m,不作宽度修正。由于该土的孔隙比及液性指数小于 0.85,查表 2-1-6 得 $\eta d=1.6$,故承载力设计值为

$$\begin{aligned} f_a &= f_{ak}+\eta_b\gamma(-3)+\eta_d\gamma_0(d-0.5) \\ &=240.7+1.6\times 17.5\times(1.5-0.5) \\ &=268.7(\text{kPa}) \end{aligned}$$

任务三 确定基础尺寸

在初步选择基础类型和埋置后,就可以根据持力层承载力特征值计算基础的尺寸。如果在地基沉降计算深度范围内,存在的承载力显著低于持力层的下卧层,则所选择的基底尺寸应满足对软弱下卧层验算的要求。此外,在选择基础底面尺寸后,必要时还应对地基变形或稳定性进行验算。

基础尺寸设计,包括基础底面的长度、宽度与基础的高度的设计。根据已确定的基础类型、埋置深度 d,计算地基承载力特征值 f_a 和作用基底面的荷载值,进行基础尺寸设计。

作用在基础底面的荷载,包括竖向荷载 F_K(上部结构自重力、屋面荷载、楼面荷载和基础自重力)、水平荷载 T(土压力、水压力与风压力等)和力矩 M。

荷载计算应按传力系统,自上而下,由屋面荷载开始计算,累计至设计底面,但需要注意计算单元的选取;对于无门窗的墙体,可取 1 m 长计算;有门窗的墙体,可取一开间长度为计算单元。一般初算多层条形基础上的荷载,每层按 $F_k\approx 30$ kN/m 计算。

按照实际荷载的不同组合,基础尺寸设计按中心荷载作用与偏心荷载作用两种情况分别进行。

一、中心荷载作用下基础尺寸

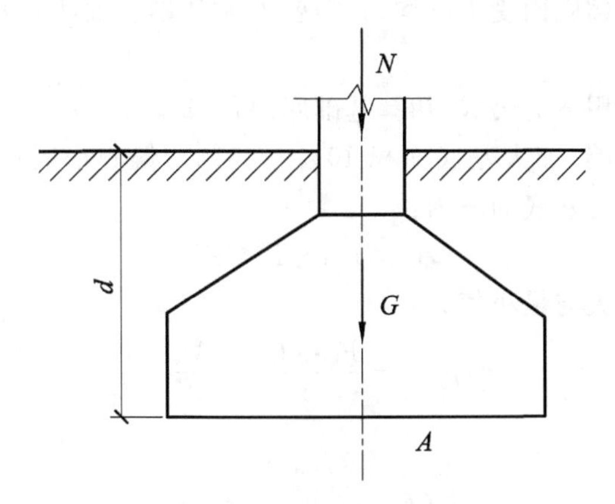

图 2-1-19　中心荷载基底面积

1. 基础底面积 A（见图 2-1-19）

取基础底面处诸力的平衡得：

$$F_k + G_k \leqslant f_a A$$
$$F_k \leqslant f_a A - G_k$$
$$= f_a A - \gamma_G d A = (f_a - \gamma_G d) A$$
$$A \geqslant \frac{F_K}{f_a - \gamma_G d} \tag{2.1.10}$$

式中，γ_G——基础及其台阶上填土的重度，通常采用 20 kN/m^3。

（1）独立基础。由式（2.1.10）计算所得基础底面 $A=l\times b$，取整数。通常中心荷载作用下采用正方形基础，即 $A=b^2$。

如因场地限制等原因有必要采用矩形基础时，则取适当的 l/b 的比值，这样可方便应力与沉降计算。

（2）条形基础。当基础长度 $l\geqslant 10b$ 时称为条形基础。此时，可按问题计算，取单位长度 $l=1.0$ m，则基础底面 $A=b$。

2. 基础高度 H_0

基础高度 H_0 通常小于基础埋深 d，这是为了防止基础露出底面，遭受人来人往、日晒雨淋的损伤，需要在基础顶面覆盖一层保护基础的土层。此保护层的厚度为 d_0，通常 $d_0>10$ cm 或 15 cm 均可，因此，基础高度 $H_0=d-d_0$，如图 2-1-20 所示。

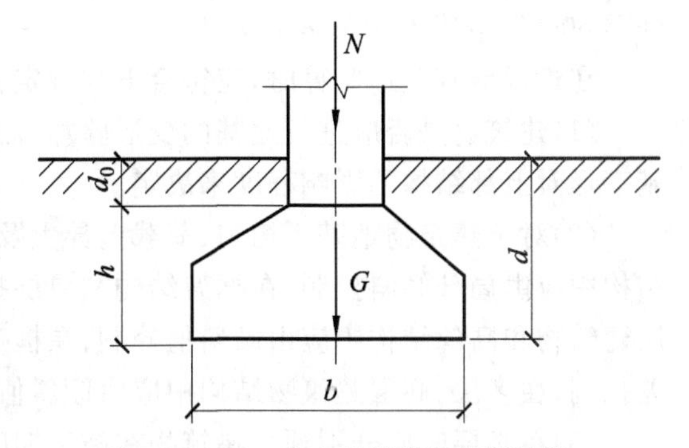

图 2-1-20　中心荷载基础高度计算

若基础材料采用刚性材料，如砖、石或素混凝土时，基础高度设计注意刚性角 a 满足式（2.1.1）要求，以避免刚性材料被拉裂。

二、偏心荷载作用下基础尺寸

偏心荷载作用下，基础底面受力不均匀，需要加大基础底面积，通常采用逐次渐近试算法进行计算，步骤如下：

(1)先按中心荷载作用下的公式，初算基础底面积 A_1。

(2)考虑偏心不利影响，加大基底面积 10%～40%。偏心小时可用 10%，偏心大时采用 40%，故偏心荷载作用下的基底面积为：

$$A=(1.1\sim1.4)A_1 \tag{2.1.11}$$

(3)计算基底边缘最大与最小值为：

$$p_{\min}^{\max}=\frac{F_k+G_k}{A}\pm\frac{M_k}{W} \tag{2.1.12}$$

(4)基底应力验算：

$$\frac{1}{2}(p_{k\max}+p_{k\min})\leqslant f_a \tag{2.1.13}$$

$$p_{k\max}\leqslant 1.2f_a$$

$$p_{k\min}\geqslant 0 \tag{2.1.14}$$

式(2.1.13)验算基础底面平均应力，应满足修正后的地基承载力特征值要求。式(2.1.14)指基础底边最大应力不能超过修正后的地基承载力特征值的 20%，防止基底应力严重不均匀导致基础发生倾斜。若式(2.1.13)与式(2.1.14)均满足要求，说明按式(2.1.11)确定的基底面积 A 合适；否则，应修改 A 值，重新计算 $p_{k\min}$ 与 $p_{k\max}$，直至满足式(2.1.13)与式(2.1.14)为止，这就是试算法。

当需要大量计算偏心荷载作用的基础尺寸时，用上述试算法费时间，可采用偏心受压基础直接解法来确定基础底面尺寸，读者可以参考有关资料。

三、地基的变形与稳定验算

1. 地基的变形验算

建筑物的地基变形验算时，应符合下列规定：

$$s\leqslant[s] \tag{2.1.15}$$

式中，s——地基广义变形值，可分为沉降量、沉降差、倾斜和局部等，见表 2-1-7；

$[s]$——建筑物所能承受的地基广义变形允许值，具体参见《建筑物地基基础设计规范》(GB 50007—2002)中的表 5.3.4。

在进行地基变形验算时，应符合下列规定：

(1)建筑物是否应进行地基的变形验算，需根据建筑物的安全等级以及长期荷载作用下地基变形对上部结构的影响程度来决定。

(2)对于建筑物地基不均匀、荷载差异大及地形复杂等因素引起的地基变形，在砌体承重结构中应由局部倾斜控制；在框架结构和单层排架中应由相邻柱基的沉降差控制；在多层、高层建筑物和高耸结构中应由倾斜值控制；在框架结构和单层排架结构中应由相邻柱基的沉降差控制；在多层、高层建筑物结构中应由倾斜值控制；必要时还应控制平均沉降量。

(3)在必要时应分别预估建筑物在施工期间和使用期间的地基变形值，以便预留建筑物有关部分之间的净空，考虑连接方法和施工顺序。一般建筑物在施工期间完成的沉降量，对于砂土可认为其最终沉降量已完成 80%以上，对于低压缩性黏性土可认为已完成最终沉降量的

50%～80%,对于中压缩性黏土可认为已完成 20%～50%,对于高压缩性黏土可认为已完成5%～20%。

2. 地基的稳定性验算

地基稳定性可用圆弧滑动面进行验算,稳定安全系数 K 为最危险滑动面上各力对滑动中心所产生的抗滑力矩与滑动力矩的比值,并应符合下式要求：

$$K=\frac{M_R}{M_s}\geqslant 1.2 \tag{2.1.16}$$

式中,M_R—— 抗滑力矩；

M_s—— 滑动力矩。

当滑动面为平面时,稳定安全系数 K 应提高为 1.3。

表 2-1-7　建筑物地基变形

地基变形指标	图 例	计算方法
沉降量	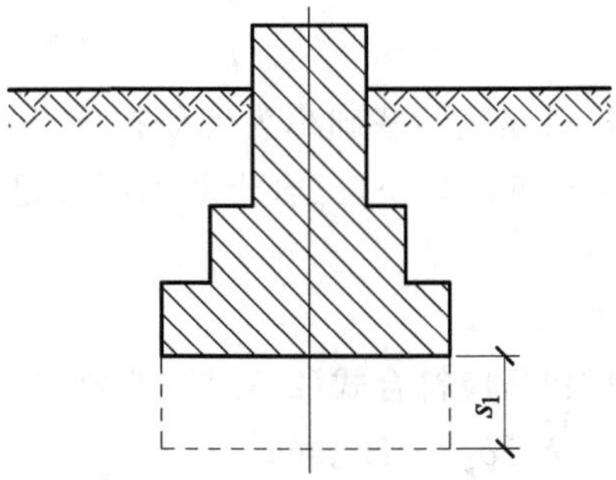 s_1	s_1 基础重点沉降值
沉降差	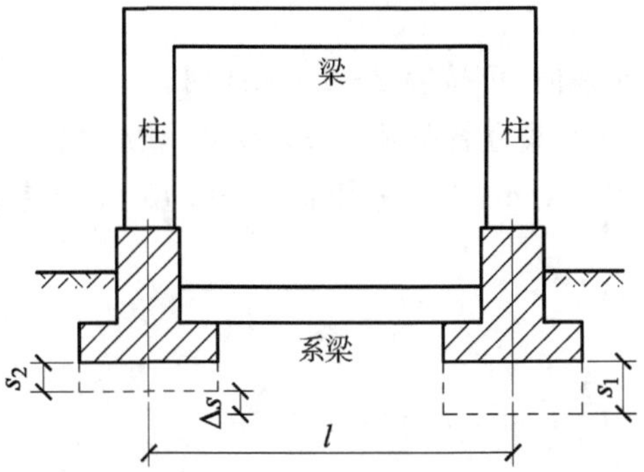 梁 柱 柱 系梁 s_2 Δs l s_1	l 为相邻柱基的中心距离,两相邻独立基础沉降值之差：$\triangle s=s_1-s_2$,规定$\triangle s$ 的允许变形为 l 与系数的乘积。例如:框架结构在高压缩性土基础中邻柱柱基沉降差允许值为 0.0031
倾斜	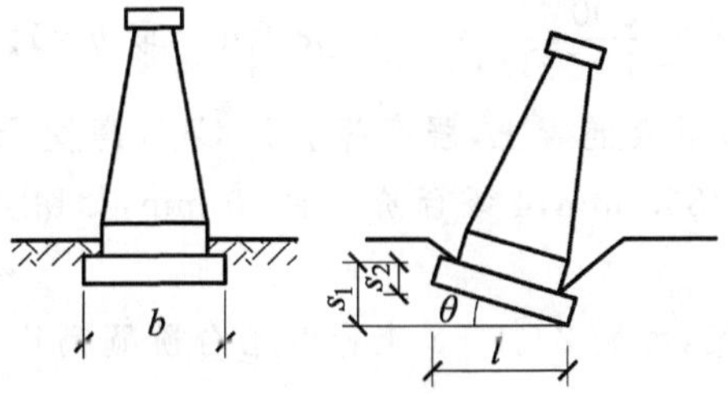 b s_1 s_2 θ l	基础倾斜方向两端点的沉降差与其距离的比值：$\tan\theta=\frac{s_1-s_2}{l}$

续表 2-1-7

地基变形指标	图 例	计算方法
局部倾斜	l=6~10 m s_2 s_3 θ'	砌体承重结构沿纵向 6～10 m 内基础两点的沉降差与其距离的比值 $\tan\theta=\frac{s_1-s_2}{l}$

任务四　浅基础设计

一、无筋扩展基础设计

1. 无筋扩展基础的适用范围

由砖、毛石、素混凝土与灰土等材料建筑的基础称为无筋扩展基础，这种基础只能承受压力，不能承受弯矩或拉力，可用于 6 层和 6 层以下（三合土基础不宜超过 4 层）的民用建筑和砌体承重的厂房。

2. 无筋扩展基础底面宽度

无筋扩展基础底面，受刚性角的限制，应符合式(2.1.17)的要求。

$$b \leqslant b_0 + 2H_0 \tan\alpha \tag{2.1.17}$$

式中，b_0——基础底面的墙体宽度或柱脚宽度(m)；

H_0——基础高度(m)；

$\tan\alpha$——基础台阶宽高比的允许值，可按表 2-1-2 选用。

【例 2-1-2】 某住宅楼，地基承载力特征值为 $f_a=250$ kPa。上部结构传至基础上的荷载效应标准组合竖向值为 $F_k=200$ kN/m，室外地坪高程－0.45 m，地基高程为－1.60 m。试设计无筋扩展条形基础。

解 (1)基础深度 d。

由室外地坪高程算起为：

$$d=1.60-0.45=1.15(\text{m})$$

(2)条形基础底宽。

$$b \geqslant \frac{F_k}{f_a-\gamma_G d}=\frac{200}{250-20\times1.15}=0.88\ (\text{m})，取\ b=1.00(\text{m})$$

(3)基础材料设计。基础底部用素混凝土，强度等级为 C15，高度 $H_0=300$ mm。其上用砖，质量要求不低于 MU7.5，高度 360 mm，4 级台阶宽度 60 mm，如图 2-1-21 所示。

(4)刚性角验算。

①砖基础验算。采用 M5 砂浆，由表 2-1-2 查得基础台阶宽高比允许值，则 $\tan\alpha'=1:1.50$。

设计上部砖墙宽度为 $b_0'=360$ mm。4 级台阶高度分别为 60 mm、120 mm、60 m、120 mm。砖基础底部实际宽度：

$b_0 = b_0' + 2\times4\times60 = 360 + 480 = 840(\text{mm})$

根据式(2.1.17)得砖基础允许宽度为：

$b' \leqslant b_0' + 2H_0\tan'\alpha = 360 + 2\times360 + 0.67 = 840(\text{m}) = b_0$

设计宽度正好满足要求。

②混凝土基础验算由表2-1-2得混凝土基础台阶宽高为允许值 $\tan\alpha = 1:10.00$。

设计 $b_0 = 840(\text{mm})$，$H_0 = 300(\text{mm})$，基底宽度 $b = 1000(\text{mm})$。

由式(2.1.17)得混凝土基础允许底宽为：

$b_0 + 2H_0\tan\alpha = 840 + 2\times300\times1 = 1440(\text{mm})$

$b \geqslant 1000(\text{mm})$

因此，设计基础宽度安全。

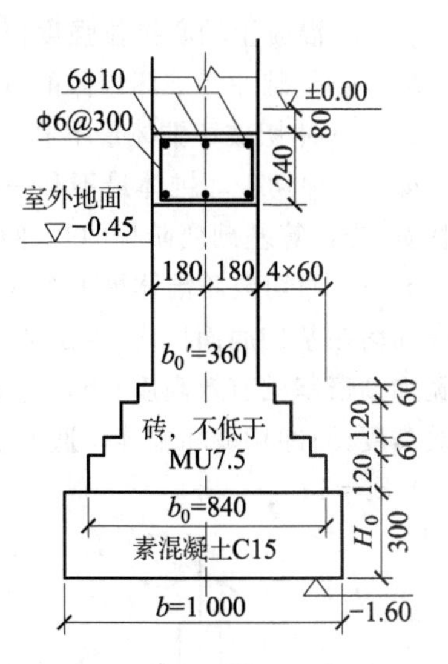

图2-1-21　基础图(尺寸单位：mm)

二、扩展基础设计

扩展基础是指柱下钢筋混凝土独立基础和墙下钢筋混凝土条形基础。扩展基础底面外伸的宽度大于基础高度，基础材料承受拉应力。

1. 扩展基础适用范围

(1)锥形截面基础的边缘高度，不宜小于70 mm；阶梯形基础的每阶高度，宜为300～500 mm。

(2)基础下的垫层厚度不宜小于70 mm；垫层混凝土强度等级应为C10。

(3)地板受力钢筋的最小值不宜小于10 mm，间距不宜大于200 mm和小于100mm。当有垫层时，钢筋保护层厚度不适小于40 mm，无垫层时不宜小于70 mm。纵向分布钢筋直径不小于8 mm，间距不大于300 mm。每延米分布钢筋的面积不小于受力钢筋面积的1/10。

(4)混凝土强度等级不宜低于C20。

(5)当地基软弱时，为了减少不均匀沉降的影响，基础截面可采用带肋的板，肋的纵向钢筋和箍筋按经验确定。

2. 扩展基础计算

(1)扩展基础底面积。

$$A \geqslant \frac{F_k}{f_a - \gamma_G d} \tag{2.1.18}$$

(2)扩展基础高度和变阶处高度。

按照钢筋混凝土受冲切公式计算，对矩形截面柱的矩形基础，在柱与基础交接处和基础变阶处的受冲切承载力，可按式(2.1.19)～(2.1.21)计算，如图2-1-22所示。

$$F_1 \leqslant 0.7\beta_{hp} f_t a_m h_0 \tag{2.1.19}$$

$$F_1 = p_j A_1 \tag{2.1.20}$$

$$a_m = \frac{a_t + a_b}{2} \tag{2.1.21}$$

式中，F_1—— 相应于荷载效应基础组合时作用在 A_1 上的地基土净反力设计值；

β_{hp}—— 受冲切承载力面高度影响系数，在承台高度 h 大于800 mm时，β_{hp} 取1.0；当 h 大于2000 mm，β_{hp} 取0.9，其间按线性内插法取用；

f_t——混凝土轴心抗拉强度设计值；

h_0——基础冲切破坏锥体的有效高度；

a_m——冲切破坏锥体最不利一侧计算长度；

a_t——冲切破坏锥体最不利一侧斜截面的边上，当计算柱与基础交接处受冲切承载力时，取柱宽；当计算基础变阶处的受冲切承载力时，取上阶宽；

a_b——冲切破坏锥体最不利一侧斜截面在基础底面积范围内的下边长，当冲切破坏锥体的底面落在基础底面以内，见图 2-1-22(a)、(b)，计算柱与基础交接处的受冲切承载力时，取柱宽加 2 倍基础有效高度；当计算基础变形处的受冲切承载力时，取上阶宽加 2 倍该处的基础有效高度；当冲切破坏锥体得底面在 l 方向落在基础底面以外，即 $a+2h_0 \geqslant l$ 时，见图 2-1-22(c)，$a_b=1$；

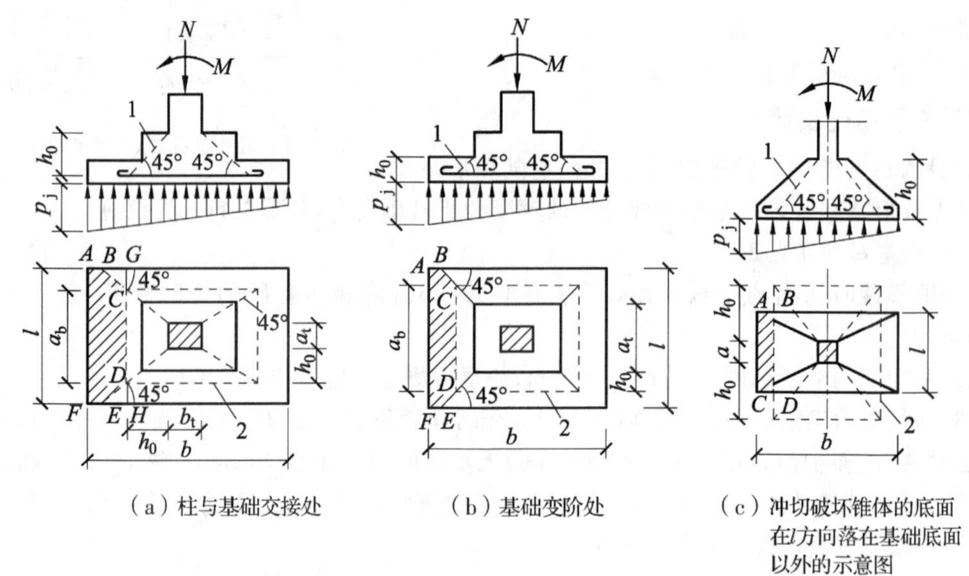

(a) 柱与基础交接处　　(b) 基础变阶处　　(c) 冲切破坏锥体的底面在l方向落在基础底面以外的示意图

1—冲切破坏锥体最不利一侧的斜截面；2—冲切破坏锥体的底面线

图 2-1-22　计算阶梯形基础的受冲切承载力截面位置

A_l——考虑冲切荷载时取用多边形面积，即图 2-1-22(a)、(b)中阴影面积 ABCDEF 或图 2-1-22(c)中阴影面积；

p_j——相应于荷载效应基本组合时的地基土单位面积净反力(扣除基础自重力及其上的土重力)，当偏心荷载时可取最大值。

由式(2.1.19)和(2.1.20)可得：

$$p_j A_1 \leqslant 0.7\beta_{hp} f_t a_m h_0 \tag{2.1.22}$$

当冲切破坏锥体的底面落在基础底面以内，由图 2-1-22(a)、(b)可知：

$$A_1 = A_{AGHF} - (A_{BCG} + A_{DHE}) = \left(\frac{b}{2} - \frac{b_t}{2} - h_0\right)l - \left(\frac{l}{2} - \frac{a_t}{2} - h_0\right)^2 \tag{2.1.23}$$

$$a_m = \frac{a_t + a_b}{2} = \frac{a_t + (a_t + 2h_0)}{2} = a_t + h_0 \tag{2.1.24}$$

由式(2.1.23)和式(2.1.24)得：

$$F_1 = p_j A_1 = p_j\left[\left(\frac{b}{2} - \frac{b_t}{2} - h_0\right)l - \left(\frac{l}{2} - \frac{a_t}{2} - h_0\right)^2\right] \tag{2.1.25}$$

将式(2.1.25)代入式(2.1.22)，即可得基础有效高度 h_0 为：

$$h_0 = \frac{1}{2}\left(-b_t + \sqrt{b_t^2 + C}\right) \tag{2.1.26}$$

式中，h_0——基础底板有效高度(mm)；

b_t——基础边长 b 方向对应的柱截面的短边(mm)；

a_t——基础边长 l 方向对应的柱截面长边(mm)；

C——系数。

矩形基础：

$$C = \frac{2b(l-a_t)-(b-b_t)^2}{1+0.6\dfrac{f_t}{p_j}} \tag{2.1.27}$$

正方形基础：

$$C = \frac{b^2-{b_t}^2}{1+0.6\dfrac{f_t}{p_j}} \tag{2.1.28}$$

当冲切破坏锥体的底面在 l 方向落在基础底面以外，由图 2-1-22(c)可知

$$A_1 = \left(\frac{b}{2}-\frac{b_t}{2}-h_0\right)l$$

基础底板厚度为基础有效高度 X 加承台底面钢筋的混凝土保护层之和。

有垫层时：

$$h = h_0 + 40 \tag{2.1.29}$$

无垫层时：

$$h = h_0 + 75 \tag{2.1.30}$$

保护层厚度不宜小于 70 mm，当设素混凝土垫层时，保护层厚度可适当减少。工程中常先设定承台高度 h，并取 h_0＝承台高度 h－保护层厚度，用式(2.1.24)和式(2.1.25)进行验算。

(3)扩展基础弯矩计算。在轴心荷载或单向偏心荷载作用下底板受弯，可按下面简化方法设计任意截面的弯矩。

①矩形基础弯矩计算。如图 2-1-23 所示，当矩形基础台阶的宽高比小于或等于 2.5 和偏心距小于或等于 $b/6$ 时，任意截面的弯矩可按下列公式计算：

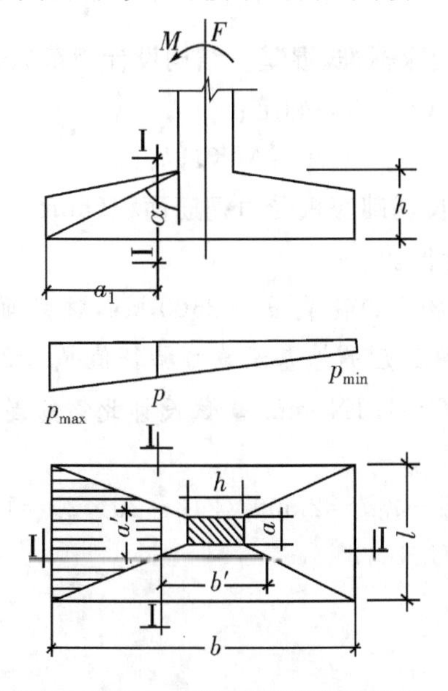

图 2-1-23　矩形基础底板的计算

$$M_{\mathrm{I}} = \frac{1}{12}a_1^2\left[(2l-a')\left(p_{\max}+p-\frac{2G}{A}\right)+(p_{\max}-p)l\right] \tag{2.1.31}$$

$$M_{\mathrm{II}} = \frac{1}{48}(l-a')^2(2b+b')\left(p_{\max}+p_{\min}-\frac{2G}{A}\right) \tag{2.1.32}$$

式中，M_{I}、M_{II}——任意截面Ⅰ—Ⅰ、Ⅱ—Ⅱ处相应荷载效应基本组合时的弯矩计值；

a_1—— 任意截面I—I至基底边缘最大反力的距离；

$p_{\max}$，$p_{\max}$—— 相应于荷载效应基本组合时基础底面边缘最大和最小地基反力设计值；

P—— 相应于荷载效应组合时在任意截面I—I处基础底面地基反力设计值；

G—— 考虑荷载分项系数的基础自重力及其上的土自重力；当组合值由永久荷载控制时，$G=1.35G_k$，G_k为基础及其上土的标准自重力。

②墙下条形基础弯矩计算。墙下条形基础任意截面的弯矩计算，可取$l=a'=1$ m（见图2-1-24），按公式（2.1.31）进行计算。其最大弯矩截面的位置，应符合下列规定：当墙体材料为混凝土时，取$a_1=b_1$；如为砖墙且放脚不大于1/4砖长时，取$a_1=b_1+0.06$。

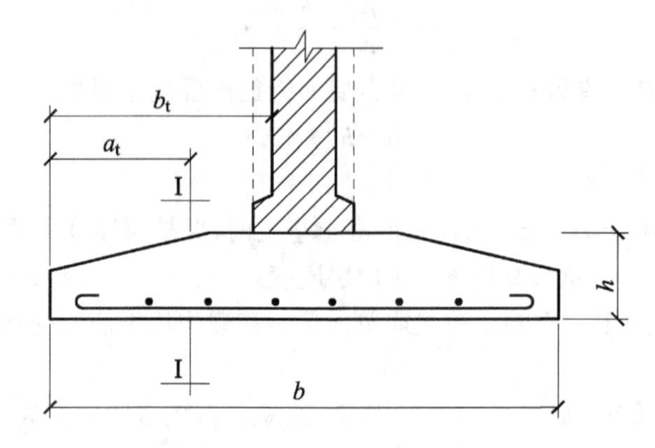

图2-1-24　墙下条形基础的计算

（4）基础底板配筋。按照国家标准《混凝土结构设计规范》（GB 50010—2002）有关规定，基础板底内受力钢筋面积可按式（2.1.33）确定：

$$A_s=M/0.9h_0f_y \tag{2.1.33}$$

式中，A_s——条形基础每延米长基础底板受力钢筋面积（mm²）；

f_y——钢筋抗拉强度设计值。

【例2-1-3】 某框架结构上部荷载$F_k=2500$ kN，柱截面尺寸为1200 mm×1200 mm。基础埋深2.0 m，假设经深宽修正后的地基承载力特征值$f_a=213$ kPa。基础混凝土强度等级C20，混凝土抗拉强度设计值$f_t=1.1\mathrm{N/mm^2}$。试设计此钢筋混凝土柱基础。

解　（1）柱基底面面积。

$$A\geqslant F_k/f_a-\gamma_G d=2\ 500/(213-20\times2)=14.45(\mathrm{m^2})$$

$l=b=3.80$ m，采用正方形基础。

（2）基础底板厚度h。

①基底净反力。

$$p_j=F_k/(l\times b)=2\ 500/(3.8\times3.8)=173(\mathrm{kPa})$$

②系数 C。

已知 $f_t=1.1\ \text{N/mm}^2=1\ 100\ \text{kPa}$。根据式(2-1-28)得：

$$C=\frac{b^2-bt^2}{1+0.6\dfrac{f_t}{p_j}}=\frac{3.80^2-1.20^2}{1+0.6\dfrac{1\ 100}{173}}=\frac{14.44-1.44}{1+3.82}=\frac{13}{4.82}=2.70$$

③基础有效高度 h_0。

$$h_0=\frac{1}{2}(-b_t+\sqrt{b_t^2+C}=\frac{1}{2}(-1.20+\sqrt{1.2^2+2.70})$$

$$=\frac{1}{2}(-1.20+2.03)=0.415\ (\text{m})=415\ (\text{mm})$$

④基础底板厚度 h'。

$$h'=h_0+40=415+40=455(\text{mm})$$

⑤设计采用基础底板厚度 h。

取 2 级台阶，各厚 300 mm，则承台高度

$$h=2\times300=600(\text{mm})$$

采用实际基础有效高度：

$$h_0=h-40=600-40=560(\text{mm})$$

(3)基础底板配筋。

①由图 2-1-25(a)，基础台阶宽高比为

$$650/300=2.17<2.5$$

②因无偏心荷载，故 $p=p_{\max}=p_{\min}=p_j$，柱与基础交接处的弯矩，由式(2.1.32)得：

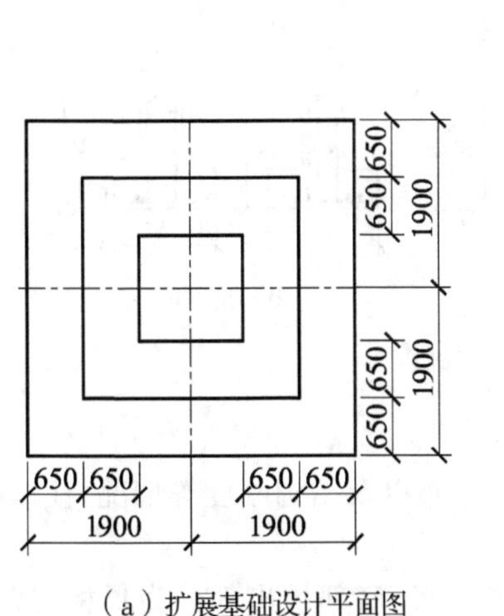

(a) 扩展基础设计平面图

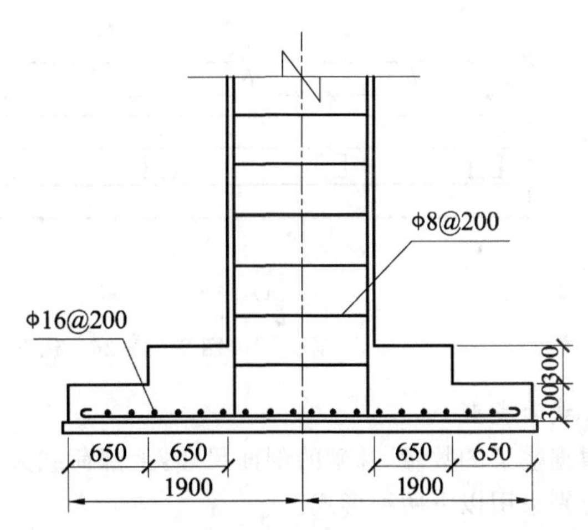

(b) 扩展基础设计剖面图

图 2-1-25　(尺寸单位：mm)

$$M=\frac{1}{48}(l-a')^2\left[(2b+b')\left(p_{\max}+p_{\min}-\frac{2G}{A}\right)\right]$$

$$=\frac{1}{48}(3.80-1.20)^2[(2\times3.80+1.20)\times(2P_j-2\gamma_G d)]$$

$$=\frac{1}{48}\times2.6^2\times8.8\times2\times(173-2\times20)$$

$$=329.67(\text{kN}\cdot\text{m})=329.67\times10^6(\text{N}\cdot\text{mm})$$

③基础底板受力钢筋面积由式(2.1.33)得：

$$A_s=\frac{M}{0.9h_o f_y}=\frac{329.67\times10^6}{0.9\times560\times210}=3166(\text{mm}^2)$$

④基础底板每 1 m 配筋面积：

$$A_s'=\frac{A_s}{b}=\frac{3166}{3.81}=818\ (\text{mm}^2)$$

采用 16@200，实际 1 m 配筋面积为：

$$A_s''=1206(\text{mm}^2)$$

三、柱下条形基础设计

1. 应用范围

(1)单柱荷载较大，地基承载力较小，按常规设计的柱下独立基础，需要底面积大，基础之间的净距很小。为施工方便，把各基础之间的净距取消，连在一起，即为柱下条形基础，如图 2-1-26所示。

(2)对于不均匀沉降或振动敏感的地基，为加强结构整体性，可将柱下独立基础连成条形基础。

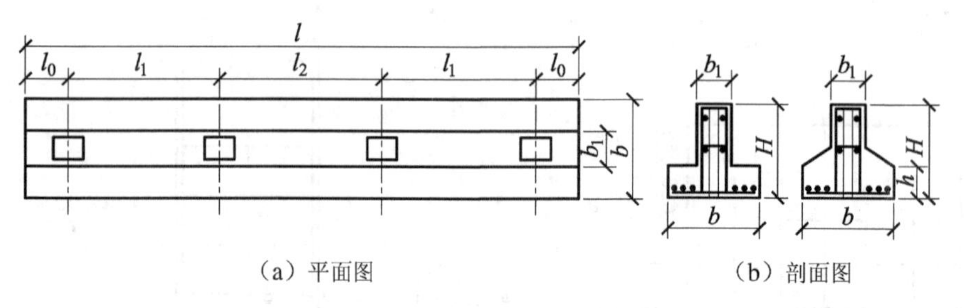

图 2-1-26　柱下条形基础

2. 截面类型

根据柱子的数量，基础的剖面尺寸，上部荷载大小、分布以及结构刚度等情况，柱下条形基础可分别采用以下两种形式。

(1)等截面条形基础。此类基础的横截面通常呈倒 T 形，底部挑出部分为翼板，其余部分为肋部。

(2)局部扩大条形基础。此类基础的横截面，在与柱交接处局部加高或扩大，以适应柱与基础梁的荷载传递和牢固连接。

3. 设计要点

(1)构造要求：基础梁高 H 宜为(1/8～1/4)l，l 为柱距。翼板厚度不小于 200 mm，当翼板厚大于 250 mm 时，宜采用变厚度翼板，其坡度 $i\leqslant1:3$。

(2)条形基础的端部宜向外伸出,其长度宜为第一跨距的 0.25 倍。

(3)现浇柱与条形基础梁的交接处,其平面尺寸不应小于图 2-1-27 中的规定。

(4)条形基础梁顶部和底部的纵向受力钢筋除应满足计算要求外,顶部钢筋按计算配筋全部贯通,底部通长钢筋的面积不应少于底部受力钢筋截面总面积的 1/3。

(5)柱下条形基础的混凝土强度等级不应低于 C20。

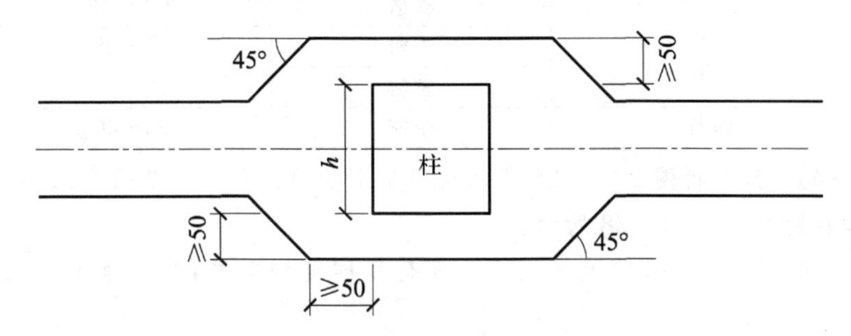

图 2-1-27 现浇柱与条形基础梁交接处平面尺寸(尺寸单位:mm)

4.基础底面面积

柱下条形基础可视为一狭长的矩形基础进行计算:

$$A=l\times b\geqslant F_k/(f_a-\gamma_G d)$$

式中,A——条形基础底面面积;

l——条形基础长度,由构造要求设计;

b——条形基础宽度,由上部荷载与地基承载力确定。

5.条形基础梁的内力计算

(1)按连续梁计算。这是计算条形基础梁内力的常用方法,适用于地基比较均匀、上部结构刚度较大、荷载分布较均匀且条形基础梁的高度 $H>l/6$ 的情况。地基反力可按直线分布计算。

因基础自重力不引起内力,采用基底净反力计算内力,进行配筋(净反力计算中不包括基础自重力与其上覆土的自重力)。两端边跨应增加受力钢筋,并且上下均应配置。

(2)按弹性地基梁计算。当上部结构刚度不大、荷载分布不均与且条形基础梁高 $H<l/6$ 时,地基反力不按直线分布,可按弹性地基梁计算内力。通常采用文克尔(Winkler)地基上梁的基本解。

文克尔地基模型是假设地基上任一点所受的压应力与该点的地基沉降 s 成正比,即:

$$P=KS$$

式中,K——基床系数。

K 值的大小与地基土的种类、松密程度,基础底面尺寸大小、形状以及基础荷载、刚度等因素有关。K 值应由现场载荷试验确定,如无荷载试验资料,可按表 2-1-8 选用。

表 2-1-8 基床系数 K 的经验值

土的分类	土的状态	$K(N/cm^3)$
淤泥质黏土	流塑	3.0~5.0
淤泥质黏性土	流塑	5.0~10

续表 2-1-8

土的分类	土的状态	$K(N/cm^3)$
黏土、黏性土	软塑	5.0～20
	可塑	20～40
	硬塑	40～100
砂土	松散	7.0～15
	中密	15～25
	密实	25～40
砾石	中密	25～40

【例 2-1-4】 试分析图 2-1-28 所示柱下条形基础的内力。基础长 20 m,宽 2.0 m,高 1.1 m,荷载和柱距如图 2-1-28 所示。

解 (1)计算柱下条形基础地基反力。因荷载和结构对称,则基础地基反力为均匀分布,则:

$$q = \sum F/l = (1200 + 1740) \times 2/20 = 294(\mathrm{kN/m})$$

视基础梁为在地基反力作用下以柱脚为支座的三跨连续梁,计算简图如图 2-1-29 所示。

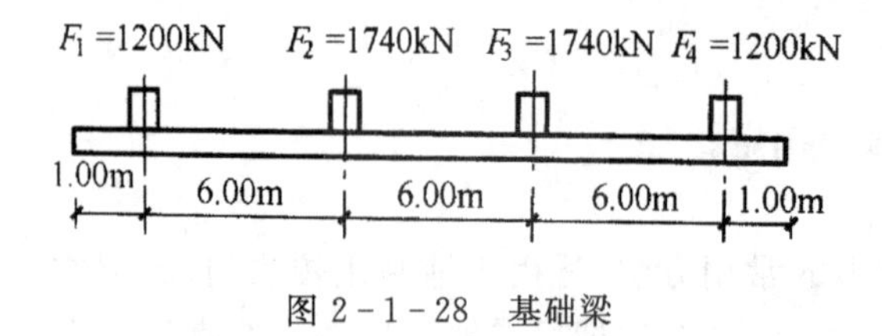

图 2-1-28 基础梁

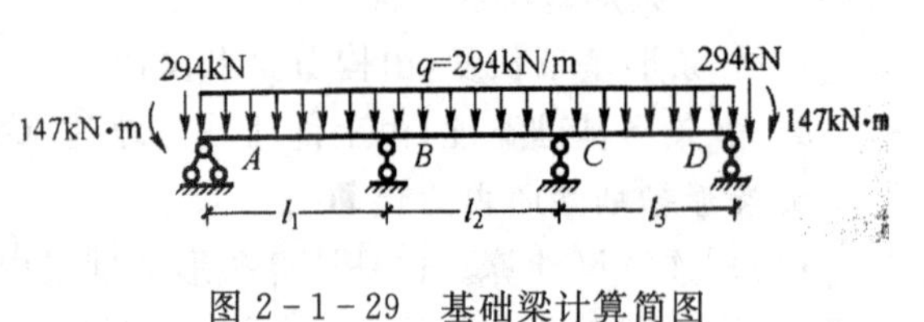

图 2-1-29 基础梁计算简图

(2)用弯矩分配比例法算得内力和支座反力,如图 2-1-30、图 2-1-31、图 2-1-32 所示。

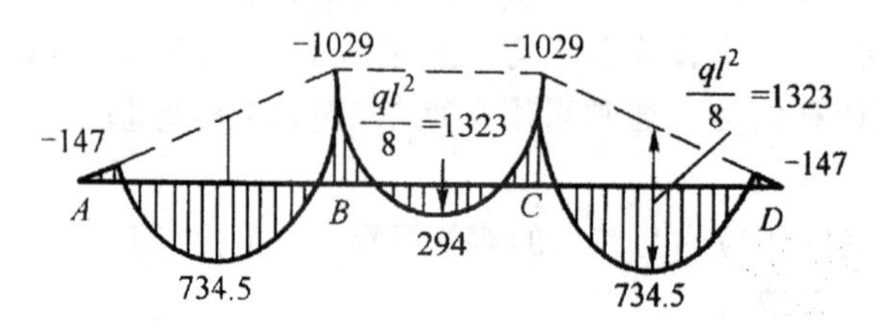

图 2-1-30 基础梁弯矩图(单位:kN·m)

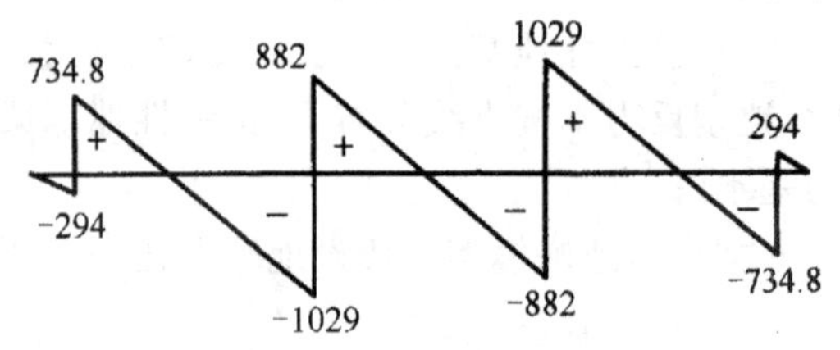

图 2-1-31 基础梁剪力图(单位:kN)

弯矩: 固端 $M_{A1}=M_{D1}=-147(\mathrm{kN\cdot m})$;$M_{B1}=M_{C1}=-1029(\mathrm{kN\cdot m})$

跨中 $M_{AB1}=M_{CD1}=734.5(\mathrm{kN\cdot m})$;$M_{BC1}=294(\mathrm{kN\cdot m})$

剪力: $V_{C1}^{l}=-V_{B1}^{r}=-882(\mathrm{kN})$;$V_{dl}^{l}=-V_{Al}^{r}=-734.8(\mathrm{kN})$

$V_{c1}^{r}=-V_{B1}^{l}=1029(\mathrm{kN})$;$V_{Dl}^{r}=-V_{A1}^{l}=294(\mathrm{kN})$

支座反力:$R_{A1}=R_{D1}=294+734.8=1028.8\ (\mathrm{kN})$;$R_{B1}=R_{C1}=1029+882=1911(\mathrm{kN})$

由于支座反力与原柱荷载不相等,需调整,将差值折算成分布荷载,分布在支座两侧各1/3

跨内，如图 2-1-33 所示。

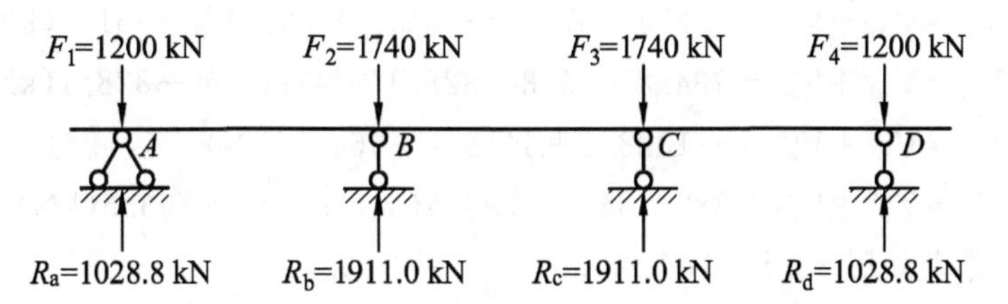

图 2-1-32　基础梁支座反力(单位:kN)

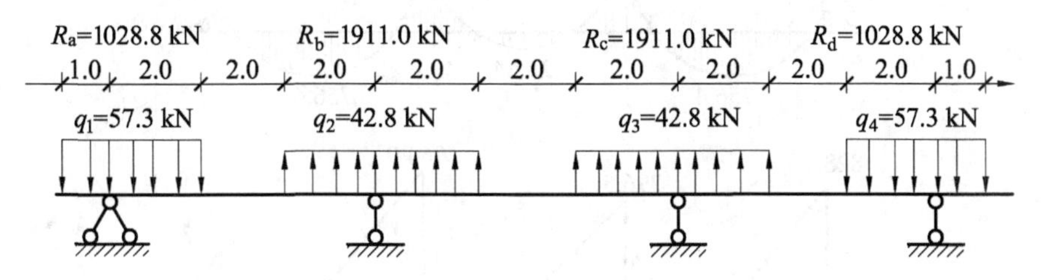

图 2-1-33　基础梁荷载调整(尺寸单位:m)

$$q_1=q_4=1200-1028.8/(1+2)=57.3(\mathrm{kN/m})(\downarrow)$$

$$q_2=q_3=1740-1911/(2+2)=-42.8(\mathrm{kN/m})(\uparrow)$$

计算图 2-1-33 的内力和支座反力。

弯矩：　$M_{A2}=M_{D2}=-28.7(\mathrm{kN/m})$

$M_{B2}=M_{C2}=43.5(\mathrm{kN})$

剪力：　$V_{C2}^{1}=V_{B2}^{2}=85.7\ (\mathrm{kN})$

$VR_{C2}=V_{B2}^{1}=-64.3\ (\mathrm{kN})$

$V_{D2}^{1}=V_{A2}^{r}=-93.3\ (\mathrm{kN})$

$V_{D2}^{r}=V_{A2}^{1}=57.3\ (\mathrm{kN})$

支座反力：　$R_{A2}=R_{D2}=57.3+92.7=150\ (\mathrm{kN})(\uparrow)$

$R_{B2}=R_{C2}=-64.3-85.6=-149.9\ (\mathrm{kN})(\downarrow)$

支座反力两次计算结果叠加：

$R_A=R_{A1}+R_{A2}=1029+150=1179\ (\mathrm{kN})(\uparrow)$

$R_D=1179\ (\mathrm{kN})(\downarrow)$

$R_B=R_{B1}+R_{B2}=1911-149.9=1761.1\ (\mathrm{kN})(\uparrow)$

$R_C=1761.1\ (\mathrm{kN})(\uparrow)$

与柱荷载比较，误差小于 2%，故不需要再作调整。

(6)梁内弯矩和剪力两次计算结果叠加。

弯矩：　$M_A=M_D=-147-28.7=-175.7(\mathrm{kN\cdot m})$

$M_B=M_C=-1028.8+43.5=-985.3(\mathrm{kN\cdot m})$

剪力：

$$V_A^l=V_{A1}^l+V_{A2}^l=-294-57.3=-351.3(\mathrm{kN});V_D^r=351.3(\mathrm{kN})$$

$$V_A^r=V_{A1}^r+V_{A2}^r=734.8+93.3=828.1(\mathrm{kN});V_D^l=-828.1(\mathrm{kN})$$

$$V_B^l=V_{B1}^l+V_{B2}^l=-1028.8+64.3=-964.9(\mathrm{kN});V_C^r=964.9(\mathrm{kN})$$

$$V_B^r=V_{B1}^r+V_{B2}^r=882-85.7=796.5(\mathrm{kN});V_C^l=-796.5(\mathrm{kN})$$

最终弯矩和剪力如图 2-1-34 所示。

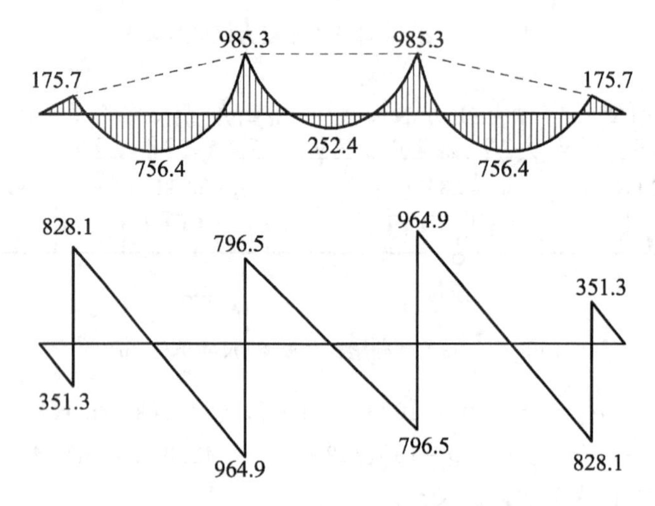

图 2-1-34　基础梁最终弯矩、剪力图

四、筏形基础

1.应用范围

当上部结构荷载较大，地基土较软，采用十字交叉基础不能满足地基承载力要求或采用人工基础不经济时，则可采用筏形基础。对于采用箱形基础不能满足地下空间使用要求的情况，例如地下停车场、商场、娱乐场等，也可采用筏形基础，此时筏形基础的厚度可能会较大。

筏形基础分梁板式和平板式两种类型，应根据地基土质、上部结构体系、柱距、荷载大小以及施工等条件确定。

2.筏形基础内力的计算及配筋要求

当地基比较均匀、上部结构刚度较好，且柱荷载及柱间距的变化不超过 20%时，筏形基础可仅考虑局部弯曲作用，按倒置楼盖法进行计算。计算时地基反力可视为均布荷载，其值应扣除底板自重。

当地基比较复杂、上部结构刚度较差，或柱荷载及柱间距变化较大时，筏基内力应按弹性地基梁板方法进行分析。

按倒置楼盖法计算的梁板式筏基，其基础的内力可按连续梁分析，边跨跨中弯矩以及第一内支座的弯矩值应乘以 1.2 的系数。考虑整体弯曲的影响，梁式板筏基的底板和基础梁的配筋除满足计算要求外，纵横方向的支座钢筋还应有 $l/3\sim l/2$ 贯通全跨，且其配筋率不应小于 0.15%；跨中钢筋应按实际配筋全部连通。

按倒梁法计算的平板式筏基，柱下板带和跨中板带的承载力应符合计算要求。柱下板带中在柱宽及其两侧各 0.5 倍板厚的有效宽度范围内的钢筋配置量不应小于柱下板带钢筋的一半，且应能承受作用在冲切临界截面重心上的部分不平衡弯矩的作用。

同样，考虑到整体弯曲的影响，柱下筏板带和跨中板带的底部钢筋应有 $l/3 \sim l/2$ 贯通全跨，且配筋率也不应小于 0.15%；顶部钢筋应按实际配筋全部连通。

3. 筏形基础的承载力计算要点

梁板式筏基底板的板格应满足受冲切承载力的要求。梁板式筏基的板厚不应小于 300 mm，且板厚与板格的最小跨度之比不应小于 1/20。梁板式筏基的基础梁除满足正截面受弯及斜截面受剪承载力外，还应验算 3 底层柱下基础梁顶面的局部受压承载力。

平板式筏基的板厚应能满足受冲切承载力的要求。板的最小厚度不宜小于 400 mm。计算时应考虑作用在冲切临界截面重心上的不平衡弯矩所产生的附加剪力。平板式筏基除满足受冲切承载力外，还应验算柱边缘处筏板的受剪承载力。

五、箱形基础简介

1. 概述

箱形基础是指由底板、顶板、侧墙及一定数量内隔墙构成的整体刚度较大的钢筋混凝土箱形结构，简称箱基。

箱基是在工地现场浇筑的钢筋混凝土大型基础。箱基的尺寸很大，平面尺寸通常与整个建筑平面外形轮廓相同；箱基高度至少超过 3 m，超高层建筑可有数层，高度可超过 10 m。

我国第一个箱基工程是 1953 年设计的北京展览馆中央大厅的基础，此后，北京、上海与全国各省市很多高层建筑均采用箱基。

2. 箱形基础的特点

(1)箱基的整体性好、刚度大。由于箱基是现场浇筑的钢筋混凝土箱形结构，整体刚度大，可将上部结构荷载有效地扩散传给地基，同时又能调整与抵抗地基的不均匀沉降，并减少不均匀沉降对上部结构的不利影响。

(2)箱基沉降量小。由于箱基的基槽开挖深，面积大，土方量大，而基础为空心结构，以挖除土的自重来抵消或减少上部结构荷载，属于补偿性设计，由此可减小基地的附加应力，使地基沉降量减小。

(3)箱基抗震性能好。箱基为现场浇筑的钢筋混凝土整体结构，底板、顶板与内外墙体厚度都较大。箱基不仅整体刚度大，而且箱基的长度、宽度和埋深都大，在地震作用下箱基不可能发生移滑或倾覆，箱基本身的变形也不大。因此，箱基是一种具有良好抗震性能的基础形式。例如，1976 年唐山发生 7.8 级大地震时，唐山市区平地上的房屋全部倒塌，但当地最高建筑物——新华旅社 8 层大楼——反而未倒，该楼采用的就是箱形基础。

但是，箱形基础的纵横隔墙给地下空间的利用带来了诸多限制。由于这个原因，现在许多建筑物采用了筏形基础，通过增加筏形基础的厚度来获得足够的整体性和刚度。

3. 箱形基础的适用范围

箱形基础主要适用以下几种建筑：

(1)高层建筑。高层建筑为了满足地基稳定性的要求，防止建筑物的滑动与倾覆，不仅要求基础整体刚度大，而且需要埋深大，常采用箱形基础。

(2)重型设备。重型设备或对不均匀沉降有严格要求的建筑物，可采用箱形基础。

(3)需要地下室的各类建筑物。人防、设备间等常采用箱形基础。

(4)上部结构荷载大，地基土较差。当上部结构荷载大，地基土较软或不均匀，无法采用独立基础或条形基础时，可采用天然地基箱形基础，避免打桩或人工加固地基。

(5)地震烈度高地区的重要建筑物。重要建筑物位于地震烈度8度以上设防区，根据抗震要求可采用箱形基础。

思考题

1. 浅基础设计应注意哪些问题？
2. 浅基础设计的步骤有哪些？
3. 浅基础有哪些构造类型？它们的适用条件如何？
4. 选择基础埋深应考虑哪些因素？
5. 确定地基承载力有哪些方法？
6. 如何按地基承载力确定基础底面尺寸？
7. 无筋扩展基础如何设计？
8. 扩展基础的适用范围是什么？有哪些构造要求？
9. 柱下条形基础的适用范围是什么？有哪些设计要点？
10. 条形基础梁的内力如何计算？
11. 筏形基础的内力计算及配筋有哪些要求？
12. 箱形基础的适用范围是什么？有哪些特点？

实践练习

1. 某建筑物地基土为黏土。根据实验结果，其塑性指数 $I_p=18$，液性指数 $I_L=0.3$，孔隙比 $e=0.55$。试确定其承载力特征值。

2. 某工业厂房柱下矩形基础拟建在双层地基上，第一层为填土，$\gamma=18.50\ \mathrm{kN/m^3}$，厚1.2 m；第二层为黏土层，$\gamma=19.30\ \mathrm{kN/m^3}$，厚8.0 m；基础埋深1.2 m，基底长宽比取1.2，已知柱的轴心荷载为1900 kN，试确定基底尺寸。（已知：黏土层地基承载力特征值 $f_{ak}=205$ kPa，$f=0.95$，$b=0.3$，$d=1.6$）

项目二 桩基础及其他深基础

学习目标

知识目标

1. 掌握桩基础的类型选择
2. 掌握桩基础的单桩承载力(轴向和水平)的确定
3. 理解桩基础的承载力与沉降验算
4. 能利用以上的各知识点进行桩基础的设计
4. 了解其他的各种深基础

能力目标

1. 把握桩基础的设计思想与基本要求
2. 学会按变形控制的桩基设计方法
3. 能合理的进行桩型的选择与优化
4. 读懂桩基础施工方案,并熟悉相应施工准备、施工工艺及方法
5. 会编制简单的施工方案

项目分析

项目概述

当地基土的上部土层比较软弱,且建筑物的上部荷载很大,采用浅基础已经不能满足建筑物对地基变形和强度的要求,同时,采用地基处理又不经济时,可以利用地基土的下部土层作为基础的持力层,从而可将基础设计为深基础。常用的深基础有桩基础、沉井基础、地下连续墙、沉箱基础等多种类型。而这些深基础中常用的又是桩基础,本章仅对桩基础及常见深基础做简单介绍。

情景案例设计

某 4 桩承台埋深 1 m,桩中心距 1.6 m,承台边长为 2.5 m,作用在承台顶面的 $F_k=2000$ kN,$M_k=200$ kN·m。若单桩竖向承载力特征值 $R_a=550$ kN,试验算单桩承载力是否满足要求。

实践:桩基础设计

1. 实践目的

根据本课程教学大纲的要求,学生应通过本设计掌握基础的设计方法,培养学生应用理论知识解决实际问题的能力。

2. 设计任务与资料

某二级建筑工业厂房的桩下基础,经过技术方案试比较,决定采用桩基础。试设计该桩基础，已知资料如下。

(1)地质与水文资料。①通过工程地质勘查及土工试验可知地基的分布情况与土层的物理性质及状态指标如下。第一层：杂填土，土层厚2.6 m，重度为16.8 kN/m^3，液性指数为0.3。第二层：淤泥质土，土层厚4.5 m，重度为17.5kN/m^3，液性指数为1.28，饱和重度为19.0 kN/m^3。第三层：黏土，土层厚2.1 m，饱和重度为19.6 kN/m^3，液性指数为0.5。第四层：粉质黏土，土层厚4.8 m，饱和重度为19.4 kN/m^3，液性指数为0.25，空隙比为0.78。第五层：粉质黏土，土层厚2.5 m，液性指数为0.8。②地下水位距地表的距离为3.2 m。

(2)桩与材料。

①承台底面埋深要求不小于1.6 m。

②采用钢筋混凝土预制桩，混凝土强度等级C20，Ⅰ级钢筋。

③桩的边长采用400 mm×400 mm。

(3)荷载情况。上部结构轴心力荷载设计值为4000 kN，弯矩为450 kN/m，水平荷载为150 kN。

3.设计成果要求

(1)设计说明书。要求写出完整的计算说明书，包括必要的文字说明及计算过程。同时，字迹工整，数字准确，图文并茂。

(2)图纸。绘图采用A2图纸。要求均应符合新的制图标准，图纸上所有文字和数字均应书写端正，排列整齐，笔记清晰，字体采用仿宋字。

4.设计步骤

(1)熟悉桩基础设计的基本资料。

(2)桩基础类型的选择说明。

(3)桩基础断面尺寸的选择说明。

(4)桩长的选择。

(5)桩的根数估算。

(6)桩间距确定。

(7)桩基础的平面布置。

(8)桩基础单桩承载力的确定。

(9)桩基础承载力与沉降验算。

(10)桩身结构设计。

(11)承台结构设计。

任务分析

任务一　单桩竖向承载力的确定

一、桩基础的类型

桩基础简称桩基，通常由承台和桩身两部分组成。桩基础通过承台把若干根桩根的顶部连接起来组合成一个整体,共同承受上部结构的荷载。当承台底面低于地面以下时,承台称为低桩承台,相应的桩基础称为低承台桩基础,如图 2-2-1(a)所示。当承台底面高于地面时,承台称为高桩承台,相应的桩基础称为高承台桩基础 ,如图 2-2-1(b)所示。工业与民用建筑多用低承台桩基础。

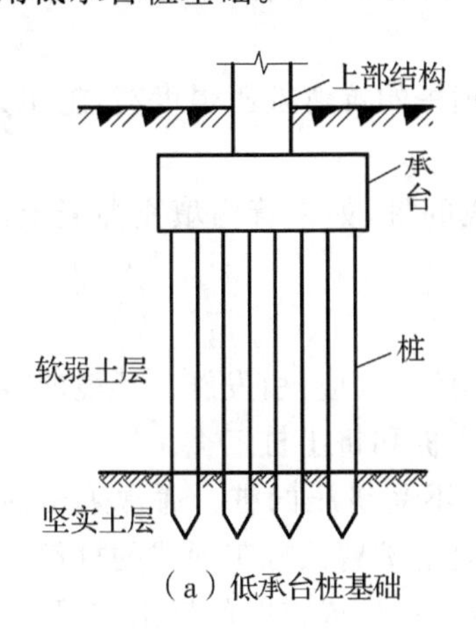

(a)低承台桩基础

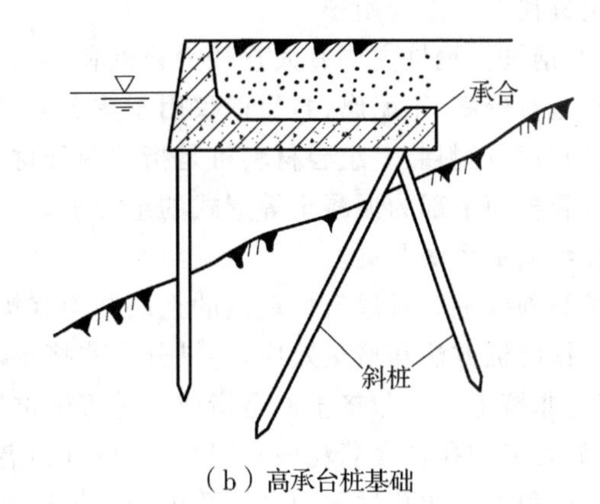

(b)高承台桩基础

图 2-2-1 桩基础示意图

1.按桩的承载性状分类

桩在上部竖向荷载作用下,桩顶部的竖向荷载可由桩身与桩侧向阻力和桩端的桩阻力共同承担。由于桩端岩土的物理力学性质以及桩的尺寸和施工工艺不同,桩侧和桩端阻力的大小以及它们分担荷载的比例有很大差异,因此可将其分为摩擦型桩和端承型桩。

(1)摩擦型桩。

①摩擦桩:在极限承载力状态下,桩顶竖向荷载由桩侧阻力承受,即在深厚的软弱土层中,桩顶竖向荷载绝大部分由桩侧阻力承受,桩端阻力小到可以忽略不计。

②端承摩擦桩:在极限承载力状态下,桩顶竖向荷载主要由桩侧阻力承受,即在深厚的软弱土层中,桩的长径比很大,桩顶竖向荷载由桩端阻力承受,但大部分由桩侧阻力承受。这种桩应用较广。

(2)端承型桩。

①端承桩:在极限承载力状态下,桩顶竖向荷载由桩端阻力承受,即在深厚的软弱土层中,桩的长径比很小,桩顶竖向荷载绝大部分由桩端阻力承受,桩侧阻力可以小到忽略不计。

②摩擦端承桩:在极限承载力状态下,桩顶竖向荷载由桩端阻力承受,即在深厚的软弱土层中,桩顶竖向荷载由桩侧阻力和桩端阻力共同承担,但主要由桩端阻力承受。

2.按桩的使用功能分类

当上部结构完工后,承台下部的桩不但要承受上部结构传递下来的竖向荷载,还担负着由于风和其他作用引起的水平荷载。根据桩在使用状态下的抗力性能,可把桩分为以下四类:

(1)竖向抗压桩:主要承受竖向下压荷载。

(2)竖向抗拨桩:主要承受竖向上拨荷载。

(3)水平受荷载:主要承受水平方向荷载。

(4)复合受荷桩:承受竖向、水平向荷载均较大。

3. 按桩身构成材料分类

(1)混凝土桩。混凝土桩按照桩的制作方法又可分为灌注和预制桩。灌注桩是在现场采用机械或人工挖掘成孔，就地浇灌混凝土成桩。这种桩可在桩内设置钢筋笼以增强桩的强度，也可以不配筋。预制桩是在工厂或现场预制成型的混凝土桩，有实心、空心，方桩、管桩之分。混凝土桩在工程上应用很广。

(2)钢桩。钢桩主要有大直径钢管桩和H形钢桩等。钢桩的抗弯抗压强度高，施工方便，但缺点是造价高、不耐腐蚀，目前仅用于重点工程。

(3)组合材料装。组合材料桩是指用两种材料组合而成的桩，如钢管内填充混凝土，或上部为钢管桩而下部为混凝土等形式的组合桩。

4. 按成桩方法分类

桩基础成桩时对建筑场地内的土层结构有扰动，并产生挤土效应，引发施工环境的若干问题。根据成桩方法和挤土效应，将桩分为非挤土桩、部分挤土桩和挤土桩三类。

(1)非挤土桩。非挤土桩是指成桩过程中桩周土体基本不受挤压的桩。通常采用的干作业法(如人工挖孔扩底灌注桩)、泥浆护壁法(如潜水钻孔)、套管护臂法施工而成的桩都为非挤土桩。这种桩在成孔过程中已将孔中的土体清除掉，因此没有产生成桩时的挤土作用。

(2)部分挤土桩。部分挤土桩是指采用预钻孔打入式预制桩、打入式敞口钢管桩、冲击成孔灌注桩、钻孔压注成型灌注桩等。这种桩在成桩过程对桩周围土体的强度及变形会产生一定的影响。

(3)挤土桩。挤土桩是指挤土灌注桩(如沉管、爆扩灌注桩)和挤土桩预制桩(打入、静压)。这种桩在打入、振入、压入过程中都需将桩位处的土完全排挤开，这样使土的结构遭受严重破坏；除此之外，这种成桩方式还会对场地周围环境造成较大影响，因而事先必须对成桩所引起的挤土效应进行评价，并采取相应的防护措施。

5. 按桩径大小分类

(1)小直径桩：桩径 $d\leqslant 250$ mm，多用于基础加固和复合桩基础。

(2)中等直径桩：桩径 250 mm$<d<$800 mm，应用较广。

(3)大直径桩：桩径 $d\geqslant 800$ mm，多用于高层或重型建筑物基础。

二、桩的施工工艺简介

1. 预制桩

预制桩的设计强度及龄期均达到强度后才能采用各种方法将桩沉入土中，预制桩抗变形能力强，适用于新填土或及软弱的基土中。

(1)预制桩的种类。

按照桩材料的不同，主要有钢筋混凝土桩、预应力钢筋混凝土桩、钢桩等多种类型。

①钢筋混凝土桩。钢筋混凝土桩的截面有方形和圆形。其中最常用的是方桩，断面尺寸从 250 mm×250 mm 到 550 mm×550 mm。桩顶主筋焊在预埋角钢上，一般桩长超过 25～30 m 时需要接桩，接头不宜超过 2 个。接桩方法可采用钢板焊接桩、法兰接桩及硫磺胶泥锚接桩。当采用静压法沉桩时，常采用空心桩；在软土层中亦有采用三角形断面，以节省材料，增加侧面积和摩阻力。桩的长径比不宜大于 80，混凝土强度不宜低于 C30，桩内主筋的配筋率不宜小于 0.8%，主筋直径不宜小于 φ14，主筋直径为 6－8 mm，间距不大于 200 mm。

②预应力钢筋混凝土桩。预应力钢筋混凝土桩简称预应力桩，是将钢筋混凝土桩的部分

或全部主筋作为预应力张拉钢筋，采用先张法或后张法对桩身混凝土施加预应力，以减小桩身混凝土的拉应力和弯拉应力，提高桩的抗冲(锤)击能力和抗弯能力。预应力桩的特点是强度高、抗裂形好。

③钢柱。钢柱强度高、抗冲击能力强和贯入能力强，且便于切割、连接和运输，质量可靠，沉桩速度快以及挤土效应较小，但是钢柱造价高，耐腐蚀性差。

(2)预制桩的施工工艺。预制桩的施工工艺包括制桩与沉桩两部分，沉桩工艺又随沉桩机械而变，主要有打入式，静压式和振动式三种。

①打入式。打入式是采用蒸汽锤、柴油锤、液压锤等，依靠锤芯的自重自由下落以及部分液压产生的冲击力，将桩体贯入土中，直至设计深度，即为打桩。这种工艺会产生较大的振动、挤土效应和噪声，引起邻近建筑或地下管线的附加沉降或隆起，所以实施时应加强对邻近建筑物和地下管线的变形监测和施工控制，并采取周密的防护措施。打入桩适用于松软土层和较空旷的地区。

②静压式。静压式是采用液压或机械方法对桩顶施加静压力而将桩压入土中并达到设计深度。施工过程中无振动和噪声，适宜在软土地带城区施工。但应注意，其挤土效应仍不可忽略，亦应采取防挤措施。

③振动式。振动式是借助于放置在桩顶的振动锤使桩产生振动，从而使桩周围土体受到扰动或液化，于是桩体在自重和动力荷载作用下沉入土中。选用时应综合考虑其振动、噪声和挤土效应。

2.灌注桩

灌注桩是指在预定的桩位上通过机械钻孔、钢管挤土或人力挖掘等手段，在地基土中形成的孔内放置钢筋笼，再在其中灌入混凝土而做成的桩。灌注桩的优点是省去了预制桩的制作、运输、吊装和打入等工序，从而节省了材料，降低了工程造价。其缺点是成桩过程完全在地下完成，施工过程中的许多环节把握不当则会影响成桩质量。灌注桩按照成孔以及排土是否需要泥浆划分为干作业成孔和湿作业成孔；按照成孔方法可将泥浆灌注桩分为沉管灌注桩、钻孔灌注桩和钻孔扩底灌注桩等几大类。

(1)沉管灌注桩。沉管灌注桩的沉管方法可选用打入、振动和静压式任何一种。其施工程序一般包括四个步骤：沉管、放笼、灌注、拔管。沉管灌注桩的优点是在钢管内无水环境中沉放钢筋笼和灌注混凝土，从而为桩身混凝土的质量提供了保障。沉管灌注中需要注意的问题主要有两个：一是在拔除钢套时，提管速度不宜过快，否则会造成颈缩、带泥，甚至断桩；二是沉管过程中的挤土效应除产生与预制桩类似的影响外，还可能使混凝土尚未结硬的邻桩被剪断，这样就需要控制好提管速度，并使桩管产生振动，不让管内出现真空，提高桩身混凝土的密实度，并保持其连续性。

(2)钻孔灌注桩。它是指利用各种钻孔具在地面用机械方法钻孔，清除孔内泥土，再向孔内灌注混凝土。其施工顺序主要分为三大步：钻孔、沉放导管和钢筋笼、灌注混凝土成桩。

钻孔桩的优点在于施工过程无挤土效应、无振动、噪声小，对邻近建筑物及地下管线危害较小，且桩径不受限制，是城区高层建筑常采用的类型。钻孔桩的最大缺点是端部承载力不能充分发挥，并造成较大沉降。

(3)钻孔扩底灌注桩。它是指用钻机钻孔后，再通过钻杆底部装置的扩刀，将孔底再扩大。扩大角度不宜于大 15°，扩底后直径不宜大于 3 倍桩身直径。孔底扩大后可以提高桩的承载力。

三、桩及桩基础的构造要求

(1)摩擦型桩的中心距不宜小于桩身直径的3倍;扩底灌注桩的中心距不宜小于扩底直径的1.5倍,当扩底直径大于2 m时,桩端净距不宜小于1 m。在确定桩距时还应考虑施工工艺及挤土效应对邻近桩的影响。

(2)扩底灌注桩的扩底直径,不应大于桩身直径的3倍。

(3)桩底进入持力层的深度,根据地质条件、荷载及施工工艺确定,宜为桩身直径的1～3倍。在确定桩底进入持力层深度时,尚应考虑特殊土、岩溶以及震陷液化等影响。嵌岩灌装桩周边嵌入完整和较完整的未风化、微风化、中风化硬质岩体的最小深度,不宜小于0.5 m。

(4)布置桩位时宜使桩基承载力合力点与竖向永久荷载合力作用点重合。

(5)预制桩的混凝土强度等级不应低于C30;灌注桩不应低于C20;预应力桩不应低于C40。

(6)桩的主筋应经计算确定。打入式预制桩的最小配筋率不宜小于0.8%;静压预制桩的最小配筋率不宜小于0.6%;灌注桩的最小配筋率不宜小于0.2%～0.65%(小直径桩取大值)。

(7)配筋长度。

①受水平荷载弯矩较大的桩,配筋长度应通过计算确定。

②桩基承台下存在淤泥、淤泥质土或液化土层时,配筋长度应穿过淤泥、淤泥质土或液化土层。

③坡地岸边的桩、8度及8度以上地震区的桩、抗拔桩、嵌岩端承桩应通过配筋。

④桩径大于600 mm的钻孔灌注桩,构造钢筋的长度不宜小于桩长的2/3。

(8)桩顶嵌入承台内的长度不宜小于50 mm。主筋伸入承台内的锚固长度不宜小于钢筋直径(Ⅰ级钢)的30倍或钢筋直径(Ⅱ级钢和Ⅲ级钢)的35倍。对于大直径灌注桩,当采用一柱一桩时,可设置承台或将桩和柱直接连接。桩和柱的连接可按高杯口基础的要求选择截面尺寸和配筋,柱纵筋插入桩身的长度应满足锚固长度的要求。

(9)在承台及地下室周围的回填中,应满足填土密实性的要求。

四、单桩竖向承载力的确定

在外荷载作用下,引起基础破坏的原因大致可分为两类:一是由于桩的本身强度不够而引起的破坏;二是地基承载能力不够而引起的破坏。桩基础设计时,在选定桩基础的类型后,就需要根据建筑物基础的等级、上部荷载效应的组合及地基土的地质条件确定单桩的竖向承载力。

1.单桩竖向承载力特征值的确定应满足的有关规定

单桩竖向承载力特征值应通过单桩竖向静荷载试验确定。在同一条件下的试桩数量不宜少于总桩数的1%,且不应少于3根。当桩端持力层为密实砂卵石或其他承载力类似的土层时,对单桩承载力很高的大直径端承型桩,可采用深层平板载荷试验确定桩端土的承载力特征值。

地基基础设计等级为丙级的建筑物,可采用静力触探、标准贯入试验参数确定竖向承载力特征值。

初步设计时，单桩竖向承载力特征可按式(2.2.1)估算：

$$R_a = q_{pa}A_p + U_p\sum q_{sia}L_i \tag{2.2.1}$$

式中，R_a——单桩竖向承载力特征值；

q_{pa}、q_{sia}——桩端阻力、桩侧阻力特征值，由当地静荷载试验结果分析算得；

A_p——桩底端横截面面积；

U_p——桩身横截面的周边长度；

L_i——第 i 层岩土的厚度。

当桩端嵌入完整及较完整的硬质岩石中时，可按下式估算：

$$R_a = q_{pa}A_p \tag{2.2.2}$$

式中，q_{pa}——桩端岩石承载力特征值。

当桩承受上拔力时，应对桩基进行抗拔验算及桩身抗裂验算。

2. 单桩竖向承载力特征值的确定——静荷载试验

(1)试验目的。

在建筑工程的施工现场，用与设计采用的工程桩规格尺寸完全相同的试桩，进行静荷载试验。直至加载破坏，确定单桩竖向极限承载力，并进一步计算出单桩竖向承载力特征值。

(2)试验装置。

一般试验采用油压千斤顶加载，千斤顶反力装置常用下列方法。

①锚桩横梁反力装置，如图 2-2-2(a)所示。该装置要求试桩与两端锚桩的中心距不应小于桩径，如果采用工程桩作为锚桩时，锚桩数量不得少于 4 根，并应对试验过程中锚桩的上拔量进行监测。

②压重平台反力装置，如图 2-2-2(b)所示。该装置要求压重平台支墩边到试桩的净距不应小于 3 倍桩径，并大于 1.5 m。装置提供的反力不得小于预估试桩荷载的 1.2 倍。

③锚桩压重联合反力装置。该装置是指当试桩最大加荷量超过锚桩的抗拔力时，可在横梁上放置一定量重物，由锚桩和重物共同承担反力。

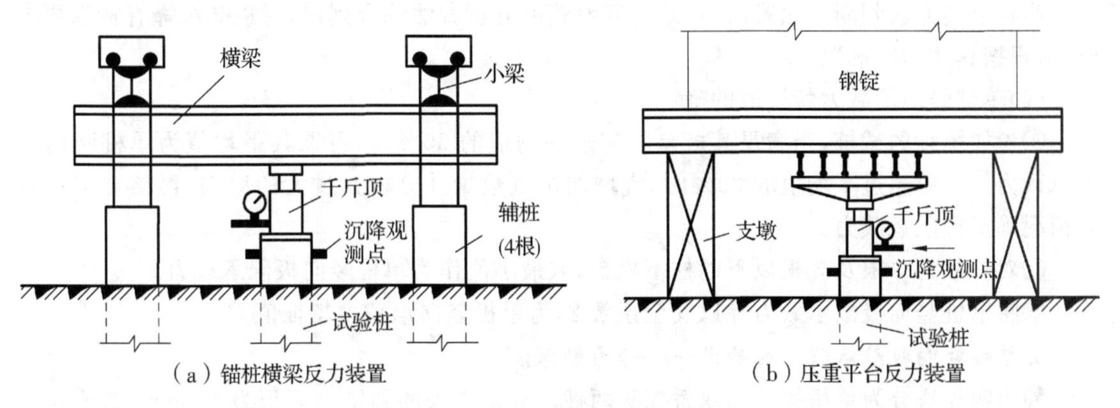

（a）锚桩横梁反力装置　　（b）压重平台反力装置

图 2-2-2　单桩静载荷试验的装置

(3)荷载与沉降的量测。

①在千斤顶上安置应力环和应变式压力传感器直接测定。

②试桩沉降测量一般采用百分表或电子位移计。

(4)静荷载试验事项。

①加荷采用慢速维持荷载法,即逐级加载,每级荷载达到相对稳定后再加下一级荷载,直至试验破坏,然后分级卸载到零。每级加载量为预估极限荷载的 1/10~1/8。

②测读桩沉降量的间隔时间:每级加荷后,每隔 5 min、10 min、15 min 各读一次,以后每隔 15 min 读一次,累计 1 h 后每隔 30 min 读一次。

③沉降相对稳定标准:在每级荷载作用下,每小时的沉降量连续 2 次在每小时内不超过 0.1 mm 时,可认为相对稳定,可以施加下一级荷载。

④为安置测点及仪表,试桩顶部高于试坑桩地面的高度不应小于 60 cm,试坑地面与承台地的设计高程相同。

⑤终止加载条件。符合下列条件之一时可终止加载:

A. 当荷载—沉降($Q-s$)曲线上有可判定极限承受力的陡降段,且桩顶总沉降量超过 40 mm。

B. 某级荷载作用下,桩的沉降大于前一级荷载作用下沉降量的 2 倍,且经 24 h 尚未达到相对稳定。

C. 25 m 以上的非嵌岩桩,$Q-s$ 曲线呈缓变形时,桩顶总成量大于 60 mm~80 mm。

D. 在特殊条件下,可根据具体要求加载至桩顶总沉降大于 100 mm。

E. 卸载观测的规定:每级卸载值为加载值的 2 倍。卸载后隔 15 min 测读一次,读 2 次后,隔 30 min 再读一次,即可卸下一级荷载。全部卸载后,隔 3~4 h 再测读一次。

(5)单桩竖向极限承载力的确定。作 $Q-s$ 曲线和其他辅助分析所需的曲线。

当陡降段明显时,取向应于陡降段其实对应的荷载值。

当出现某级荷载作用下,桩的沉降大于前一级荷载作用下沉降量的 2 倍,且经 24 h 尚未达到相对稳定的情况,取前一级荷载值。

$Q-s$ 曲线呈缓变型时,取桩顶总沉降 $s=40$ mm 所对应的荷载值,当桩长大于 40 m 时,宜考虑桩身的弹性压缩。

当按上述方法判断有困难时,可结合其他辅助分析方法综合判定,对桩基沉降有特殊要求时,应根据具体情况选取。

(6)单桩竖向承载力特征值的确定。

①参加统计的试桩,当满足其极差不超过平均值的 30%时,可取其平均值为单桩竖向极限承载力。极差超过平均值的 30%时,宜增加试桩数量并分析其过大的原因,再结合工程具体情况确定极限承载力。

②对桩数为 3 根及 3 根以下的柱下桩台,取最小值作为单桩竖向极限承载力。

③将单桩竖向极限承载力除以安全系数 2,为单桩竖向承载力特征值 R_a。

3. 单桩竖向极限承载力的确定——静力触探法

静力触探法分为单桥探头和双桥探头两种。双桥探头的圆锥底面积为 15 cm^2,锥角 60°,摩擦套筒高 21.85 cm,侧面积为 300 cm^2。

根据双桥探头静力初探资料确定混凝土预制桩竖向极限承载力时,对于黏性土、粉土和砂土,如无当地经验时,可按下式计算:

$$Q_{uk}=u\sum L_i\beta_i f_{si}+\alpha q_c A_p \tag{2.2.3}$$

式中，Q_{uk}——单桩竖向极限承载力；

f_{si}——桩侧第 i 层土的探头摩阻力平均值，当其小于 5 kPa 时，可取为 5 kPa；

q_c——桩端平面上、下的探头阻力平均值；

α——桩端阻力修正系数，黏性土、粉土：0.67，饱和砂土：0.5；

β_i——第 i 层土桩侧摩阻力综合修正系数，黏性土、粉土：$\beta_i=10.04(f_{si})^{-0.55}$，砂土：$\beta_i=5.05(f_{si})^{-0.45}$。

任务二　桩基承载力与沉降验算

一、桩基承载力验算

1. 单桩受力验算

(1)轴心竖向力作用。

$$Q_k=(F_k+G_k)/n\leqslant Ra \tag{2.2.4}$$

式中，F_k——荷载效应标准组合时，作用于桩基承台顶面的全部竖向力的设计值；

G_k——桩基承台自重及承台上覆土的自重设计值；

N——桩基中的桩数；

Q_k——荷载效应标准组合时，轴心力作用下任一单桩的竖向力。

(2)偏心竖向力作用。

$$Q_{ik}=(F_K+G_K)/n\pm M_{xk}y_i/\sum y_i^2\pm M_{yk}x_i/\sum x_i^2 \tag{2.2.5}$$

$$Q_{ik\max}\leqslant 1.2R_a \tag{2.2.6}$$

式中，Q_{ik}——荷载效应标准组合时，偏心力作用下，作用于第 i 根桩的竖向力；

M_{xk}——荷载效应标准组合时，作用时承台底面通过桩群形心 X 轴的力矩；

M_{yk}——荷载效应标准组合时，作用时承台底面通过桩群形心 Y 轴的力矩；

X_i——第 i 桩至桩群形心轴 Y 轴线的距离；

Y_i——第 i 桩至桩群形心轴 X 轴线的距离。

2. 群桩受力验算

群桩、桩间土与桩承台视作假想实体深基础，验算此假想基础底面的地基承载力是否满足要求。假想基础底面面积通常取桩的摩擦力扩散角 $\theta=\Phi_n/4$(Φ_n 是桩身范围内各土层摩擦角的加权平均值)，由桩顶外围向四周扩散传至桩端平面处形成的面积，如图 2-2-3(b)所示的 $abcd$。

(1)轴心竖向力作用。

$$P_k=(F_k+G_k)/A\leqslant f_a \tag{2.2.7}$$

式中，P_k——假想基础底面的平均压力；

F_k——荷载效应标准组合时，作用于桩基承台的竖向总荷载的设计值；

G_k——假想基础底面自重，图 2-2-3(a)中 $fube$ 范围内承台、承台上覆上、桩及桩间上的全部自重；

A——桩端处假想基础底面面积(m^2)；

$$A=l\times b=(l_1+2z\tan\theta)(b_1+2z\tan\theta)$$

f_a——假想基础底面下地基土经修正后的地基承载力特征值。

(2)偏心竖向力作用。

$$P_K=(F_k+G_k)/A\pm M_k/w \tag{2.2.8}$$

$$P_{k\min}\geqslant 0 \tag{2.2.9}$$

$$P_{\max}\geqslant 1.2f_a \tag{2.2.10}$$

式中，M_k——荷载效应标准组合时，作用于承台顶面处弯矩的设计值；

W——桩端平面的计算截面抵抗矩。

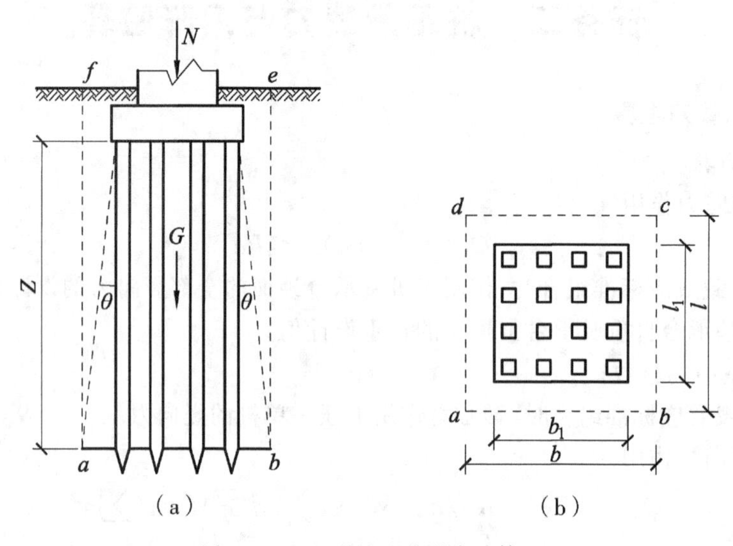

图 2-2-3　群桩地基强度验算

二、桩基软弱下卧层验算

当桩端持力层下存在软弱下卧层时，尤其是当桩基的平面尺寸较大、桩基持力层的厚度相对较薄时，应考虑桩端平面下受力层范围内的软弱下卧层发生强度破坏的可能性。对于桩距 $S_a\leqslant 6d$ 的群桩基础，桩基下方有限厚度持力层的冲剪破坏，一般可按整体冲剪破坏考虑，此时桩基作为实体深基础。假设作用于桩基的竖向荷载全部传到持力层顶面并作用于桩群外包线所围的面积上，该荷载以 θ 角扩散到软弱下卧层顶面，对软弱下卧层顶面处的承载力进行验算。

三、桩基变形验算

1. 应进行沉降验算的建筑物桩基的要求

(1)地基基础设计等级为甲级的建筑物桩基。

(2)提醒复杂、荷载不均匀或桩端以下存在软弱土层的设计等级为乙级的建筑物桩基。

(3)摩擦型桩基。

(4)嵌岩桩、设计等级为丙级的建筑物桩基、对沉降无特殊要求的条形基础下不超过两排桩的桩基、吊车工作级别 A5 及 A5 以下的单层工业厂房桩基，可不进行沉降验算。

(5)当有可靠地区经验时，对地质条件不复杂、荷载均匀、对沉降无特殊要求的端承型桩基也可不进行沉降验算。

2.桩基变形特征及允许值

桩基础的沉降不得超过建筑物的沉降允许值。

桩基变形特征可分为沉降量、沉降差、倾斜及局部倾斜。建筑物桩基变形允许值见表2-2-1。

表2-2-1 建筑物桩基变形特征允许值

变形特征	地基土类别	
	中、低压缩性土	高压缩性土
砌体承重结构基础的局部倾斜	0.002	0.003
工业与民用建筑相邻柱基的沉降差		
(1)框架结构	$0.002L$	$0.003L$
(2)砖石墙填充的边排柱	$0.0007L$	$0.001L$
(3)当基础不均匀沉降时不产生附加应力的结构	$0.005L$	$0.005L$
单层排架结构(柱距为6 m)柱基的沉降量/mm	(120)	200
桥梁吊车轨面地倾斜(按不调轨道考虑)		
纵向	0.004	
横向	0.003	
多层和高层建筑基础的倾斜		
(1)$H_g \leqslant 24$	0.004	
(2)$24 < H_g \leqslant 60$	0.003	
(3)$60 < H_g \leqslant 100$	0.002	
(4)$H_g \geqslant 100$	0.0015	
高/耸结构基础的倾斜		
(1)$H_g \leqslant 20$	0.008	
(2)$20 < H_g \leqslant 50$	0.006	
(3)$50 < H_g \leqslant 100$	0.005	
(4)$100 < H_g \leqslant 150$	0.004	
(5)$150 < H_g \leqslant 200$	0.003	
(6)$200 < H_g \leqslant 250$	0.002	
高耸结构基础的沉降差/mm		
(1)$H_g \leqslant 100$	400	
(2)$100 < H_g \leqslant 200$	300	
(3)$200 < H_g \leqslant 250$	200	

3.桩基变形验算

对于桩基础设计而言,变形常常是比承载力更为重要的控制因素。验算桩基础的变形时,也是将桩群作为整体的深基础,作用在桩尖平面处的承载力,仍按上面的计算公式计算,再用分层总和法进行基础中点的变形验算。

矩形基础中点的变形计算简化公式为:

$$s = \psi_p s' = \psi_p \sum \frac{p_0}{E_{si}} z_i \bar{\alpha}_i - z_{i-1} \bar{\alpha}_{i-1} \quad (2.2.11)$$

式中,s——桩基最终沉降量;

s'——按分层总和法计算的桩基沉降量;

ψ_p——桩基沉降计算经验系数，根据地区基础沉降观测资料以及经验统计确定，在不具备条件时可按表2-2-2选用；

p_0——承台底面平均附加应力；

E_{si}——桩端的底面第i层土的压缩模量；

$\overline{\alpha}_i$——桩端底面荷载计算点至第i层土深度范围内平均附加应力系数；

$\overline{\alpha}_{i-1}$——桩端底面荷载计算点至第$i-1$层土深度范围内平均附加应力系数；

z_i——桩端底面至第i层土底面的距离；

z_{i-1}——桩端底面至第$i-1$层土底面的距离。

表2-2-2　实体深基础计算桩基础沉降的经验系数ψ_p

E_s/(MPa)	$E_s<15$	$15\leqslant E_s<30$	$30\leqslant E_s<40$
ψ_p	0.5	0.4	0.3

任务三　单桩的水平承载力的确定

作用于桩基础上的水平荷载主要有挡土墙建筑物的土压力、水压力、风压力及水平地震荷载等。水平荷载作用下桩身的水平位移按桩的长、短考虑会有较大的差别，当地基土比较松软而桩长较短时，桩的相对抗弯刚度大，所以桩体就如刚性体一样绕桩体或土体某一点转动。当桩前方的土体受到桩侧水平压力作用而达到屈服破坏时，桩体的侧向变形迅速增大甚至倾覆，失去稳定。当地基土比较坚硬而桩长较长时，桩的相对抗弯刚度小，所以桩身会产生弹性的弯曲变形。随着水平荷载的增大，桩侧土的屈服由上而下发展，但不会出现全范围内的屈服。当水平位移过大时，可因桩体开裂而造成破坏。

单桩水平承载力取决于桩的材料强度、截面刚度、入土深度、土质条件、桩顶水平位移允许值和桩顶嵌固情况等因素。单桩水平承载力的确定应满足两方面条件：第一，桩侧土不因水平位移过大而丧失对桩的水平约束作用，因此，桩的水平位移应较小，在桩长范围内大部分桩侧土处于较小的变形阶段；第二，对于桩身，不允许开裂（或限制裂缝宽度并在卸载后裂缝自动闭合），因此，桩身应处于弹性工作状态。

桩的水平承载力一般通过现场水平静荷载试验确定。试验时，一般采用千斤顶施加水平力，力的作用线应通过工程桩基承台底面高程处，千斤顶与试桩接触处宜设置一球形铰座，以保证作用力能水平通过桩身轴线。桩的水平位移宜用大量程百分表量测，固定百分表的基准桩与试桩的净距不小于1倍试桩直径。

根据试验结果，可绘制水平荷载－位移梯度（$H_0-\Delta x_0/\Delta H_0$）曲线，如图2-2-4所示。试验资料表明，上述曲线中通常有两个特征点，所对应的桩顶水平荷载即为临界荷载H_{cr}和极限荷载H_u（即单桩水平极限承载力）。H_{cr}一般可取$H_0-\Delta x_0/\Delta H_0$曲线的第一直线段的终点所对应的荷载，$H_u$一般可取$H_0-\Delta x_0/\Delta H_0$曲线的第二直线段的终点所对应的荷载。

根据水平静载试验，单桩水平承载力特征值R_{Ha}(kN)：

$$R_{Ha}=H_u/r_h \tag{2.2.12}$$

式中，r_h——水平抗力分项系数，取1.6。

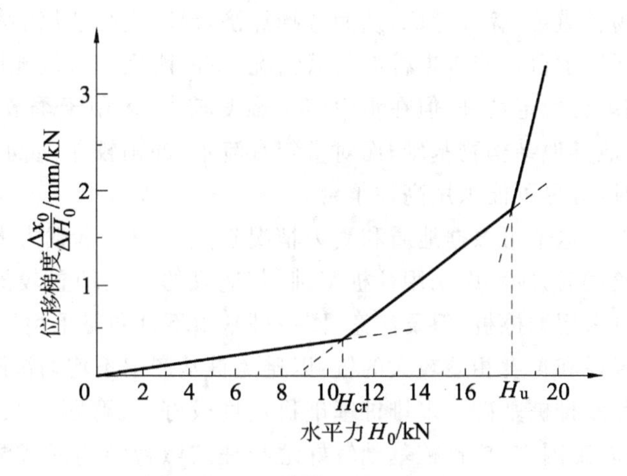

图 2-2-4　单桩 $H_0-\Delta x_0/\Delta H_0$

任务四　桩基础设计

一、桩基础设计应满足的基础原则

(1)设计前应进行必要的基本情况调查。

(2)选定适用的、简便的、可行的、可靠的设计方法。

(3)测定和选用可靠的原始参数。

(4)确定桩的设计承载力时，应考虑不同结构的允许沉降量。

(5)遵循有关技术规范的规定。

二、桩基设计应满足的基本要求

(1)在外荷载作用下，保证有足够的强度，不发生失稳。

(2)在外荷载作用下，保证有足够的刚度，保证结构的正常使用。

三、桩基设计所包括的内容

一般桩基设计应包括的内容有：调查研究，收集相关的设计资料；根据工程地质勘察资料、荷载情况、上部结构的条件要求等确定桩基的持力层；桩基结构形式选择及方案对比；桩基几何参数(桩径、桩长及桩距等)选定；计算并确定单桩承载力；根据上部结构及荷载情况，初拟桩的平面布置和数量；根据桩的平面布置拟定承台尺寸和地面高程；桩基础验算；桩身、承台结构设计；绘制桩基(桩和承台)的结构施工图。

1. 桩基设计的基本资料

(1)建筑物上部结构的类型、尺寸、结构、使用要求以及荷载。

(2)符合国家现行规范规定的工程地质勘察报告。

(3)当地建筑材料的供应及施工条件。

(4)施工场地及周围环境。

(5)河流水文资料。

2. 桩基基础类型的选择

选择桩基基础的类型应考虑设计要求和现场的要求，同时要考虑到各种类型桩和桩基础具有的不同特点，要扬长避短，综合考虑，从而选择经济合理、安全适用的桩型和成桩工艺。

(1)低桩承台与高柱承台。应根据桩的荷载情况、桩的刚度、地形、地质、水流、施工等条件确定承台形式。低桩承台稳定性好，但在水中施工难度较大，多用于季节性河流、冲刷小的河流或岸滩上墩台及旱地其他结构物基础；而对常年有流水、冲刷较深，或水位较高、施工排水困难，在受力条件允许时，应尽可能采用高柱承台。

(2)柱桩和摩擦桩。这个可根据地质和受力情况选定。柱桩承载力大，沉降量小，较为安全可靠，当基岩埋深较浅时，应考虑采用柱桩基础；若适宜的土层埋置较深或受到施工条件限制不宜采用柱桩时，可采用摩擦桩，但要注意，同一桩基中不宜同时采用柱桩和摩擦桩，也不宜采用不同材料、不同直径和长度相差较大的桩，以避免桩基产生不均匀沉降或丧失稳定性。

(3)单排桩基础和多排桩基础。多排桩基础稳定性较好、抗弯刚度大，能承受较大的水平荷载，但承台尺寸大，施工困难；单排桩基础较好地与柱式墩台结构形式配合，圬工量小，施工方便。因此，当单桩承载力较大、桩数不多时，常采用单排桩基础；而当单桩承载力较小、桩数较多时，多采用多排桩基础。

3.桩基础断面尺寸的选择

(1)混凝土灌注桩：断面形状为圆形，其直径一般随成桩工艺较大变化。

(2)沉管灌注桩：断面形状为圆形，直径一般为300～500 mm之间

(3)钻孔灌注桩：断面形状为圆形，其直径多为500～1200 mm。

(4)扩底钻孔灌注桩：断面形状为圆形，扩底直径一般为桩身直径的1.5～2.0倍。

(5)混凝土预制桩：断面形状常用方形，边长一般不超过550 mm。

4.桩长的选择

桩长的选择与桩的材料、施工工艺等有关，但桩端持力层的选择是确定桩长的关键。一般桩端应选择岩层或较硬的土层作为持力层。若由于条件的限制，允许深度内没有坚硬土层时，应尽可能选择压缩性较低、承载力较大的土层作为持力层。

桩的实际长度应包括桩尖及嵌入承台的长度。对于摩擦桩，有时桩端持力层可能有多种选择，此时桩长与桩数两者相互制约，可通过试算比较，选用较合理的桩长。对土层单一无法确定桩底高程时，可按承台尺寸和布桩的构造要求布置桩，然后按偏压分配单桩所称轴向承载力反算桩长。摩擦桩的桩长不宜太短，一般不宜小于4 m。此外，为保证桩端土层承载能力的充分发挥，桩端应进入持力层一定深度，一般不小于1 m。在选择桩长时还应该注意对同一建筑物尽量采用同一类型的桩，尤其不应同时使用端承桩和摩擦桩。除落于斜岩面上的端承桩外，桩端高程之差不宜超过相邻桩的中心距，对于摩擦型桩，在相同土层中不宜超过桩长的$\frac{1}{10}$。如已选择的桩长不能满足承载力或变形等方面的要求，可考虑适当调整桩的长度，必要时可调整桩型、断面尺寸及成桩工艺等。

5.桩的根数估算

桩的根数n可根据荷载情况按下式初步确定：

当荷载为轴心荷载时，有：

$$n \geqslant \frac{F_k + G_k}{R_a} \tag{2.2.13}$$

当荷载为偏心荷载时，有

$$N \geqslant (1.0 \sim 1.2)\frac{F_k + G_k}{R_a} \tag{2.2.14}$$

式中，F_k——作用于承台顶的竖向力的设计值(kN)；

G_k——桩基承台和承台上土的自重设计值，地下水位以下取有效重度计算。

估算的桩数是否合适，还需要验算各桩的受力状况才能最终确定。除此之外，桩数的确定还与承台尺寸、桩长和桩间的间距等相关，确定时应综合考虑。

6. 桩间距确定

(1)钻(冲)孔成孔的摩擦桩，中心距不得小于2.5倍成孔直径。

(2)支承或嵌固在岩层的柱桩中心距不得小于2.0倍成孔直径，桩的最大中心距不宜超过5～6倍桩径。

(3)打入桩的中心距不应小于3.0倍桩径，在软土地区宜适当增加。

(4)斜桩的桩端中心距不应小于3.0倍桩径，承台底面处不小于1.5倍桩径。

(5)振动法沉入砂土内的桩，桩端处中心距不应小于4.0倍桩径。

(6)管柱的中心距一般为管柱外径的2.0～3.0倍(摩擦桩)或2.0倍(柱桩)。

(7)为避免承台边缘距桩身过近而发生破裂，并考虑桩顶位置允许偏差，边桩外侧到承台边缘的距离，对桩径小于或等于1.0 m的桩不应小于0.5倍桩径，且不小于0.25 m；而大于1.0 m桩不应小于0.3倍桩径，且不小于0.5 m(盖梁不受此限)。

7. 桩基础的平面布置

桩数确定后，根据桩基基础的受力情况，桩可采用多种形式的平面布置(见图2-2-5)，包括等间距、不等间距的布置，正方形、矩形网格布置，三角形、梅花形等布置形式。布置时，应尽量使上部荷载的中心与桩群的中心重合或接近，以使桩基中各桩受力比较均匀。对于柱基，通常布置梅花形或行列式，承台底面积相同时，梅花时刻排列较多的基桩，而行列式更有利于施工；对于条形基础，通常布置成一字形，小型工程一排桩，大中型工程两排桩；对于烟囱、水塔基础，通常布置成圆环形。

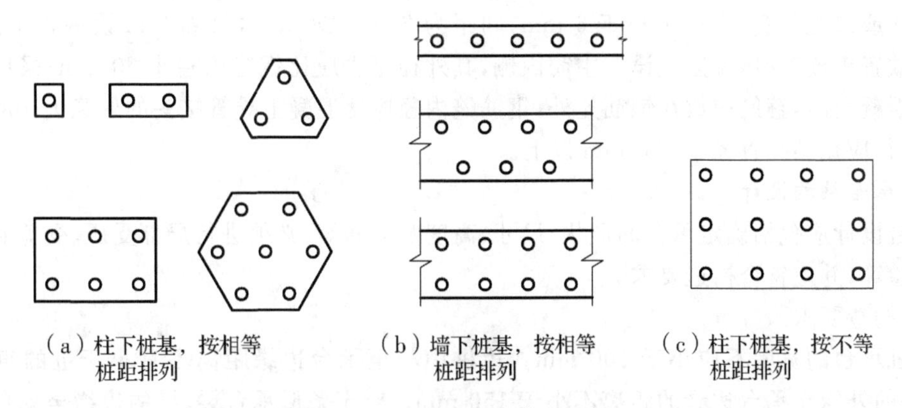

图2-2-5 桩的平面布置示例

桩基础中基桩的平面布置，除应满足上述最小桩距等要求外，还应考虑基桩布置对桩受力是否有利，要充分发挥每根桩的承载力。通常设计师应尽可能使桩群横截面重心与荷载合力作用点重合或接近。

若作用于桩基的弯矩较大，宜尽量将桩分布在离承台形心较远处，采用外密内疏的布置方式,以增大基桩对承台形心或合力作用点的惯性矩,提高基桩的抗弯能力。

此外,基桩布置还应考虑便于承台受力。

8.桩基础单桩承载力的确定

根据建筑物对桩功能的要求及荷载的特性,需明确单桩承载力的类型,如抗压及水平受荷等,并根据确定承载力的具体方法及有关规范要求给出单桩承载力(具体计算方法见本项目任务二、任务三)。

9.桩基础承载力与沉降验算

具体计算方法见本项目任务三。

10.桩身结构设计

(1)钢筋混凝土预制桩。设计时应分析桩在各阶段的受力状况并验算桩身内力,按偏心受压柱或按受弯构件进行配筋。一般设4根(截面边长$a \leqslant 300$ mm)或8根($a=350 \sim 550$)主筋,主筋直径12～25 mm。配筋率一般为1%左右,最小不得低于0.8% 。箍筋直径6～8 mm,间距不大于200 mm。桩身混凝土的强度等级一般不低于C30。

打入桩在沉桩过程中产生的锤击应力和冲击疲劳容易使附近产生裂损,故应加强构造配筋,在桩顶2500～3000 mm范围内将箍筋加密(间距50～100 mm),并且在桩顶放置3层钢筋网片。在桩尖附近应加密箍筋,并将主筋集中焊在一根粗的圆钢上形成坚固的尖端,以利破土下沉。

(2)钢筋混凝土灌注桩。灌注桩的结构设计主要考虑承载力的条件。灌注桩的混凝土强度等级一般不低于C15,水下灌注则不低于C20。

灌注桩按偏心受压柱或受弯构件计算,若经计算表明桩身混凝土强度满足要求时,桩身可不配受压钢筋,只需在桩顶设置插入承台构造钢筋。轴心受压桩主筋的最小配筋率不宜小于0.2%,受弯时不宜小于0.4%。当桩周上部土层软弱或为液化土层时,主筋长度应超过该土层底面。抗拔桩应全长配筋。

灌注桩的混凝土保护层厚度不宜小于40 mm,水下浇筑时不得小于50 mm。箍筋宜采用焊接环式或螺旋箍筋,直径不小于6 mm,间距为200～300 mm,每隔2 m设一道加劲箍筋。钢管内放置钢筋笼时,箍筋宜设在主筋内侧,其外径至少应比钢管内径小50 mm;采用导管浇灌水下混凝土时,箍筋应放在钢筋笼外,钢筋笼内径应比混凝土导管接头的外径大100 mm以上,其外径应比钻孔直径小100 mm以上。

11.承台结构设计

承台设计应包括确定承台的形状、尺寸、高度及配筋等,必须进行局部受压、受剪和受弯承载力的验算,并应符合构造要求。

(1)构造要求。

①桩承台的宽度不应小于500 mm。边桩中心至承台边缘距离不宜小于桩的直径或边长,且桩的外缘至承台边缘的距离不小于150 mm。对于条形承台梁,桩的边缘至承台梁边缘的距离不小于75 mm。

②承台的最小厚度不应小于300 mm。

③承台的配筋,对于矩形承台,其钢筋应按双向均匀通长布置,钢筋直径不宜小于10 mm,间距不宜大于200 mm;对于三桩承台,钢筋应按三向板带均匀布置,且最里面的3根钢筋围成的三角形应在柱截面范围内,见图2-2-6;承台梁的主筋除满足计算要求外,还应符

合最小配筋率的要求，主筋直径不宜小于 12 mm，架立筋不宜小于 10 mm，箍筋直径不宜小于 6 mm。

④承台混凝土强度等级不应低于 C20，纵向钢筋的混凝土保护层厚度不应小于 70 mm；当有混凝土垫层时，不应小于 40 mm。

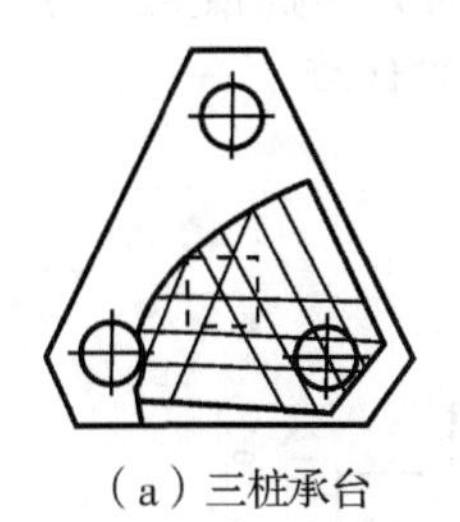

（a）三桩承台

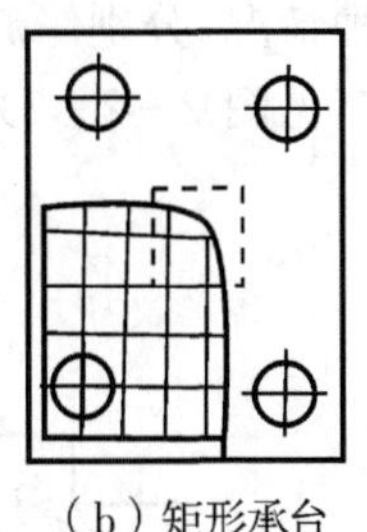

（b）矩形承台

图 2-2-6　承台配筋示意

(2)柱下桩基承台弯矩计算。一般柱下单独桩基承台板作为受弯构件，在桩的反力作用下，其正截面受弯承载力和钢筋配置可按《混凝土结构设计规范》(GB 50010—2002)的有关规定计算。

①多桩矩形承台计算截面取在柱边和承台高度变化处，其两个方向的正截面弯矩计算公式为：

$$M_x = \sum N_i y_i \tag{2.2.15}$$

$$M_y = \sum N_i x_i \tag{2.2.16}$$

式中，M_x，M_y——垂直 y 轴和 x 轴方向计算截面处的弯矩设计值；

x_i、y_i——垂直 y 轴和 x 轴方向自桩轴线相应计算截面的距离；

N_i——扣除承台和其上填土自重后相应于荷载效应基本组合时的第 i 桩竖向力设计值。

2. 三桩承台

(1)等边三桩承台。

$$M = \frac{N_{\max}}{3}\left(s - \frac{\sqrt{3}}{4}c\right) \tag{2.2.17}$$

式中，M——由承台形心至承台边缘距离范围内板带的弯矩设计值；

$N_{\max}$——扣除承台和其上填土自重后的三桩中相应于荷载效应基本组合时最大单桩竖向力设计值；

s——桩距；

c——方柱边长，圆柱时 $c=0.866d$(d 为圆柱直径)。

(2)等腰三桩承台。

$$M_1 = \frac{N_{\max}}{3}\left(s - \frac{0.75}{\sqrt{4-a^2}}c_1\right) \tag{2.2.18}$$

$$M_2 = \frac{N_{\max}}{3}\left(as - \frac{0.75}{\sqrt{4-a^2}}c_2\right) \tag{2.2.19}$$

式中，M_1、M_2——分别为由承台形心到承台两腰和底边的距离范围内板带的弯矩设计值；

s——长向桩距；

a——短向桩距与长向桩距之比，当 $a<0.5$ 时，应按变截面的二桩承台设计；

c_1, c_2——垂直、平行于承台底边的柱截面边长。

3. 柱下桩基独立承台受冲力承载力验算

承台板的冲力有两种情况，分别缘起于柱底竖向力和桩顶竖向力。

(1)柱对承台的冲切(见图 2-2-7)，可以按下式计算：

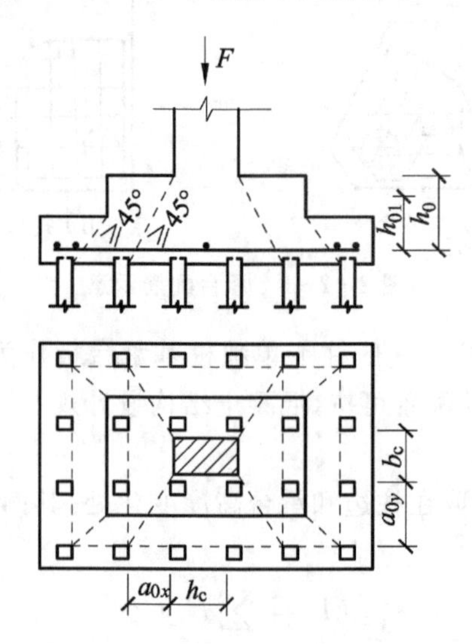

图 2-2-7　柱对承台冲切计算示意图

$$Fl = 2[\beta_{0x}(b_c + a_{0y}) + \beta_{0y}(h_c + a_{0x})]\beta_{hp} f_t h_0 \tag{2.2.20}$$

$$F_1 = F - \sum N_i \tag{2.2.21}$$

$$\beta_{0x} = 0.84/(\lambda_{0x} + 0.2) \tag{2.2.22}$$

$$\beta_{0y} = 0.84/(\lambda_{0y} + 0.2) \tag{2.2.23}$$

式中，F_1——扣除承台和其上填土自重，作用在冲切破坏锥体上相应于荷载效应基本组合的冲切力设计值，冲切破坏锥体应采用自柱边和承台变阶处至相应桩顶边缘连线构成的锥体，锥体与承台底面的夹角不小于 45°；

b_c——柱子截面短边；

h_c——柱子截面长边；

h_0——冲切破坏锥体的有效高度；

β_{hp}——受冲切承载力截面高度影响系数；

β_{0x}, β_{0y}——冲切系数；

$\lambda_{0x}, \lambda_{0y}$——冲跨比，$\lambda_{0x}=\frac{a_{0x}}{h_0}$，$\lambda_{0y}=\frac{a_{0y}}{h_0}$，$a_{0x}, a_{0y}$ 为柱边或变阶处至桩边的水平距离，当 $a_{0x}a_{0y}<0.2h_0$ 时，$a_{0x}a_{0y}=0.2h_0$；$a_{0x}a_{0y}>0.2h_0$ 时，$a_{0x}a_{0y}=h_0$；

F——柱根部轴力设计值；

$\sum N_i$——冲切破坏锥体范围内各桩的净反力设计值之和。

对中低压缩性土上的承台，当承台与地基之间没有脱空现象时，可根据地区经验适当减小柱下桩基基础独立承台受冲切计算的承台厚度。

(2)对承台的冲切(见图 2-2-8),多桩矩形承台受角桩冲切的承载力应按下式计算:

$$N_1 = \left[\beta_{1x}\left(c_2 + \frac{a_{1y}}{2}\right) + \beta_{1y}\left(c_1 + \frac{a_{1x}}{2}\right)\right]\beta_{hp} f_t h_0 \tag{2.2.24}$$

$$\beta_{1x} = \frac{0.56}{\lambda_{1x} + 0.2} \tag{2.2.25}$$

$$\beta_{1y} = \frac{0.56}{\lambda_{1x} + 0.2} \tag{2.2.26}$$

式中,N_1——扣除承台和其上填土自重后的桩顶相应于荷载效应基本组合时的竖向力设计值;

h_0——承台外边缘的有效高度;

β_{hp}——受冲切承载力截面高度影响系数;

f_t——承台的混凝土轴心抗拉强度设计值;

β_{1x},β_{1y}——角桩冲切系数;

λ_{1x},λ_{1y}——角桩冲跨比,$\lambda_{1x}=\frac{a_{1x}}{h_0}$,$\lambda_{1y}=\frac{a_{1y}}{h_0}$其值满足 0.2～1.0;

c_1,c_2——从角桩内边缘至承台外边缘的距离;

a_{1x},a_{1y}——从承台底角内边缘引 45°冲切线与承台顶面或承台变节处相交点至角桩内边缘的水平距离。

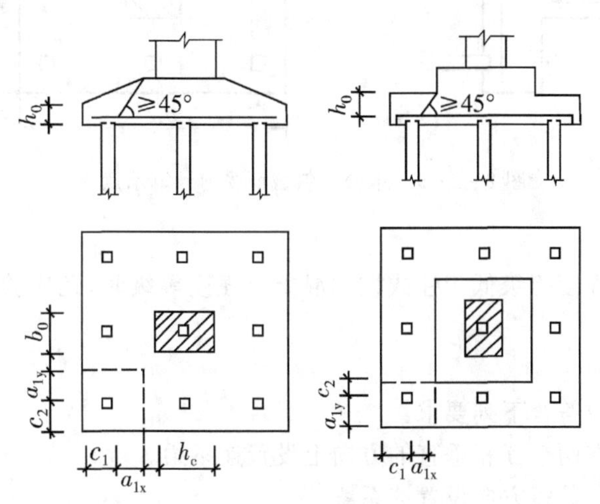

图 2-2-8 矩形承台角桩冲切计算示意图

4.承台板的斜截面受剪承载力验算

一般情况下,独立桩基承台板作为受弯构件,验算斜截面受剪承载力必须考虑互相正交的两个截面;当桩基同时承受弯矩时,则应取与弯矩作用面相交的斜截面作为验算面,通常以过柱(墙)边和桩边的斜截面作为剪切破坏面。斜截面受剪承载力按下式验算(见图 2-2-9):

$$V \leqslant \beta_{hs}\beta f_t b_0 h_0 \tag{2.2.27}$$

$$\beta = \frac{1.75}{\lambda + 1.0} \tag{2.2.28}$$

$$\beta_{hs} = (800/h_0)^{\frac{1}{4}} \tag{2.2.29}$$

式中,V——扣除承台和其上填土自重后相应荷载效应基本组合时斜截面的最大剪力设计值;

b_0——承台计算截面处的计算宽度;

h_0——计算宽度处的承台有效高度;

β——剪切系数;

β_{hs}——受剪切承载力截面高度影响系数,板的有效高度 $h_0<800$ mm 时,h_0 取 800mm;$h_0>2000$ mm 时,h_0 取 2000 mm;

f_t——承台的混凝土轴心抗拉强度设计值;

λ——计算截面的剪跨比,$\lambda_x=\dfrac{a_x}{h_0}$,$\lambda_y=\dfrac{a_y}{h_0}$,$a_x$、$a_y$ 为柱边或承台边阶处至 x、y 方向计算一排桩的桩边的水平距离,当 $\lambda<0.3$ 时,取 $\lambda=0.3$;当 $\lambda>3$ 时,取 $\lambda=3$。

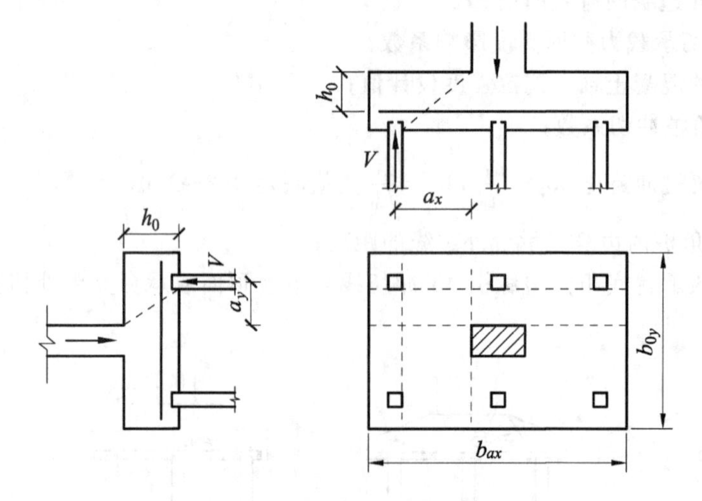

图 2-2-9 承台板斜截面受剪计算示意图

5. 局部承压验算

当承台的混凝土强度等级低于柱或桩的混凝土强度等级时,还应验算柱下或柱上承台的局部受压承载力。

6. 承台之间的连接

承台之间的连接应符合下列要求:

(1)单桩承台,宜在两个互相垂直的方向上设置连系梁。

(2)多桩承台,宜在其短方向设置连系梁。

(3)有抗震要求的柱下独立承台,宜在两个主轴方向设置连系梁。

(4)连系梁顶面宜与承台位于同一高程。连系梁的宽度不应小于 250 mm,梁的高度可取承台中心距的 1/15~1/10。

(5)连系梁的主筋应按计算要求确定。连系梁内上下纵向钢筋直径不应小于 12 mm 且不应少于 2 根,并应按手拉要求放入承台。

四、桩基础的设计程序

桩基础设计是一个系统工程,它包括方案设计与施工图设计。为取得良好的技术与经济效果,通常需作几种方案比较或拟定方案修正,使施工图设计成为方案设计的实施与保证,其设计程序如图 2-2-10 所示。

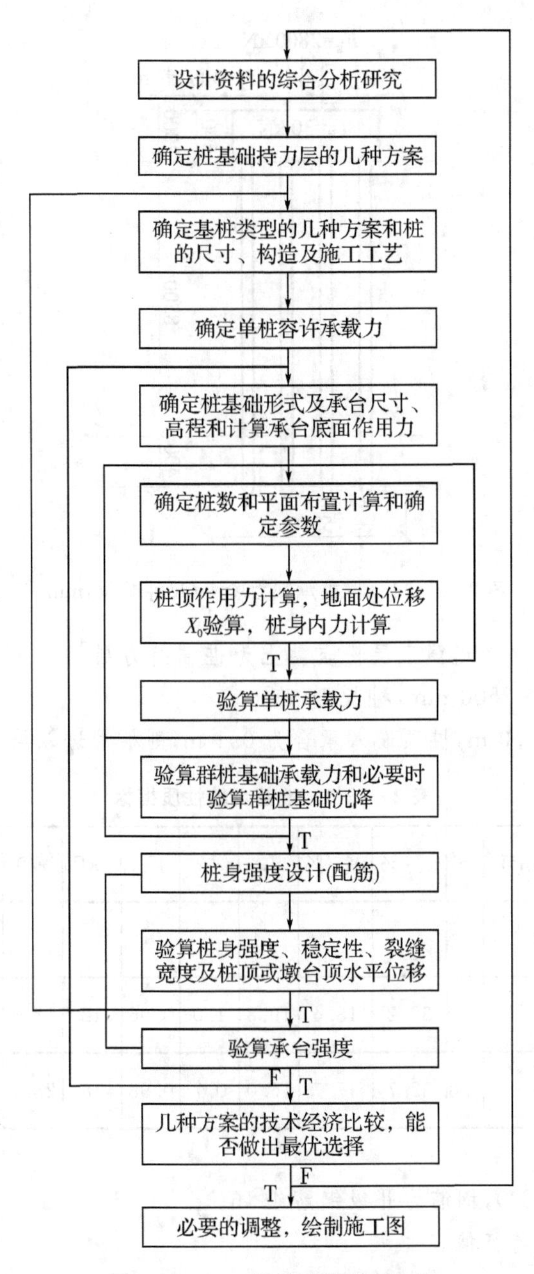

图 2－2－10　桩基础设计程序图

【例 2－2－1】　如图 2－2－11 所示，某工程为二级建筑物，位于软土地区，采用桩基础。已知上部结构传上来的，相当于荷载效应标准组合的基础顶面竖向荷载 $F_k=2800\text{kN}$，弯矩 $M_k=3000\ \text{kN}\cdot\text{m}$，水平方向剪力 $T_k=30\ \text{kN}$。经工程地质勘察得知地基表层为人工填土，厚度为 2.0 m；第二层为软塑状态黏土，厚度达 8.5 m；第三层为可塑状态粉质黏土，厚度为 5.8 m。地下水位埋深 2.0 m，位于第二层黏土顶面。土工实验结果见表 2－2－3。采用钢筋混凝土预制桩，截面为 350 mm 350 mm，长 10 m，进行现场静荷载试验，得单桩承载力特征值 R_a 为 300 kN，试设计此工程的桩基础。

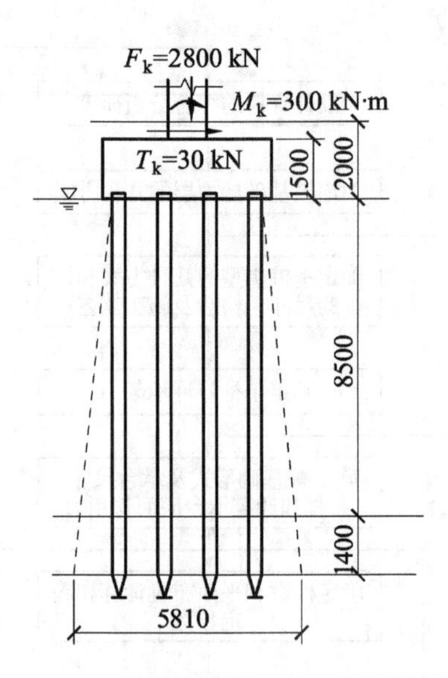

图 2-2-11 群桩承载力验算(尺寸单位:mm)

解 (1)根据地质资料确定第三层粉质黏土为桩端持力层。采用与现场荷载实验相同的尺寸:桩截面为 350 mm×3500 mm,桩长 10 m。

考虑桩承台埋深为 2.0 m,桩顶嵌入承台为 0.1 m,则桩端进入持力层为 1.4 m。

表 2-2-3 地基土的性质指标

编号	土层名称	w/%	γ/(kN/m³)	e	w_L/%	w_P/%	I_P	I_L	S_i	c/kPa	ϕ/0	E_s/MPa	f_{ak}/kPa	土层厚度/m
1	人工填土		16.5											2.0
2	灰色黏土	38.2	19.1	1.0	38.2	18.4	19.8	1.0	0.96	12	18.4	4.6	115	8.5
3	粉质黏土	26.7	20.1	0.8	32.7	17.7	15.0	0.7	0.98	18	28.1	7.0	220	6.8

(2)桩身材料。

混凝土强度材料为 C30,钢筋为Ⅱ级钢筋 4ϕ16。

(3)单桩竖向承载力特征值。

$$R_a=300\ \text{kN}$$

(4)估计桩数及承台面积。

①桩的数量。

$N\geqslant(1.0\sim1.2)\dfrac{F_k+G_k}{R_a}=1.2\times\dfrac{2\,800}{300}=11.2$(先不考虑承台、土重及偏心距的影响,乘以 1.2的扩大系数)

取桩数 $n=12$。

②桩的中心距。

按桩的构造要求,桩的最小中心距取为 $3.5d$(挤土预制桩),则为 3.5×350=1225 mm,取中心距为 12500 mm。

③桩的排列，采用行列式，桩基的受弯方向排列 4 根，另一方向排列 3 根，如图 2-2-12 所示。

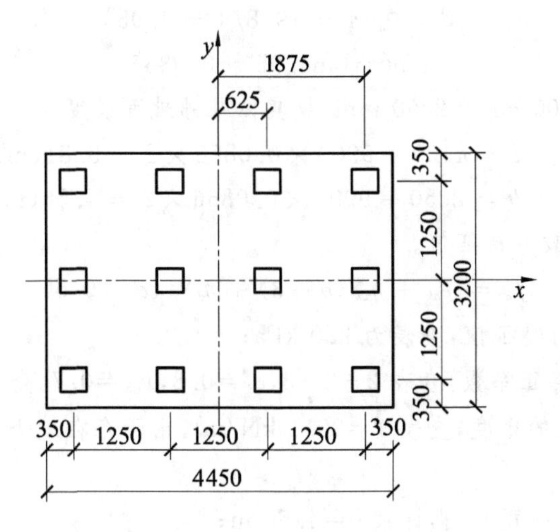

图 2-2-12　桩的排列(尺寸单位:mm)

④桩承台。

A. 桩承台尺寸，根据桩的排列，柱外缘每边外伸净距为 $0.5d=175$ mm，则桩承台长度 $l=4450$ mm，宽度 $b=3200$ mm，设计埋深为 2.0 m，位于人工填土层以下、黏土层顶部。

B. 承台及上覆土重。

$$G_k=4.45\times3.2\times2.0\times20=569.6(\mathrm{kN})$$

(5)单桩受力验算。

①按中心受压桩平均受力计算，应满足下式要求：

$$\frac{F_k+G_k}{n}=\frac{2800+569.6}{12}=280.8\leqslant300(\mathrm{kN})$$

所以符合要求。

②按偏心荷载考虑承台四角最不利的桩的受力情况，即

$$\begin{aligned}Q_{ik}&=\frac{F_k+G_k}{n}\pm\frac{M_{yk}x_i}{\sum x_i^2}\\&=\frac{2800+569.6}{12}\pm\frac{(300+30\times1.5)\times1.875}{6\times(0.625^2+1.875^2)}\\&=2808\pm27.6=308.4\text{ 或 }253(\mathrm{kN})\end{aligned}$$

$$Q_{ik\max}=308.4(\mathrm{kN})\leqslant1.2R_a=1.2\times300=360(\mathrm{kN})$$

$$Q_{ki\min}=253\ (\mathrm{kN})>0$$

因此偏心荷载作用下，最边缘桩受力满足要求。

(6)群桩承载力验算。

①计算假想实体基础底面尺寸。

桩周摩擦力向外扩散角：

$$\theta=\phi_n/4$$

式中，ϕ_n——桩身范围内摩擦角的加权平均值。

$$\phi_n = \frac{\phi_2 l_2 + \phi_3 l_3}{l_2 + l_3} = \frac{18.4 \times 8.5 + 28.1 \times 1.4}{8.5 + 1.4} = 19.8°$$

代入上式得：
$$\theta = \phi_n / 4 = 19.8/4 = 4.95°$$
$$\tan\theta = \tan 4.95° = 0.0866$$

边桩外围尺寸为 4100 mm×2850 mm，故实体基础地面长度为：

$$l = 4100 + 9900 \times 0.0866 \times 2 = 5.81(\text{m})$$
$$b = 2850 + 9900 \times 0.0866 \times 2 = 4.56(\text{m})$$

②桩端地基土的承载力特征值。

$$f_a = f_{ak} + \eta_b \gamma (b-3) + \eta_d \gamma_m (d-0.5)$$

式中，f_{ak}——地基承载力特征值，查表为 220 kPa；

η_b——承载力宽度修正系数，查表 2-2-3，$e_3=0.8$，$I_{L3}=0.7$，查表 2-1-6 得，$\eta_b=0.3$；

γ——基础底面下土的重度，查表 $\gamma=20.1$ kN/m^3，由于存在地下水，因此 $\gamma=20.1-10=10.1$ kN/m^3；

b——假想实体深基础宽度，据计数 $b=4.56$ m；

η_d——承载力深度修正系数，查表 2-2-6 得，$\eta_d=1.6$；

γ_m——假想基础埋深范围土的加权平均重度；

$$\gamma_m = \frac{\gamma_1 h_1 + \gamma_2 h_2 + \gamma_3 h_3}{h_1 + h_2 + h_3} = \frac{16.5 \times 2.0 + 9.1 \times 8.5 + 10.1 \times 1.4}{2.0 + 8.5 + 1.4} = 10.46(\text{kN/m}^3)$$

d——假想实体深基础的埋深，$d=11.9$ m；

所以 $f_a=220+0.3\times10.1\times(4.56-3)+1.6\times10.46\times(11.9-0.5)=415.5(\text{kPa})$

③桩端地基承载力验算。

A. 假想实体基础自重。

$$G_k = G_{k水上} + G_{k水下} = l \times b \times d_1 \times \gamma + l \times b \times d_2 \times \gamma$$
$$= 5.81 \times 4.56 \times 2 \times 20 + 5.81 \times 4.56 \times 9.9 \times 9.24 = 3483.27(\text{kN})$$

B. 轴心受压验算假想实体基础底面应力。

$$P_k = \frac{F_k + G_k}{A} = \frac{2800 + 3483.27}{5.81 \times 4.56} = 237.16(\text{kPa})$$

C. 偏心受压验算假想实体基础边缘压应力。

$$p_k = \frac{Fk + Gk}{A} \pm \frac{M_k}{W} = \frac{2800 + 3483.27}{5.81 \times 4.56} \pm \frac{300 + 30 \times 1.5}{4.56 \times 5.81^2/6} = 250.61 \text{ 或 } 223.71(\text{kPa})$$

$$p_{k\max} = 250.61(\text{kPa}) < 1.2fa = 1.2 \times 415.5 = 498.6\ (\text{kPa})$$

$$P_{k\max} = 223.71\ (\text{kPa}) > 0$$

所以满足设计要求。

任务五　深基础设计

深基础中属桩基础用得最多、最广，前面已经详细地讲述了桩基础，现在就其他的深度基础作一些简单的介绍。

一、沉井基础

沉井是在软土地基中的一种地下结构或建筑物的深基础。

1.沉井的分类

(1)按下沉的方法分类。

①一般沉井:因为沉井本身自重大,一般直接在基础的设计位置上制造并就地下沉。

②浮运沉井:在深水地区(水深超过 10～15 m)、河流的水流流速率大、有通航要求时,采用在岸边制造,然后浮运到设计位置上下沉。

(2)按沉井材料分类。

①混凝土沉井:混凝土的抗压强度高,抗拉强度低,所以一般多做成圆形,使混凝土主要承受压应力。

②钢筋混凝土沉井:钢筋混凝土沉井是最常见的沉井,可以做成重型的、薄壁的、薄壁浮运沉井及钢丝网水泥沉井等。

③竹筋混凝土沉井:用一种抗拉强度较高而耐力性较差的竹筋来代替钢筋,从而节约钢材,一般适用于我国南方各省。

④钢沉井:用钢材做沉井,其刚度、强度都很高,拼装方便,适于制造空心浮沉井,但用钢量过大,不经济,一般不宜采用。

2.一般沉井的构造

最常用的钢筋混凝土沉井是由刃脚、井壁、隔墙、并孔、凹槽、射击水管组合探测管、底板、顶板等组成的闭筒结构。

(1)井壁:沉井的外壁,是沉井的主要部分,它应有足够的强度和刚度。

(2)刃脚:外壁下端的尖利部分叫刃脚。它是受力最集中的部分,必须有足够的强度和刚度,以免挠曲与受损。刃脚有多种形式,沉井沉入分为若干个取土井,便于掌握挖土位置以控制下沉的方向。

(3)隔墙:又称内壁,其作用是加速沉井的刚度,同时又把沉井分为若干个取土井,便于掌握挖土位置以控制下沉的方向。

(4)射水管组:当沉井下沉较深,并估计到土的阻力较大,下沉会有困难,则可在沉井中预埋设水管,管口设在刃脚下端和井壁外侧。

(5)探测管:在平面尺寸较大、不排水下沉较深的深井中可设置探测管。

(6)凹槽:设立凹槽的目的是为使封底混凝土陷入井壁形成整体。

(7)井顶围堰:沉井顶面按设计要求位于地面以下一定深度时,井顶需要借助围堰以挡土防水。

(8)顶板:当沉井下沉到设计高程后如井中之水无法排干,则在井底灌注一层水,下封底混凝土。

(9)顶盖:沉井封底后,可作为空心沉井基础,这时在井顶应设置钢筋混凝土顶盖,以承托上部墩台的全部荷重。

3.沉井的平面形状

沉井的平面形状,常用的有圆形、圆端形和矩形等。

(1)圆形沉井。在桥工程中,圆形沉井多用于斜交桥或流向不稳定的河流,这时桥墩一般也采用圆形。

(2)矩形沉井。矩形沉井的优缺点正好和圆形井相反,它与上部墩台身的圆端或矩形截面容易吻合,可节省基础圬工和挖土数量,较充分地利用地基的承载力。

(3)圆端形沉井。圆端形沉井的优缺点介于圆形沉井和矩形沉井之间。

4.井孔的布置及大小

井孔的布置和大小应满足取土机所需净空和除土范围的要求。井孔最小边不宜小于2.25～3.0 m,井孔应对称布置,以便对称挖土。

5.沉井的高度

沉井顶面应低于最低水位,沉井底面高程由冲刷深度和地基容许承载力而定。井顶和井底高程之差为沉井高度。

6.沉井制作

(1)制作顺序。场地整平→放线→挖土 600～700 mm→夯实基底→抄平放线试验→铺砂铺垫→垫木挖刃脚土模→按设刃脚铁件、绑钢筋→支刃脚、井身模板→浇注混凝土→养护、拆模→外围围槽灌砂→抽出垫木或拆砖座。

(2)沉井制作。

①沉井基坑先挖至地面以下 600～700 mm,再铺不小于 500 mm 厚粗垫层夯实,在夯实后的砂垫层铺设垫木支撑模板。

②沉井不得设置垂直施工缝。沉井直壁模板及刃脚斜面内模拆模应按施工规范要求执行。

③沉井预埋钢套管应为预先安装带法兰短管予以封堵洞口。

④沉井外壁涂冷底子油二道,涂刷前应对沉井浇筑的质量仔细检查,并作适当修整。

⑤取水泵房沉井优先考虑分段浇筑井体,一次下沉。下沉后沉井的接高应以顶面露出地面 0.8～0.1 m 为宜。

⑥沉井接高的各节竖向中心线应为前一节的中心线重合或平行,沉井外壁应平滑。

⑦沉井分节制作的高度,应保证其稳定性并能使其顺利下沉。沉井分为两节制作,分段处选在变截面处,能确保其制作时的稳定性。

⑧分节制作的沉井,在第一节混凝土达到设计强度的 70%以后,方可浇筑其上一节混凝土。

⑨沉井浇筑混凝土时,应对称且均匀地进行。在取承垫木之前,应对封底及底板接缝部位凿毛处理,井体上的各类穿墙管件及固定模板的对穿螺栓等应采取抗渗措施。

7.沉井施工

图 2-2-13 为沉井施工示意图。

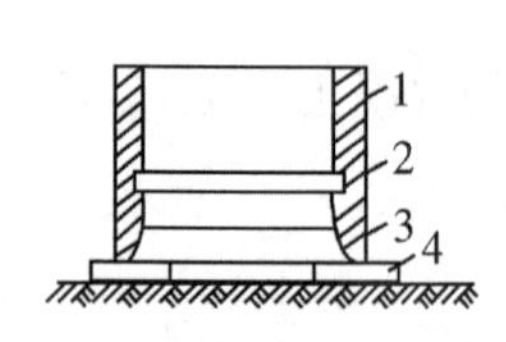

(a)制作第一节井筒

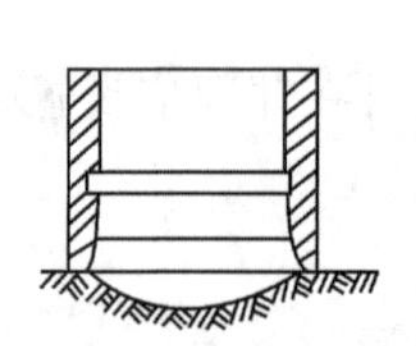
(b)抽垫木,挖土下沉

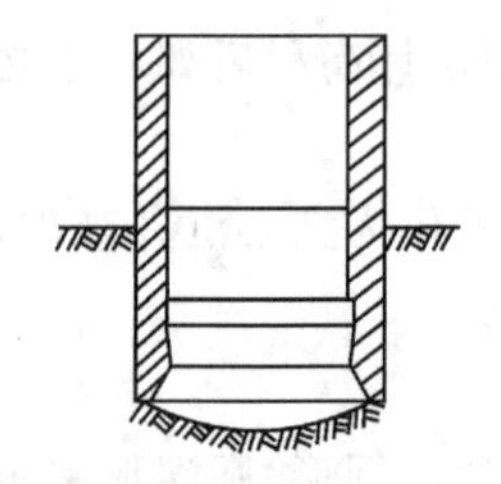
(c)沉井接高继续下沉

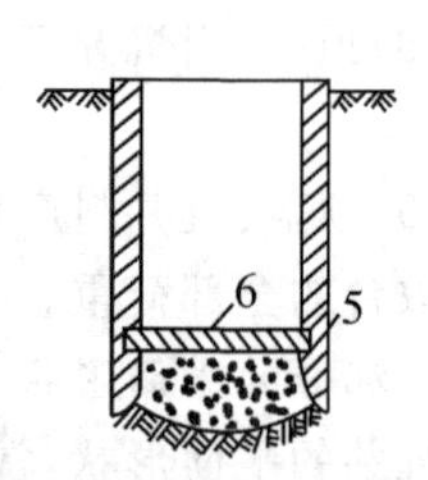

(d)封底,并浇筑钢筋混凝土底板

1—井壁;2—凹槽;3—刃脚;4—垫木;5—素混凝土封底;6—钢筋混凝土底板

图 2-2-13 沉井施工示意图

(1)沉井下沉。

①抽出承垫木,应在井壁混凝土达到设计强度以后,分区、依次、对称、同步地进行,每次抽去垫木后,刃脚下应立即用砂土或砂砾填实。定位支点处的垫木,应最后同时抽出。

②挖土下沉时,应分层、均匀对称地进行,使其能均匀竖直下沉,不得有过大的倾斜。一般情况,不应从刃脚面下挖土。如沉井的下沉系数较大时,应先挖中间部分,沿深井刃脚周围保留土堤,使沉井挤土下沉;如沉井的下沉系数较小时,应采取其他措施,使沉井不断下沉,中间不应有较长时间的停歇,亦不得将底部开挖过深。在下沉过程中,除防止沉井的不均匀下沉及突沉,还应特别强调防止沉井的扭曲变形,内挖土时应严格控制挖土厚度,先中间后四周,均匀对称进行,并根据需要留有土台,逐层切削,使沉井均匀下沉。

③由数个井孔组成的沉井,为使其下沉均匀,挖土时各井孔土面高度不应超过 1 m。

④在沉井四周应设沉降观测点,应加强下沉过程中的观测,要求每班至少观测 2 次,并应在每次下沉后进行检查,如发现倾斜、扭曲,应随时纠正。为防止突沉,应控制均匀挖土。

(2)沉井封底。

①当沉井下沉到距离设计高程 0.1 m 时应停止挖土和抽水,使其靠自重下沉至设计高程或接近设计高程。沉井下沉至设计高程时,应进行沉降观测,在 8 h 内下沉不大于 10 mm 时,方可封底。封底时应先排干井内积水,清除浮泥。

②沉井底部采用碎石作为反滤层,总厚度为 400～700 mm,四周靠刃脚处需设置土台。后滤层厚度及锅底形状可根据施工需要调整,以保证沉井稳定。反滤层上浇筑素混凝土垫层,在刃脚处应切实填严,振捣密实。垫层混凝土强度达到 50%设计强度以后方可在垫层上绑扎底板钢筋,浇筑底板混凝土。

③在浇捣底板封底混凝土(C25)开始到钢筋混凝土底板浇捣并达到 30%的设计强度以前,应抽调滤鼓内积水。当底板达到 100%的设计强度后,方可进行封堵滤鼓。滤鼓封堵采用 C30 混凝土,并宜加入适量早强剂及混凝土剂,在封堵前须抽干滤鼓内积水。

④取水泵房(沉井)顶板及内隔墙混凝土浇筑等顶管施工结束后进行。

⑤干封底时,应符合下列规定:沉井基底土面应全部挖至设计高程;井内积水应尽量排干;混凝土凿毛处应洗刷干净;浇筑时,应防止沉井不均匀下沉,在软土层中封底分格对称进行;在封底和底板混凝土未达到设计强度以前,应从封底以下的集水井中不间断地抽水;停止抽水时,应考虑沉井的抗浮稳定性,并采取相应的措施。

8. 注意事项及措施

(1)在原有建筑物附近下沉沉井、沉箱时,应经常对原有建筑物进行沉降观测,必要时应采取箱底的安全措施。

(2)在沉井、沉箱周围布置起重机、管路和其他重型设备时,应考虑底面的可能沉陷,并采取相应的技术措施。

(3)沉箱开始下沉至填筑作业室完毕,应用 2 根或 2 根以上输气管不断向沉箱作业室供给压缩空气,供气管应装有逆止阀,以保证安全和正常施工。

(4)沉箱下沉时,作业室应设置枕木垛或采取其他安全措施。在下沉过程中,作业室内图面距顶板的高度不得小于 1.8 m。

(5)挖土应分层进行,防止锅挖底挖得太深,或刃脚挖土太快以防突沉伤人。在挖土时,刃脚处,隔墙下不准有人操作或穿行,以免刃脚处切土过快伤人。

(6)井下操作人员应戴安全帽,穿胶鞋、防水衣裤;潜水泵应配装漏电保护器。

二、沉箱基础

1.沉箱法的主要构成

沉箱法的主要构成部分为:工作室、顶盖、刃脚、箱顶圬工、升降孔和箱顶的各种管路等。

(1)工作室。工作室是指由顶盖和刃脚所围成的工作空间,其四周和顶面均应密封不漏气。

(2)顶盖。顶盖即工作室的顶板,下沉期要承受高压空气向上的压力,后期则承受箱顶上圬工的荷重,因此它具有一定的厚度。

(3)刃脚。沉箱刃脚的工作是为了切入土层,同时也作为工作室的外墙;它不仅要防止水和土进入室内,也要防止室内高压空气的外逸。

(4)箱顶圬工。箱顶上的圬工,也是基础的主要组成部分。

(5)升降孔。在沉箱顶盖和箱顶圬工中,必须留出垂直孔道,以便在其中安装连接工作室和气阀的井管,使人、器材及室内弃土由此上下通过。

(6)箱顶上的管路。箱顶上的管路有电线管、水管、进水管、排水管、风管、悬锤管和备用管等,它们是工作室内所需要的空气、动力、通信和照明灯一切来源的必经管道。

2.沉箱的制作和下沉程序

(1)制造。沉箱的制作和沉井的制作基本相同。

(2)下沉准备和下沉。

①撤除垫土,支立箱底圬工的模板。

②安装井管和气闸。

③挖土下沉。在沉箱开始下沉阶段,下沉的速度较快,每次挖土不宜过深,应控制下沉速度。

④接长井管。随着沉箱的下沉,箱子顶圬工在不断上砌,当圬工顶面接近气阀时,就应接长井管。

⑤沉箱下沉到达设计高程后,进行基底土质鉴定和地基处理。

⑥ 填封工作室和升降孔,工作室应填以不低于C10的混凝土或块石混凝土。

三、地下连续墙

1.地下连续墙的特点和缺点

(1)地下连续墙的优点。

①施工时振动小、噪音低,非常适于在城市施工。

②墙体刚度大,用以基坑挖开时,极少发生地基沉降或塌方事故。

③防渗性能好。

④可以贴近施工,由于上述几项优点,我们可以紧贴原有建筑物施工地下连续墙。

⑤可用于逆筑法施工。

⑥适用于多种地基条件。

⑦可用做刚性基础。

⑧占地少,可以充分利用建筑红线以内有限的地面和空间,充分发挥投资效益。

⑨工效高、工期短,质量可靠,经济效益高。

(2)地下连续墙的缺点。

①在一些特殊的地质条件下(如很软的淤泥质土,含漂石的冲积层和超硬岩石等),施工难度很大。

②如果施工方法不当或地质条件特殊,可能出现相邻曹段不能对齐和漏水的问题。

③地下连续墙如果用做临时的挡土结构,比其他方法的费用要高些。

④在城市施工时,废泥浆地处理比较麻烦。

2. 地下连续墙施工

地下连续墙的施工主要分为以下几个部分:导墙施工、钢筋笼制作、泥浆制作、成槽放样、成槽、下锁口管、钢筋笼吊放和下钢筋笼、下拨导管及浇筑混凝土(见图 2-2-14)。

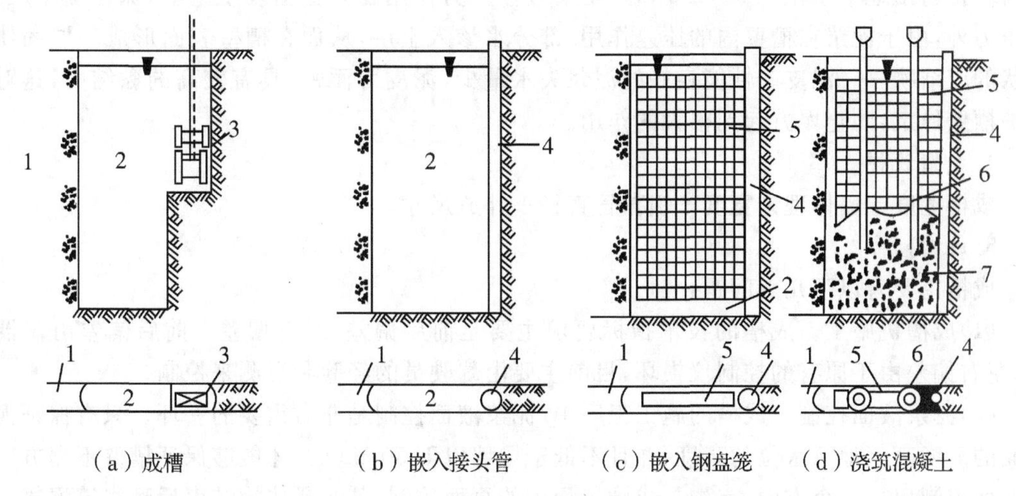

1—已完成的墙段;2—护壁泥浆;3—成槽机;4—接头管;5—钢筋笼;6—导管;7—混凝土

图 2-2-14　地下连续墙施工程序示意图

1. 导墙施工

导墙是地下连续墙施工的第一步,它的作用是挡土墙,建造地下连续墙施工测量的基准、储存泥浆对挖槽起重大作用。

施工过程中主要注意以下几个问题:

(1)导墙变形导致钢筋笼不能顺利下放。出现这种情况的主要原因是导墙施工完毕后没有加纵向支撑,导墙侧向稳定不足发生导墙变形。解决这个问题的措施是导墙拆模后,沿导墙横纵向每隔 1 m,设 2 道木支撑,将 2 片导墙支撑起来。如果导墙变形,解决方法是用锁口强行插入,撑起足够空间下方钢筋笼。

(2)导墙的内墙面与地下连续墙的轴线不平行。出现这种情况的主要原因是由于导墙本身不垂直,造成整幅墙的垂直度不理想。导墙的内墙面与地下连续墙的轴线不平行会造成已建好的地下连续墙不符合设计要求。解决的措施主要是严格控制导墙中心线与地下连接墙轴重合,以此偏差进行控制,可以确保偏差符合设计要求。

(3)导墙开挖深度范围内均为回填法,塌方后造成导墙背侧空洞,混凝土放量增多。出现这种情况的主要解决方法:首先是用小型挖掘机开挖导墙,使回填的土方量减少;其次是导墙背后回填一些素土而不用杂填土。

2.钢筋笼制作

钢筋笼的制作是地下连续墙施工的一个重要环节，在施工过程中，钢筋笼的制作与进度的快慢对其有直接影响。钢筋笼制作主要有以下几个问题：

(1)进度问题。

(2)焊接质量问题。焊接质量问题是钢筋笼制作过程中一个比较突出的问题。它主要有：①碰焊街头错位、弯曲；②钢筋笼焊接时的咬合问题。

3.泥浆制作

泥浆是地下连续墙施工中深槽槽壁稳定的关键，必须根据地质、水文资料，采用膨润土、纯碱等原料，按一定比例配置而成。在地下连续墙成槽中，依靠槽壁内充满触变泥浆，并使泥浆液面保持高出地下水位 0.5～1.0 m。泥浆液柱压力作用在开挖槽段土壁上，除平衡土压力、水压力外，由于泥浆在槽壁内的压差作用，部分水渗入土层，从而在槽壁表面形成一层固体颗粒状的胶结物——泥皮。性能良好的泥浆失水量少，泥皮薄而密，具有较高的黏结力，这对于维护槽壁稳定，防止塌方起到很大的作用。

4.成槽放样

成槽宽度＝墙体理论宽度＋锁扣管直径＋外放尺寸。

5.成槽

成槽主要有以下几点问题：

(1)成槽机施工。成槽的技术指标要求主要是前后偏差、左右偏差。前后偏差由仪器控制；左右偏差由于原有的控制仪损坏，目前主要由驾驶员的经验和目测来控制。

(2)泥浆液面控制。成槽的施工工序中，泥浆液面控制是非常重要的一环。只有保证泥浆液面的高度高于地下水位的高度，并且不低于导墙以下 50 cm 时，才能够保证槽壁不塌方。泥浆液面控制包括两个方面：首先是成槽工程中的页面控制；其次是成槽结束后到浇筑混凝土之前的这段时间的页面控制。

(3)地下水的升降。遇到降雨等情况使地下水位急速上升，地下水又绕过导墙流入槽段使泥浆对地下水的超压力减小，极易产生塌方事故。地下水位越高，平衡它所需要的泥浆密度也越大，槽壁失稳的可能性越大。为了解决槽壁塌方，必要时可部分或全部降低地下水，泥浆面与地下水位液面高差大，对保证槽壁的稳定起很大作用，所以第一种方法是提高泥浆液面，泥浆液面至高处地下水位 0.5～1.0m；第二种方法是部分或全部降低地下水，这种方法实施起来比较容易，因此采用的比较多，但碰到恶劣的地质环境，还是第一种方法效果好。

(4)在吊放钢筋笼前的操作。在吊放钢筋笼前，应认真做好清理工作，沉渣过多会造成地下水连续墙的承载能力降低，墙体沉降加大，沉渣影响墙体底部的接水防渗能力，会成为管涌的隐患，并降低混凝土的强度；严重影响接头部位的抗渗性，造成钢筋笼的上浮；沉渣过多，影响钢筋笼盛放不到位，加速泥浆变质。

(5)刷壁次数。地下连续墙一般都是顺序施工，在以施工的地下连续墙的侧面往往有许多泥土黏在上面，所以刷壁就成了必不可少的工作。刷壁要求在铁刷上没有泥才可停止，一般需要刷 20 次，确保接头面的新老混凝土的结合紧密。

6.下锁口管

下锁口管的主要问题有以下几个方面：

(1)槽壁不垂直造成锁口管位置的偏移。

(2)锁口管固定位置造成锁口管倾斜。

(3)锁口管应该在混凝土灌注完毕 F_0 才开始拔。

(4)锁口管下放以后不会紧贴土体,总是有一点缝隙,一定要进行土方回填,否则混凝土绕过锁口管就会对下一副连续墙的施工造成很大的障碍。

7. 钢筋笼吊放和下钢筋笼

钢筋笼的吊放过程中发生钢筋笼变形,笼在空中摇摆,吊点中心不重合,这样会使笼在插入槽内碰撞槽壁,发生坍塌及钢筋笼不能顺利沉放到槽内等。因此,插入钢筋笼时应该使钢筋笼的中心线对准槽端的纵向轴线,然后慢慢放下。

8. 下拔导管及浇筑混凝土

(1)导管拼装。导管在混凝土浇筑前,先在地面上每 4～5 节拼装好,用吊机直接吊入槽中混凝土导管口,再将导管连接起来,这样有利于提高施工速度。

(2)导管拆卸。每次混凝土灌注完毕后,把每节导管拆卸一遍,螺丝口涂黄油润滑,还应注意在使用导管的时候要防止导管碰撞变形。

(3)在钢筋笼安置完毕后应马上下导管,这样做可减少空槽的时间,防止塌方的产生。

(4)及时清除槽底淤积物,槽孔底部淤积物是墙体夹泥的主要来源。

这些淤泥最易被包裹在混凝土中,形成窝泥。混凝土开始浇筑时,先在导管内放置隔水球,以便混凝土浇筑时能将管内泥浆从管底排出。

(5)混凝土的浇筑。混凝土浇灌采用将混凝土车直接浇筑的方法,初灌时保证每根导管混凝土浇捣有 6 m^3 的混凝土的备用量。混凝土浇筑中要保证混凝土连续均匀下料,混凝土面上升速度控制在 4～5 m/h,导管下口在混凝土内置深度控制在 1.5～6.0 m,在浇筑过程中严防导管口提出混凝土面,导管下口暴露在泥浆内,造成泥浆涌入导管。在这个过程中,主要通过测量掌握混凝土上升情况,浇筑量和导管埋入深度。当混凝土浇捣到地下连续顶部附近时,导管内混凝土不易留出,一方面要降低浇筑速度,另一方面可将导管的最小埋入深度为 1 m 左右,若混凝土还浇捣不下去,可将导管上下抽动,但上下抽动范围不得超过 30 cm。在浇筑过程中,导管不能做横向运动,以防沉渣和泥浆混入混凝土中,同时不能使混凝土溢出料斗流入导沟。对采用两根导管的地下连续墙,混凝土浇筑时,两根导管应轮流灌注,确保混凝土面均匀上升。混凝土面高差应小于 50 cm,以防止因混凝土高差过大而产生夹层现象。

思考题

1. 什么是桩基础? 试用于哪些情况?

2. 什么是摩擦型桩和端承型桩? 它们有什么区别?

3. 单桩竖向承载力特征如何确定?

4. 单桩水平承载力如何确定?

5. 桩基承载力验算有哪几方面内容?

6. 拄基础设计包括哪些内容?

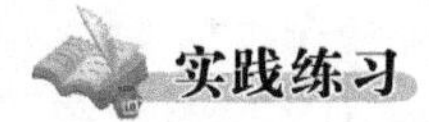

实践练习

某场地第一土层为粉质黏土厚度 3 m,$q_{s1a}=24$ kpa;第二层为粉土厚度为 6 m,$q_{s2a}=20$

kpa;第三层为中密的中砂,$q_{s3a}=30$ kpa,$q_{pa}=2600$ kpa。现采用截面边长 350 mm×350 mm 的预制方桩,承台底面在地面以下 1.0 m,桩端进入中密中砂的深度为 1.0 m,试确定单桩竖向承载力的特征值。

项目三 地基处理

学习目标

知识目标

1. 掌握软弱地基特点
2. 熟悉软弱土地基处理
3. 了解特殊土分布范围
4. 了解特殊土地基处理方法

能力目标

能读懂软弱土地基处理方案，会根据换土垫层法处理软弱土地基，能合理选用其他特殊土地基处理方法。

项目分析

项目概述

由于我国地理环境、地形高差、气温、雨量、地质成因和地质历史的不同，加上组成土的物质成分和次生变化等多种复杂因素，形成了若干性质特殊性的土类，包括软土、湿陷性黄土及冻土等。这些天然形成的特殊性土的地理环境分布有一定的规律性和区域性，因此，这些土也称为区域性土。特殊土各自具有一些特殊的成分、结构和性质，如黄土的湿陷性、软土的高压缩性、冻土的冻胀变形等。当其作为建筑物地基时，如果不注意这些特点就会造成事故。为保证建筑物安全和正常使用，应根据其特点和工程要求，因地制宜，综合治理。

任务分析

任务一 软弱土地基处理

我国是一个多地震的国家。地震时，在岩土中传播的地震波引起地基土体的振动，当地基土强度经受不住地基振动变形所产生的内力时，就会失去支撑建筑物的能力，导致地基失效，严重时可产生像地裂、坍塌、液化、震陷等灾害。地震中地基的稳定性和变形以及抗震、防震措施是地层区地基基础设计必须要考虑的问题。表 2-3-1 列出了我国常见特殊土的种类、分布、成土环境及工程地质特性。

表 2-3-1　我国常见特殊土的种类、分布、成土环境及工程地质特性

种类	分布	成土环境	工程特性
黄土	西北内陆地区，青海、甘肃、宁夏、陕西、山西、河南等	干旱、半干旱气候环境，降雨量少，蒸发量大，年降雨量小于 500 mm	湿陷性
红黏土	华南地区，云南、四川、贵州、广西、鄂西、湘西等	碳酸盐岩系北纬 33°以南，温暖湿润气候，以残坡积为主	裂隙发育，不均匀性
软土	东南沿海，天津、上海、宁波、福州等，此外内陆湖泊地区也有局部分布	滨海、三角洲沉积，湖泊沉积，地下水水位高，由水流搬运沉积而成	强度低，压缩性高，渗透性小
膨胀土	云南、贵州、广西、四川、安徽、河南等	温暖湿润，雨量充沛，年降雨量 700～1700 mm，具有良好的化学风化条件	遇水膨胀，失水收缩
盐渍土	新疆、青海、西藏、甘肃、宁夏、内蒙古等内陆地区，此外还有滨海部分地区	荒漠、半荒漠地区，年降雨量小于 100 mm，蒸发量高达 3000 mm 以上的地区，沿海受海水浸渍或海退的影响	盐胀性、溶陷性和腐蚀性
冻土	青藏高原和大小兴安岭，东西部一些高山顶部	高纬度寒冷地区	冻胀性、融陷性

一、软弱土的类型

软弱地基是指主要含淤泥、淤泥质土、冲填土、杂填土或其他高压缩性土构成的地基。在建筑地基的局部范围内有高压缩性土层时，应按局部柔软土层考虑。

1. 淤泥与淤泥质土

凡天然含水量大于液限，孔隙比 e 大于 1.5 的软土，均称为淤泥；天然孔隙比 e 小于 1.5 而大于 1.0 时，称为淤泥质土。

淤泥质软土是指天然含水量大、压缩性高、承载力很低的一种软塑到流塑状态的黏性土。淤泥质软土是在静水或缓慢水流环境中经过生物化学作用形成的，故这类土的颗粒成分极细，常有较多的有机质，孔隙比较大，含水量常大于液限。淤泥质软土包括淤泥、淤泥质土及其他高压缩性的饱和黏性土，也统称为软土。

淤泥及淤泥质土在外观上常呈灰、灰蓝、灰绿和灰黑等颜色，并具有污染手指、有臭味等特征。

淤泥质软土的主要特征是：天然含水量高，孔隙比大，压缩性高，强度低，渗透系数小。因此，其具有下列工程地质特征：

(1)压缩性高。软土的孔隙比大，具有高压缩性的特点。软土的压缩系数 α_{1-2} 一般为0.5 MPa～2.0 MPa^{-1}，最大可达 4.5 MPa^{-1}。如其他条件相同，则软土的液限越大，压缩性也越大。

(2)透水性低。软土的透水性很低，因此软土固结需要相当长的时间，对地基排水固结不利，反映在建筑物沉降延续时间长。同时，在加载初期，地基中常出现较高的孔隙水压力，影响地基的强度。

(3)抗剪强度低。软土的抗剪强度很低，并与排水固结程度密切相关，在不排水剪切时，软土的内摩擦角接近于零，抗剪强度主要由内聚力决定，而内聚力值一般小于 20 kPa。经排水固结后，软土的抗剪强度便能提高，但由于其透水性差，当应力改变时，孔隙水渗出过程相当缓慢，因此抗剪强度的增长也很缓慢。

(4)触变性。软土具有絮凝结构，是结构性沉积物，具有触变性。当其结构未被破坏时，具有一定的结构强度，但一经扰动，土的结构强度便被破坏。软土中含亲水性矿物(如蒙脱石)多时，结构性强，其触变性较显著。

(5)不均匀性。由于沉积环境的变化，黏性土层中常局部夹有厚薄不等的粉土使水平和垂直分布上有所差异，作为建筑物地基则易产生差异沉降。

(6)流变性。软土具有流变性，其中包括蠕变特性、流动特性、应力松弛特性和长期强度特性。蠕变特性是指在荷载不变的情况下变形随时间发展的特性；流动特性是土的变形速率随应力变化的特性；应力松弛特性是在恒定的变形条件下应力随时间减小的特性；长期强度特性是指土体在长期荷载作用下土的强度随时间变化的特性。

2. 杂填土

杂填土是人类活动任意堆填产生的建筑垃圾、工业废物和生活垃圾。由于是任意堆积而成，其必然存在结构松散、密实度低的缺陷。其工程性质表现为强度低、压缩性高，往往均匀性差，尤其是生活垃圾一类，成分复杂。常见内含腐殖质以及亲水性和水溶性物质，将导致地基产生大的沉降及浸水湿陷性，故建筑场地遇有生活垃圾土一般应予以清除。遇有面广层厚、性能稳定的工程废料堆积物，也包括部分堆积年代久远的建筑垃圾，宜先对其进行详尽的勘察，然后研究其处理的技术可能性和利用的经济合理性。同时应注意的是，工业废料中可能包含某些对人体、建筑材料或环境有害的成分，如果加以利用，应研究确定可靠的预防措施。

3. 冲填土

冲填土是水力重填泥砂形成的，其成分和分布规律与冲填时的泥砂来源及水利条件有密切关系。

由于水力分选作用，在冲填的入口处，土粒较粗，而到出口处则逐渐变细。有时在冲填过程中，泥砂的来源有变化，造成冲击土在纵横方向的不均匀性。若冲填物是以黏性土为主，土中含有大量水分，且难以排出，则在其形成初期常处于流动状态。这类土属于强度较低和压缩性较高的欠固结土。

在冲填土地基上建造房屋，应具体分析它的状态，考虑它的不均匀性和是否处于欠固结状态。

二、软弱土地基施工注意事项

软弱土地基处理是一项技术复杂、难度大的非常规工程，必须精心施工，并注意以下几个环节：

(1)技术交底与质量监理。在地基处理开始前，应对施工人员进行技术交底，讲明地基处理方法的原理、技术标准和质量要求。技术交底最好为示范处理，边干边讲，效果良好。施工处理应有专人跟班，负责质量监理。

(2)做好监测工作。在地基处理施工过程中，应有计划地进行监测工作，根据测试数据来指导下一阶段地基处理工作，提高技术水平。

(3)处理效果检验。在地基处理施工完成后，经必要的间隔时间，采用多种手段检验地基处理的效果。同一地点，用地基处理前后定量指标发生的变化加以说明。例如，地基承载力提高多少，c、ϕ 与 E_s 值增大多少，地基变形是否已满足设计要求，液化是否已消除等。

三、软弱土地基处理

若天然地基很软弱，不能满足地基承载力和变形等要求，则先要经过人工加固后再建造基础，这种人工处理地基的方法称为软弱地基处理。

地基处理的目的是利用人工置换、夯实、挤密、排水、注浆、加筋和冷热处理等方法手段，对软弱地基土进行改造和加固，来改善地基土的工程性质，包括改善地基土的变形特性和渗透性，提高其抗剪强度和抗液化能力，使其满足工程建设的要求。

软弱土地基经过处理，防止了各类倒塌、下沉、倾斜等恶性事故的发生，确保了基础和上部结构的使用安全和耐久性，具有重大的技术和经济意义。

地基处理方法的分类多种多样。按时间分为临时处理和永久处理；按处理深度分为浅层处理和深层处理；按土性对象分为砂性土处理和黏性土处理，饱和土处理和非饱和土处理；也可以按照地基处理的作用机理分类，具体见表 2-3-2。需要说明的是，一种地基处理方法可能会同时具有几种不同的作用，如砂石桩具有置换、挤密、排水和加筋等多重作用。

表 2-3-2　软弱土地基处理方法分类

分类	处理方法	原理及作用	适用范围
换填垫层	砂石垫层、素土垫层、灰土垫层、矿渣垫层等	挖去地表浅层软弱土层或不均匀土层，回填坚硬、较粗粒径的材料，并夯压密实，形成垫层，从而提高持力层的承载力	适用于处理浅层软弱地基及不均匀地基
碾压及夯实	重锤夯实、机械碾压、振动压实	利用压实原理，通过夯实、碾压、振动，把地基表层压实，以提高其强度，减少其压缩性和不均匀性，消除其湿陷性	适用于处理低饱和度的黏性土、粉土、砂土、碎石土、人工填土等
	强夯	反复将夯锤提到高处使其自由落下，给地基以冲击和振动能量，将其夯实，从而提高土的强度并降低其压缩性，在有效影响深度范围内消除土的液化及湿陷性	适用于处理碎石土、砂土、低饱和度的粉土与黏性土、湿陷性黄土、素填土和杂填土等
预压	堆载预压、真空预压、降水预压	对地基进行堆载或真空预压，加速地基的固结和强度增长，提高地基的稳定性；加速沉降发展，使地基沉降提前完成，降水预压则是借井点抽水降低地下水位，以增加土的自重应力，达到预压目的	适用于处理饱和软弱土，降水预压适用于渗透性较好的砂或砂质土
挤密、振密	土或灰土挤密桩、石灰桩、砂石桩等	借助于机械、夯锤或爆破，使土的孔隙减少，强度提高；必要时，回填素土、灰土、石灰、砂、碎石等，与地基土组成复合地基，从而提高地基的承载力，减少沉降量	适用于处理无黏性土、杂填土、非饱和黏性土及湿陷性黄土等
置换及拌入	高压喷射注浆、水泥土搅拌等	在地基中掺入水泥、石灰或砂浆等形成增强体，与未处理部分土组成复合地基，从而提高地基的承载力，减少沉降量	适用于处理软弱黏性土、欠固结冲填土、粉砂、细砂等
加筋	土工合成材料加筋、锚固、加筋土、树根桩	在地基中掺入水泥、石灰或砂浆等形成增强体，与未处理部分土组成复合地基，从而提高地基的承载力，减少沉降量	适用于处理砂土、软弱土、人工填土地基
托换技术	桩式托换、灌浆托换、热加固托换、纠偏托换等	通过独特的技术措施对原有建筑物和基础处理、加固或改建，来改变受力和变形性能，以满足原有建筑物的安全和正常使用要求	根据具体方法确定

任务二　湿陷性黄土地基处理

一、黄土湿陷性的特征

1.湿陷性黄土的定义和分布

凡天然黄土在一定压力作用下，受水浸湿后，土的结构迅速破坏，发生显著的湿陷变形，强度也随之降低的，称为湿陷性黄土。湿陷性黄土分为自重湿陷性和非自重湿陷性两种。黄土受水浸湿后，在上覆土层自重应力作用下发生湿陷的称自重湿陷性黄土；若在自重应力作用下不发生湿陷，而需在自重和外荷共同作用下才发生湿陷的称为非自重湿陷性黄土。

在我国，湿陷性黄土占黄土地区总面积的60%以上，约为40万km^2，而且又多出现在地表浅层，如晚更新世(Q_3)及全新世(Q_4)新黄土或新堆积黄土是湿陷性黄土主要土层，主要分布在黄河中游的山西、陕西、甘肃大部分地区以及河南西部，其次是宁夏、青海、河北的一部分地区，新疆、山东、辽宁等地局部也有发现。

2.黄土湿陷发生的原因和影响因素

(1)水的浸湿：由于管道(或水池)漏水、地面积水、生产和生活用水等渗入地下，或由于降水量较大，灌溉渠和水库的渗漏或回水使地下水位上升等原因而引起黄土湿陷。但受水浸湿只是湿陷发生所必需的外界条件；而黄土的结构特征及其物质成分是产生湿陷性的内在原因。

(2)黄土的结构特征：季节性的短期雨水把松散干燥的粉粒黏聚起来，而长期的干旱使土中水分不断蒸发，于是少量的水分连同溶于其中的盐类都集中在粗粉粒的接触点处，可溶盐逐渐浓缩沉淀而成为胶结物。随着含水量的减少，土粒彼此靠近，颗粒间的分子引力以及结合水和毛细水的联结力也逐渐加大。这些因素都增强了土粒之间抵抗滑移的能力，阻止了土体的自重压密，于是形成了以粗粉粒为主体骨架的多孔隙结构。

黄土受水浸湿时，结合水膜增厚楔入颗粒之间。于是，结合水联结消失，盐类溶于水中，骨架强度随之降低，土体在上覆土层的自重应力或在附加应力与自重应力综合作用下，其结构迅速破坏，土粒滑向大孔，粒间孔隙减少。这就是黄土湿陷现象的内在过程。

(3)物质成分：黄土中胶结物的多寡和成分，以及颗粒的组成和分布，对于黄土的结构特点和湿陷性的强弱有着重要的影响。胶结物含量大，可把骨架颗粒包围起来，则结构致密；黏粒含量多，并且均匀分布在骨架之间也起了胶结物的作用；这些情况都会使湿陷性降低并使力学性质得到改善。反之，粒径大于0.05 mm的颗粒增多，胶结物多呈薄膜状分布，骨架颗粒多数彼此直接接触，则结构疏松，强度降低而湿陷性增强。此外，黄土中的盐类，如以较难溶解的碳酸钙为主而具有胶结作用时，湿陷性减弱，但石膏及易溶盐的含量越大时，湿陷性增强。

此外，黄土的湿陷性还与孔隙比、含水量以及所受压力的大小有关。天然孔隙比越大，或天然含水量越小，则湿陷性越强。在天然孔隙比和含水量不变的情况下，随着压力的增大，黄土的湿陷量增加，但当压力超过某一数值后，再增加压力，湿陷量反而减少。

3.黄上湿陷性的判定和地基的评价

(1)黄土湿陷性的判定。黄土湿陷性在国内外都采用湿陷系数δ_s值来判定，湿陷系数δ_s为单位厚度的土层，由于浸水在规定压力下产生的湿陷量，它表示了土样所代表黄土层的湿陷程度。

试验方法：δ_s 可通过室内浸水压缩试验测定。把保持天然含水量和结构的黄土土样装入侧限压缩仪内，逐级加压，达到规定试验压力，土样压缩稳定后，进行浸水，使含水量接近饱和，土样又迅速下沉，再次达到稳定，得到浸水后土样高度 h'_p（见图 2-3-1），然后由式(2.3.1)求得土的湿陷系数 δ_s。

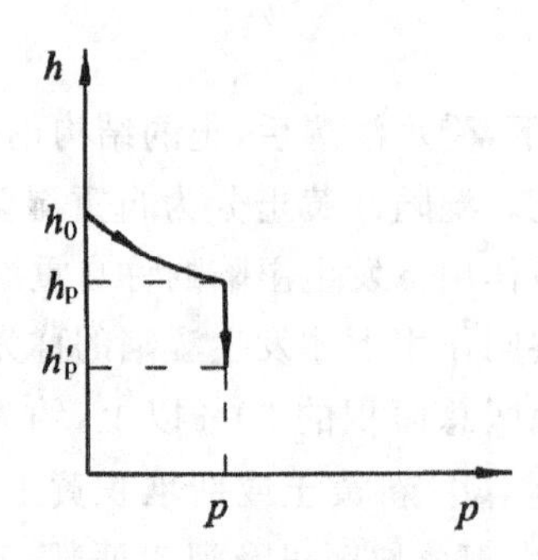

图 2-3-1　在压力 P 下浸水压缩曲线

$$\delta_s = \frac{h_p - h'_P}{h_0} \tag{2.3.1}$$

式中，h_0——土样的原始高度(m)；

h_p——土样在无侧向膨胀条件、规定试验压力 p 的作用下，压缩稳定后的高度(m)；

h'_p——对在压力 p 作用下的土样进行浸水，到达湿陷稳定后的土样高度(m)。

湿陷性判定：我国《湿陷性黄土地区建筑规范》(GB 50025—2004)按照国内各地经验采用 $\delta_s=0.015$ 作为湿陷性黄土的界限值，$\delta_s \geqslant 0.015$ 定为湿陷性黄土，否则为非湿陷性黄土。湿陷性土层的厚度也是用此界限值确定的。一般认为 $\delta_s<0.03$ 为弱湿陷性黄土，$0.03 \leqslant \delta_s \leqslant 0.07$ 为中等湿陷性黄土，$\delta_s>0.07$ 为强湿陷性黄土。

(2)湿陷性黄土地基湿陷类型的划分。

《湿陷性黄土地区建筑规范》用计算自重湿陷量 Δ_{zs} 来划分自重湿陷性黄土和非自重湿陷性黄土的地基，Δ_{zs}(cm)按下式计算：

$$\Delta_{zs} = \beta_0 \sum_{i=1}^{n} \delta_{zsi} h_i \tag{2.3.2}$$

式中，β_0——根据我国建筑经验，因各地区土质而异的修正系数。对陇西地区可取 1.5，陇东、陕北地区可取 1.2，关中地区取 0.7，其他地区（如山西、河北、河南等）取 0.5；

δ_{zsi}——第 i 层地基土样在压力值等于上覆土的饱和($S_\gamma>85\%$)自重应力时，试验测定的自重湿陷系数（当饱和自重应力大于 300 kPa 时，仍用 300 kPa）；

h_i——地基中第 i 层土的厚度(m)；

n——计算总厚度内土层数。

当 $\Delta_{zs}>7$ cm 时为自重湿陷性黄土地基，$\Delta_{zs} \leqslant 7$ cm 时为非自重湿陷性黄土地基。用上式计算时，土层总厚度从基底算起，到全部湿陷性黄土层底面为止，其中 $\delta_{zs}<0.015$ 的土层（属于非自重湿陷性黄土层）不累计在内。

(3)湿陷性黄土地基湿陷等级的判定。湿陷性黄土地基的湿陷等级，即地基土受水浸湿，发生湿陷的程度，可以用地基内各土层湿陷下沉稳定后所发生湿陷量的总和（总湿陷量）来衡量。

《湿陷性黄土地区建筑规范》对地基总湿陷量 Δ_s(cm)的计算如下：

$$\Delta_s = \sum_{i=1}^{n} \beta\delta_{si} h_i \tag{2.3.3}$$

式中，δ_{si}——第 i 层土的湿陷系数；

h_i——第 i 层土的厚度(cm)；

β——考虑地基土浸水几率、侧向挤出条件等因素的修正系数，基底下 5 m(或压缩层)深度内取 1.5；5 m(或压缩层)以下，非自重湿陷性黄土地基 $\beta=0$，自重湿陷性黄土地基可按式(2.3.2)β_0 取值。

湿陷等级的判定可根据地基总湿陷量 Δ_s 和计算自重湿陷量 Δ_{zs} 的综合，按表 2-3-3 判定。

表 2-3-3 湿陷性黄土地基的湿陷等级

湿陷类型 / Δ_{zs}/cm / δ_s/cm	非自重湿陷性地基	自重湿陷性地基	
	$\Delta_{zs}\leqslant 7$	$7<\Delta_{zs}\leqslant 35$	$\Delta_{zs}>35$
$\delta_s\leqslant 30$	Ⅰ(轻微)	Ⅱ(中等)	—
$30<\delta_s\leqslant 60$	Ⅱ(中等)	Ⅱ或Ⅲ	Ⅲ(严重)
$\delta_s>60$	—	Ⅲ(严重)	Ⅳ(很严重)

二、湿陷性黄土地基的处理

为了改善土的性质和结构，减少土的渗水性、压缩性，控制其湿陷性的发生，部分或全部消除它的湿陷性，在明确地基湿陷性黄土层的厚度以及湿陷性类型、等级后，应结合建筑物的工程性质、施工条件和材料来源等，采取必要的措施，对地基进行处理，满足建筑物在安全、使用方面的要求。

在桥梁工程中，对较高的墩、台和超静定结构，应采用刚性扩大基础、桩基础或沉井等形式，并将基础底面设置到非湿陷性土层中；对一般结构的大中桥梁，重要的道路人工构造物，如属Ⅱ级非自重湿陷性地基或各级自重湿陷性黄土地基也应将基础置于非湿陷性黄土层或对全部湿陷性黄土层进行处理并加强结构措施；如属Ⅰ级非自重湿陷性黄土也应对全部湿陷性黄土层进行处理或加强结构措施。小桥涵及其附属工程和一般道路人工构造物视地基湿陷程度，可对全部湿陷性土层进行处理，也可消除地基的部分湿陷性或仅采取结构措施。

结构措施是指结构形式尽可能采用简支梁等对不均匀沉降不敏感的结构；加大基础刚度使受力较均匀；对长度较大且体形复杂的建筑物，采用沉降缝将其分为若干独立单元。

湿陷性黄土地基的处理，按处理厚度可分为全部湿陷性黄土层处理和部分湿陷性黄土层处理，前者对于非自重湿陷性黄土地基，应自基底处理至非湿陷性土层顶面(或压缩层下限)，或者以土层的湿陷起始压力来控制处理厚度；对于自重湿陷性黄土地基是指全部湿陷性黄土层的厚度。后者指处理基础底面以下适当深度的土层，因为该部分土层的湿陷量一般占总湿陷量的大部分。这样处理后，虽发生少部分湿陷也不致影响建筑物的安全和使用。处理厚度视建筑物类别，土的湿陷等级、厚度，基底压力大小而定，一般对非自重湿陷性黄土为 1～3 m，自重湿陷性黄土地基为 2～5 m。

常用的处理湿陷性黄土地基的方法有以下几种：

(1)灰土或素土垫层。将基底以下湿陷性土层全部挖除或挖到预计深度,然后用灰土(三分石灰七分土)或素土(就地挖出的黏性土)分层夯实回填,垫层厚度及尺寸计算方法同砂砾垫层,压力扩散角θ对灰土用30°,对素土用22°。垫层厚度一般为1.0～3.0 m。它施工简易,效果显著,是一种常用的地基浅层湿陷性处理或部分处理的方法。

(2)重锤夯实及强夯法。重锤夯实法能消除浅层的湿陷性,如用15～40 kN的重锤,落高2.5～4.5 m,在最佳含水量情况下,可消除在1.0～1.5 m深度内土层的湿陷性。强夯法根据国内使用纪录,锤重100～200 kN,自由落下高度10～20 m锤击2遍,可消除4～6 m范围内土层的湿陷性。

这两种方法均应事先在现场进行夯击试验,以确定为达到预期处理效果(一定深度内湿陷性的消除情况)所必需的夯点、锤击数、夯沉量等,以指导施工,保证质量。

(3)石灰土或二灰(石灰与粉煤灰)挤密桩。用打入桩、冲钻或爆扩等方法在土中成孔,然后用石灰土或将石灰与粉煤灰混合分层夯填桩孔而成(少数也有用素土),用挤密的方法破坏黄土地基的松散、大孔结构,达到消除或减轻地基的湿陷性。此方法适用于消除5～10 m深度内地基土的湿陷性。

(4)预浸水处理。自重湿陷性黄土地基利用其自重湿陷的特性,可在建筑物修筑前,先将地基充分浸水,使其在自重作用下发生湿陷,然后再修筑。

除以上的地基处理方法外,对既有桥涵等建筑物地基的湿陷也可考虑采用硅化法等加固地基。

任务三　冻土地基处理

一、冻土地基的特点

(1)冻土的定义。温度为0℃或负温,含有冰且与土颗粒呈胶结状态的土称为冻土。

(2)冻土的分类。根据冻土冻结延续时间可分为季节性冻土和多年冻土两大类。土层冬季冻结,夏季全部融化,冻结延续时间一般不超过一个季节,称为季节性冻土层,其下边界线称为冻深线或冻结线;土层冻结延续时间在3年或3年以上称为多年冻土。

(3)冻土的分布。季节性冻土在我国分布很广,东北、华北、西北是季节性冻结层厚0.5 m以上的主要分布地区;多年冻土主要分布在黑龙江的大小兴安岭一带,内蒙古纬度较大地区,青藏高原部分地区与甘肃、新疆的高山区,其厚度从不足1 m到几十米。

(4)冻土的描述和定名,见表2-3-4。

(5)多年冻土发展趋势。①发展的冻土。冻土层每年散热多于吸热,多年冻土厚度逐渐增大。②退化的冻土。冻土层每年吸热多于散热,多年冻土层逐渐融化变薄,以致消失。

表 2-3-4 冻土的描述和定名

<table>
<tr><th>土类</th><th colspan="2">含冰特征</th><th>冻土定名</th></tr>
<tr><td>未冻土</td><td>处于非冻结状态的岩、土</td><td>按“GB J145—90”进行定名</td><td>—</td></tr>
<tr><td rowspan="8">冻土</td><td rowspan="4">肉眼看不见分凝冰的冻土(N)</td><td>①胶结性差，易碎的冻土(N_f)</td><td rowspan="5">少冰冻土(S)</td></tr>
<tr><td>②无过剩冰的冻土(N_{bn})</td></tr>
<tr><td>③胶结性良好的冻土(N_b)</td></tr>
<tr><td>④有过剩冰的冻土(N_{bc})</td></tr>
<tr><td rowspan="4">肉眼可见分凝冰，但冰层厚度小于 2.5 cm 的冻土(V)</td><td>①单个冰晶体或冰包裹体的冻土(V_x)</td></tr>
<tr><td>②在颗粒周围有冰膜的冻土(V_c)</td><td>多冰冻土(D)</td></tr>
<tr><td>③不规则走向的冰条带冻土(V_r)</td><td>富冰冻土(F)</td></tr>
<tr><td>④层状或明显定向的冰条带冻土(V_s)</td><td>饱冰冻土(B)</td></tr>
<tr><td rowspan="2">厚冰层</td><td rowspan="2">冰层厚度大于 2.5 cm 的含土冰层或纯冰层(ICE)</td><td>①含土冰层(ICE＋土类符号)</td><td>含土冰层(H)</td></tr>
<tr><td>②纯冰层(ICE)</td><td>ICE＋土类符号</td></tr>
</table>

二、冻土的物理力学性质

1. 物理性质

冻土是一个由固体(矿物骨架)非塑性黏滞体(冰)、非液体(未冻水)和气体(水蒸气、空气)所组成的复杂体系。冻土中未冻水的含量、成分和特性是随外部条件(温度、压力)的改变而变化的，与外界条件处于动态平衡之中，并且它们之间的关系随着外部条件变化而不断变化。

在工程实践中，冻土按其状态划分为坚硬冻土、塑性冻土和松散冻土。坚硬冻土的土颗粒被冰牢固胶结，并且不可压缩；而塑性冻土则具有黏滞性，在荷载作用下能够被压缩。

由于冻结和融化作用，使冻土具有特殊的物理力学性质，这些特性对其工程建筑物的性质有重大影响。

冻土的基本物理特性包括含水量、含冰量、天然重度和矿物颗粒的密度等。

(1)冻土含水量。冻土中所含的水包括冰包裹体、胶结冰和未冻水。相应地划分为冰包裹体含水量 W_B、胶结含水量 W_U 和未冻含水量 W_H。所有这些含水量的综合称为总含水量 W_C，即

$$W_C = W_B + W_U + W_H \tag{2.3.4}$$

其中，把 $W_{\text{II}} = W_U + W_H$ 这个数值定义为土的矿质层含水量。当冻土含水量不能用试验方法确定时，该含水量可以近似采用

$$W_{\text{II}} \approx W_P \tag{2.3.5}$$

式中，W_P——塑液含水量。

W_B，W_U，W_H 和 W_P 是该种水的质量与土骨架的质量之比，而总含水量 W_C 是各种水的总质量与土骨架的质量之比，通常都用小数表示。

(2)冻土含冰量。冻土总含冰量是指冻土中所含的各种冰的数量，它又分为质量含冰量 I 和体积含冰量 i。质量含冰量等于冰质量与土骨架的质量之比，体积含冰量等于冰的体积与冻土体积之比，均以小数表示。总含冰量等于胶结冰含量 II_U 和冰包裹体含量 II_B 的总和，即：

$$\text{II}_C = \text{II}_U + \text{II}_B \tag{2.3.6}$$

其中

$$\text{Ⅱ}_B = \frac{\rho_s \cdot W_U}{\rho_i + \rho_s(W_C - 0.1W_H)}$$

$$\text{Ⅱ}_U = \frac{\rho_i \cdot W_U}{\rho_i + \rho_s(W_C - 0.1W_H)}$$

式中，ρ_s——矿物颗粒密度(kg/cm^3)；

ρ_i——冰密度(kg/cm^3)。

此处，还有相对含冰量，它等于冰的质量与土中全部水的质量之比，即

$$i_0 = \frac{W_C - W_H}{W_C} \tag{2.3.7}$$

(3)重度。冻土重度分为三种：

①原状冻土的重度 γ_0(天然重度)，它等于天然土的重量与它的体积之比。

②骨架重度 γ_d，它等于干土重量与在天然状态时的体积之比。

③冰包裹体之间冻土层的骨架重度 γ_{di}。

其中，后两者是附加的重度指标。

(4)密度。冻土矿物颗粒的密度 ρ_s，就是 1 m^3 土矿物颗粒的质量。水的密度 $\rho_s \approx 1000$ kg/m^3；冰的密度 $\rho_s \approx 900$ kg/m^3。

(5)计算的物理指标。根据前面直接用实验方法确定的基本物理指标 W_C，i_0，ρ_s 和 ρ_i，可以计算出其他一些物理指标。这些指标有：

①总含水率。

土中所有各种水的质量与天然状态湿土质量之比：

$$W_{O8} = \frac{W_C}{1 + W_C} \tag{2.3.8}$$

②体积含水量。

$$i' = \frac{\rho_s}{\rho_w} \cdot \frac{W_C - W_H}{1 + W_C} \tag{2.3.9}$$

③土骨架重度。

$$\gamma_d = \frac{\rho_s}{1 + W_C} \tag{2.3.10}$$

④孔隙比。

$$\varepsilon_M = \frac{10\rho_s - \gamma_d}{\gamma_d} \tag{2.3.11}$$

⑤单位体积土中气体的体积。

$$V_c = \left(\frac{\varepsilon_M}{10\rho_s} - \frac{W_C}{\rho_w}\right)\gamma_d \tag{2.3.12}$$

2. 变形性质

(1)土的冻胀率。

土的冻胀率定义为：

$$\delta_{\text{Ⅱ}Yu} = \frac{\Delta h}{h} \tag{2.3.13}$$

式中，h——正在冻结的土层厚度；

Δh——该层土因冻胀而升高(膨胀)的数值。

土的冻胀率取决于它的成分、含水量、潜水位和冻结条件。

(2)冻土蠕变特性。冻土在固定的长期荷载作用下,其变形随时间而增加的现象叫做蠕变。蠕变与作用的荷载大小有关,它可能是衰减的或非衰减的。如果有效应力 δ 比长期强度的极限 δ_∞ 小,就会出现衰减蠕变。在衰减蠕变中,变形过程是随时间的增加而逐渐稳定,变形也趋于最终的数值。

当应力 δ 超过长期强度极限 δ_∞ 时,非衰减蠕变过程获得发展。这个过程包括以下几个阶段:在最初的有条件的瞬时变形之后,发展为变形速度减小的衰减蠕变阶段,然后进入约以大致固定速度变形的黏塑流阶段;其后,它就转为变形速度增大的渐进流阶段,这一阶段将引起土的脆性破坏或黏滞破坏。

蠕变过程的强烈程度主要取决于冻土的温度,温度越低,蠕变发展的强烈程度就愈小。

(3)冻土流变性。如果在冻土上施加的荷载不太大,那么恒速流变(就是速度相等的流变)过程可能经历很长时间并处于主要地位。这个过程可用塑性黏滞流方程表示:

$$v = H(\sigma - \sigma_T)^n \tag{2.3.14}$$

式中,v——某一区段上的流变速度;

σ——有效应力(Pa);

σ_T——流变极限(Pa),$\sigma_T = \sigma_\infty$;

n——幂指数;

H——参数。

参数 n 和 H 由试验确定,它们取决于冻土的性质。参数 H 除与冻土性质有关外,还是温度的函数。应力和冻土流变速度之间的关系,可用图 2-3-2 表示。冻土蠕变规律性和特性由单轴压缩、纯剪或三轴压缩试验确定。

(4)冻土的压缩性。冻土特别是塑性冻土,在荷载作用下,它能被压密,并使建筑物地基土(未融化状态)发生显著下沉。由于空气和水从土中被挤出来,使冻土变得密实,减小了孔隙度。压密变形包括初始的有条件的瞬时变形和随时间而发生的变形。

冻土压缩试验可用压缩仪(固结仪)进行,在试验时,不允许侧向膨胀。图 2-3-3 是根据试验得出的压缩曲线,它反映了压缩荷载 P 与压密变形(相对压缩)$e=\Delta h/h$ 之间的关系。曲线包括几段,表示冻土压密过程中结构的变化:

$$e = \Delta p_{a_0}/(1+e_1) \tag{2.3.15}$$

式中,a_0——压缩系数,取决于荷载大小和试件的温度。

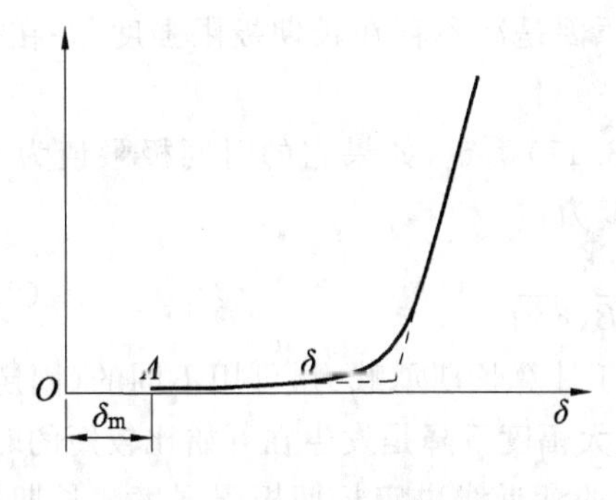

图 2-3-2 冻土的蠕变曲线

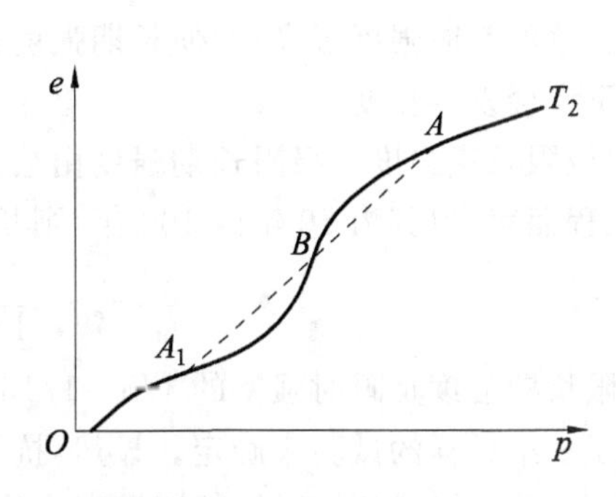

图 2-3-3 冻土的压缩曲线

当荷载变化不大时，P 和 e 之间的关系可取其为直线，并把系数 a_0 看成是常数。

压缩系数 a_0，其数值与变形模量正成反比，即：

$$a_0=\frac{\beta}{E} \tag{2.3.16}$$

式中，$\beta=1-\frac{2\mu^2}{1-\mu}$。

3. 冻土的强度

冻土强度是指冻土抵抗破坏的能力，它是冻土力学性质的基本指标之一。

(1)瞬时强度和长期强度。根据冻土在不同荷载作用速度下表现出不同的强度和变形特性，将冻土的强度分为瞬时强度和长期强度。瞬时强度，是指冻土抵抗快速加荷的抗力间接指标，是用来计算短期荷载和动荷载作用下的冻土强度。长期强度，即冻土抗长期荷载作用的强度。

如前所述，冻土在荷载作用下会产生引起破坏的蠕变变形。如果对同一种土样施加不同的荷载进行试验，可得以下结果：当很快加荷时，试验破坏所需的荷载很大，这个破坏值相当于瞬时强度 δ_0；如果对另一个试样所加的荷载小于瞬时强度，那么它同样也会被破坏，但时间要长些，较小的荷载要经历更长的时间才能使土样破坏。在某个荷载作用下，变形是衰减变形，但并不发生破坏，这个荷载就叫长期极限强度 δ_∞。破坏荷载 δ 与产生破坏所经历的时间 t 之间的关系反映了冻土强度随时间降低的过程，并可用下式表示：

$$\sigma=\frac{\beta}{\ln[t/B(h)]} \tag{2.3.17}$$

式中，β,B——由试验确定的系数(kg/cm^2,h)。

随着冻土温度降低，其强度(瞬时强度和长期强度)增大，并取决于胶结冰的强度增加和未冻水含量的减少。冻土强度与温度的关系可描述为：

$$\sigma=\sigma_0+b\sqrt{|t|} \tag{2.3.18}$$

式中，σ_0——某一温度时(例如在0℃时)的强度；

b——与土种类有关的参数；

$|t|$——土温的绝对值，并取决于胶结冰的强度增加。

当土的含水量小于其孔隙完全被冰填满的那个界限含水量时，土的强度随着含水量的增加而增大，超过这一界限含水量后，土的强度随着含水量(使土颗粒分开的含水量)的增加而减小。在自然条件下，常常遇到的是后一种现象。冻土中冰包裹体含量增加，使瞬时强度增大，这是因为冰的瞬时强度很高；但使长期强度减小，原因是冰不存在长期极限强度，并在任何荷载作用下都会发生流变。

(2)极限长期强度。极限长期强度由公式(2.3.17)确定，如果它的时间极限值为 $t_{\text{II}P}$，例如，对工程而言，取其为50年或100年，则长期强度为：

$$\sigma_\infty=\frac{\beta}{\ln[t_{\text{II}p}/B(h)]} \tag{2.3.19}$$

极限长期强度是瞬时强度的1/5～1/15，它用于计算长期承载力，可用不同的(固定的)荷载作用于一组试样的试验来确定。显然，抗压强度大幅度下降是发生在开始比较短的时间内。图2-3-4是根据试验绘制的长期强度曲线，曲线的渐近线决定长期极限强度。长期极限强度也可用下列方法确定：

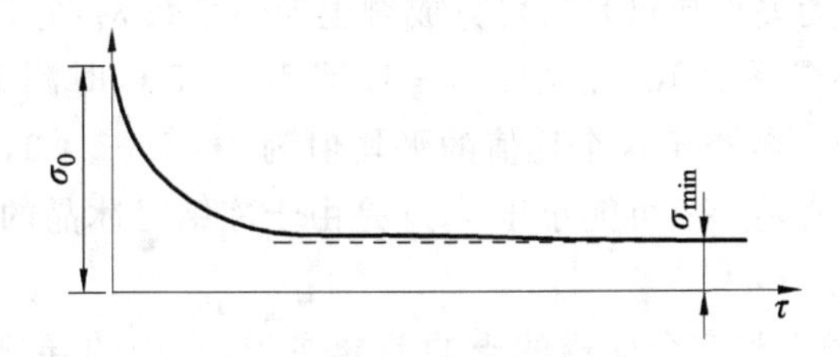

图 2-3-4　冻土长期强度曲线

①分级加荷试验，每一级停留较长的时间，其中，δ_∞ 值就是产生恒速非衰渐变形的那个最小的荷载。

②根据蠕变曲线确定，这条曲线在应力轴上的截距就是长期极限强度。

③根据一些相对短期的试验资料按公式(2.3.19)求得。

(3)冻胀力。当活动层冻结时，由于正冻土(指正在冻结的土体)体积膨胀，活动层中就会产生冻胀力。冻胀力分为法向冻胀力和切向冻胀力(冻拔力)。

法向冻胀力垂直作用于土与建筑物的冻结面(指冻结的土与建筑物的接触表面)上，例如，垂直于基础底面或地下室的墙面。

切向冻胀力 $S_{\text{II}Y\text{II}}$ 平行于基础侧面，它不超过沿着固定基础滑动的土的冻结力，即

$$S_{\text{II}Y\text{II}} \leqslant S_{YCT} \tag{2.3.20}$$

式中，S_{YCT}——稳定冻结力(强度)，S_{YCT} 可以在特制的仪器上通过对与土冻在一起的(基础模型)加压方法来确定。S_{YCT} 的大小取决于土的温度，计算公式为：

$$S_{YCT} = c + bt \tag{2.3.21}$$

式中，t——温度的绝对值；

c，b——参数，对粉质亚砂土和亚黏土 $c \approx 30 \sim 40$ kPa，$b \approx 10 \sim 15$ kPa/℃。

切向冻胀力 $S_{\text{II}Y\text{II}}$ 值可在野外直接观测确定，例如在野外用测力计测定，这是较可靠的方法。

切向冻胀力沿基础的不同高度分布不均匀，但由于缺少资料，一般可采用平均值，即基础侧面单位面积上的切向冻胀力，其计算公式为：

$$S_{\text{II}Y\text{II}} = \frac{T}{Uh_{AKT}} \tag{2.3.22}$$

式中，T——基础侧面的总冻胀力；

U——基础周边长度；

h_{AKT}——土的有效冻胀层厚度，约等于活动层的 2/3。

根据土的冻胀程度计算时，$S_{\text{II}Y\text{II}}$ 值可采用 60～100 kPa。

4. 冻土的热物理性质

土的热物理特性包括导热系数、热容量(比热和容积热容量)及导温系数。

冻土导热系数决定于包括有机质、矿物骨架、水和冰各组成部分的导热系数。矿物的导热系数在零点几到几十的范围内变化[单位为 kcal/(m·℃·h)，1 kcal＝4.1868 kJ]，实际上与温度无关；结合水与自由水的导热系数 λ_B 采用 0.5kcal/(m·℃·h)；没有气泡的零度纯冰的平均导热系数 λ_{II} 为 1.944 kcal/(m·℃·h)，随着温度降低，冰的导热系数稍有增加。

由于各组分的导热系数与温度的关系不大，因此融化状态或完全冻结状态下各自的导热

系数，同样可认为与温度无关。导热系数可分成融土导热系数 λ_T（它们是在温度为+4℃和+20℃时测定的）和冻土导热系数 λ_M（在温度为−10℃和−15℃时测定的）。由于冻结时水变成冰，因此一般 $\lambda_M/\lambda_T>1$。各类土这个比值的平均值为 1：1—1：3，而且与重度和含水量有关。在极松散的土中，比值 λ_M/λ_T 可能小于 1，这是由于冻结时冰晶的增长使有机矿物颗粒发生位移，并使密度减小。

正融土和正冻土与融土和完全冻透的土的差异在于，它们的导热系数 $\lambda_M(t)$ 和温度有密切关系。由于冰和未冻水的导热系数有很大差异，而在冻结时，含冰量和未冻水含量之间的比值在不断变化。因此，若假设 $\lambda_M(t)$ 值随温度的变化与可冻结水分的含量成正比，则

$$\lambda_M(t)=\lambda_M+(\lambda_T-\lambda_M)\frac{W_H}{W_C}=\lambda_T+(\lambda_M-\lambda_T)(-\frac{W_H}{W_C}) \tag{2.3.23}$$

式中，W_H——未冻水含量。

融土的比热由下式确定：

$$C_T=C_{MNH}+C_B\frac{W_C}{100} \tag{2.3.24}$$

式中，C_{MNH}——有机质矿物骨架的比热；

C_B——水的比热。

由于冰的比热 C_{II} 大约为水的比热 C_B 的一半，所以冻土的比热小于融土的比热。冻土的比热公式为：

$$C_M=C_{MNH}+C_B\frac{W_C}{100}-\frac{W_C-W_H}{100} \tag{2.3.25}$$

公式(2.3.25)右边部分的前两项是融土的比热，第三项是由于部分水分冻结而使冻土比热减小的数值。

三、冻土地基处理

1. 换填法

该法用粗砂、砾石等不冻胀材料填筑在基础底下。换填深度：对不采暖建筑为当地冻深的80%，采暖建筑为60%。宽度由基础每边外伸 15～20 cm。

2. 物理化学法

(1)人工盐渍化改良土：加入 NaCl，$CaCl_2$ 和 KCL 等，以降低冰点的温度，减轻冻害。

(2)用憎水性物质改良土：如柴油等加化学表面活性剂，以减少地基的含水率。

(3)使土颗粒聚集或分散改良土：如用顺丁烯聚合物，使土粒聚集，降低冻胀。

3. 保湿法

该法是在建筑物基础底部或四周设隔热层，增大热阻，推迟土的冻结，提高土温，降低冻深。

4. 排水隔水法

此法在建筑物周围设排水沟，防止雨水入渗地基，同时在基础的两侧与底部填砂石料，并设排水管将入渗之水排除。

5. 结构措施

(1)采用深基础：埋于当地冻深以下。

(2)锚固式基础：包括深桩基础与扩大基础。

(3)回避性措施:包括架空法、埋入法、隔离法。

任务四 地震区地基基础处理

一、地震震害与防震措施

1.地震震害

(1)地基土的液化。地震时地基土的液化是指地面以下一定深度范围内(一般指 20 m)的饱和粉细砂土、亚砂土层,在地震过程中出现软化、稀释、失去承载力而形成类似液体性状的现象。它使地面下沉,土坡滑坍,地基失效、失稳,使天然地基和摩擦桩上的建筑物发生大量下沉、倾斜、水平位移等损害。

(2)地基与基础的震沉,边坡的滑坍以及地裂。软弱黏性土和松散砂土地基,在地震作用下,结构被扰动,强度降低,产生附加的沉陷(土层的液化也会引起地基的沉陷),且往往是不均匀的沉陷,使建筑物遭到破坏;陡峻山区土坡,层理倾斜或有软弱夹层等不稳定的边坡、岸坡等,在地震时由于附加水平力的作用或土层强度的降低而发生滑动(有时规模较大),会导致修筑在其上或邻近的建筑物遭到损坏;构造地震发生时,地面常出现与地下断裂带走向基本一致的呈带状的地裂带。地裂带一般在土质松软区,故常常在河道、河堤岸边、陡坡、半填半挖处较易出现,它大小不一,有时长达几十千米,对建筑物常造成破坏和损毁。

(3)基础的其他震害。在较大的地震作用下,基础也常因其本身强度、稳定性不足抗衡附加的地震作用力而发生断裂、折损、倾斜等损坏。刚性扩大基础如埋置深度较浅时,会在地震水平力作用下发生移动或倾覆。

基础、承台与墩、台身连接处也是抗震的薄弱处,由于断面改变、应力集中而使混凝土发生断裂。

2.抗震措施

对建筑物及基础采取有针对性的抗震措施,在抗震工程中也是十分重要的,而且往往能取得“事半功倍”的效果。下面介绍基础工程常用的抗震措施。

(1)对松软地基及可液化土地基。

①改善土的物理力学性质,提高地基抗震性能。

对松软可液化土层位较浅、厚度不大的可采用挖除换土,用砂垫层等浅层处理,此法较适用于小型建筑物;否则应考虑采用砂桩、碎石桩、振冲碎石桩、深层搅拌桩等将地基加固,地基加固范围应适当扩大到基础之外。

②采用桩基础、沉井基础等。

采用各种形式深基础,穿越松软或可液化土层,使基础伸入稳定土层足够的深度。

③减轻荷载,加大基础底面积。

减轻建筑物重力,加大基础底面积以减少地基压力对松软地基抗震是有利的。增加基础及上部结构刚度常是防御震沉的有效措施。

(2)对地震时不稳定(可能滑动)的河岸地段。在此类地段修筑大、中桥墩台时应适当增加桥长,注重桥跨布置等将基础置于稳定土层上并避开河岸的滑动影响。小桥可在两墩台基础间设置支撑梁或用片块石满床铺砌,以提高基础抗位移能力。挡墙也应将基础置于稳定地基上,并在计算中考虑失稳土体的侧压力。

(3)基础本身的抗震措施。地震区基础一般均应在结构上采取抗震措施。圬工墩台、挡墙与基础的连接部位，由于截面发生突变，容易震坏，应根据情况采取预埋抗剪钢筋等措施，提高其抗剪能力；桩柱与承台、盖梁连接处也易遭震害，在基本烈度 8 度以上地区宜将基桩与承台连接处做成 2∶1 或 3∶1 的喇叭渐变形，或在该处适当增加配筋；桩基础宜做成低桩承台，发挥承台侧面土的抗震能力；柱式墩台、排架式桩墩在与盖梁、承台(基础)连接处的配筋不应少于桩柱身的最大配筋；桩柱主筋应伸入盖梁并与梁主筋焊(搭)接；柱式墩台、排架式桩墩均应加密构件与基础连接处及构件本身的箍筋，以改善构件延性，提高其抗震能力，桩基础的箍筋加密区域应从地面或一般冲刷以上 1 倍桩径处往下延伸到桩身最大弯矩以下 3 倍桩径处。

二、地震基础抗震设计原则

1. 基础工程抗震设计的基本要求

结合目前抗震工程的技术发展水平和桥梁的特点，建筑物发生基本烈度的地震时，按不受任何损坏的原则进行设计，在经济上是不合理的，在技术上也常是不可行的。因此，桥梁建筑物的基础工程抗震设计的基本要求应与整个建筑物一致。

2. 选择对抗震有利的场地和地基

我国桥梁抗震工程中，将场地土(建筑物所在地的土层)分为四类：

Ⅰ类场地土：岩石，紧密的碎石土。

Ⅱ类场地土：中密、松散的碎石土，密实、中密的砾、粗中砂；$[\sigma_0]>250$ kPa 的黏性土。

Ⅲ类场地土：松散的砾、粗、中砂，密实、中密的细砂、粉砂，$[\sigma_0]\leqslant 250$ kPa 的黏性土。

Ⅳ类场地土：淤泥质土，松散的细、粉砂，新近沉积的黏性土；$[\sigma_0]<130$ kPa 的填土。

对于多层土，当建筑物位于Ⅰ类土时，即属于Ⅰ类场地土；位于Ⅱ、Ⅲ、Ⅳ类土上时，则按建筑物所在地表以下 20 m 范围内的土层综合评定。

Ⅰ类场地土及开阔平坦、均匀的Ⅱ类场地土对抗震有利，应尽量利用；Ⅳ类场地土、软土、可液化土以及地基土层在平面分布上强弱不匀，非岩质的陡坡边缘等处一般震害较严重，河床下基岩向河槽倾斜较甚，并被切割成槽处，地基下有暗河、溶洞等地段以及前述抗震危险地段都应注意避开。选择有利的工程地质条件、有利的抗震地段布置建筑物可以减轻甚至避免地基、基础的震害，也能使地震反应减少，是提高建筑物抗震效果的重要措施。

3. 地基、基础抗震强度和稳定性的验算

目前我国各桥梁抗震规范，对基本烈度为 7、8、9 度地区，在地震荷载计算中与世界各国发展趋势基本一致。对各种上部结构的桥墩、基础采用考虑地基和建筑物动力特性的反应谱理论；而对刚度大的建筑物和挡土墙、桥台采用静力设计理论；对跨度大(如超过 150 m)墩高大(如超过 30 m)或结构复杂的特大桥及烈度更高地区则建议用精确的方法(如时程反映分析法等)。

(1)桥墩基础地震荷载的计算(用反应谱理论计算)。反应谱理论是以大量的强震水平加速度纪录为基础，经过动力计算和数理统计分析，按照建筑物作为单质点振动体系，在一定的阻尼比条件下，其自振周期与它发生的平均最大水平加速度反应的函数的关系，用曲线表示的图谱——加速度反应谱，以此作为建筑物地震反应计算荷载的依据。

(2)桥台、挡墙基础地震荷载的计算(用静力理论计算)。静力理论出发点是认为建筑物为刚性的，地震时不变形，各部分受到的地震水平加速度与地面相同，也不考虑不同场地土对地震反应的影响。

①桥台基础地震荷载的计算。桥台重力的水平地震荷载 Q_{Ea}（kN），可用下式计算（作用于台身重心处）：

$$Q_{Ea}=C_1C_zK_hG_{au} \tag{2.3.26}$$

式中，G_{au}——基础顶面以上台身重力（kN），计算设有固定支座梁桥桥台基础时，应计入一孔梁的重力。

②挡墙地震荷载的计算。为了弥补静力理论对高度较大的挡墙在计算地震荷载中的不足，《公路抗震规》采用了地震反应沿墙高增大分布系数 ψ_{iw}，挡墙第 i 截面以上墙身重心处的水平地震荷载 Q_{iEW}（kN）按下式计算：

$$Q_{iEW}=C_1C_zK_h\psi_{iw}G_{iw} \tag{2.3.27}$$

式中，C_z——综合影响系数，取 $C_z=0.25$；

ψ_{iw}——水平地震荷载沿墙高的分布系数；

G_{iw}——第 i 截面以上，墙身圬工的重力（kN）；

其他符号意义同前。

（3）墩、台、挡墙基础抗震强度及稳定性的验算。桥梁墩、台、挡墙基础按以上方法计算得到水平地震荷载后，即可根据一般静力学方法，按规定的荷载组合进行地基、基础的抗震强度和稳定性的验算。

思考题

1. 软土有何工程地质特征？软土地基施工注意事项有哪些？

2. 地基处理的目的和意义是什么？

3. 何谓换填垫层法？其作用和原理是什么？

4. 什么是湿陷性黄土？根据湿陷系数如何判定黄土的湿陷性？如何划分地基的湿陷等级？

5. 如何处理湿陷黄土地基？

6. 试阐述冻土地基的特点及物理力学、变形性质。

7. 如何处理冻土地基？

8. 地基的常见震害有哪些？地基防震措施有哪些？

参考文献

［1］ 土工试验方法标准(GB/T 50123—1999)[S].北京:中国计划出版社,1999.

［2］ 建筑地基基础设计规范(GB 50007—2011)[S].北京:中国建筑工业出版社,2002.

［3］ 膨胀土地区建筑技术规范(GB 5112—2013)[S].北京:中国建筑工业出版社,2013.

［4］ 湿陷性黄土地区建筑规范(GB 50025—2004)[S].北京:中国建筑工业出版社,2004.

［5］ 陈希哲.土力学地基基础[M].北京:清华大学出版社,1997.

［6］ 齐丽云,徐秀华.工程地质[M].北京:人民交通出版社,2005.

［7］ 公路桥涵施工技术规范(JTG/F50—2011)[S].北京:人民交通出版社,2011.

［8］ 李连生,王东亮.土力学[M].成都:西南交通大学出版社,2009.

［9］ 贾亚军.土力学与地基基础[M].成都:西南交通大学出版社,2011.

［10］ 丰培洁.土力学与地基基础[M].北京:人民交通出版社,2008.

［11］ 张克恭,刘松玉.土力学[M].北京:中国建筑工业出版社,2001.

［12］ 巫朝新,车爱华,叶火炎.工程地质与土力学[M].北京:中国水利水电出版社,2005.

［13］ 孟祥波.土质与土力学[M].北京:人民交通出版社,2005.

高职高专“十二五”建筑及工程管理类专业系列规划教材

> 建筑设计类

(1)素描
(2)色彩
(3)构成
(4)人体工程学
(5)画法几何与阴影透视
(6)3dsMAX
(7)Photoshop
(8)CorelDraw
(9)Lightscape
(10)建筑物理
(11)建筑初步
(12)建筑模型制作
(13)建筑设计概论
(14)建筑设计原理
(15)中外建筑史
(16)建筑结构设计
(17)室内设计
(18)手绘效果图表现技法
(19)建筑装饰设计
(20)建筑装饰制图
(21)建筑装饰材料
(22)建筑装饰构造
(23)建筑装饰工程项目管理
(24)建筑装饰施工组织与管理
(25)建筑装饰施工技术
(26)建筑装饰工程概预算
(27)居住建筑设计
(28)公共建筑设计
(29)工业建筑设计
(30)城市规划原理

> 土建施工类

(1)建筑工程制图与识图
(2)建筑构造
(3)建筑材料
(4)建筑工程测量
(5)建筑力学
(6)建筑 CAD
(7)工程经济
(8)钢筋混凝土与砌体结构
(9)房屋建筑学
(10)土力学与地基基础
(11)建筑设备
(12)建筑结构
(13)建筑施工技术
(14)建筑工程计量与计价
(15)钢结构识图
(16)建设工程概论
(17)建筑工程项目管理
(18)建筑工程概预算
(19)建筑施工组织与管理
(20)高层建筑施工
(21)建设工程监理概论
(22)建设工程合同管理

> 建筑设备类

(1)电工基础
(2)电子技术
(3)流体力学
(4)热工学基础
(5)自动控制原理
(6)单片机原理及其应用
(7)PLC 应用技术
(8)电机与拖动基础
(9)建筑弱电技术
(10)建筑设备
(11)建筑电气控制技术
(12)建筑电气施工技术
(13)建筑供电与照明系统

(14)建筑给排水工程

(15)楼宇智能化技术

(16)建筑企业管理

(17)建筑工程预算电算化

> **工程管理类**

(1)建设工程概论

(2)建筑工程项目管理

(3)建筑工程概预算

(4)建筑法规

(5)建设工程招投标与合同管理

(6)工程造价

(7)建筑工程定额与预算

(8)建筑设备安装

(9)建筑工程资料管理

(10)建筑工程质量与安全管理

(11)建筑工程管理

(12)建筑装饰工程预算

(13)安装工程概预算

(14)工程造价案例分析与实务

(15)建筑工程经济与管理

> **房地产类**

(1)房地产开发与经营

(2)房地产估价

(3)房地产经济学

(4)房地产市场调查

(5)房地产市场营销策划

(6)房地产经纪

(7)房地产测绘

(8)房地产基本制度与政策

(9)房地产金融

(10)房地产开发企业会计

(11)房地产投资分析

(12)房地产项目管理

(13)房地产项目策划

(14)物业管理

欢迎各位老师联系投稿!

联系人:祝翠华

手机:13572026447　**办公电话:**029—82665375

电子邮件:zhu_cuihua@163.com　37209887@qq.com

QQ:37209887(**加为好友时请注明“教材编写”等字样**)

图书在版编目(CIP)数据

土力学与基础工程/贾亚军主编. —西安:西安交通大学出版社,2013.12(2021.8 重印)
ISBN 978-7-5605-5809-7

Ⅰ.①土… Ⅱ.①贾… Ⅲ.①土力学②地基—基础(工程) Ⅳ.①TU4

中国版本图书馆 CIP 数据核字(2013)第 265814 号

书　　名 土力学与基础工程
主　　编 贾亚军
责任编辑 祝翠华　王建洪

出版发行 西安交通大学出版社
(西安市兴庆南路 1 号　邮政编码 710048)
网　　址 http://www.xjtupress.com
电　　话 (029)82668357　82667874(发行中心)
(029)82668315(总编办)
传　　真 (029)82668280
印　　刷 西安日报社印务中心

开　　本 787mm×1092mm　1/16　**印张** 15.625　**字数** 378 千字
版次印次 2014 年 1 月第 1 版　2021 年 8 月第 2 次印刷
书　　号 ISBN 978-7-5605-5809-7
定　　价 29.80 元

读者购书、书店添货,如发现印装质量问题,请与本社发行中心联系、调换。
订购热线:(029)82665248　(029)82665249
投稿热线:(029)82668133　(029)82665375
读者信箱:xj_rwjg@126.com